承德古樹名木

Old and Valuable Trees in Chengde

王　江　牟广泽 / 主编

中国林业出版社

图书在版编目（CIP）数据

承德古树名木 / 王江，牟广泽主编 . -- 北京 ：中国林业出版社，2021.3
ISBN 978-7-5219-0979-1

Ⅰ．①承… Ⅱ．①王… ②牟… Ⅲ．①树木－介绍－承德 Ⅳ．① S717.222.3

中国版本图书馆 CIP 数据核字（2021）第 017487 号

・・

出　版：中国林业出版社（100009 北京市西城区刘海胡同 7 号）
网　址：http://www.forestry.gov.cn/lycb.html
E-mail：cfybook@sina.com　电　话：010-83143521 83143612
发　行：中国林业出版社
印　刷：中林科印文化发展（北京）有限公司
版　次：2021 年 3 月第一版
印　次：2021 年 3 月第一次
开　本：889mm×1194mm 1/16
印　张：25
字　数：150 千字
定　价：400.00 元

《承德古树名木》编辑委员会

保护古树名木
传承生态文明

题 记

　　古树是指树龄在 100 年以上的树木。名木是指具有重要历史、文化、景观与科学价值和具有重要纪念意义的树木。古树名木保存了弥足珍贵的物种资源，记录了大自然的历史变迁，传承了人类发展的历史文化，孕育了自然绝美的生态奇观，承载了广大人民群众的乡愁情思。加强古树名木保护，对于保护自然与社会发展历史，弘扬先进生态文化，推进生态文明和美丽中国建设具有十分重要的意义。

　　　　　——《全国绿化委员会关于进一步加强古树名木保护管理的意见》

承德古树名木

序

　　古树名木被誉为绿色"活化石""活文物"，不仅是宝贵的自然和历史文化遗产，更是人类生态文明、历史传承的实物见证，支撑着历史沿承，承载着文化底蕴，丰富着城市内涵，给城市增添无穷魅力和绚丽风采。

　　古树名木，历经百年千载，阅尽世间沧桑，吸天地之灵气，纳万物之魂魄，与自然生态和人文历史水乳交融，千姿娇媚，历尽春秋。有的拔地参天高耸入云，有的身姿飘逸广展绿荫，有的伟岸粗犷铁骨铮铮，有的枝干萧疏老态龙钟，有的如鹰爪抓地力撼山川，有的如盘虬卧龙腾蛟起凤，恰如一幅幅生命的画、凝固的诗，引人遐想，给人启迪和智慧。

　　古树名木，蕴藏着大自然的恢弘、深邃与威严。细密的年轮诠释着生命的价值和奋斗的艰辛，悠悠岁月增添着历史的厚重和文明的印记，默默地为人类储存和提供着自然生态和人文历史信息。它们既是植被演替历程的历史见证，又是珍贵种质资源的基因库。因此，古树名木在生态、科研、人文、历史、旅游等诸方面具有特殊的历史地位和价值。

　　《承德古树名木》历经4年（2017－2020）野外调查和内业整理，调查、搜集了全市大量的古树资源信息和　历史人文资料，内容丰富详实，结构严谨，图文并茂，视角独特。它既是承德古树名木信息的活字典，又是古树名木保护工作的宣传册，更是承德树木科学、人文历史、自然地理研究的教科书，必定能激发人们更加关爱古树名木、关爱绿色生命、关爱自然生态、关爱人文历史，为子孙后代留下更多宝贵的自然遗产，实现人与自然和谐相处，共筑人类生态文明史。

　　承德，是习近平总书记亲定的京津冀水源涵养功能区，是京津冀

协同发展规划中的重要生态支撑区、塞罕坝精神的发源地。进入新时代，承德人民根据"两区"定位，以"两山理论"为指导，大力弘扬塞罕坝精神，以"两河""六路""四区"为重点，以更高的标准、更有力的举措，实施造林绿化灭荒攻坚和森林质量精准提升，推进林业资源大市向林业强市跨越式发展，全力开创"生态强市，魅力承德"新征程。

《承德古树名木》的付梓，是承德市创建国家森林城市的重要成果，是古树名木保护和国土绿化事业新的里程碑，也是践行绿色发展和塞罕坝精神承德务林人的幸事。

承德市委常委、统战部部长，
市政府党组副书记、市政协党组副书记：吴精海

前言

　　古树名木，是指在人类历史发展过程中保存下来的年代久远或具有重要科研、历史、文化价值的树木。古树指树龄在 100 年以上的树木，其中 100～299 年属三级古树，300～499 属二级古树，500 年以上属于一级古树。名木指在历史上或社会上有重大影响的中外历史名人、领袖人物所植或者具有重要历史、文化价值及纪念意义的树木。名木不受树龄限制，不分等级。

　　世界上最早出现树木的时间，可追溯到 3.6 亿年前的古生代泥盆纪，代表树木是"石松"和"芦木"。到了石炭纪，出现了以银杏为代表的古树木。其后，松柏目的松树、冷杉、雪杉、落叶松、刺柏、巨杉等裸子类植物相继出现。到了 1 亿年前的白垩纪，木兰在地球上一花首秀，并引来春色满园，其他树种如雨后春笋，相继出现。我国留存至今的古树有 101 科 303 属 580 种（含变种）；河北省留存至今的古树有 29 科 52 属 73 种（含变种）；承德市留存至今的古树有 23 科 42 属 62 种（含变种）。

　　承德市位于河北省东北部，北倚辽蒙，南临京津，一市连五省（直辖市），总面积 3.95 万平方千米，总人口 381.6 万，辖 3 个区、7 个县、1 个县级市、1 个国家级高新区和 1 个牧场管理区，有林地 3520 万亩，森林覆盖率 59.41%。承德四季分明，雨热同季，优越的自然条件和悠久的林业发展历史，孕育了丰富的物种资源，加之文化源远流长，历史人文荟萃，更使承德古树名木灿若繁星，熠熠生辉。这些古树名木或矗立于避暑山庄及外八庙，或扎根于青山峻岭，或留翠于村庄庙宇，就像一颗颗绿色宝石镶嵌在承德大地上。它们中有苍劲古朴的树木寿星，有历经沧桑的孑遗树种，有抗性优良的基因种群……正是有了这些古树名木的装点，承德大地山川才更加壮丽秀美。

　　因此，为古树名木"立传"，探索复壮技术，加强保护和宣传，

传承和弘扬其负载的自然生态和历史文化信息，是我们义不容辞的责任。为了查清承德古树名木"本底"资源，进一步加强保护管理，承德市绿化委员会组织河北承德林业和草原调查规划设计院工程技术人员历时4年（2017－2020）对全市古树名木进行普查建档工作。经调查，承德市共有百年以上单株古树3319株，其中一级古树317株，二级古树1264株，三级古树1738株。古树群32个、169216株，其中一级3株、二级111株、三级169102株。名木5株。这些古树名木隶属23科42属62种。

为进一步增强全社会崇尚自然、热爱树木、关心林业、保护古树名木意识，增进人们对古树名木的认识和了解，宣传古树名木的生态历史文化价值，保护好现存的古树名木，让古树名木在承德大地上持续焕发绿色瑰宝的风采，我们在普查基础上编撰了《承德古树名木》一书，收录有代表性的古树241株、名木3株、古树群6个。

本书在编撰过程中，力求融科学性、知识性、观赏性、趣味性于一体，收录了古树名木的名称、中文名、拉丁名、保护等级、基本信息及彩色图片，以及部分古树名木的特征、史料、传说、荣誉，同时对涉及属特征进行了描述，图文并茂，通俗易懂，可读可赏，可品可藏，以期广大读者从中增长科学知识，领略大自然的无穷奥秘，获得美的享受，激发起热爱树木、热爱自然、热爱祖国的热情。同时本书也为林业科研、教学提供了一些有价值的资料，是一部重要的工具书和科普书，无论对现在还是将来都具有十分珍贵的价值。愿《承德古树名木》能在管理保护、研究利用古树名木资源等方面发挥积极的作用。

在本书编撰过程中，得到了河北承德林业和草原调查规划设计院、承德市各县、市、区绿化委员会办公室的密切配合与协助，在此一并致谢。

由于编者水平所限，书中难免有不足甚至错误之处，敬请读者谅解并予以指正。

承德市绿化委员会

2020 年 12 月

目 录

第一部分 最美古树

第二部分　裸子植物

§ 松科　Pinaceae §

落叶松属 *Larix* Mill.

松属 *Pinus* L.

承德古树名木

Old and Valuable Trees in Chengde

目录

§ 柏科 Cupressaceae §

侧柏属 *Platycladus* Spach

第三部分　被子植物

§ 蔷薇科 Rosaceae §

§ 豆科 Fabaceae §

目录

§ 胡桃科 Juglandaceae §

胡桃属 _Juglans_ L.

§ 榆科 Ulmaceae §

刺榆属 *Hemiptelea* Planch.

青檀属 *Pteroceltis* Maxim.

榆属 *Ulmus* L.

§ 桑科 Moraceae §

桑属 *Morus* L.

§ 椴树科 Tiliaceae §

椴树属 *Tilia* L.

§ 鼠李科 Rhamnaceae §

枣属 *Ziziphus* **Mill.**

§ 芸香科 Rutaceae §

黄檗属（黄柏属） *Phellodendron* **Rupr**

吴茱萸属 *Evodia* **J. R. et G. Forst.**

§ 楝科 Meliaceae §

香椿属 *Toona* **(Endl.) M. Roem.**

§ 无患子科 Sapindaceae §

§ 木犀科 Oleaceae §

§ 紫葳科 Bignoniaceae §

§ 猕猴桃科 Actinidiaceae §

§ 大麻科 Cannabaceae §

§ 卫矛科 Celastraceae §

§ 木兰科 Magnoliaceae §

目录

第四部分　古树群

第五部分　附图/附表

第一部分 最美古树

九龙松

油松　*Pinus tabuliformis* Carriere

保护等级： 一级

基本信息： 位于丰宁满族自治县五道营乡三道营村，地理坐标为：东经 116.5117360°，北纬 41.2605780°。树龄 1000 年，树高 7.7m，胸围 300cm，冠幅 26m。

特征： 主干之上有九条粗大的侧枝，盘旋蜿蜒伸展，犹如龙身，枝头好似龙头，树皮呈块状，好似龙鳞，整树像九条巨龙，腾空飞舞。

传说： 传说它是一只仙鹤在此地歇脚时嘴里叼着的松子落地生长而成。清朝年间，康熙皇帝巡视塞外，狩猎木兰围场，听说古北口外的鲍丘水境内（今丰宁县五道营乡）有一棵奇松，便欣然前往。一见此松树长势之奇，九条侧枝盘旋蜿蜒伸展，树皮呈块状，好似龙鳞，整树酷似九条巨龙腾空飞舞，于是题写了"九龙松"三个大字，并令当地工匠刻了一块匾挂在庙宇之上，还留下五百御林军保护此松。这五百御林军经过世代繁衍生息和当地百姓通婚，逐渐定居，形成了九龙松周围毗邻的五个村落。

荣誉： 2016 年，九龙松被全国绿化委员会办公室遴选为中国最美古树，被河北省绿化委员会评为河北省最美古树和河北省树王。

九龙蟠杨

小叶杨　*Populus simonii* Carriere

保护等级： 二级

基本信息： 位于平泉市柳溪镇薛杖子村，地理坐标为：东经 118.5617053°，北纬 41.2392471°。树龄 355 年，树高 15.1m，胸围 470cm，冠幅 29m。

特征： 树干基部分 3 主干，胸围分别为 470cm、450cm、370cm。上部再分 9 主枝，或平伸，或俯探，犹如九条虬龙群戏。树冠投影 1500 ㎡，据当地人称，春末夏初时节，东西遥望，树冠恰似中国版图，甚是奇特。

传说： 相传辽开泰九年（公元 1020 年），圣宗耶律隆绪与皇后萧氏来马盂山打猎，见一只八角梅花鹿在一棵杨树上磨角，皇帝张弓搭箭欲射，皇后不忍杀戮这个小生灵，抢先拉弓虚发，小鹿闻风而逃，皇帝心领神会，与皇后相视而笑。自此那只八角梅花鹿曾驻足过的杨树开始繁茂生长，盘根错节，一根三干，九条主枝犹如九龙腾飞，故取名九龙蟠杨。

荣誉： 2016 年被全国绿化委员会办公室评为中国最美古树，被河北省绿化委员会评为河北省最美古树和河北省树王。

坝上一棵松

华北落叶松　*Larix gmelinii* var. *principis-rupprechtii*（Mayr）Pilger

保护等级：一级

基本信息：位于围场满族蒙古族自治县红松洼牧场红松洼，地理坐标为：东经 117.6698702°，北纬 42.5833364°。树龄 510 年，树高 12.2m，胸围 175cm，冠幅 7m。

史料：20 世纪 60 年代，"坝上一棵松"是塞罕坝荒漠中唯一迎风卓立的参天大树，成为建设塞罕坝机械林场的依据，也是建场的决心和信心。经过三代务林人的艰苦创业，有林地面积达到 7.5 万 hm²，林木总蓄积量增至 1012 万 m³，森林覆盖率提高到 80%，成为塞北高原上的绿色明珠。2017 年 12 月，塞罕坝被联合国授予"地球卫士奖"。习近平总书记对塞罕坝林场建设者感人事迹作出重要指示：55 年来，河北塞罕坝林场的建设者们听从党的召唤，在"黄沙遮天日，飞鸟无栖树"的荒漠沙地上艰苦奋斗、甘于奉献，创造了荒原变林海的人间奇迹，用实际行动诠释了绿水青山就是金山银山的理念，铸就了牢记使命、艰苦创业、绿色发展的塞罕坝精神。他们的事迹感人至深，是推进生态文明建设的一个生动范例。今天，"坝上一棵松"已经卓立于百万亩林海之中，成为塞罕坝精神的历史见证。

秀姑文冠果

文冠果　*Xanthoceras sorbifolium* Bunge

保护等级：二级

基本信息：位于平泉市台头山乡榆树沟村，地理坐标为：东经 119.0913821°，北纬 41.1451823°。树龄 353 年，树高 12.3m，胸围 198cm，冠幅 11m。

传说：相传王母娘娘的女儿秀姑偷偷下凡到人间与台头山山脚下柳郎结为夫妻。秀姑生育一双儿女后被抓回天宫，柳郎与儿女历尽千辛万苦终将秀姑救回，幸福地生活在一起。多年后柳郎与秀姑去世，儿女们将他们葬在此处。百天后坟边长出来一棵奇特的树，树上结了许多与秀姑使用法器一模一样的果实。

荣誉：2016 年被河北省绿化委员会评为河北省最美古树。

龙脉古松

油松　*Pinus tabuliformis* Carriere

保护等级： 二级

基本信息： 位于平泉市松树台乡松树台村，地理坐标为：东经 118.823148°，北纬 40.866931°。树龄 400 年，树高 13m，胸围 263cm，冠幅 17m。

传说： 很久以前大旱数月，一位白胡子老人告诉人们是松树台山顶龙脉被大石头压住了，如果搬掉大石，自然会天降大雨。一个勇敢的年轻人，毅然登上主峰，掀掉压住龙脉的大石，刹那间，大雨势如瓢泼，万物得救。雨后，山脊上长出这棵松树。

荣誉： 2016 年被河北省绿化委员会评为河北省最美古树。

石固松青牡丹（名木）

牡丹　*Paeonia suffruticosa* Andr.

保护等级：二级

基本信息：位于滦平县大屯满族乡兴洲村，地理坐标为：东经 117.3684031°，北纬 41.0069501°。树龄 300 年，树高 1m，地径 5cm，冠幅 1m。

史料：《兴洲行宫考》一文中记述：康熙皇帝驻跸兴洲，与当地大户于姓姑娘邂逅相遇，一见钟情，于姑娘奉命伴驾。康熙临走时留下一件信物即一杆"盘龙枪"，并和于娘娘共同栽了红、黄、白、粉四株牡丹花。康熙因国事繁忙，忘了这段情缘，于娘娘却不能再嫁，一直等到满头白发，最后无疾而终。乾隆四十九年，乾隆皇帝知道此事后，下诏为于娘娘建了贞节牌坊，还亲手题额"石固松青"四字。

栗树王

栗 *Castanea mollissima* Blume

保护等级：一级

基本信息：位于宽城满族自治县碾子峪镇大屯村，地理坐标为：东经 118.449431°，北纬 40.418914°。树龄 717 年，树高 9.8m，胸围 340cm，冠幅 13m。

　　史料：据考证"栗树王"栽于1303年，历经700余年沧桑岁月，现仍枝繁叶茂，屹立于燕山山脉古长城脚下，是中国现存树龄最长、品质最优良的古栗树，每棵树仍可年产100千克以上板栗。由于当地土壤中含铁量丰富，此树结出的板栗糯、软、甜、香，当地民众称之为"神树""神栗"。板栗俗称栗子，有"干果之王"的美称，有2000～3000年的栽培历史。宽城满族自治县板栗种植历史悠久，现有板栗2600万株，百年以上板栗树多达10万棵，成为栗农增收致富的"摇钱树"。

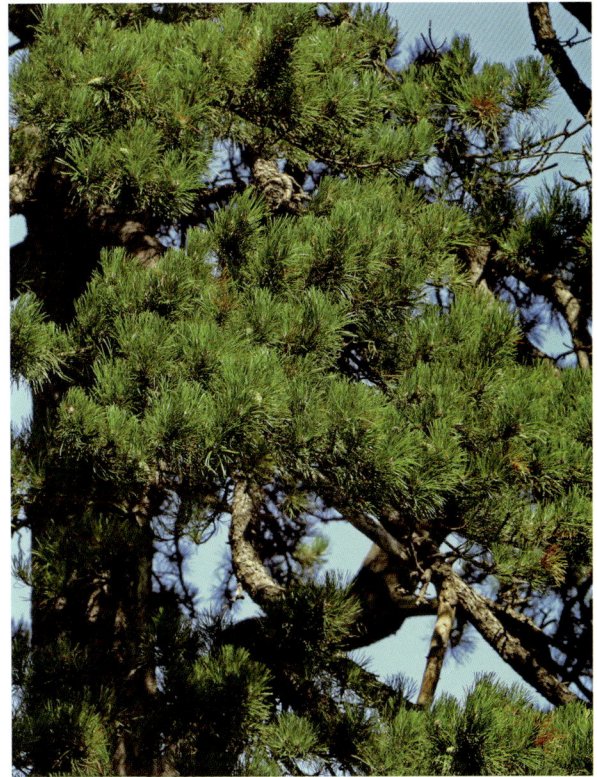

南苇子沟双株古松

油松　*Pinus tabuliformis* Carriere

保护等级： 右株一级、左株二级

基本信息： 位于宽城满族自治县苇子沟乡南苇子沟村，地理坐标为：东经 118.8906223°，北纬 40.6111103°。左株树高稍低，树龄 310 年，树高 20m，胸围 216cm，冠幅 14m。右株树高稍高，树龄 510 年，树高 21.6m，胸围 344cm，冠幅 17m。

特征： 两株松树并立生长，高大粗壮，干直立，多分枝，侧枝集中上部，左株最下侧两枝下垂，右株部分枝生有丛生枝。

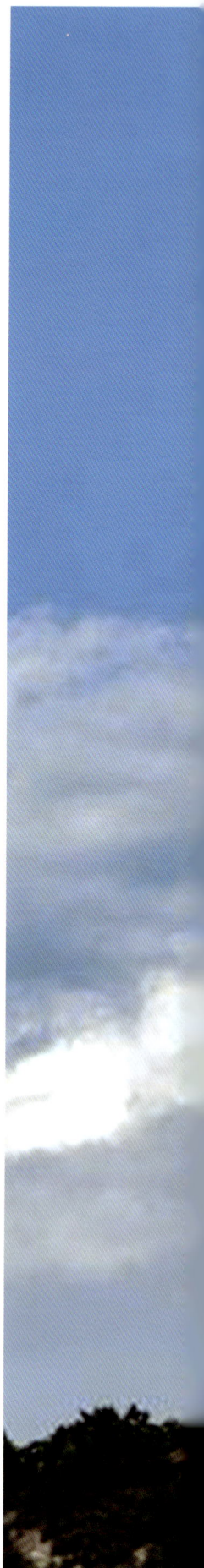

磬锤峰古桑

蒙桑　*Morus mongolica* Bur. Schneid.

保护等级：二级

基本信息：位于磬锤峰中部，地理坐标为：东经 117.9720692°，北纬 40.9969953°。树龄 300 余年。

传说：关于磬锤峰的成因民间有这样一个美丽的传说：很久以前，承德一带是一片汪洋大海，磬锤峰处为海眼。当时有一只海怪经常伤人，一个小伙子为民除了害，却触怒了龙王，被绑入龙宫。龙女路过见小伙儿眉清目秀、威武不屈，产生爱慕之情，于是就盗取了龙王的定海针，带小伙子逃出龙宫。龙王派兵追赶，龙女便甩出定海针，将海眼堵住，这里就渐渐变成了陆地。龙女和小伙子结了婚，日子过得很美满。玉皇大帝知道以后派兵来抓龙女，龙女宁死不屈，被点化成桑树，植根于锤峰中部。相传吃了这棵桑树的桑葚可以益寿延年。

千松甸古扦松

青扦　*Picea wilsonii* Mast.

保护等级：一级

基本信息：位于隆化县茅荆坝乡千松甸村，地理坐标为：东经 118.2760650°，北纬 41.5213810°。树龄 1000 年，树高 20.3m，胸围 315cm，冠幅 12m。

王坪石古扦松

青扦　*Picea wilsonii* Mast.

保护等级：三级

基本信息：位于兴隆县兴隆镇王坪石村，地理坐标为：东经 117.5717655°，北纬 40.3489964°。树龄 185 年，树高 13.7m，胸围 132cm，冠幅 7m。

大营子古松

油松　*Pinus tabuliformis* Carriere

保护等级： 二级

基本信息： 位于滦平县五道营子满族乡大营子村，地理坐标为：东经 116.7855582°，北纬 40.9057633°。树龄 400 年，树高 16.6m，胸围 278cm，冠幅 13m。

传说： 清康熙年间，杨氏四兄弟平定三藩后定居于此，虽各自都是四世同堂，但依然天天相聚，天伦共享，杨氏家族后辈们也都相亲相爱，勤劳团结，人丁兴旺，生活富有。四兄弟相继无疾而终后化为此松，主干之上生四干，相伴相携，遒劲俊朗犹如四兄弟一般合抱共生在同一根脉上。

苗尔洞古松

油松 *Pinus tabuliformis* Carriere

保护等级：一级

基本信息：位于兴隆县雾灵山乡苗尔洞村，地理坐标为：东经 117.2610405°，北纬 40.5226427°。树龄 1000 年，树高 11.8m，胸围 281cm，冠幅 20m。

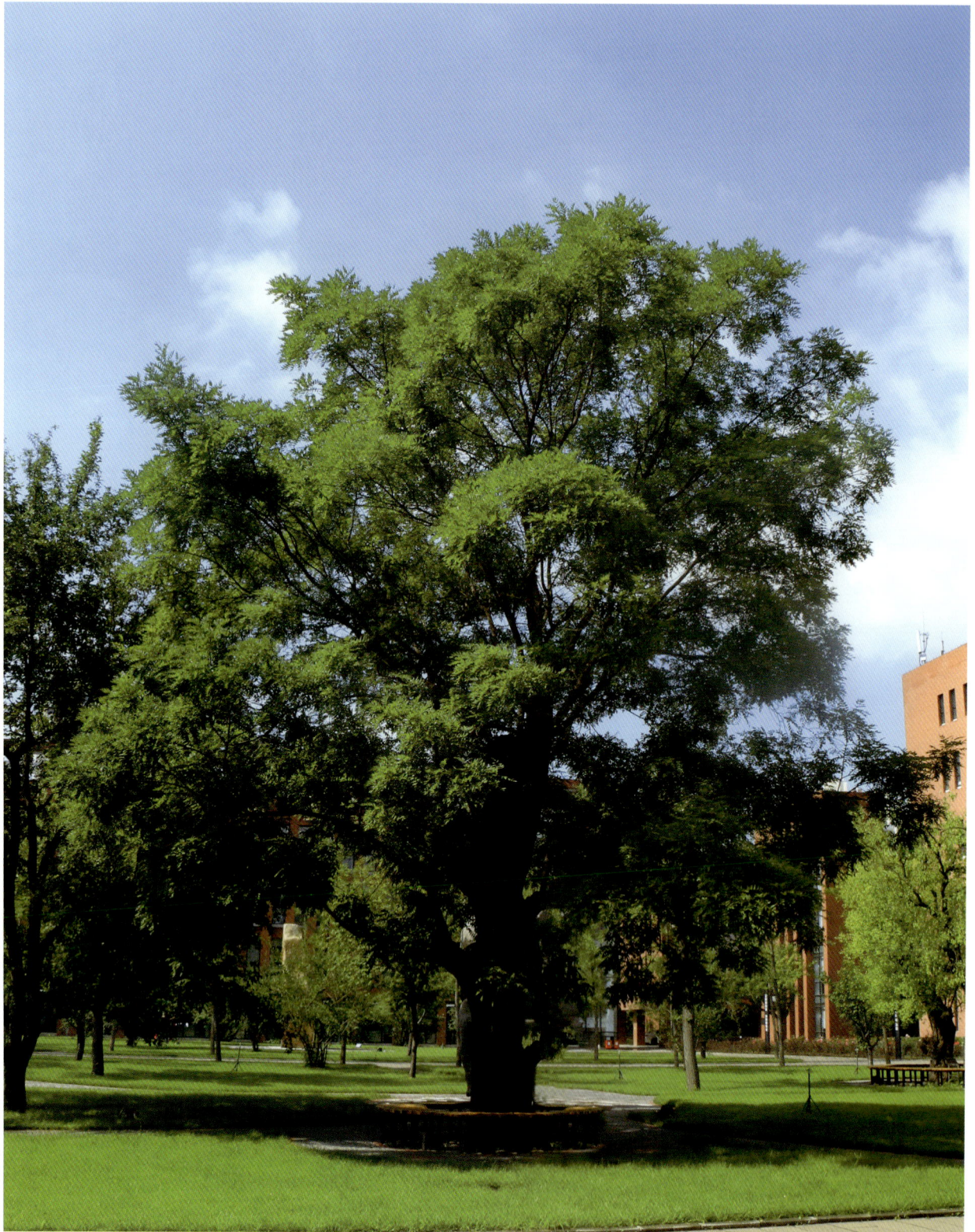

冯营子古槐

槐　*Styphnolobium japonicum* L.

保护等级： 三级

基本信息： 位于双桥区冯营子镇冯营子村，地理坐标为：东经 117.947117°，北纬 40.894944°。树龄 150 年，树高 11m，胸围 207cm，冠幅 12.1m。

白塔古松

油松　*Pinus tabuliformis* Carriere

保护等级： 一级

基本信息： 位于丰宁满族自治县大阁镇白塔村，地理坐标为：东经 116.5962420°，北纬 41.2370160°。树龄 600 年，树高 13m，胸围 302cm，冠幅 18m。

银窝沟古枫

五角枫　*Acer pictum* subsp. *mono* (Maximowicz) H. Ohashi

保护等级：三级

基本信息：位于平泉市七沟镇银窝沟村，地理坐标为：东经 118.527367°，北纬 41.045715°。树龄 210 年，树高 17.2m，胸围 256cm，冠幅 18m。

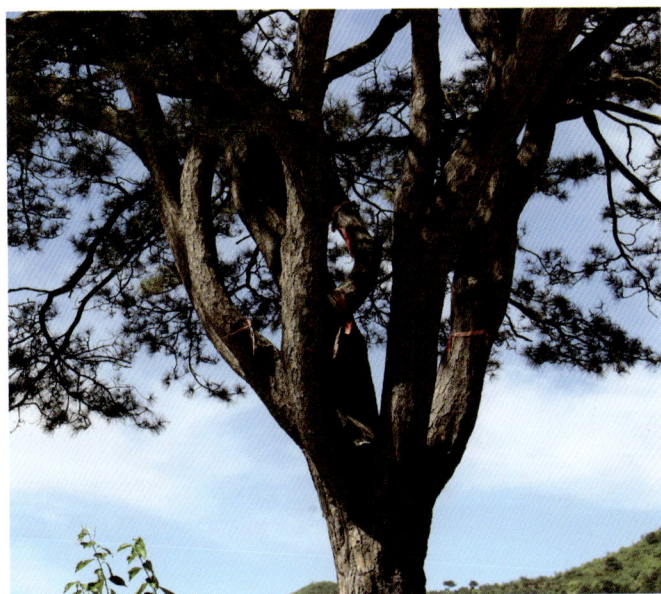

哨兵古松

油松　*Pinus tabuliformis* Carriere

保护等级：二级

基本信息：位于滦平县付家店满族乡北店子村，地理坐标为：东经 117.0809431°，北纬 40.7931352°。树龄 310 年，树高 14.4m，胸围 248cm，冠幅 23m。

史料：抗日战争期间，八路军游击队曾利用这棵古松高大的身躯和浓密的枝叶，登高望远，站岗放哨，观察敌情，故被称为"哨兵古松"。

高家店古榆

榆树　*Ulmus pumila* L.

保护等级：一级

基本信息：位于围场满族蒙古族自治县克勒沟镇高家店村，地理坐标为：东经118.1394882°，北纬41.9006682°。树龄520年，树高15.8m，胸围470cm，冠幅22m。

胡里沟古杨

小叶杨　*Populus simonii* Carriere

保护等级：三级

基本信息：位于丰宁满族自治县王营乡胡里沟村，地理坐标为：东经116.9630650°，北纬41.2678080°。树龄220年，树高20.8m，胸围317cm，冠幅23m。

第二部分 裸子植物

松科 Pinaceae

落叶松属 *Larix* Mill.

落叶乔木。小枝下垂或不下垂，枝条二型。叶在长枝上螺旋状散生，在短枝上呈簇生状，倒披针状窄条形，扁平，稀呈四棱形，柔软，横切面有 2 个树脂道，常边生，位于两端靠近下表皮，稀中生。球花单性，雌雄同株，雄球花和雌球花均单生于短枝顶端，春季与叶同时开放。球果当年成熟，直立，具短梗，幼嫩球果通常紫红色或淡红紫色，稀为绿色，成熟前绿色或红褐色，熟时球果的种鳞张开。

本属约 18 种，分布于北半球的亚洲、欧洲及北美洲的温带高山与寒温带、寒带地区。我国产 10 种 1 变种，分布于东北大小兴安岭、老爷岭、长白山，辽宁西北部，河北北部，山西，陕西秦岭，甘肃南部，四川北部，西部及西南部，云南西北部，西藏南部及东部，新疆阿尔泰山及天山东部。常组成大面积单纯林，或与其他针阔叶树种混生。均系优良的用材树种，能耐严寒的气候环境，喜光性强，多为浅根性，生长较快，为上述各产区森林中的主要树种，也是各产区森林更新或荒山造林的重要树种，亦可栽培作庭园树。

木材有树脂道，心材、边材区别明显，质坚韧，结构细致，纹理直，耐水湿，抗腐性强。可供建筑、桥梁、舟车、电杆、家具、器具及木纤维工业原料等用。树皮可提栲胶；种子可榨油。

（本书收录 1 种 - 坝上一棵松）。

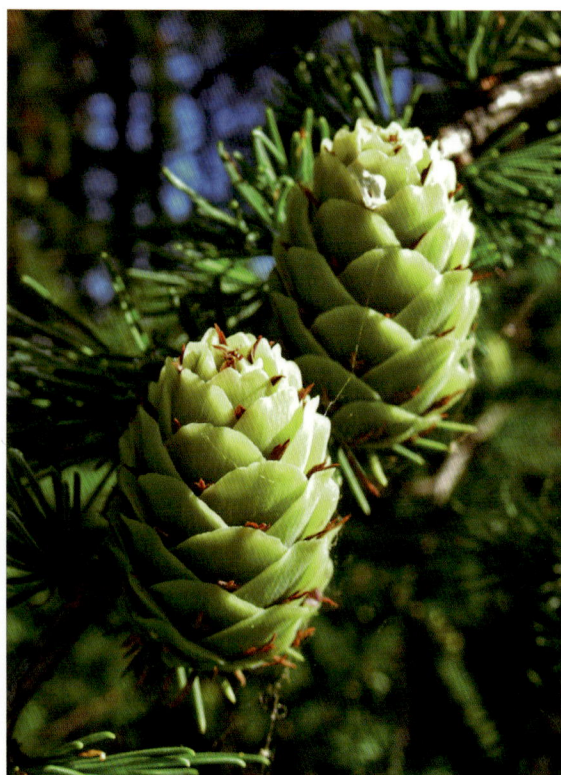

松属 *Pinus* L.

常绿乔木，稀为灌木。枝轮生。叶两型：鳞叶（原生叶）单生，螺旋状着生，在幼苗时期为扁平条形，绿色，后则逐渐退化成膜质苞片状，基部下延生长或不下延生长；针叶（次生叶）螺旋状着生，辐射伸展，常2针、3针或5针一束，针叶边缘全缘或有细锯齿，背部无气孔线或有气孔线，腹面两侧具气孔线，横切面三角形、扇状三角形或半圆形。球花单性，雌雄同株。小球果于第二年春受精后迅速长大，球果直立或下垂，有梗或几无梗；球果第二年（稀第三年）秋季成熟，熟时种鳞张开，种子散出，稀不张开，种子不脱落。

本属80余种，分布于北半球，北至北极地区，南至北非、中美、中南半岛至苏门答腊赤道以南地方。世界上木材和松脂生产的主要树种。我国产22种10变种，分布几乎遍布全国，其中如红松、华山松、云南松、马尾松、油松、樟子松等为我国森林的主要树种，同时在造林更新上也占重要地位。

木材有松脂，纹理直或斜，结构中至粗，材质较硬或较软，易施工，可供建筑、电杆、枕木、矿柱、桥梁、舟车、板料、农具、器具及家具等用，也可作木纤维工业原料。树木可用以采脂；树皮、针叶、树根等可综合利用，制成多种化工产品；种子可榨油；松花粉、松节、松针或提取物可药用；多数五针松类有较大的种子，可供食用；多数种类为森林更新、造林、绿化及庭园树木。

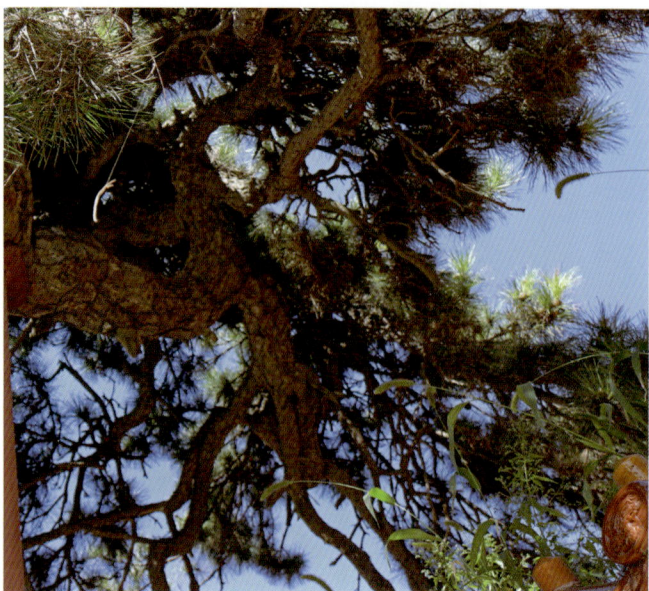

北梁古松

油松　*Pinus tabuliformis* Carriere

　　保护等级：二级

　　基本信息：位于双滦区大庙镇北梁村，地理坐标为：东经 117.7900082°，北纬 41.1859502°。树龄 305 年，树高 6.3m，胸围 134cm，冠幅 7m。

河南营古松

油松　*Pinus tabuliformis* Carriere

保护等级：二级

基本信息：位于双滦区陈栅子乡河南营村，地理坐标为：东经 117.8582582°，北纬 40.8303382°。树龄 405 年，树高 19.7m，胸围 282cm，冠幅 16m。

十八盘古松 ▲

油松　*Pinus tabuliformis* Carriere

保护等级：二级

基本信息：位于双滦区偏桥子镇十八盘村，地理坐标为：东经 117.8791401°，北纬 40.9236323°。树龄 405 年，树高 11.9m，胸围 218cm，冠幅 15m。

下旗古松 ▶

油松　*Pinus tabuliformis* Carriere

保护等级：三级

基本信息：位于承德县鞍匠镇下旗村，地理坐标为：东经 117.7389170°，北纬 40.7606420°。树龄 280 年，树高 18.9m，胸围 225cm，冠幅 15m。

特征：树干笔直。

达连坑古松 ▲

油松　*Pinus tabuliformis* Carriere

保护等级：二级

基本信息：位于双滦区偏桥子镇达连坑村，地理坐标为：东经 117.8203371°，北纬 40.9311933°。树龄 315 年，树高 12.9m，胸围 213cm，冠幅 16m。

朱营古松 ▶

油松　*Pinus tabuliformis* Carriere

保护等级：三级

基本信息：位于承德县头沟镇朱营村，地理坐标为：东经 118.0994550°，北纬 41.2019550°。树龄 100 年，树高 13.1m，胸围 148cm，冠幅 14m。

冯营子古松 ▲

油松 *Pinus tabuliformis* Carriere

保护等级： 二级

基本信息： 位于双滦区西地满族乡冯营子村，地理坐标为：东经 117.7381052°，北纬 40.9758863°。树龄 325 年，树高 9.8m，胸围 235cm，冠幅 12m。

二沟古松 ▶

油松 *Pinus tabuliformis* Carriere

保护等级： 三级

基本信息： 位于承德县三沟镇二沟村，地理坐标为：东经 118.1879230°，北纬 41.0473200°。树龄 250 年，树高 15.8m，胸围 246cm，冠幅 16m。

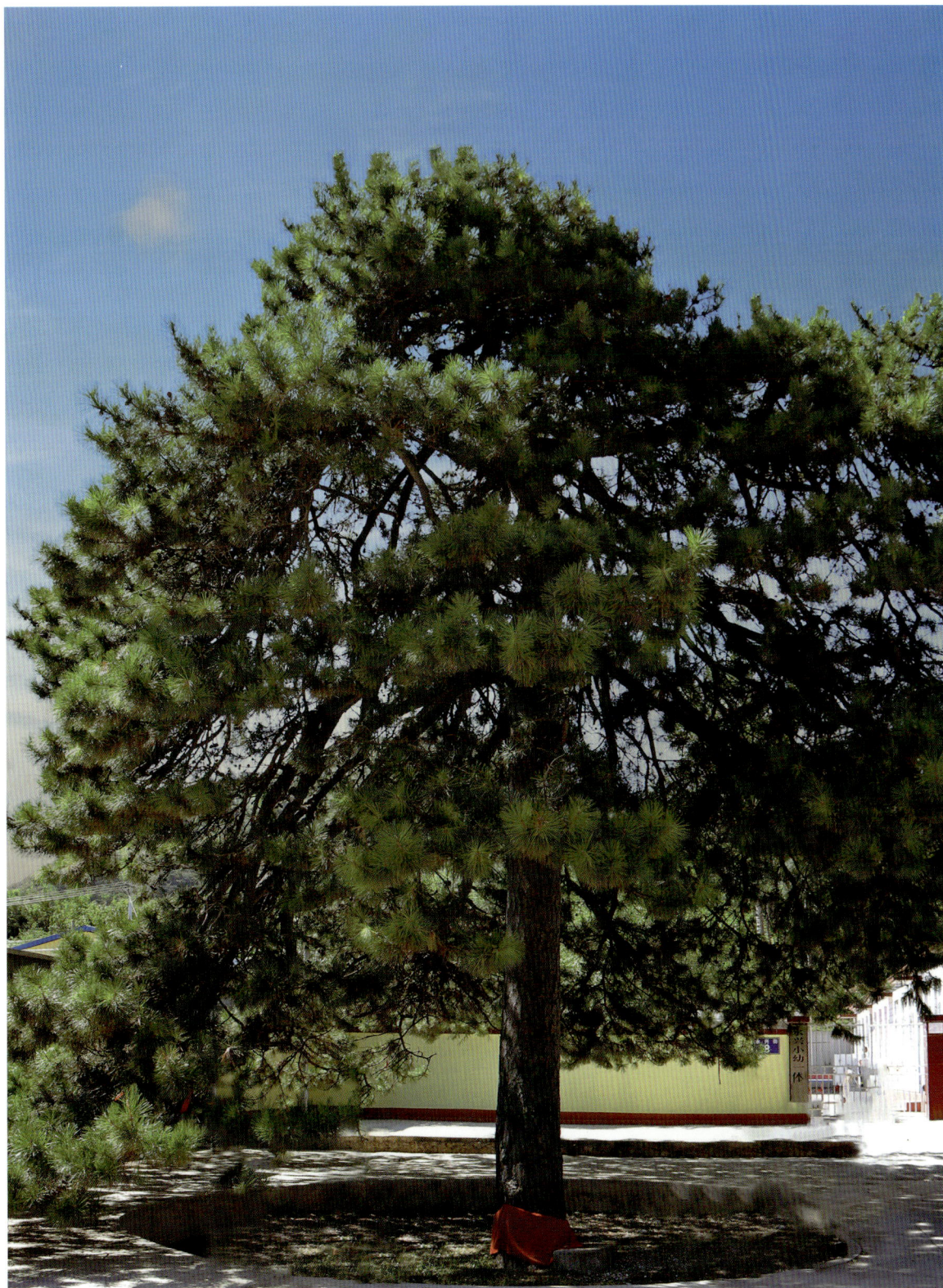

永兴古松

油松 *Pinus tabuliformis* Carriere

保护等级：二级

基本信息：位于承德县石灰窑乡永兴村，地理坐标为：东经 118.3187970°，北纬 40.8654960°。树龄 405 年，树高 13.5m，胸围 240cm，冠幅 16m。

鸡冠山古松

油松 *Pinus tabuliformis* Carriere

保护等级：一级

基本信息：位于双桥区大石庙镇鸡冠山村，地理坐标为：东经118.0243183°，北纬40.8804712°。树龄747年，树高9.8m，胸围360cm，冠幅11m。

青松岭古松

油松 *Pinus tabuliformis* Carriere

保护等级：一级

基本信息：位于兴隆县青松岭镇青松岭村，地理坐标为：东经 117.4364181°，北纬 40.2980208°。树龄 800 年，树高 9.3m，胸围 220cm，冠幅 19m。

栾家店古松

油松　*Pinus tabuliformis* Carriere

保护等级： 一级

基本信息： 位于兴隆县李家营乡栾家店村，地理坐标为：东经 117.8501086°，北纬 40.6847228°。树龄 560 年，树高 16.8m，胸围 245cm，冠幅 16m。

南台古松

油松　*Pinus tabuliformis* Carriere

保护等级：三级

基本信息：位于兴隆县六道河镇南台村，地理坐标为：东经 117.2908137°，北纬 40.4218564°。树龄 150 年，树高 11.2m，胸围 159cm，冠幅 13m。

羊羔峪古松 ▲

油松 *Pinus tabuliformis* Carriere

　　保护等级：三级
　　基本信息：位于兴隆县安子岭乡羊羔峪村，地理坐标为：东经 117.927347°，北纬 40.473489°。树龄 150 年，树高 9.5m，胸围 218cm，冠幅 14m。

南大峪古松 ▶

油松 *Pinus tabuliformis* Carriere

　　保护等级：一级
　　基本信息：位于兴隆县蘑菇峪乡河南大峪村，地理坐标为：东经 118.1934233°，北纬 40.5229534°。树龄 510 年，树高 9.6m，胸围 295cm，冠幅 21m。

解放古松

油松　*Pinus tabuliformis* Carriere

保护等级：二级

基本信息：位于兴隆县蘑菇峪乡解放村，地理坐标为：东经 118.031018°，北纬 40.543647°。树龄 300 年，树高 11m，胸围 206cm，冠幅 17m。

二道岭古松

油松　*Pinus tabuliformis* Carriere

　　保护等级：二级
　　基本信息： 位于兴隆县蘑菇峪乡二道岭子村，地理坐标为：东经118.078418°，北纬40.539239°。树龄350年，树高10.5m，胸围237cm，冠幅12m。

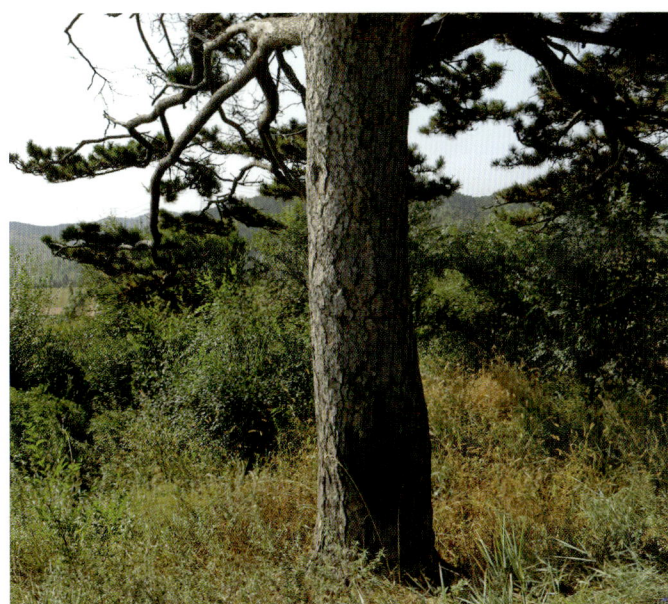

高台子古松

油松 *Pinus tabuliformis* Carriere

保护等级：三级

基本信息：位于平泉市黄土梁子镇高台子村，地理坐标为：东经 118.7415074°，北纬 41.2589851°。树龄 205 年，树高 12.8m，胸围 244cm，冠幅 16m。

特征：高大，粗壮，沧桑，平顶，4m 处分枝，枝叶集中西侧，枝平伸，枝头微微下垂。

瓦房店古松

油松　*Pinus tabuliformis* Carriere

保护等级：二级

基本信息：位于平泉市卧龙镇瓦房店村，地理坐标为：东经 118.7414001°，北纬 41.1618663°。树龄 313 年，树高 12.9m，胸围 200cm，冠幅 14m。

柳溪古松 ▲

油松　*Pinus tabuliformis* Carriere

保护等级：三级

基本信息：位于平泉市柳溪镇柳溪社区，地理坐标为：东经 118.6328533°，北纬 41.2422432°。树龄 225 年，树高 3.7m，胸围 151cm，冠幅 8m。

蒙和乌苏古松 ▶

油松　*Pinus tabuliformis* Carriere

保护等级：三级

基本信息：位于平泉市北五十家子镇蒙和乌苏社区，地理坐标为：东经 118.7325501°，北纬 41.3079283°。树龄 134 年，树高 13.2m，胸围 223cm，冠幅 12m。

东升古松

油松 *Pinus tabuliformis* Carriere

保护等级：二级

基本信息：位于平泉市七沟镇东升社区，地理坐标为：东经 118.425873°，北纬 40.935942°。树龄 360 年，树高 18.4m，胸围 352cm，冠幅 19m。

敖牛沟古松

油松　*Pinus tabuliformis* Carriere

保护等级： 三级

基本信息： 位于平泉市榆树林子镇敖牛沟村，地理坐标为：东经 119.0223104°，北纬 41.3002013°。树龄 213 年，树高 8.6m，胸围 182cm，冠幅 13m。

闫杖子古松 ▲

油松 *Pinus tabuliformis* Carriere

保护等级：二级

基本信息：位于平泉市松树台乡闫杖子村，地理坐标为：东经 118.804195°，北纬 40.862482°。树龄 350 年，树高 9.5m，胸围 229cm，冠幅 18m。

暖泉古松 ▶

油松 *Pinus tabuliformis* Carriere

保护等级：三级

基本信息：位于平泉市党坝镇暖泉村，地理坐标为：东经 118.586122°，北纬 40.740349°。树龄 200 年，树高 15.5m，胸围 202cm，冠幅 13m。

大窝铺古松 ▲

油松　*Pinus tabuliformis* Carriere

保护等级：二级

基本信息：位于平泉市柳溪镇大窝铺村，地理坐标为：东经 118.4930122°，北纬 41.3306401°。树龄 380 年，树高 11.6m，胸围 281cm，冠幅 14m。

梓椤树古松 ▶

油松　*Pinus tabuliformis* Carriere

保护等级：二级

基本信息：位于平泉市梓椤树镇梓椤树社区，地理坐标为：东经 118.766407°，北纬 40.765716°。树龄 300 年，树高 7.4m，胸围 289cm，冠幅 12m。

长山峪古松

油松 *Pinus tabuliformis* Carriere

保护等级：三级

基本信息：位于滦平县长山峪镇长山峪村，地理坐标为：东经 117.4199341°，北纬 40.8503951°。树龄 300 年，树高 8.8m，胸围 175cm，冠幅 12m。

特征：下部老树皮大部分脱落。

传说：此树为建行宫所栽植的"十八罗汉松"中现仅存的一棵。

山神庙古松

油松　*Pinus tabuliformis* Carriere

保护等级： 二级

　　基本信息： 位于滦平县巴克什营镇山神庙村，地理坐标为：东经117.1705682°，北纬40.7389173°。树龄402年，树高10.2m，胸围177cm，冠幅14m。

苇子峪古松 [1]

油松 *Pinus tabuliformis* Carriere

保护等级：二级

基本信息：位于滦平县火斗山乡苇子峪村，地理坐标为：东经 117.2525371°，北纬 40.7604631°。树龄 400 年，树高 13.2m，胸围 255cm，冠幅 19m。

苇子峪古松 2

油松 *Pinus tabuliformis* Carriere

保护等级：二级

基本信息：位于滦平县火斗山乡苇子峪村，地理坐标为：东经 117.2520451°，北纬 40.7583801°。树龄 300 年，树高 9.5m，胸围 163cm，冠幅 14m。

传说：清摄政王多尔衮曾在此树下安营扎寨。

李栅子古松

油松 *Pinus tabuliformis* Carriere

保护等级：二级

基本信息：位于滦平县安纯沟门满族乡李栅子村，地理坐标为：东经 117.1942401°，北纬 40.9930881°。树龄 400 年，树高 14.5m，胸围 231cm，冠幅 17m。

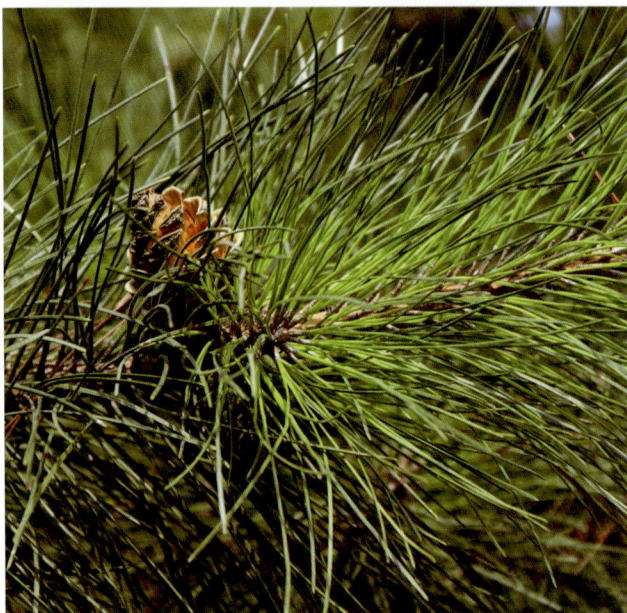

招素沟古松

油松 *Pinus tabuliformis* Carriere

保护等级：一级

基本信息：位于隆化县郭家屯镇招素沟村，地理坐标为：东经 117.0917720°，北纬 41.6989400°。树龄 520 年，树高 18.6m，胸围 390cm，冠幅 22m。

上牛录古松

油松 *Pinus tabuliformis* Carriere

保护等级：一级

基本信息：位于隆化县八达营蒙古族乡上牛录村，地理坐标为：东经 117.4987330°，北纬 41.5097680°。树龄 510 年，树高 32.7m，胸围 325cm，冠幅 15m。

上窑古松 ▲

油松　*Pinus tabuliformis* Carriere

保护等级：三级

基本信息：位于隆化县八达营蒙古族乡上窑村，地理坐标为：东经 117.429718°，北纬 41.428821°。树龄 150 年，树高 4.9m，胸围 125cm，冠幅 11m。

南苇子沟古松 ▶

油松　*Pinus tabuliformis* Carriere

保护等级：一级

基本信息：位于宽城满族自治县苇子沟乡南苇子沟村，地理坐标为：东经 118.8659902°，北纬 40.5985664°。树龄 510 年，树高 21.6m，胸围 344cm，冠幅 17m。

四道河古松 ▲

油松 *Pinus tabuliformis* Carriere

保护等级：三级

基本信息：位于丰宁满族自治县大阁镇四道河村，地理坐标为：东经 116.6929350°，北纬 41.1938540°。树龄 180 年，树高 7.6m，胸围 158cm，冠幅 15m。

八郎古松 ▶

油松 *Pinus tabuliformis* Carriere

保护等级：二级

基本信息：位于丰宁满族自治县凤山镇八郎村，地理坐标为：东经 117.2261600°，北纬 41.1222360°。树龄 370 年，树高 14m，胸围 203cm，冠幅 16m。

三间房古松 1

油松 *Pinus tabuliformis* Carriere

保护等级： 一级

基本信息： 位于丰宁满族自治县土城镇三间房村，地理坐标为：东经 116.5755480°，北纬 41.3229860°。树龄 510 年，树高 8.5m，胸围 244cm，冠幅 14m。

三间房古松 2

油松 *Pinus tabuliformis* Carriere

保护等级：一级

基本信息：位于丰宁满族自治县土城镇三间房村，地理坐标为：东经 116.5746830°，北纬 41.3236650°。树龄 510 年，树高 12.5m，胸围 322cm，冠幅 17m。

三间房古松 3

油松　*Pinus tabuliformis* Carriere

保护等级： 一级

基本信息： 位于丰宁满族自治县土城镇三间房村，地理坐标为：东经 116.5747880°，北纬 41.3235410°。树龄 510 年，树高 11.3m，胸围 313cm，冠幅 16m。

波罗诺古松

油松 *Pinus tabuliformis* Carriere

　　保护等级：一级

　　基本信息：位于丰宁满族自治县波罗诺镇河南村，地理坐标为：东经 117.3410300°，北纬 41.0728420°。树龄 600 年，树高 11.6m，胸围 294cm，冠幅 21m。

北沟古松

油松　*Pinus tabuliformis* Carriere

保护等级： 二级

基本信息： 位于宽城满族自治县板城镇北沟村，地理坐标为：东经 118.6512513°，北纬 40.6046173°。树龄 360 年，树高 14.5m，胸围 238cm，冠幅 21m。

于杖子古松 ▲

油松 *Pinus tabuliformis* Carriere

保护等级： 二级

基本信息： 位于宽城满族自治县宽城镇于杖子村，地理坐标为：东经 118.41734°，北纬40.629291°。树龄 310 年，树高11.5m，胸围 300cm，冠幅 18m。

西梨园古松 ▶

油松 *Pinus tabuliformis* Carriere

保护等级： 二级

基本信息： 位于宽城满族自治县大石柱子乡西梨园村，地理坐标为：东经 119.1111374°，北纬40.6416423°。树龄 300 年，树高7.5m，胸围 200cm，冠幅 14m。

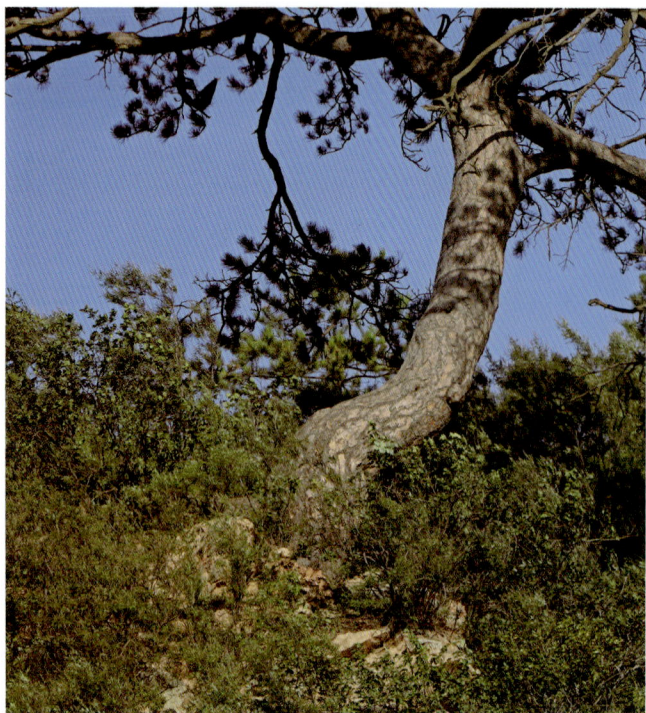

东梨园古松

油松 *Pinus tabuliformis* Carriere

保护等级： 三级

基本信息： 位于宽城满族自治县大石柱子乡东梨园村，地理坐标为：东经119.1243324°，北纬40.6490187°。树龄210年，树高6m，胸围192cm，冠幅11m。

椴树沟古松₁ ▲

油松 *Pinus tabuliformis* Carriere

保护等级： 三级

基本信息： 位于宽城满族自治县板城镇椴树沟村，地理坐标为：东经 118.7477411°，北纬 40.6389534°。树龄 130 年，树高 14.6m，胸围 203cm，冠幅 12m。

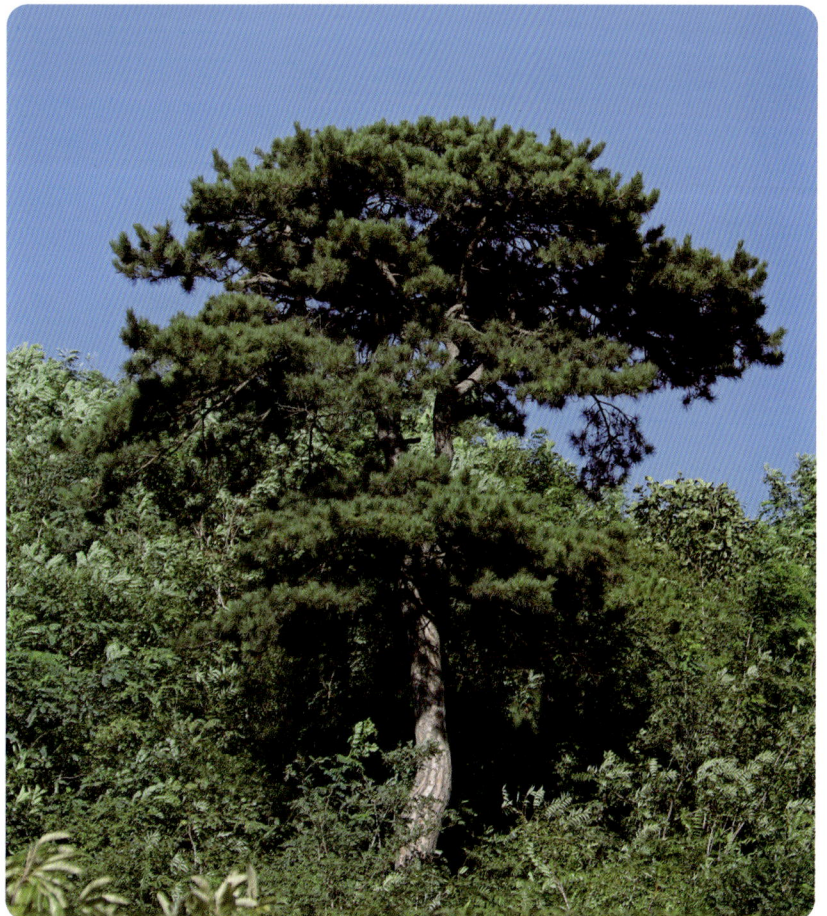

椴树沟古松₂ ▶

油松 *Pinus tabuliformis* Carriere

保护等级： 三级

基本信息： 位于宽城满族自治县板城镇椴树沟村，地理坐标为：东经 118.7509512°，北纬 40.6381294°。树龄 110 年，树高 16.5m，胸围 176cm，冠幅 11m。

上店古松

油松　*Pinus tabuliformis* Carriere

保护等级：一级

基本信息：位于宽城满族自治县龙须门镇上店村，地理坐标为：东经118.5715992°，北纬40.6740443°。树龄530年，树高20.1m，胸围363cm，冠幅21m。

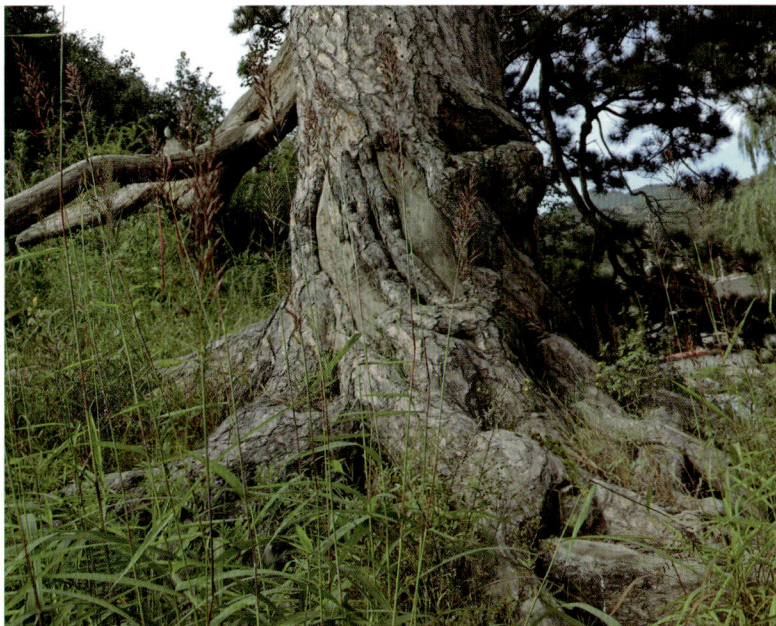

熊虎斗古松

油松 *Pinus tabuliformis* Carriere

保护等级： 一级

基本信息： 位于宽城满族自治县东大地乡熊虎斗村，地理坐标为：东经118.5841432°，北纬40.4061073°。树龄550年，树高11.5m，胸围338cm，冠幅15m。

庙宫古松

油松　*Pinus tabuliformis* Carriere

保护等级：三级

基本信息：位于围场满族蒙古族自治县四道沟乡庙宫村，地理坐标为：东经 117.8490596°，北纬 41.7137689°。树龄 206 年，树高 18.8m，胸围 213cm，冠幅 12m。

棋盘山古松₁ ▲

油松 *Pinus tabuliformis* Carriere

保护等级：二级

基本信息：位于围场满族蒙古族自治县棋盘山镇棋盘山村，地理坐标为：东经 117.6257807°，北纬 42.1153863°。树龄 315 年，树高 6.9m，胸围 217cm，冠幅 15m。

棋盘山古松₂ ▶

油松 *Pinus tabuliformis* Carriere

保护等级：三级

基本信息：位于围场满族蒙古族自治县棋盘山镇棋盘山村，地理坐标为：东经 117.6616642°，北纬 42.1115307°。树龄 205 年，树高 7.5m，胸围 113cm，冠幅 5m。

后台子古松

油松　*Pinus tabuliformis* Carriere

保护等级：三级

基本信息：位于围场御道口农牧场灯竹碗分场后台子生产队，地理坐标为：东经 117.1113641°，北纬 42.3733091°。树龄200年，树高6.5m，胸围248cm，冠幅12m。

灯竹碗古松

油松　*Pinus tabuliformis* Carriere

保护等级： 三级

基本信息： 位于围场御道口农牧场灯竹碗分场，地理坐标为：东经 117.1013422°，北纬 42.3957113°。树龄 250 年，树高 14.8m，胸围 252cm，冠幅 15m。

博物馆古松

油松　*Pinus tabuliformis* Carriere

保护等级：二级

基本信息：位于承德避暑山庄内博物馆十九间房后，地理坐标为：东经 117.9352167°，北纬 40.9820833°。树龄 300 年，树高 11m，胸围 220cm，冠幅 10m。

岫云古松

油松　*Pinus tabuliformis* Carriere

保护等级：二级

基本信息：位于承德避暑山庄内岫云门前，地理坐标为：东经 117.9354364°，北纬 40.9830895°。树龄 300 年，树高 14m，胸围 188cm，冠幅 10m。

依绿斋古松

油松　*Pinus tabuliformis* Carriere

保护等级：二级

基本信息：位于承德避暑山庄内依绿斋西南岛山，地理坐标为：东经 117.9405167°，北纬 40.9900167°。树龄 300 年，树高 14m，胸围 160cm，冠幅 7m。

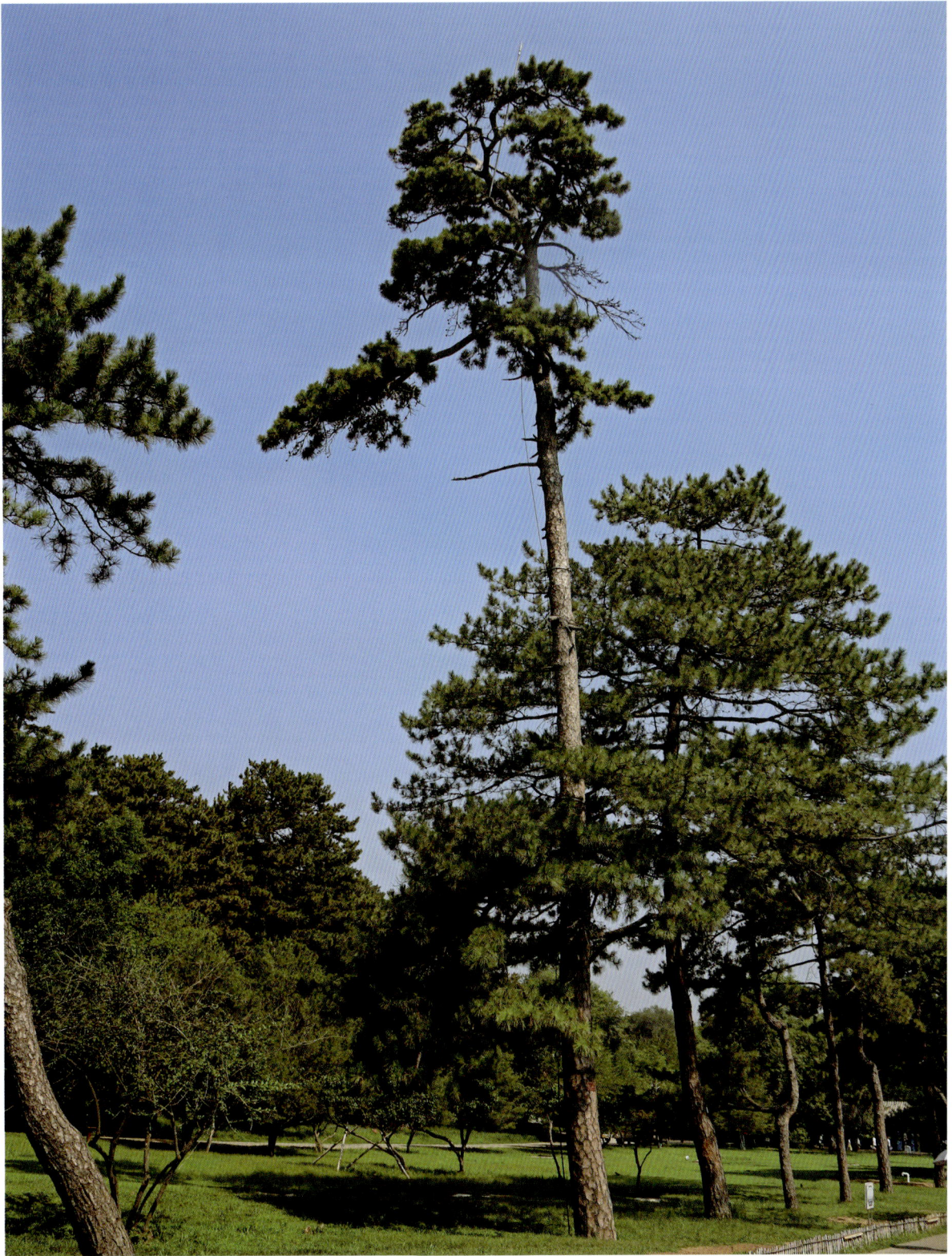

游船码头古松

油松 *Pinus tabuliformis* Carriere

保护等级：二级

基本信息：位于承德避暑山庄游船码头，地理坐标为：东经117.9354144°，北纬40.9845243°。树龄300年，树高22m，胸围204cm，冠幅10m。

山庄环碧古松

油松　*Pinus tabuliformis* Carriere

保护等级： 二级

基本信息： 位于承德避暑山庄环碧，地理坐标为：东经 117.9379000 °，北纬 40.9872500°。树龄 300 年，树高 17m，胸围 207cm，冠幅 4m。

万壑松风古松

油松　*Pinus tabuliformis* Carriere

保护等级： 二级

基本信息： 位于承德避暑山庄内万壑松风前门西，地理坐标为：东经 117.9362 °，北纬 40.9829667°。树龄 300 年，树高 12m，胸围 195cm，冠幅 8m。

文津阁古松

油松 *Pinus tabuliformis* Carriere

保护等级：二级

基本信息：位于承德避暑山庄内文津阁，地理坐标为：东经 117.932385°，北纬 40.981062°。树龄 300 年，树高 12.5m，胸围 151cm，冠幅 7m。

普陀宗乘之庙古松

油松 *Pinus tabuliformis* Carriere

保护等级： 二级

　　基本信息： 位于承德普陀宗乘之庙平台西，地理坐标为：东经 117.9278453°，北纬 41.0114817°。树龄 250 年，树高 8m，胸围 188cm，冠幅 4m。

普乐寺古松

油松　*Pinus tabuliformis* Carriere

保护等级： 三级

基本信息： 位于承德普乐寺前门南，地理坐标为：东经 117.9544667°，北纬 41.9956667°。树龄 250 年，树高 14m，胸围 185cm，冠幅 5m。

宗印殿古松

油松　*Pinus tabuliformis* Carriere

保护等级： 二级

基本信息： 位于承德普乐寺宗印殿前，地理坐标为：东经 117.9547833°，北纬 41.9959667°。树龄 250 年，树高 22m，胸围 235cm，冠幅 9m。

殊像寺钟楼古松

油松　*Pinus tabuliformis* Carriere

保护等级： 三级

基本信息： 位于承德殊像寺钟楼前东，地理坐标为：东经 117.9190167°，北纬 41.0116°。树龄 250 年，树高 22m，胸围 267cm，冠幅 10m。

云杉属 *Picea* A. Dietrich.

　　常绿乔木。枝条轮生。叶四棱状条形或条形，无柄，螺旋状着生，辐射四周伸展；横切面方形、菱形或扁平。球花单性，雌雄同株；雄花椭圆形或圆柱形，单生叶腋，稀单生枝顶，黄色或深红色；雌球花单生枝顶，椭圆状圆柱形，紫红色，稀绿色。球果下垂，卵状圆柱形或圆柱形，稀卵圆形，当年秋季成熟，成熟前全部绿色或紫色，或种鳞背部绿色，而上部边缘红紫色。

　　本属约 40 种，分布于北半球。我国有 16 种 9 变种，产于东北、华北、西北、西南及台湾等省份的高山地带，常组成大面积的单纯林，或与其他针叶树、阔叶树混生。四川西部高山地区的天然林中，云杉类的木材蓄积量丰富。

　　材质优良，纹理细致，结构紧密，质稍软，有弹性。可作飞机、机械、建筑、桥梁、箱板、家具、车厢、造船、乐器及木纤维工业原料等用材；树皮可提栲胶。

小椤椤树古扦松

青扦　*Picea wilsonii* Mast.

保护等级：一级

基本信息：位于宽城县大字沟乡小椤椤树村黄土坡沟，地理坐标为：东经 118.8166566°，北纬 40.5705483°。树龄 550 年，树高 28m，胸围 220cm，冠幅 7m。

安子岭古扦松

青扦　*Picea wilsonii* Mast.

保护等级：二级

基本信息：位于滦平县长山峪镇安子岭村，地理坐标为：东经 117.4629791°，北纬 40.8496832°。树龄 314 年，树高 17.4m，胸围 207cm，冠幅 4m。

缸房古扦松

青扦 *Picea wilsonii* Mast.

保护等级： 三级

基本信息： 位于滦平县巴克什营镇缸房村，地理坐标为：东经 117.3209801°，北纬 40.6935334°。树龄 202 年，树高 22.8m，胸围 19cm，冠幅 11m。

榆树沟古扦松

青扦 *Picea wilsonii* Mast.

保护等级： 二级

基本信息： 位于丰宁满族自治县土城镇榆树沟村，地理坐标为：东经 116.5342050°，北纬 41.4713100°。树龄 380 年，树高 19.5m，胸围 250cm，冠幅 9m。

母子沟古扦松

青扦　*Picea wilsonii* Mast.

保护等级： 三级

基本信息： 位于围场满族蒙古族自治县第三乡林场母子沟营林区，地理坐标为：东经117.4459475°，北纬42.2387238°。树龄140年，树高20.8m，胸围154cm，冠幅9m。

柏科 Cupressaceae

侧柏属 *Platycladus* Spach

常绿乔木，着生鳞叶的小枝直展或斜展，排成一平面，扁平，两面同型。叶鳞形，二型，交叉对生，排成4列，基部下延生长，背面有腺点。雌雄同株，球花单生于小枝顶端。球果当年成熟，熟时开裂。种鳞4对，木质，厚，近扁平，背部顶端的下方有一弯曲的钩状尖头，中部的种鳞发达，各有12颗种子。

本属喜光，幼时稍耐阴，适应性强，喜生于湿润肥沃排水良好的钙质土壤。耐寒、耐旱、抗盐碱，在平地或悬崖峭壁上都能生长；在干燥、贫瘠的山地上，生长缓慢，植株细弱。浅根性，但侧根发达，萌芽性强、耐修剪、寿命长，抗烟尘，抗二氧化硫、氯化氢等有害气体，分布广，为应用最普遍的观赏树木之一。

本属仅侧柏1种，分布几乎遍布全国。朝鲜也有分布。

本属材质优良，供建筑、家具、文具及其他器具用；种子可榨油；叶和果实入药。

溥仁寺古柏

侧柏　*Platycladus orientalis* (L.) Franco

保护等级：二级

基本信息：位于承德溥仁寺东小院，地理坐标为：东经 117.9346833°，北纬 40.9908667°。树龄 300 年，树高 7m，胸围 144cm，冠幅 5m。

西罡古柏

侧柏　*Platycladus orientalis* (L.) Franco

保护等级：二级

基本信息：位于承德普陀宗乘之庙西罡，地理坐标为：东经 117.928388°，北纬 41.010587°。树龄 300 年，树高 6m，胸围 207cm，冠幅 3m。

八掛岭古柏

侧柏　*Platycladus orientalis* (L.) Franco

保护等级：二级

基本信息：位于承德县大营子乡八掛岭村，地理坐标为：东经 117.9721040°，北纬 40.6459770°。树龄 300 年，树高 4.2m，胸围 102cm，冠幅 6m。

三道沟门古柏

侧柏 *Platycladus orientalis* (L.) Franco

保护等级： 三级

基本信息： 位于滦平县付家店满族乡三道沟门村，地理坐标为：东经117.1447935°，北纬40.8327463°。树龄160年，树高3.1m，胸围33cm，冠幅3m。

大山古柏

侧柏 *Platycladus orientalis* (L.) Franco

保护等级：一级

基本信息：位于兴隆县蓝旗营镇大山村，地理坐标为：东经 118.0156073°，北纬 40.4273145°。树龄 600 年，树高 19.8m，胸围 212cm，冠幅 15m。

下洼子古柏

侧柏 *Platycladus orientalis* (L.) Franco

保护等级： 三级

基本信息： 位于隆化县隆化镇下洼子村，地理坐标为：东经 117.7241530°，北纬 41.3217330°。树龄 180 年，树高 13.2m，胸围 159cm，冠幅 9m。

暖泉古柏

侧柏 *Platycladus orientalis* (L.) Franco

保护等级： 三级

基本信息： 位于平泉市党坝镇暖泉村，地理坐标为：东经 118.592872°，北纬 40.739557°。树龄 200 年，树高 6m，胸围 105cm，冠幅 6m。

三座店古柏 ₁

侧柏 *Platycladus orientalis* (L.) Franco

保护等级： 一级

基本信息： 位于平泉市杨树岭镇三座店社区，地理坐标为：东经 118.894298°，北纬 40.997407°。树龄 600 年，树高 11m，胸围 165cm，冠幅 6m。

三座店古柏 ₂

侧柏 *Platycladus orientalis* (L.) Franco

保护等级： 一级

基本信息： 位于平泉市杨树岭镇三座店社区，地理坐标为：东经 118.894265°，北纬 40.997735°。树龄 600 年，树高 10.5m，胸围 155cm，冠幅 9m。

刺柏属 *Juniperus* Mill.

常绿乔木或灌木、直立或匍匐。有叶小枝不排成一平面。叶刺形或鳞形，幼树之叶均为刺形，老树之叶全为刺形或全为鳞形，或同一树兼有鳞叶及刺叶；刺叶通常 3 叶轮生，稀交叉对生，基部下延生长，无关节，上（腹）面有气孔带；鳞叶交叉对生，稀三叶轮生、菱形，下（背）面常具腺体。雌雄异株或同株，球花单生短枝顶端。球果通常第二年成熟，稀当年或第三年成熟。

本属约 50 种，分布于北半球，北至北极圈，南至热带高山。我国产 15 种 5 变种，多数分布于西北部、西部及西南部的高山地区，能适应干旱、严寒的气候。

木材纹理直，结构细，坚韧耐用，有香气。可作建筑、家具、室内装修、文具、器具等用材。不少种类为分布区的主要森林树种或为习见的庭园树。生于高山干旱严寒地带及沙漠地区的匍匐灌木，可作水土保持及固沙造林树种。

钟楼古柏

刺柏 *Juniperus chinensis* L.

保护等级： 二级

基本信息： 位于承德普陀宗乘之庙钟楼，地理坐标为：东经 117.9449333°，北纬 41.01115°。
树龄 300 年，树高 8m，胸围 141cm，冠幅 3m。

第三部分 被子植物

蔷薇科 Rosaceae

梨属 *Pyrus* L.

　　落叶乔木或灌木，稀半常绿乔木。有时具刺。单叶，互生，有锯齿或全缘，稀分裂，在芽中呈席卷状，有叶柄与托叶。花先于叶开放或同时开放，伞形总状花序。梨果，果肉多汁，富石细胞，子房壁软骨质；种子黑色或黑褐色，种皮软骨质，子叶平凸。

　　本属 25 种，分布于亚洲、欧洲至北非。中国有 14 种，各地普遍栽培的重要果树及观赏树。多为果树及果树砧木。春花雪白，秋叶红艳，供观赏。木材坚硬细致，材质优良。梨的果实通常用来食用，不仅味美汁多，甜中带酸，而且营养丰富，含有多种维生素和纤维素，在古代有"百果之宗"的美誉，不同种类的梨味道和质感不同。梨既可生食，也可蒸煮后食用。

后大庙古梨

秋子梨　*Pyrus ussuriensis* Maxim.

保护等级：二级

基本信息：位于丰宁满族自治县胡麻营镇后大庙村，地理坐标为：东经 116.7928630°，北纬 41.1292630°。树龄 320 年，树高 14.8m，胸围 239cm，冠幅 15m。

苹果属 *Malus* Mill.

落叶稀半常绿乔木或灌木。通常不具刺。单叶互生,叶片有齿或分裂,在芽中呈席卷状或对折状,有叶柄和托叶。伞形总状花序;花瓣近圆形或倒卵形,白色、浅红色至艳红色。梨果,通常不具石细胞或少数种类有石细胞,萼片宿存或脱落;种皮褐色或近黑色,子叶平凸。

本属35种,广泛分布于北温带,亚洲、欧洲和北美洲,全世界各地均有栽培。我国20余种,多数是重要果树及砧木或观赏用树种,是蔷薇科中经济价值较高的一属植物。

苹果是世界上最著名的水果之一,中国是苹果产量最高的国家。苹果属植物如垂丝海棠、山荆子、湖北海棠、西府海棠等是重要的园林树种。许多种在苹果生产中被用作砧木。湖北海棠、台湾林檎、尖嘴林檎等叶中含有丰富的黄酮类物质、维生素C和E等,可制成保健茶。

三角地古楸

楸子 *Malus prunifolia* (Willd.) Borkh.

保护等级： 三级

基本信息： 位于双桥区水泉沟镇三角地社区居委会，地理坐标为：东经 117.9065853°，北纬 40.9897832°。树龄 105 年，树高 10.1m，胸围 139cm，冠幅 9m。

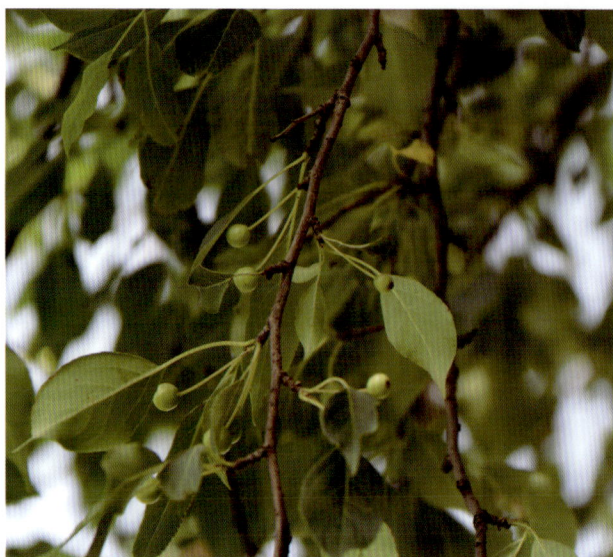

神仙洞古荆

山荆子　*Malus baccata* (L.) Borkh.

保护等级：三级

基本信息：位于围场满族蒙古族自治县如意河分场神仙洞生产队，地理坐标为：东经117.2486233°，北纬42.2125642°。树龄140年，树高5.2m，胸围92cm，冠幅7m。

山楂属 *Crataegus* L.

落叶稀半常绿灌木或小乔木。通常具刺，很少无刺。冬芽卵形或近圆形。单叶互生，有锯齿，深裂或浅裂，稀不裂，有叶柄与托叶。伞房花序或伞形花序，极少单生；萼筒钟状，萼片 5；花瓣 5，白色，极少数粉红色；雄蕊 5～25；心皮 1～5，大部分与花托合生，仅先端和腹面分离，子房下位至半下位，每室具 2 枚胚珠，其中 1 枚常不发育。梨果，先端有宿存萼片；心皮熟时为骨质，呈小核状。

广泛分布于北半球，北美种类很多，有人描写在千种以上。中国约产 17 种。

本属有些种类果实大形而肉质，可供鲜食，或作果冻蜜饯及糖渍食品，有些种类的嫩叶可作茶叶代用品，有些种类的果实可入药，树皮和根部含单宁，可用于染色。木材坚固沉重，可作镟工用材或农具把柄。许多种类可栽培供观赏用，并适宜作绿篱，少数种类可作苹果、梨、榅桲和枇杷果树的砧木。

跑马场古山楂

山楂　*Crataegus pinnatifida* Bge.

保护等级： 三级

基本信息： 位于兴隆县青松岭镇跑马场村，地理坐标为：东经 117.4819008°，北纬 40.2441867°。树龄 110 年，树高 8.6m，胸围 275cm，冠幅 13m。

杏属 *Armeniaca* Mill.

落叶乔木，极稀灌木。枝无刺，极少有刺。叶芽和花芽并生，2～3 个簇生于叶腋。幼叶在芽中席卷状；叶柄常具腺体。花常单生，稀 2 朵，先于叶开放，近无梗或有短梗。果实为核果，两侧稍扁平，有明显纵沟，果肉肉质而有汁液，成熟时不开裂，稀干燥而开裂，外被短柔毛，稀无毛，离核或粘核；核两侧扁平，表面光滑、粗糙或呈网状；种仁味苦或甜；子叶扁平。

杏是我国原产，久经栽培，品种多，具有重要的经济价值。树性强健，耐干旱，除作果树和观赏植物以外，还是防护林和水土保持林的优良树种。木材坚硬，适宜制作器物。果实富含营养和维生素，除供生食和浸渍用外，还适宜加工制作杏干、杏脯、杏酱等。种仁（杏仁）含脂肪和蛋白质，可供食用及作医药和轻工业的原料。

此属约 8 种。分布于东亚、中亚、小亚细亚和高加索。我国有 7 种，分布范围大致以秦岭和淮河为界，淮河以北杏的栽培渐多，尤以黄河流域各省为其分布中心，淮河以南杏树栽植较少。

金扇子古杏

杏　*Armeniaca vulgaris* Lam.

保护等级：三级

基本信息：位于鹰手营子矿区北马圈子镇金扇子村，地理坐标为：东经 117.6367881°，北纬 40.484863°。树龄 120 年，树高 8.6m，胸围 183cm，冠幅 10m。

北梁古杏

杏 *Armeniaca vulgaris* Lam.

保护等级： 三级

基本信息： 位于双滦区大庙镇北梁村，地理坐标为：东经 117.7943732°，北纬 41.1733072°。树龄 105 年，树高 9.5m，胸围 209cm，冠幅 11m。

樱属 *Cerasus* Mill.

落叶乔木或灌木。幼叶在芽中为对折状，后于花开放或与花同时开放；叶有叶柄和脱落的托叶，叶边有锯齿或缺刻状锯齿，叶柄、托叶和锯齿常有腺体。花常数朵着生在伞形、伞房状或短总状花序上，或1～2花生于叶腋内，常有花梗，花序基部有芽鳞宿存或有明显苞片；花瓣白色或粉红色，先端圆钝、微缺或深裂。核果成熟时肉质多汁，不开裂；核球形或卵球形，核面平滑或稍有皱纹。

樱属有百余种，分布北半球温和地带，亚洲、欧洲至北美洲均有记录，主要种类分布在我国西部和西南部以及日本和朝鲜。花果美丽适宜作绿化观赏树种。

我国樱桃栽培已有两千年以上历史，古书《礼记》已有记载，主要为中国樱桃，至今全国各地分布甚广。东北和西北各省高寒地区多栽培毛樱桃。此外供观赏用的樱花，分属于山樱花和东京樱花两种，在我国各地庭园均有种植，日本十分珍视，作为国花，大量培育园艺品种，五颜十色，世界知名。

120

雾灵樱花（名木）

山樱花　*Cerasus serrulata* (Lindl.) G. Don ex London

保护等级：三级

基本信息：位于兴隆县青松岭镇董家店村雾灵山，地理坐标为：东经 117.4273456°，北纬 40.3184136°。树龄 110 年，树高 12.1m，胸围 96cm，冠幅 6m。

史料：1980 年这株樱花被世人发现，盛开时灿如红霞的樱花，吸引了众多国人的关注。原中国科学院植物研究所北京香山植物园张春静书记介绍："在华北森林中曾野生过许多樱花树"。此后，在此樱花东南方向的山坡上，又发现了 9 株樱花幼树，在此地东侧流水沟一带、六里坪、荒地沟等地分别发现几株、十几株樱花树。2009 年，人们又在承德县东小白旗乡乱水河村也发现了 5 株长在一起的野生樱花树，而且在附近还发现了稀疏生长的 4 株樱花树。而乱水河村与雾灵山北麓樱花树之处只有一岭之隔。研究人员分析，中国的野生樱花资源在华北雾灵山一带具有原生态自然资源。

豆科　Fabaceae

槐属　*Styphnolobium* L.

　　落叶或常绿乔木、灌木、亚灌木或多年生草本，稀攀援状。奇数羽状复叶；小叶多数，全缘；托叶有或无，少数具小托叶。花序总状或圆锥状；花白色、黄色或紫色，苞片小，线形。荚果圆柱形或稍扁，串珠状，果皮肉质、革质或壳质，有时具翅，不裂或有不同的开裂方式；种子1至多数，卵形、椭圆形或近球形；种皮黑色、深褐色、赤褐色或鲜红色；子叶肥厚，偶具胶质内胚乳。

　　本属70余种，广泛分布于热带至温带地区。我国有21种14变种2变型，主要分布在西南、华南和华东地区，少数种分布到华北、西北和东北。

　　本属一些种类木材坚硬，富有弹性，可供建筑和家具用材。有些种树姿优美，可作行道树或庭园绿化树种，又是优良的蜜源植物。种子含有胶质内胚乳，可供工业上用。个别种类的根茎发达，有保持水土的作用。

普宁寺古槐

槐 *Styphnolobium japonicum* L.

保护等级：三级

基本信息：位于双桥区狮子沟镇狮子沟村普宁寺，地理坐标为：东经 117.9472873°，北纬 41.0137172°。树龄 263 年，树高 18.1m，胸围 288cm，冠幅 15m。

南兴隆古槐

槐　*Styphnolobium japonicum* L.

保护等级：三级

基本信息：位于双桥区中华路街道南兴隆社区居委会，地理坐标为：东经 117.9351752°，北纬 40.9793853°。树龄 215 年，树高 18.2m，胸围 319cm，冠幅 17m。

关帝庙古槐

槐 *Styphnolobium japonicum* L.

保护等级： 三级

基本信息： 位于双桥区西大街街道火神庙社区关帝庙内，地理坐标为：东经117.9332853°，北纬40.9797091°。树龄285年，树高16.5m，胸围211cm，冠幅14m。

热河道署古槐 ₁

槐 *Styphnolobium japonicum* L.

保护等级：三级

基本信息：位于双桥区头道牌楼街道文庙社区热河道署院内，地理坐标为：东经117.9207764°，北纬40.9842283°。树龄278年，树高14.7m，胸围265cm，冠幅14m。

热河道署古槐₂

槐 *Styphnolobium japonicum* L.

保护等级：三级

基本信息：位于双桥区头道牌楼街道文庙社区热河道署院内，地理坐标为：东经117.9206974°，北纬40.9843081°。树龄278年，树高14.3m，胸围206cm，冠幅20m。

韭菜沟古槐

槐 *Styphnolobium japonicum* L.

保护等级： 三级

基本信息： 位于双桥区潘家沟街道韭菜沟社区，地理坐标为：东经117.9233551°，北纬40.9792003°。树龄230年，树高14.9m，胸围266cm，冠幅17m。

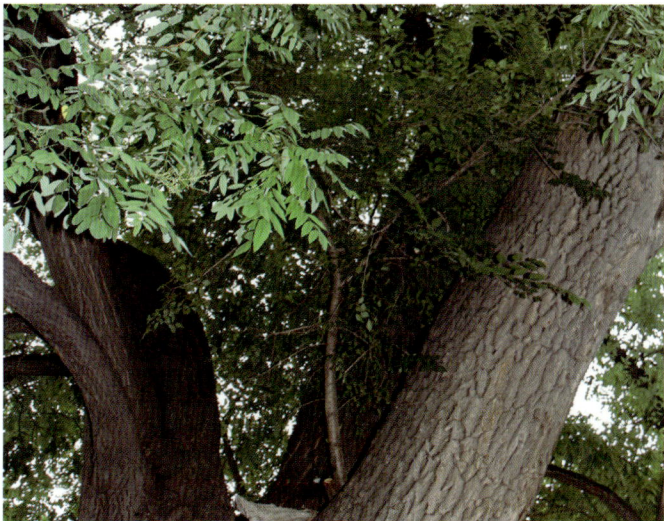

云碑林古槐

槐 *Styphnolobium japonicum* L.

保护等级： 二级

基本信息： 位于承德避暑山庄内云碑林前，地理坐标为：东经 117.9365833°，北纬 40.98125°。树龄 300 年，树高 14m，胸围 358cm，冠幅 20m。左图示槐抱榆。

阿哥所古槐

槐 *Styphnolobium japonicum* L.

保护等级：二级

基本信息：位于承德避暑山庄内阿哥所，地理坐标为：东经 117.9344833°，北纬 40.9804333°。树龄 300 年，树高 10m，胸围 370cm，冠幅 21m。

中罡古槐

槐 *Styphnolobium japonicum* L.

保护等级：二级

基本信息：位于承德普陀宗乘之庙内中罡前南，地理坐标为：东经 117.9450333°，北纬 41.0104000°。树龄 300 年，树高 12m，胸围 264cm，冠幅 10m。

普陀宗乘之庙古槐

槐 *Styphnolobium japonicum* L.

保护等级：二级

基本信息：位于承德普陀宗乘之庙内派出所门口，地理坐标为：东经 117.9438333°，北纬 41.00985°。树龄 300 年，树高 14m，胸围 207cm，冠幅 10m。

殊像寺古槐

槐 *Styphnolobium japonicum* L.

保护等级： 二级

基本信息： 位于承德殊像寺外前门，地理坐标为：东经 117.9357667°，北纬 41.0112833°。树龄 300 年，树高 10m，胸围 455cm，冠幅 10m。

钟鼓楼古槐

槐 *Styphnolobium japonicum* L.

保护等级: 二级

基本信息: 位于承德殊像寺内钟鼓楼前,地理坐标为:东经117.9355167°,北纬41.0116833°。树龄300年,树高16m,胸围305cm,冠幅10m。

酒店古槐

槐 *Styphnolobium japonicum* L.

保护等级：二级

基本信息：位于双滦区滦河镇酒店村，地理坐标为：东经 117.7442154°，北纬 40.9473622°。树龄 490 年，树高 19.2m，胸围 458cm，冠幅 16m。

北杖子古槐

槐 *Styphnolobium japonicum* L.

保护等级：三级

基本信息：位于承德县三沟镇北杖子村，地理坐标为：东经 118.2222010°，北纬 41.0305070°。树龄 250 年，树高 15.4m，，胸围 232cm，冠幅 16m。

三十家子古槐

槐 *Styphnolobium japonicum* L.

保护等级：二级

基本信息：位于承德县磴上乡东三十家子村，地理坐标为：东经 118.1573380°，北纬 41.2902080°。树龄 410 年，树高 14.1m，胸围 294cm，冠幅 8m。

翻水泉古槐

槐 *Styphnolobium japonicum* L.

保护等级： 一级

基本信息： 位于兴隆县雾灵山乡翻水泉村，地理坐标为：东经 117.3501852°，北纬 40.5431281°。树龄 500 年，树高 22.3m，胸围 295cm，冠幅 20m。

六道河古槐

槐 *Styphnolobium japonicum* L.

保护等级：一级

基本信息：位于兴隆县六道河镇六道河村，地理坐标为：东经 117.3202674°，北纬 40.3964724°。树龄 555 年，树高 14.1m，胸围 378cm，冠幅 15m。

下台子古槐 ▲

槐 *Styphnolobium japonicum* L.

保护等级：二级

基本信息：位于兴隆县李家营乡下台子村，地理坐标为：东经117.7134085°，北纬40.5909703°。树龄350年，树高12.7m，胸围260cm，冠幅13m。

邢杖子古槐 ▶

槐 *Styphnolobium japonicum* L.

保护等级：一级

基本信息：位于兴隆县大杖子乡邢杖子村，地理坐标为：东经118.0558082°，北纬40.6171253°。树龄610年，树高23.4m，胸围417cm，冠幅26m。

大杖子古槐

槐 *Styphnolobium japonicum* L.

保护等级：三级

基本信息：位于兴隆县大杖子乡大杖子村，地理坐标为：东经 118.1080023°，北纬 40.6222283°。树龄 190 年，树高 21.6m，胸围 278cm，冠幅 21m。

靳杖子古槐 1

槐 *Styphnolobium japonicum* L.

保护等级： 三级

基本信息： 位于兴隆县半壁山镇靳杖子村古槐街，地理坐标为：东经 117.939962°，北纬 40.396887°。树龄 100 年，树高 14.1m，胸围 240cm，冠幅 17m。

靳杖子古槐 2

槐 *Styphnolobium japonicum* L.

保护等级： 三级

基本信息： 位于兴隆县半壁山镇靳杖子村古槐街，地理坐标为：东经 117.940132°，北纬 40.396946°。树龄 180 年，树高 15.2m，胸围 250cm，冠幅 16m。

靳杖子古槐 ₃

槐　*Styphnolobium japonicum* L.

保护等级：二级

基本信息：位于兴隆县半壁山镇靳杖子村古槐街，地理坐标为：东经 117.946522°，北纬 40.397039°。树龄 300 年，树高 24.1m，胸围 362cm，冠幅 22m；

靳杖子古槐 4

槐　*Styphnolobium japonicum* L.

保护等级： 三级

基本信息： 位于兴隆县半壁山镇靳杖子村古槐街，地理坐标为：东经 117.940690°，北纬 40.397161°。树龄 250 年，树高 16.9m，胸围 262cm，冠幅 14m。

白云山古槐

槐 *Styphnolobium japonicum* L.

保护等级：三级

基本信息：位于隆化县八达营蒙古族乡白云山村，地理坐标为：东经 117.5331970°，北纬 41.4251440°。树龄 150 年，树高 14.5m，胸围 181cm，冠幅 10m。

大兴沟古槐

槐 *Styphnolobium japonicum* L.

保护等级：三级

基本信息：位于滦平县马营子满族乡大兴沟村，地理坐标为：东经 117.0430633°，北纬 40.7490446°。树龄 260 年，树高 17.8m，胸围 231cm，冠幅 18m。

南台子古槐

槐 *Styphnolobium japonicum* L.

保护等级：二级

基本信息：位于滦平县马营子满族乡南台子村，地理坐标为：东经 117.0158724°，北纬 40.7494201°。树龄 430 年，树高 17.9m，胸围 346cm，冠幅 18m。

金杖子古槐

槐 *Styphnolobium japonicum* L.

保护等级： 二级

基本信息： 位于宽城满族自治县汤道河镇金杖子村，地理坐标为：东经 118.8975623°，北纬 40.7142351°。树龄 360 年，树高 15.2m，胸围 372cm，冠幅 18m。

三间房古槐

槐 *Styphnolobium japonicum* L.

保护等级： 一级

基本信息： 位于丰宁满族自治县土城镇三间房村，地理坐标为：东经 116.5699080°，北纬 41.3229160°。树龄 510 年，树高 17.9m，胸围 288cm，冠幅 17m。

刺槐属 *Robinia* L.

乔木或灌木。有时植物株各部（花冠除外）具腺刚毛。奇数羽状复叶；托叶刚毛状或刺状；小叶全缘；具小叶柄及小托叶。总状花序腋生，下垂。荚果扁平，沿腹缝浅具狭翅，果瓣薄，有时外面密被刚毛；种子长圆形或偏斜肾形，无种阜。

本属 20 种，分布于北美洲至中美洲。我国栽培 2 种 2 变种。

本属是优良的行道树种、庭院观赏速生树种。木材坚硬耐水，可作枕木、车辆、家具、建筑用材。树皮可作造纸和栲胶原料，树皮及叶可入药，有利尿止血功效。花蜜多，蜜质上等，是优良的蜜源植物。

广电路古刺槐

刺槐　*Robinia pseudoacacia* L.

保护等级：三级

　　基本信息：位于双桥区石洞子沟街道广电路社区广电院内，地理坐标为：东经 117.9274101°，北纬 40.9719732°。树龄 105 年，树高 18.4m，胸围 278cm，冠幅 14m。

皂荚属 *Gleditsia* L.

落叶乔木或灌木。干和枝通常具分枝的粗刺。叶互生，常簇生，一回和二回偶数羽状复叶常并存于同一植株上。花杂性或单性异株，淡绿色或绿白色，组成腋生或少有顶生的穗状花序或总状花序，稀为圆锥花序。荚果扁，劲直、弯曲或扭转，不裂或迟开裂；种子1至多颗，卵形或椭圆形，扁或近柱形。

本属16种。分布于亚洲中部、东南部和南北美洲。我国产6种2变种，广布于南北各省份。

本属植物木材多坚硬，常用于制作器具；荚果煎汁可代皂供洗涤用。

下洼子古皂荚

皂荚 *Gleditsia sinensis* Lam.

保护等级： 三级

基本信息： 位于隆化县隆化镇下洼子村，地理坐标为：东经 117.7239000°，北纬 41.3210840°。树龄 100 年，树高 14.2m，胸围 111cm，冠幅 9m。

五加科 Araliaceae

刺楸属 *Kalopanax* Miq.

有刺灌木或乔木。叶为单叶掌状分裂，在长枝上疏散互生，在短枝上簇生；叶柄长，无托叶。花两性，聚生为伞形花序，再组成顶生圆锥花序；花瓣 5，在花芽中镊合状排列。核果近球形；种子扁平。

本属仅 1 种，分布于亚洲东部。

本属木材红褐色，有一种不快气味，质硬而纹理通直，常用来制作高档家具、建筑和铁路枕木用，嫩叶可食，根入药，祛痰收敛。

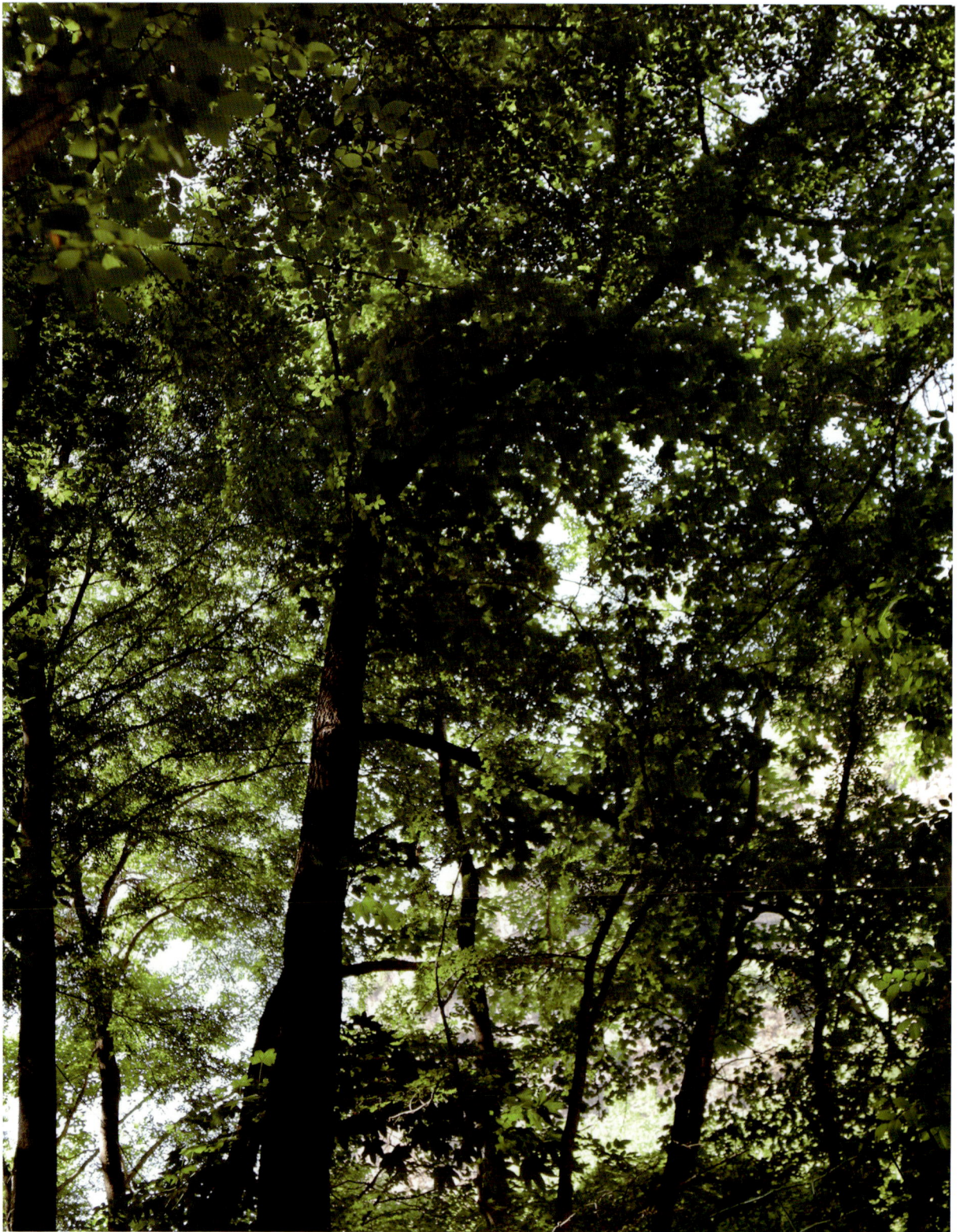

二甸子古刺楸

刺楸 *Kalopanax septemlobus* (Thunb.) Koidz.

保护等级： 三级

基本信息： 位于兴隆县挂兰峪镇二甸子村，地理坐标为：东经 117.6452834°，北纬 40.3639034°。树龄 110 年，树高 15m，胸围 110cm，冠幅 8m。

杨柳科 Salicaceae

柳属 *Salix* L.

乔木或匍匐状、垫状、直立灌木。枝圆柱形。叶互生，稀对生，通常狭而长，多为披针形，羽状脉，有锯齿或全缘。柔荑花序直立或斜展，先叶开放，或与叶同时开放，稀后叶开放。蒴果 2 瓣裂；种子小，多暗褐色。

本属 620 种，主产北半球温带地区，寒带次之，亚热带和南半球极少，大洋洲无野生种。我国 320 余种 122 变种 33 变型。各省份均产。

本属植物多喜湿润。生于水边者常有水生根；一般扦插极易成活。木材轻柔，主供小板材、小木器材、矿柱材、民用建筑材、农具材和薪炭材用，有些种类的木炭为制造火药的原料；枝条多细长而柔，可编制筐、篮、包、家具、柳条箱、安全帽；树皮含单宁，供工业用或药用；嫩枝、叶为野生动物饲料；个别种的叶子可作家畜饲料或饲柞蚕；为保持水土、固堤、防沙和四旁绿化及美化环境的优良树种。

五孔闸古柳

旱柳 *Salix matsudana* Koidz.

保护等级： 二级

基本信息： 位于承德避暑山庄五孔闸西，地理坐标为：东经 117.93905°，北纬 40.9819333°。
树龄 300 年，树高 6m，胸围 565cm，冠幅 6m。

滕家店古柳

旱柳　*Salix matsudana* Koidz.

保护等级：三级

　　基本信息：位于承德县磴上乡滕家店村，地理坐标为：东经 118.1892300°，北纬 41.2877610°。
树龄 180 年，树高 20.6m，胸围 440cm，冠幅 20m。

中国柳树王

旱柳　*Salix matsudana* Koidz.

保护等级：二级

　　基本信息：位于滦平县涝洼乡三岔口村，地理坐标为：东经 117.4882671°，北纬 40.7351011°。树龄 300 年，树高 12m，胸围 770cm，冠幅 15m。

　　特征：主干心木腐朽中空，枝繁叶茂，在中空处又生出了 3 棵小柳树。2004 年春季，北京师范大学地质专家卢云亭教授称这棵古柳为"中国柳树王"。

狮子庙古柳

旱柳　*Salix matsudana* Koidz.

保护等级：二级

基本信息：位于平泉市杨树岭镇狮子庙村，地理坐标为：东经 118.860403°，北纬 40.967227°。树龄 400 年，树高 22.4m，胸围 600cm，冠幅 19m。

杨属 *Populus* L.

　　乔木。树干通常端直。树皮光滑或纵裂，常为灰白色。枝（包括萌枝）有长短枝之分，圆柱状或具棱线。叶互生，多为卵圆形、卵圆状披针形或三角状卵形。柔荑花序下垂，常先于叶开放；雄花序较雌花序稍早开放。蒴果 2～4(5) 裂；种子小，多数；子叶椭圆形。

　　本属 100 多种，广泛分布于欧、亚、北美洲。一般在北纬 30°～72° 范围，垂直分布多在海拔 3000 米以下。我国 62 种（包括 6 杂交种），其中，我国原有种 57 种，引入种 5 种。

　　杨树性较耐寒、喜光、速生，沿河两岸、山坡和平原都能生长。木材白色，轻软，细致，供建筑、板料、火柴杆、造纸等用；叶可做为牛、羊的饲料；芽脂、花序、树皮可供药用；为营造防护林、水土保持林或四旁绿化的主要树种，对绿化祖国、美化山川、修复生态环境，以及满足建设所需大量木材等方面，都有极其重要的意义。

山庄古杨

加杨 *Populus × canadensis* Moench

保护等级：三级

基本信息：位于双桥区中华路街道山庄社区，地理坐标为：东经 117.9383881°，北纬 40.9782363°。树龄 105 年，树高 30m，胸围 350cm，冠幅 20m。

后花窑古杨

青杨　*Populus cathayana* Rehd.

保护等级：二级

基本信息：位于承德避暑山庄后花窑，地理坐标为：东经 117.9395000°，北纬 41.0004333°。树龄 300 年，树高 12m，胸围 424cm，冠幅 8m。

珍珠毛白杨

毛白杨 *Populus tomentosa* Carriere

保护等级： 三级

基本信息： 位于兴隆县八卦岭满族乡珍珠村，地理坐标为：东经 117.7674473°，北纬 40.2776844°。树龄 160 年，树高 16.8m，胸围 260cm，冠幅 16m。

大窝铺古杨

小叶杨 *Populus simonii* Carriere

保护等级：二级

基本信息：位于平泉市柳溪镇大窝铺村，地理坐标为：东经 118.5357234°，北纬 41.3041832°。树龄 355 年，树高 25.8m，胸围 537cm，冠幅 21m。

大洼古杨

小叶杨　*Populus simonii* Carriere

保护等级：二级

基本信息：位于兴隆县南天门满族乡大洼村，地理坐标为：东经 117.6834625°，北纬 40.4043513°。树龄 350 年，树高 16.1m，胸围 575cm，冠幅 25m。

碱房古杨

小叶杨　*Populus simonii* Carriere

保护等级： 三级

基本信息： 位于隆化县碱房乡碱房村，地理坐标为：东经 117.2107790°，北纬 41.6579390°。树龄 110 年，树高 25.1m，胸围 319cm，冠幅 21m。

桦木科 Betulaceae

鹅耳枥属 *Carpinus* L.

乔木或小乔木，稀灌木。树皮平滑。单叶互生，有叶柄；边缘具规则或不规则的重锯齿或单齿，叶脉羽状，第三次脉与侧脉垂直。花单性，雌雄同株。小坚果宽卵圆形、三角状卵圆形、长卵圆形或矩圆形，微扁，着生于果苞之基部，顶端具宿存花被，有数肋；果皮坚硬，不开裂；种子1颗，子叶厚，肉质。

本属40种，分布于北温带及北亚热带地区。我国有25种15变种，分布于东北、华北、西北、西南、华东、华中及华南。喜生于较湿润的低海拔及中海拔的山坡及河谷地，贫瘠的石质山坡亦能生长。

本属木材坚硬，纹理致密，但易脆裂，可制作农具、家具及作一般板材；种子含油，可制皂及作滑润油。

二甸子古枥

鹅耳枥　*Carpinus turczaninowii* Hance

保护等级：三级

基本信息：位于兴隆县挂兰峪镇二甸子村，地理坐标为：东经 117.6454184°，北纬 40.3636793°。树龄 110 年，树高 12m，胸围 81cm，冠幅 8m。

桦木属 *Betula* L.

落叶乔木或灌木。树皮白色、灰色、黄白色、红褐色、褐色或黑褐色，光滑、横裂、纵裂、薄层状剥裂或块状剥裂。单叶互生，叶下面通常具腺点，边缘具重锯齿，很少为单锯齿。花单性，雌雄同株。坚果小，扁平，具或宽或窄的膜质翅，顶端具 2 枚宿存的柱头；种子单生，具膜质种皮。

本属约 100 种，主要分布于北温带，少数种类分布至北极区内。我国产 29 种 6 变种，全国均有分布。

木材比较坚硬，抗腐能力差，受潮易变形，可作胶合板、细木工板等用材。树皮可热解提取焦油，还可制工艺品。树的汁液可以制作饮料。

安杖子古桦

黑桦 *Betula dahurica* Pall.

保护等级：三级

基本信息：位于平泉市卧龙镇安杖子村，地理坐标为：东经 118.6227952°，北纬 41.1524653°。树龄 180 年，树高 9.1m，胸围 158cm，冠幅 10m。

壳斗科 Fagaceae

栎属 *Quercus* L.

　　常绿或落叶乔木，稀灌木。叶螺旋状互生。花单性，雌雄同株。壳斗（总苞）包着坚果一部分，稀全包坚果。壳斗外壁的小苞片鳞形、线形、钻形，覆瓦状排列，紧贴或开展。每壳斗内有 1 颗坚果，坚果当年或翌年成熟。

　　本属约 300 种，广布于亚、非、欧、美 4 洲。我国有 51 种 14 变种 1 变型，分布全国各省份，多为组成森林的重要树种。

　　本属木材材质坚硬，供制造车船、农具、地板、室内装饰等；栓皮栎的树皮为制造软木的原料；有些种类的树叶可饲柞蚕；种子富含淀粉，可供酿酒或作家畜饲料，加工后也可供工业用或食用；壳斗、树皮富含鞣质，可提取栲胶；朽木可培养香菇、木耳。

河南营古槲树

槲栎　*Quercus aliena* Blume.

保护等级： 三级

基本信息： 位于双滦区陈栅子乡河南营村，地理坐标为：东经 117.8377832°，北纬 40.8500271°。树龄 255 年，树高 17.2m，胸围 208cm，冠幅 17m。

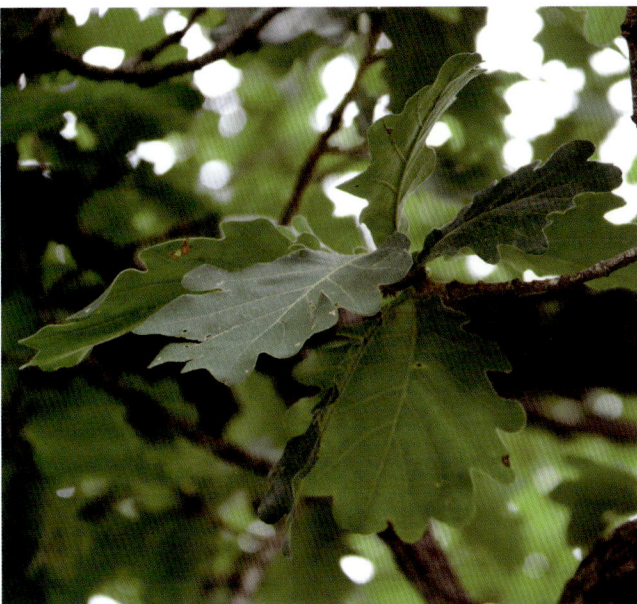

丁杖子古槲树

槲栎　*Quercus aliena* Blume.

保护等级：三级

基本信息：位于承德县甲山镇丁杖子村，地理坐标为：东经118.4031720°，北纬40.8180610°。树龄220年，树高12.6m，胸围250cm，冠幅12m。

煤窑山古槲树

槲栎　*Quercus aliena* Blume.

保护等级：三级

基本信息：位于承德县上谷乡煤窑山村，地理坐标为：东经 118.5067020°，北纬 40.8132730°。树龄 230 年，树高 16m，胸围 415cm，冠幅 15m。

快活林古槲树

槲栎　*Quercus aliena* Blume.

保护等级： 三级

基本信息： 位于兴隆县青松岭镇快活林村，地理坐标为：东经 117.4262634°，北纬 40.2513726°。树龄 120 年，树高 18.4m，胸围 152cm，冠幅 11m。

水泉沟古槲树

槲栎　*Quercus aliena* Blume.

保护等级：三级

基本信息：位于兴隆县雾灵山乡水泉沟村，地理坐标为：东经 117.3112474°，北纬 40.5157343°。树龄 155 年，树高 11.6m，胸围 234cm，冠幅 12m。

东升古槲树

槲栎 *Quercus aliena* Blume.

保护等级：三级

基本信息：位于平泉市七沟镇东升社区，地理坐标为：东经118.443627°，北纬40.9489°。树龄260年，树高12.1m，胸围227cm，冠幅16m。

下洼子古槲树

槲栎 *Quercus aliena* Blume.

保护等级： 二级

基本信息： 位于平泉市卧龙镇下洼子村，地理坐标为：东经 118.7017302°，北纬 41.0765384°。树龄 303 年，树高 12.9m，胸围 288cm，冠幅 18m。

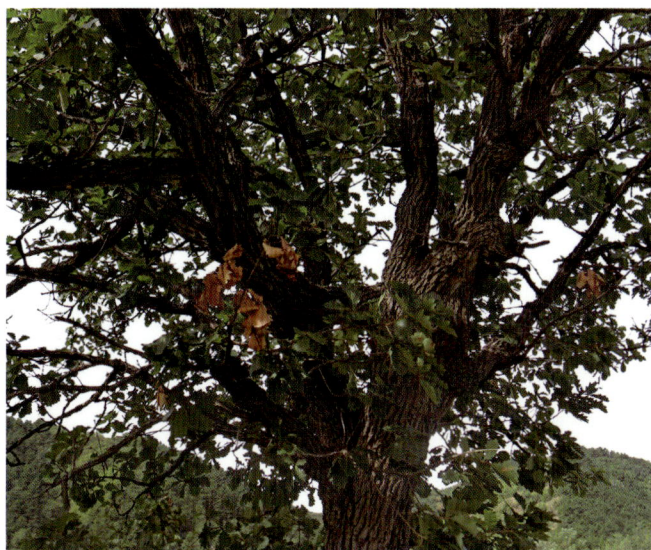

于营古槲树

槲栎 *Quercus aliena* Blume.

保护等级：三级

基本信息：位于滦平县平坊满族乡于营村，地理坐标为：东经 117.2519172°，北纬 40.9598671°。树龄 130 年，树高 8.7m，胸围 148cm，冠幅 11m。

付营古槲树 ▲

槲栎　*Quercus aliena* Blume.

　　保护等级：二级

　　基本信息：位于滦平县小营满族乡付营村，地理坐标为：东经117.7189302°，北纬41.0290593°。树龄302年，树高11m，胸围205cm，冠幅12m。

苇塘古槲树 ▶

槲栎　*Quercus aliena* Blume.

　　保护等级：二级

　　基本信息：位于滦平县两间房乡苇塘村，地理坐标为：东经117.3377101°，北纬40.8028983°。树龄302年，树高11.9m，胸围251cm，冠幅16m。

黄土梁古槲树

槲栎 *Quercus aliena* Blume.

保护等级： 一级

基本信息： 位于丰宁满族自治县南关蒙古族乡黄土梁村，地理坐标为：东经 116.7379620°，北纬 41.2929760°。树龄 560 年，树高 11.4m，胸围 407cm，冠幅 13m。

南白旗古槲树

槲栎 *Quercus aliena* Blume.

保护等级：二级

基本信息：位于滦平县红旗镇南白旗村，地理坐标为：东经 117.6463801°，北纬 41.1505952°。树龄 302 年，树高 14.3m，胸围 310cm，冠幅 16m。

北甸子古槲树

槲栎 *Quercus aliena* Blume.

保护等级：三级

基本信息：位于隆化县太平庄满族乡北甸子村，地理坐标为：东经 117.3594600°，北纬 41.2872790°。树龄 200 年，树高 6.8m，胸围 165cm，冠幅 7m。

北水泉古栎 ▲

蒙古栎　*Quercus mongolica* Fischer ex Ledebour

保护等级： 二级
基本信息： 位于承德县六沟镇北水泉村，地理坐标为：东经 118.2878030°，北纬 41.0045860°。树龄 380 年，树高 13.8m，胸围 300cm，冠幅 13m。

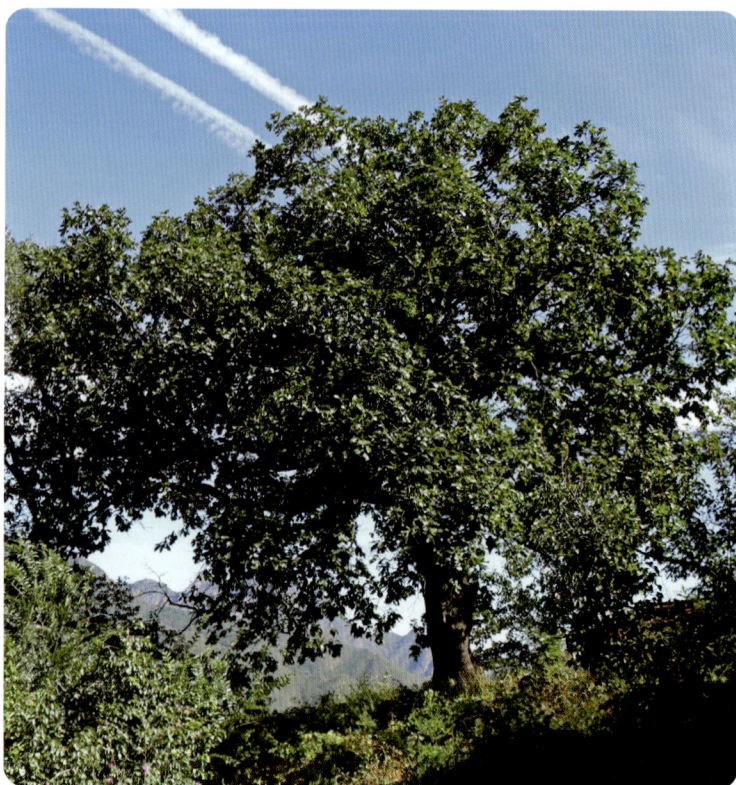

牤牛叫古栎 ▶

蒙古栎　*Quercus mongolica* Fischer ex Ledebour

保护等级： 二级
基本信息： 位于承德县下板城镇牤牛叫村，地理坐标为：东经 118.0461200°，北纬 40.7236410°。树龄 350 年，树高 16.1m，胸围 345cm，冠幅 18m。

尹家营古栎 ▲

蒙古栎 *Quercus mongolica* Fischer ex Ledebour

保护等级： 二级

基本信息： 位于隆化县尹家营满族乡尹家营村，地理坐标为：东经 117.7048720°，北纬 41.4851650°。树龄 320 年，树高 16.1m，胸围 294cm，冠幅 15m。

姚栅子古栎 ▶

蒙古栎 *Quercus mongolica* Fischer ex Ledebour

保护等级： 三级

基本信息： 位于兴隆县北营房镇姚栅子村，地理坐标为：东经 117.6806002°，北纬 40.5976283°。树龄 200 年，树高 11.7m，胸围 229cm，冠幅 11m。

小下古栎

蒙古栎 *Quercus mongolica* Fischer ex Ledebour

保护等级： 三级

基本信息： 位于围场满族蒙古族自治县棋盘山镇小下村，地理坐标为：东经117.6182373°，北纬42.0581467°。树龄245年，树高9.8m，胸围222cm，冠幅13m。

卡伦古栎

蒙古栎 *Quercus mongolica* Fischer ex Ledebour

保护等级：三级

基本信息：位于围场满族蒙古族自治县南山嘴乡卡伦村，地理坐标为：东经117.0880391°，北纬41.837175°。树龄200年，树高9.6m，胸围227cm，冠幅12m。

大营子古栎 ▲

蒙古栎　*Quercus mongolica* Fischer ex Ledebour

保护等级：二级

基本信息：位于围场满族蒙古族自治县新地乡大营子村，地理坐标为：东经 118.2980702°，北纬 41.8359956°。树龄 420 年，树高 14.1m，胸围 382cm，冠幅 22m。

六棵桦古栎 ▶

蒙古栎　*Quercus mongolica* Fischer ex Ledebour

保护等级：三级

基本信息：位于围场满族蒙古族自治县城子乡六棵桦村，地理坐标为：东经 117.0111702°，北纬 41.9670551°。树龄 200 年，树高 10.1m，胸围 253cm，冠幅 16m。

花水古栎

栓皮栎 *Quercus variabilis* Blume

保护等级：三级

基本信息：位于兴隆县三道河乡花水村，地理坐标为：东经 118.0358723°，北纬 40.3832742°。树龄 125 年，树高 12.5m，胸围 150cm，冠幅 7m。

栗属 *Castanea* Mill.

　　落叶乔木，稀灌木。树皮纵裂。叶互生，叶缘有锐裂齿，羽状侧脉直达齿尖，齿尖常呈芒状。花单性同株或为混合花序。壳斗外壁在授粉后不久即长出短刺，刺随壳斗的增大而增长且密集；壳斗4瓣裂，有栗褐色坚果1～3(～5)个，通称栗子。果顶部常被伏毛，底部有淡黄白色略粗糙的果脐。

　　本属17种，分布亚洲、欧洲南部及其以东地区、非洲北部、北美东部；在亚洲，东至日本、朝鲜，西至伊朗，南部稍越过北回归线以南均有分布。我国有4种及1变种，其中1种为引进栽培，东北自吉林、西北至甘肃南部，东至台湾、南至广州近郊，均有分布。常见种如栗（或称板栗），原产中国，其中河北承德的板栗被称为"京东板栗"，国内外享有盛誉。板栗繁殖多用嫁接。茅栗和锥栗均为野生，坚果均较小，但若栽培管理得当，结果率及种子的淀粉率均较高。

　　本属植物木材淡褐色，遇水湿色较浓，属硬木类。木材坚实，属优质材。花蜜和花粉丰富，是重要蜜粉源植物。种子除含淀粉外尚含少量蛋白质及脂肪和糖，可生食、熟食或制干粉；壳斗民间用作清热去湿药。

快活林古栗

栗 *Castanea mollissima* Blume

保护等级：三级

基本信息：位于兴隆县青松岭镇快活林村，地理坐标为：东经 117.4620084°，北纬 40.2562982°。树龄 250 年，树高 16m，胸围 322cm，冠幅 17m。

胡桃科　Juglandaceae

胡桃属　*Juglans* L.

　　落叶乔木。芽具芽鳞，髓部成薄片状分隔。叶互生，奇数羽状复叶，小叶具锯齿，稀全缘。雌雄同株，雄性柔荑花序具多数雄花，无花序梗，下垂，单生于去年生枝条的叶痕腋内。雄花具短梗，苞片1枚，小苞片2枚，分离，位于两侧，贴生于花托；花被片3枚，分离，贴生于花托，其中1枚着生于近轴方向，与苞片相对生；雄蕊通常多数，4～40枚，插生于扁平而宽阔的花托上，几乎无花丝，花药具毛或无毛，药隔较发达，伸出花药顶端；雌花序穗状，直立，顶生于当年生小枝，具多数至少数雌花；雌花无梗，苞片与2枚小苞片愈合成一壶状总苞并贴生于子房，花后随子房增大；花被片4枚，高出总苞，前后2枚位于外方，两侧2枚位于内方，下部联合并贴生于子房；子房下位，2心皮组成，柱头2，内面具柱头面。果序直立或俯垂；果为假核果，外果皮由苞片及小苞片形成的总苞及花被发育而成，未成熟时肉质，不开裂，完全成熟时常不规则裂开；果核不完全2～4室，内果皮（核壳）硬，骨质，永不自行破裂，壁内及隔膜内常具空隙。

　　本属分3种群20种。分布于两半球温、热带区域。我国产5种1变种，南北普遍分布。

　　胡桃的核仁供食用；木材亦很有价值，可为家具和枪托用材。

文玩古核桃

麻核桃 *Juglans hopeiensis* Hu

保护等级：三级

基本信息：位于鹰手营子矿区寿王坟镇郑家庄村，地理坐标为：东经117.799482°，北纬40.567943°。树龄120年，树高16.2m，胸围227cm，冠幅19m。

苗尔洞古胡桃

胡桃　*Juglans regia* L.

保护等级：三级

基本信息：位于兴隆县雾灵山乡苗尔洞村，地理坐标为：东经117.2734953°，北纬40.5365956°。树龄 120 年，树高 19.3m，胸围 243cm，冠幅 22m。

天义沟古胡桃

胡桃楸 *Juglans mandshurica* Maxim.

保护等级： 三级

基本信息： 位于隆化县茅荆坝乡天义沟村，地理坐标为：东经 118.1831480°，北纬 41.6429230°。树龄 110 年，树高 11.5m，胸围 127cm，冠幅 14m。

南关古胡桃

胡桃楸 *Juglans mandshurica* Maxim.

保护等级：三级

基本信息：位于丰宁满族自治县南关蒙古族乡南关村，地理坐标为：东经 116.7180740°，北纬 41.1367220°。树龄 130 年，树高 20.2m，胸围 172cm，冠幅 19m。

榆科　Ulmaceae

刺榆属　*Hemiptelea* Planch.

　　落叶乔木，高可达 10 米。小枝坚硬，有棘刺。树皮深灰色或褐灰色。冬芽聚生于叶腋。叶片表面绿色，叶背淡绿，光滑无毛，叶柄短，托叶矩圆形，叶互生，有钝锯齿，具羽状脉，托叶早落。花杂性，具梗，与叶同时开放，单生或 2～4 朵簇生于当年生枝的叶腋；花被 4～5 裂，呈杯状，雄蕊与花被片同数，雌蕊具短花柱，柱头 2，条形，子房侧向压扁，1 室，具 1 倒生胚珠。小坚果偏斜，两侧扁，在上半部具鸡头状的翅，基部具宿存的花被；胚直立，子叶宽。4～5 月开花，9～10 月结果。

　　本属 1 种，分布于我国及朝鲜。中国吉林、辽宁、内蒙古、河北、山西、陕西、甘肃、山东、江苏、安徽、浙江、江西、河南、湖北、湖南和广西北部均有野生。常生于海拔 2000 米以下的坡地次生林中。

　　本属耐干旱，各种土质均能生长，可作荒山绿化和固沙树种。因树枝有棘刺，生长快，常成灌木状，也可作防护绿篱用树种。木材淡褐色，坚硬而细致，可供制农具及器具用材。树皮纤维可作人造棉、绳索、麻袋的原料。嫩叶可作饮料。

阿拉营古刺榆

刺榆 *Hemiptelea davidii* (Hance) Planch.

保护等级：三级

基本信息：位于隆化县隆化镇阿拉营村，地理坐标为：东经 117.7427350°，北纬 41.3441840°。树龄 240 年，树高 12.2m，胸围 282cm，冠幅 8m。

青檀属 *Pteroceltis* Maxim.

落叶乔木。叶互生，有锯齿，基部三出脉，侧脉先端在未达叶缘前弧曲，不伸入锯齿；托叶早落。花单性、同株，雄花数朵簇生于当年生枝的下部叶腋，花被5深裂，裂片覆瓦状排列，雄蕊5，花丝直立，花药顶端有毛；雌花单生于当年生枝的上部叶腋，花被4深裂，裂片披针形，子房侧向压扁，花柱短，柱头2，条形，胚珠倒垂。坚果具长梗，近球状，围绕以宽的翅，内果皮骨质；种子具很少胚乳，胚弯曲，子叶宽。花期3～5月，果期8～10月。

本属1种，分布于中国辽宁（大连蛇岛）、河北、山西、陕西、甘肃（南部）、青海（东南部）、山东、江苏、安徽、浙江、江西、福建、河南、湖北、湖南、广东、广西、四川和贵州。本属阳性树种，常生于山麓、林缘、沟谷、河滩、溪旁及峭壁石隙等处，成小片纯林或与其他树种混生。适应性较强，喜钙，喜石灰岩山地，也能在花岗岩、砂岩地区生长。较耐干旱瘠薄，根系发达，常在岩石隙缝间盘旋伸展。生长速度中等，萌蘖性强，寿命长。

本属可作石灰岩山地的造林树种。枝皮纤维为制造书画宣纸的优质原料。木材坚实、致密、韧性强、耐磨损，供家具、农具、绘图板及细木工用材。种子可榨油。

大铺古青檀

青檀 *Pteroceltis tatarinowii* Maxim.

保护等级：三级

基本信息：位于隆化县中关镇大铺村，地理坐标为：东经 117.9831290°，北纬 41.2127460°。树龄 110 年，树高 7.8m，胸围 81cm，冠幅 9m。

榆属 *Ulmus* L.

乔木，稀灌木。树皮不规则纵裂，粗糙，稀裂成块片或薄片脱落。小枝无刺，有时（常在幼树及萌发枝上）具对生扁平的木栓翅，或具周围膨大而不规则纵裂的木栓层。叶互生，2列，边缘具重锯齿或单锯齿，羽状脉直或上部分叉，脉端伸入锯齿，有柄。花两性，春季先于叶开放，稀秋季或冬季开放；花后数周果即成熟。果为扁平的翅果，圆形、倒卵形、矩圆形或椭圆形，稀梭形，两面及边缘无毛或有毛，或仅果核部分有毛，或两面有疏毛而边缘密生睫毛，或仅边缘有睫毛，果核部分位于翅果的中部至上部，果翅膜质，稀稍厚，常较果核部分为宽或近等宽，稀较窄；种子扁或微凸，种皮薄，无胚乳，胚直立，子叶扁平或微凸。

本属30余种，产于北半球。我国有25种6变种，分布遍及全国，以长江流域以北较多。本属均为喜光树种，根系发达，耐旱力强，不耐水湿，对土壤要求不严，喜土壤湿润、深厚、肥沃的立地条件。

各种榆树的木材坚重，硬度适中，为上等用材。果实可食，翅果是医药和轻、化工业的重要原料。

河南村古榆

垂枝榆　*Ulmus pumila* L.cv. 'Tenue'

　　保护等级：三级
　　基本信息：位于隆化县郭家屯镇河南村，地理坐标为：东经 116.8776540°，北纬 41.5919250°。树龄 210 年，树高 6.9m，胸围 174cm，冠幅 8m。

河南营古榆

春榆 *Ulmus davidiana* var. *japonica* (Rehd.) Nakai

保护等级：二级

基本信息：位于丰宁满族自治县北头营乡河南营村，地理坐标为：东经 117.1425820°，北纬 41.3575230°。树龄 330 年，树高 10.7m，胸围 285cm，冠幅 15m。

卡伦古榆

大果榆　*Ulmus macrocarpa* Hance

保护等级：三级

　　基本信息：位于围场满族蒙古族自治县南山嘴乡卡伦村，地理坐标为：东经 117.0862114°，北纬 41.8368975°。树龄 150 年，树高 15.7m，胸围 270cm，冠幅 12m。

范杖子古榆

大果榆　*Ulmus macrocarpa* Hance

保护等级： 三级

基本信息： 位于平泉市榆树林子镇范杖子村，地理坐标为：东经 119.1228252°，北纬 41.2282914°。树龄 153 年，树高 7.3m，胸围 224cm，冠幅 9m。

山庄古榆

榆树　*Ulmus pumila* L.

保护等级：二级

基本信息：位于承德避暑山庄内，地理坐标为：东经 117.9404167°，北纬 40.9849833°。树龄 300 年，树高 10m，胸围 559cm，冠幅 10m。

东沟古榆

榆树　*Ulmus pumila* L.

保护等级： 二级

基本信息： 位于承德县岗子满族乡东沟村，地理坐标为：东经 118.0453360°，北纬 41.2749180°。树龄 327 年，树高 13.2m，胸围 412cm，冠幅 12m。

开发东区古榆

榆树　*Ulmus pumila* L.

保护等级： 二级

基本信息： 位于双桥区冯营子镇开发东区，地理坐标为：东经 117.958553°，北纬 40.909546°。树龄 400 年，树高 17m，胸围 251cm，冠幅 12.1m。

槐抱榆古榆

榆树 *Ulmus pumila* L.

保护等级：三级

基本信息：位于平泉市道虎沟乡大营子村，地理坐标为：东经 118.709173°，北纬 40.936766°。树龄 200 年，树高 18m，胸围 461cm，冠幅 20m。

特征：此树由一株槐树环抱一株榆树而成，二者浑然一体，令人叹为观止。因此得名"槐抱榆"。因"槐抱榆"与"怀抱鱼"谐音，为吉祥之象征。

211

承德古樹名木

城北古榆

榆树 *Ulmus pumila* L.

保护等级： 二级

基本信息： 位于平泉市平泉镇城北村，地理坐标为：东经 118.710288°，北纬 41.019599°。树龄 400 年，树高 19.4m，胸围 542cm，冠幅 16m。

辽河源古榆

榆树　*Ulmus pumila* L.

保护等级：三级

基本信息：位于平泉市柳溪镇辽河源社区，地理坐标为：东经 118.5797933°，北纬 41.2741621°。树龄 155 年，树高 18.9m，胸围 221cm，冠幅 16m。

西庙宫古榆

榆树 *Ulmus pumila* L.

保护等级：二级

基本信息：位于隆化县步古沟镇西庙宫村，地理坐标为：东经 117.3037830°，北纬 41.7157800°。树龄 310 年，树高 12.9m，胸围 310cm，冠幅 15m。

佟栅子古榆

榆树 *Ulmus pumila* L.

保护等级： 一级

基本信息： 位于丰宁满族自治县凤山镇佟栅子村，地理坐标为：东经 117.0935720°，北纬 41.3001650°。树龄 630 年，树高 14m，胸围 605cm，冠幅 14m。

八郎古榆

榆树　*Ulmus pumila* L.

保护等级： 一级

基本信息： 位于丰宁满族自治县凤山镇八郎村，地理坐标为：东经 117.2265000°，北纬 41.1197090°。树龄 540 年，树高 17.6m，胸围 360cm，冠幅 22m。

团榆树古榆

榆树　*Ulmus pumila* L.

保护等级：一级

基本信息：位于丰宁满族自治县凤山镇团榆树村，地理坐标为：东经 117.1353920°，北纬 41.1719640°。树龄 540 年，树高 13.6m，胸围 474cm，冠幅 20m。

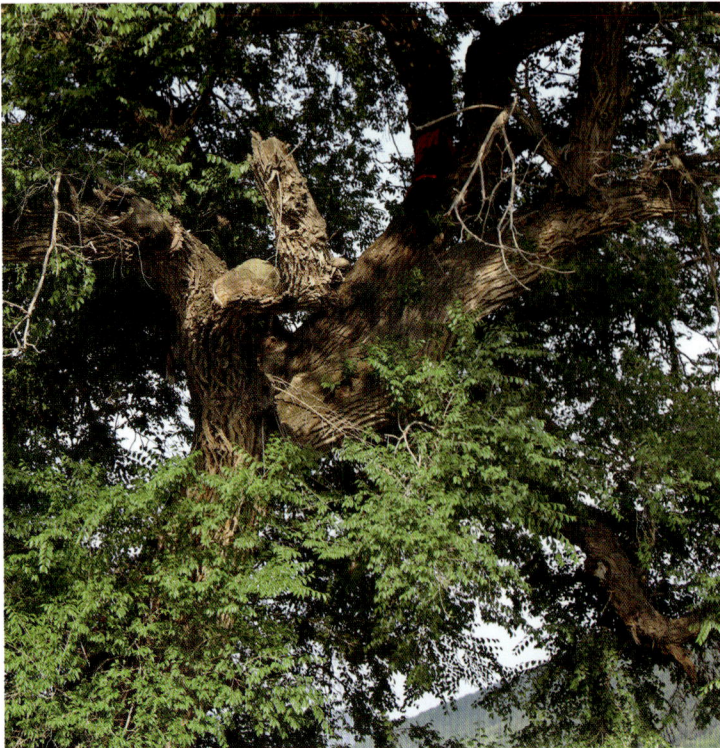

二道沟古榆

榆树　*Ulmus pumila* L.

保护等级：一级

基本信息：位于围场满族蒙古族自治县四道沟乡二道沟村，地理坐标为：东经 117.9136972°，北纬 41.7215556°。树龄 560 年，树高 19.6m，胸围 692cm，冠幅 21m。

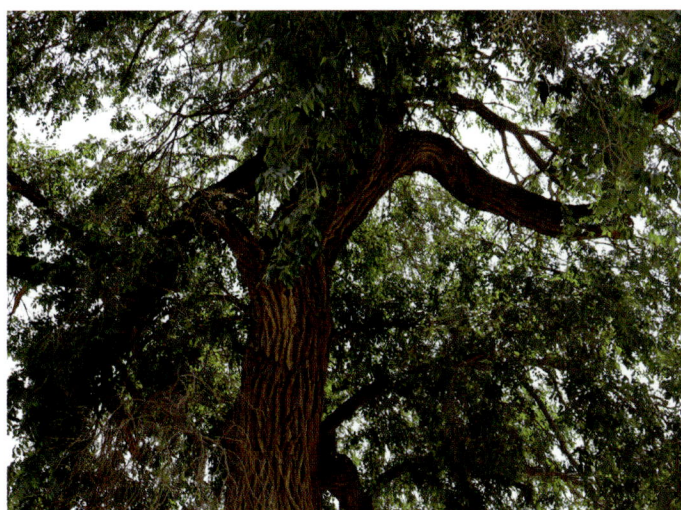

二地古榆 1

榆树　*Ulmus pumila* L.

保护等级：一级

基本信息：位于围场满族蒙古族自治县三义永乡二地村，地理坐标为：东经117.8245298°，北纬42.4715985°。树龄560年，树高13.8m，胸围445cm，冠幅14m。

二地古榆 2

榆树　*Ulmus pumila* L.

保护等级：一级

基本信息：位于围场满族蒙古族自治县三义永乡二地村，地理坐标为：东经117.8250634°，北纬42.4710972°。树龄560年，树高26m，胸围430cm，冠幅18m。

二地古榆 3

榆树 *Ulmus pumila* L.

保护等级：一级

基本信息：位于围场满族蒙古族自治县三义永乡二地村，地理坐标为：东经117.8250652°，北纬42.4710801°。树龄510年，树高16.1m，胸围378cm，冠幅15m。

承德古树名木

如意山古榆

榆树 *Ulmus pumila* L.

保护等级： 一级

基本信息： 位于围场满族蒙古族自治县姜家店乡如意山村，地理坐标为：东经 117.658141°，北纬 42.447445°。树龄 580 年，树高 21m，胸围 400cm，冠幅 21m。

狍子沟古榆

榆树　*Ulmus pumila* L.

保护等级： 三级

基本信息： 位于围场满族蒙古族自治县新地乡狍子沟村，地理坐标为：东经 118.2329834°，北纬 41.8298449°。树龄 280 年，树高 19.4m，胸围 207cm，冠幅 19m。

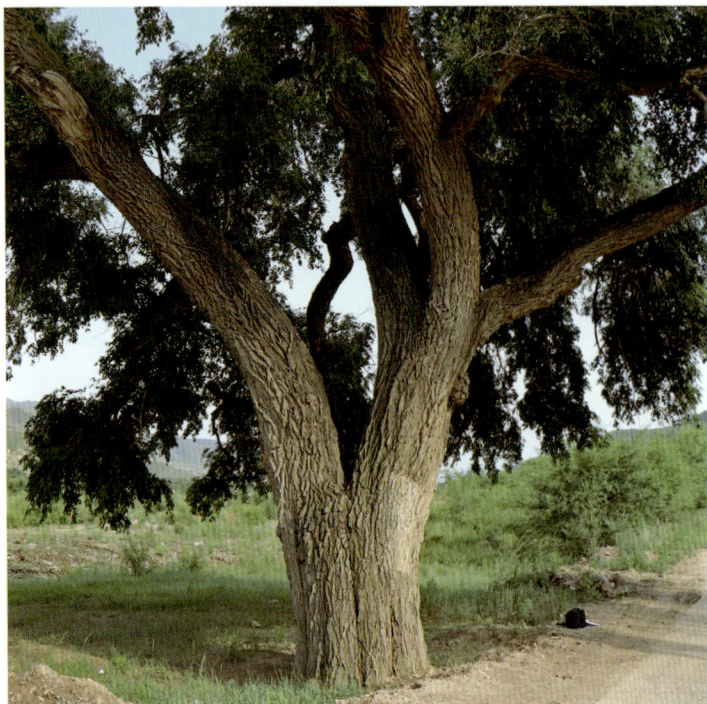

红葫芦古榆

榆树 *Ulmus pumila* L.

保护等级：一级

基本信息：位于围场满族蒙古族自治县山湾子乡红葫芦村，地理坐标为：东经 117.7058132°，北纬 42.462542°。树龄 580 年，树高 19.4m，胸围 472cm，冠幅 24m。

神仙洞古榆

榆树 *Ulmus pumila* L.

保护等级： 三级

基本信息： 位于围场满族蒙古族自治县如意河分场神仙洞生产队，地理坐标为：东经 117.2488523°，北纬 42.2125211°。树龄 110 年，树高 5.1m，胸围 148cm，冠幅 11m。

大碾子古榆

榆树　*Ulmus pumila* L.

保护等级：二级

基本信息：位于围场满族蒙古族自治县银窝沟乡大碾子村，地理坐标为：东经 118.0800582°，北纬 41.8848236°。树龄 450 年，树高 32.8m，胸围 700cm，冠幅 22m。

哈巴气古榆

榆树 *Ulmus pumila* L.

保护等级：三级

基本信息：位于围场满族蒙古族自治县下伙房乡哈巴气村，地理坐标为：东经 117.4473852°，北纬 41.8519832°。树龄 120 年，树高 16.8m，胸围 186cm，冠幅 12m。

三道河古榆

榆树　*Ulmus pumila* L.

保护等级： 二级

　　基本信息： 位于围场满族蒙古族自治县三道河口林场三道河营林区，地理坐标为：东经117.0859451°，北纬42.421039°。树龄300年，树高10m，胸围285cm，冠幅10m。

桑科　Moraceae

桑属　*Morus* L.

落叶乔木或灌木。无刺。冬芽具 3～6 枚芽鳞，呈覆瓦状排列。叶互生，边缘具锯齿，全缘至深裂，基生叶脉三至五出，侧脉羽状；托叶侧生，早落。花雌雄异株或同株，或同株异序，雌雄花序均为穗状；雄花花被片 4 枚，覆瓦状排列，雄蕊 4 枚，与花被片对生，在花芽时内折，退化雌蕊陀螺形；雌花花被片 4 枚，覆瓦状排列，结果时增厚为肉质，子房 1 室，花柱有或无，柱头 2 裂，内面被毛或为乳头状突起。聚花果（俗称桑）为多数包藏于肉质花被片内的核果组成，外果皮肉质；内果皮壳质。种子近球形，胚乳丰富，胚内弯，子叶椭圆形，胚根向上内弯。

本属 16 种，主要分布在北温带，但在亚洲热带山区达印度尼西亚，在非洲南达热带，在美洲可达安第斯山。我国产 11 种，各地均有分布。

本属植物在国民经济中，价值很高，桑叶为家蚕主要饲料；木材纹理细致，色泽美观，可以作工艺用材；果实可以生食或酿酒；茎及树皮可提取桑色素；各部可供药用。

姜家庄古桑

桑　*Morus alba* L.

保护等级： 二级

基本信息： 位于兴隆县大杖子乡姜家庄村，地理坐标为：东经118.0670384°，北纬40.6595654°。树龄390年，树高15.1m，胸围390cm，冠幅16m。

南堂古桑

蒙桑 *Morus mongolica* (Bur.) Schneid.

保护等级：二级

基本信息：位于双桥区双峰寺镇南堂村，地理坐标为：东经 117.9691682°，北纬 41.1321943°。树龄 335 年，树高 10.1m，胸围 367cm，冠幅 16m。

椴树科　Tiliaceae

椴树属　*Tilia* L.

落叶乔木。单叶互生，有长柄，基部常为斜心形，全缘或有锯齿。花两性，白色或黄色，排成聚伞花序，花序柄下半部常与长舌状的苞片合生。果实圆球形或椭圆形，核果状，稀为浆果状，不开裂，稀干后开裂，有种子 1～2 颗。

本属 80 种，主要分布于亚热带和北温带。我国有 32 种，主产黄河流域以南，五岭以北广大亚热带地区，只少数种类到达北回归线以南，华北及东北。

在东北及华北一带，椴树属各种是主要的蜜源植物。

大窝铺古椴

紫椴　*Tilia amurensis* Rupr.

保护等级：三级

基本信息：位于平泉市柳溪镇大窝铺村，地理坐标为：东经 118.5025251°，北纬 41.3154763°。树龄 123 年，树高 12.6m，胸围 199cm，冠幅 8m。

都山古椴树

蒙椴 *Tilia mongolica* Maxim.

保护等级：二级

基本信息：位于宽城满族自治县冰沟林场老场子作业区大石洼，地理坐标为：东经 118.7420750°，北纬 40.5025067°。树龄 350 年，树高 17m，胸围 355cm，冠幅 15.8m。

鼠李科　Rhamnaceae

枣属　*Ziziphus* Mill.

落叶或常绿乔木，或藤状灌木；枝常具皮刺。叶互生，具柄，边缘具齿，或稀全缘，具基生三出脉，稀五出脉。花小，黄绿色，两性，常排成腋生具总花梗的聚伞花序，或腋生或顶生聚伞总状或聚伞圆锥花序。核果圆球形或矩圆形，不开裂，顶端有小尖头。

本属约 100 种，主要分布于亚洲和美洲的热带和亚热带地区，少数种在非洲和温带也有分布。我国有 12 种 3 变种，除枣和无刺枣在全国各地栽培外，其他主要产于西南和华南。

枣树是重要的蜜源植物。果可鲜食，也可制成蜜枣、红枣、熏枣、酒枣及牙枣等蜜饯或果脯，还可以作枣泥、枣面、枣酒、枣醋等，为食品工业原料。枣树叶、花、果、皮、根、刺及木材均可入药：枣果有养胃、健脾、益血、滋补、强身之效；枣仁可以安神。木材可供雕刻、制车、造船、作乐器。

凡西营酸枣

酸枣　*Ziziphus jujuba* var. *spinosa* (Bunge) Hu ex H.F.Chow.

保护等级： 三级

基本信息： 位于滦平县付营子镇凡西营村，地理坐标为：东经 117.7481001°，北纬 40.8950391°。树龄 200 年，树高 11.3m，胸围 105cm，冠幅 5m。

芸香科　Rutaceae

黄檗属（黄柏属）*Phellodendron* Rupr.

落叶乔木。成年树的树皮较厚，纵裂，且有发达的木栓层，内皮黄色，味苦，木材淡黄色，枝散生小皮孔。叶对生，奇数羽状复叶，叶缘常有锯齿，仅齿缝处有较明显的油点。花单性，雌雄异株，圆锥状聚伞花序，顶生。种子卵状椭圆形；种皮黑色，肉质。

本属4种，主产亚洲东部。我国有2种及1变种，由东北至西南均有分布，东南至台湾，西南至四川西南部，南至云南东南部，海南不产。

本属植物的树皮（内皮）含多种生物碱。国产种类的树皮（内皮）均可入药。在古代，除作药用外，尚用作黄色染料。其所含生物碱中，尤以小檗碱（即黄连素）著名，有消炎、杀菌、止泻、解毒和健胃的功效，自古是我国常用的消炎、解毒重要药物之一。黄檗兼有降低血压、扩张冠状动脉及降血糖作用。

橡树台黄檗

黄檗 *Phellodendron amurense* Rupr.

保护等级：三级

基本信息：位于兴隆县挂兰峪镇橡树台村，地理坐标为：东经 117.6970325°，北纬 40.2993016°。树龄 100 年，树高 9.6m，胸围 105cm，冠幅 5m。

吴茱萸属　*Evodia* J. R. et G. Forst.

常绿（单小叶或3小叶种）或落叶（羽状复叶种）灌木或乔木。无刺。叶及小叶均对生，常有油点。聚伞圆锥花序；花单性，雌雄异株。蓇葖果，成熟时沿腹、背二缝线开裂，顶端有或无喙状芒尖，内果皮干后薄壳质或呈木质，干后蜡黄色或棕色；种子贴生于增大的珠柄上；种皮脆壳质，褐至蓝黑色，有光泽。

本属约150种，分布于亚洲、非洲东部及大洋洲。我国有约20种5变种，除东北北部及西北部少数省份外，各地有分布。中国产的种类茎枝无刺；雄花的花丝被毛；枝、叶及果皮含柑橘叶的香气成分，或含特殊的腥臭气味或无特殊气味。

本属植物的叶、花、果皮均含多种挥发油。根皮、果皮、茎皮及种子通常含生物碱。一些种的幼果入药作健胃剂，又可用为止痛及驱蛔虫药。

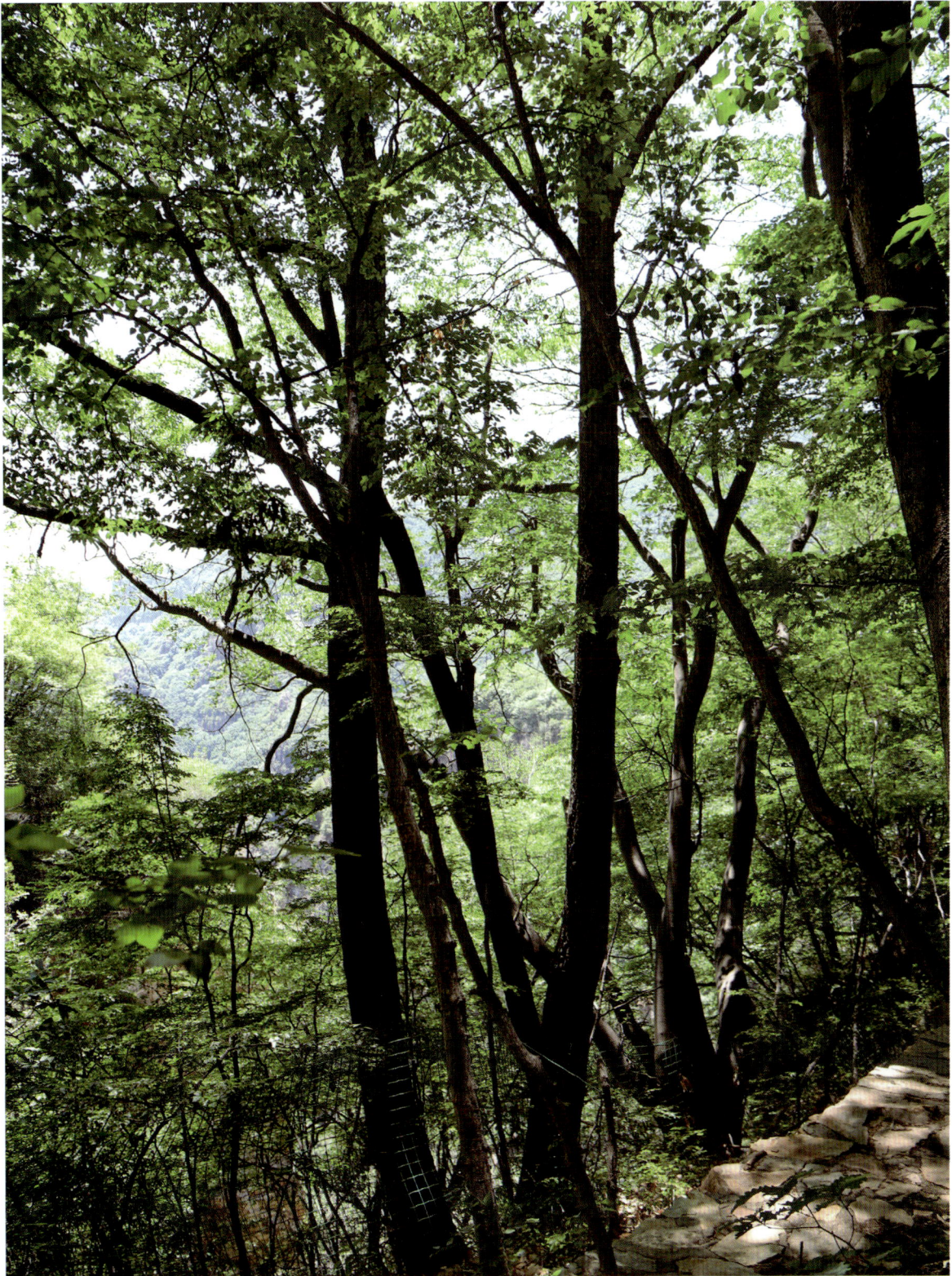

二甸子吴萸

臭檀吴萸 *Tetradium daniellii* (Bennett) T. G. Hartley

保护等级：二级

基本信息：位于兴隆县挂兰峪镇二甸子村，地理坐标为：东经 117.6473186°，北纬 40.3623935°。树龄 350 年，树高 15m，胸围 235cm，冠幅 11m。

楝科　Meliaceae

香椿属　*Toona* (Endl.) M. Roem.

　　乔木。树干上树皮粗糙，鳞块状脱落。芽有鳞片。叶互生，羽状复叶；小叶全缘，很少有稀疏的小锯齿，常有各式透明的小斑点。花小，两性，组成聚伞花序，再排列成顶生或腋生的大圆锥花序；花萼短，管状，5齿裂或分裂为5萼片；花瓣5枚，远长于花萼，与花萼裂片互生，分离，花芽覆瓦状或旋转排列；雄蕊5，分离，与花瓣互生，着生于肉质、具5棱的花盘上，花丝钻形，花药"丁"字着生，基部心形，退化雄蕊5或不存在，与花瓣对生；花盘厚，肉质，成一枚具5棱的短柱；子房5室，每室有2列的胚珠8～12枚，花柱单生，线形，顶端具盘状的柱头。果为蒴果，革质或木质，5室，室轴开裂为5果瓣；种子每室多数，上举，侧向压扁，有长翅，胚乳薄；子叶叶状，胚根短，向上。

　　本属15种，分布于亚洲至大洋洲。我国产4种6变种，分布于南部、西南部和华北各地。

　　香椿属的植物树干通直，树冠庞大、挺拔雄伟，枝叶茂密、形态优美，为我国人民熟知和喜爱的庭园绿化树种，最宜作庭荫树、四旁树及行道树。可孤植、丛植于庭前宅旁、院落之中，园中草坪、花坛之上，公园、风景区溪涧池畔、园中空旷之地。

闫营子古香椿

香椿　*Toona sinensis* (A. Juss.) Roem.

保护等级：二级

基本信息：位于双桥区冯营子镇闫营子村，地理坐标为：东经 117.921383°，北纬 40.906633°。树龄 190 年，树高 15.5m，胸围 200cm，冠幅 13m。

无患子科　Sapindaceae

栾树属　*Koelreuteria* Laxm.

落叶乔木或灌木。叶互生，一回或二回奇数羽状复叶，无托叶；小叶互生或对生，通常有锯齿或分裂，很少全缘。聚伞圆锥花序大型，顶生，很少腋生；分枝多，广展；花中等大，杂性同株或异株，两侧对称。蒴果膨胀，卵形、长圆形或近球形，具 3 棱，室背开裂为 3 果瓣，果瓣膜质，有网状脉纹；种子每室 1 颗，球形，无假种皮；种皮脆壳质，黑色。

本属 4 种，我国 3 种及 1 变种。

本属喜光，半耐阴，有一定的耐寒力。耐干旱、瘠薄，也能耐短期水渍。对土壤要求不严，在酸性、中性及石灰性土壤上均能生长，以石灰质土壤最为适宜，也耐盐渍，在深厚、肥沃、湿润的土壤上生长良好。深根性，萌蘖力强。有较强的抗烟尘能力，对二氧化硫、氯化氢有一定的抗性。

山村栾树

栾树　*Koelreuteria paniculata* Laxm.

保护等级： 三级

基本信息： 位于兴隆县大杖子乡山村村，地理坐标为：东经 118.023352°，北纬 40.57761°。树龄 200 年，树高 13.7m，胸围 152cm，冠幅 9m。

槭属 *Acer* L.

乔木或灌木，落叶或常绿。叶对生，单叶或复叶（小叶最多达 11 枚），不裂或分裂。花序由着叶小枝的顶芽生出，下部具叶，或由小枝旁边的侧芽生出，下部无叶；花小，整齐，雄花与两性花同株或异株，稀单性，雌雄异株。果实系 2 枚相连的小坚果，凸起或扁平，侧面有长翅，张开成各种大小不同的角度。

本属 200 余种，分布于亚洲、欧洲及美洲。中国 140 余种。

本属是很好的蜜源植物。生长迅速，树冠广阔，夏季遮荫效果良好，可作行道树或庭园树。木材制造家具。

王营梣叶槭

梣叶槭　*Acer negundo* L.

保护等级：三级

基本信息：位于丰宁满族自治县王营乡王营村，地理坐标为：东经 117.0578330°，北纬 41.2719780°。树龄 110 年，树高 10.8m，胸围 140cm，冠幅 11m。

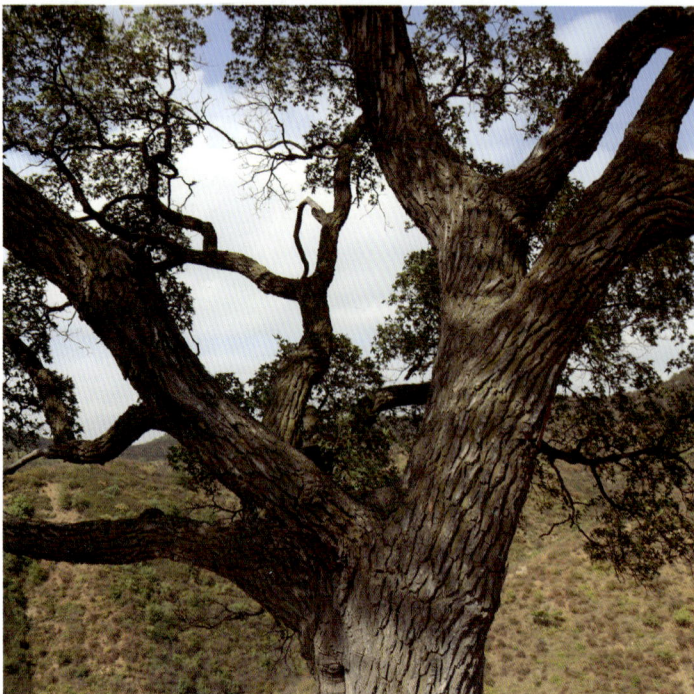

车营古枫

五角枫 *Acer pictum* subsp. *mono* (Maximowicz) H. Ohashi

　　保护等级：二级
　　基本信息：位于承德县高寺台镇车营村，地理坐标为：东经 117.8903370°，北纬 41.1155780°。树龄 300 年，树高 11.2m，胸围 180cm，冠幅 13m。

河南营古枫

五角枫 *Acer pictum* subsp. *mono* (Maximowicz)
H. Ohashi

保护等级：三级

基本信息：位于双滦区陈栅子乡河南
营村，地理坐标为：东经 117.8368124°，
北纬 40.8518953°。树龄 285 年，树高
10.5m，胸围 177cm，冠幅 14m。

上店古枫

五角枫 *Acer pictum* subsp. *mono* (Maximowicz) H. Ohashi

保护等级：一级

基本信息：位于宽城满族自治县龙须门镇上店村，地理坐标为：东经118.5707932°，北纬40.6822811°。树龄520年，树高17.5m，胸围255cm，冠幅16m。

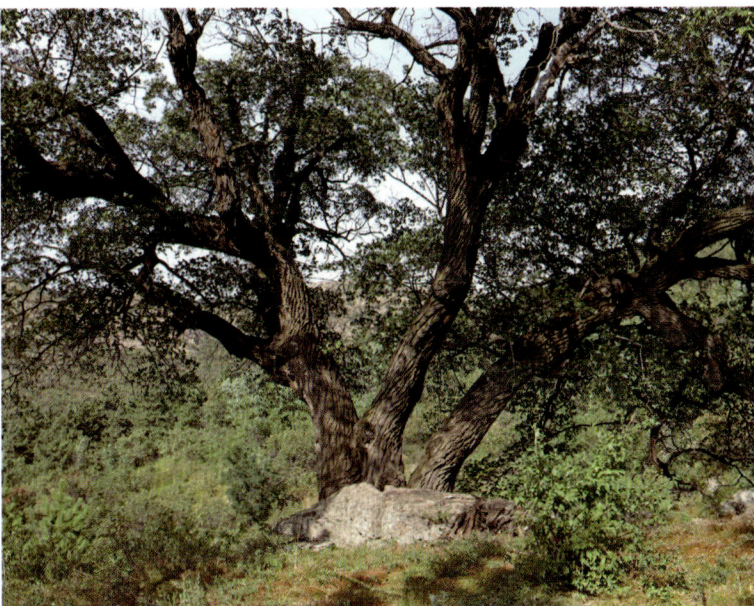

小沟古枫

五角枫　*Acer pictum* subsp. *mono* (Maximowicz)
H. Ohashi

保护等级：三级

基本信息：位于平泉市平房满族
蒙古族乡小沟村，地理坐标为：东经
118.8858803°，北纬 41.2442811°。树
龄 212 年，树高 10.1m，胸围 430cm，冠
幅 14m。

北房身古枫

五角枫　*Acer pictum* subsp. *mono* (Maximowicz) H. Ohashi

保护等级：三级

基本信息：位于平泉市平房满族蒙古族乡北房身村，地理坐标为：东经 118.9110653°，北纬 41.2381264°。树龄 150 年，树高 13.5m，胸围 210cm，冠幅 10m。

河北古枫

五角枫　*Acer pictum* subsp. *mono* (Maximowicz) H. Ohashi

保护等级：三级

基本信息：位于平泉市榆树林子镇河北村，地理坐标为：东经 119.0020801°，北纬 41.2088834°。树龄 258 年，树高 8.1m，胸围 333cm，冠幅 14m。

嘎海沟古枫 1

五角枫 *Acer pictum* subsp. *mono* (Maximowicz) H. Ohashi

保护等级：三级

基本信息：位于平泉市榆树林子镇嘎海沟村，地理坐标为：东经 119.0107541°，北纬 41.2401503°。树龄 200 年，树高 7.8m，胸围 170cm，冠幅 9m。

嘎海沟古枫₂

五角枫 *Acer pictum* subsp. *mono* (Maximowicz) H. Ohashi

保护等级：三级

基本信息：位于平泉市榆树林子镇嘎海沟村，地理坐标为：东经119.0103032°，北纬41.2398471°。树龄120年，树高6.1m，胸围90cm，冠幅9m。

嘎海沟古枫₃ ▲

五角枫　*Acer pictum* subsp. *mono* (Maximowicz) H. Ohashi

保护等级： 三级
基本信息： 位于平泉市榆树林子镇嘎海沟村，地理坐标为：东经119.0111363°，北纬41.2406513°。树龄160年，树高6.5m，胸围160cm，冠幅7m。

二道杖子古枫 ▶

五角枫　*Acer pictum* subsp. *mono* (Maximowicz) H. Ohashi

保护等级： 三级
基本信息： 位于平泉市榆树林子镇二道杖子村，地理坐标为：东经118.9819024°，北纬41.2564132°。树龄110年，树高6.6m，胸围180cm，冠幅11m。

冷水头元宝槭

元宝槭 *Acer truncatum* Bunge

保护等级：三级

基本信息：位于隆化县韩麻营镇冷水头村，地理坐标为：东经 117.7452200°，北纬 41.2192150°。树龄 210 年，树高 8.7m，胸围 190cm，冠幅 9m。

文冠果属 *Xanthoceras* Bunge

灌木或乔木。奇数羽状复叶，小叶有锯齿。总状花序自上一年形成的顶芽和侧芽内抽出；花杂性，雄花和两性花同株，但不在同一花序上，辐射对称。蒴果近球形或阔椭圆形，有3棱角，室背开裂为3果瓣，3室，果皮厚而硬，含很多纤维束；种子每室数颗，扁球状；种皮厚革质，无假种皮，种脐大，半月形。

本属仅1种，产于我国北部和朝鲜。

文冠果耐干旱、贫瘠、抗风沙，在石质山地、黄土丘陵、石灰性冲积土壤、固定或半固定的沙区均能成长。文冠果树姿秀丽，花序大，花朵稠密，花期长，甚为美观，可于公园、庭园、绿地孤植或群植。

文冠果是中国特有食用油料树种，在食用、药用、能源、生态、人文等领域有广泛用途：文冠果花絮做成花茶，有预防静脉曲张的功效；花蕾做成花茶，有减缓男性前列腺疾病的功效；花萼中含有芩皮苷，有解热、安眠、抗痉的作用，可以改善睡眠、抗肿瘤。

上台子文冠果 ▲

文冠果　*Xanthoceras sorbifolium* Bunge

保护等级：三级

基本信息：位于滦平县五道营子满族乡上台子村，地理坐标为：东经116.7100402°，北纬40.9637822°。树龄120年，树高8.6m，胸围101cm，冠幅11m。

套鹿沟文冠果 ▶

文冠果　*Xanthoceras sorbifolium* Bunge

保护等级：三级

基本信息：位于隆化县太平庄满族乡套鹿沟村，地理坐标为：东经117.3076150°，北纬41.2738100°。树龄180年，树高11.7m，胸围148cm，冠幅8m。

木犀科 Oleaceae

梣属 *Fraxinus* L.

落叶乔木，稀灌木。叶对生，奇数羽状复叶，稀在枝梢呈 3 枚轮生状，有小叶 3 至多枚；小叶叶缘具锯齿或近全缘。花小，单性、两性或杂性，雌雄同株或异株；圆锥花序顶生或腋生于枝端，或着生于去年生枝上。果为含 1 颗或偶有 2 颗种子的坚果，扁平或凸起，先端迅速发育伸长成翅，翅长于坚果，故称单翅果；种子卵状长圆形，扁平，种皮薄，脐小；胚乳肉质。

本属 60 余种，大多数分布在北半球暖温带，少数发展至热带森林中。我国产 27 种 1 变种。

本属有许多种是重要的材用树种。大多数喜光并稍耐阴，深根性，根系发达，萌蘖力强，生长迅速，天然或人工更新良好，可作园林绿化观赏树、行道树、农田防护和堤岸防护树树种。

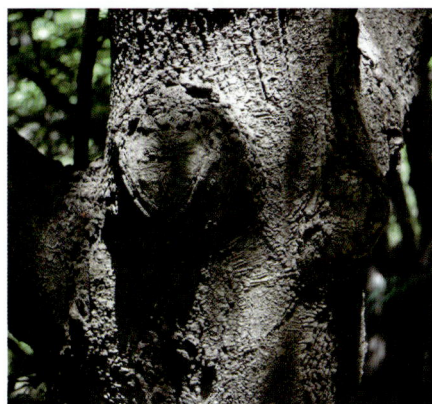

二甸子白蜡树

白蜡树　*Fraxinus chinensis* Roxb

保护等级：三级

基本信息：位于兴隆县挂兰峪镇二甸子村，地理坐标为：东经 117.6460155°，北纬 40.3621714°。树龄 120 年，树高 9.5m，胸围 104cm，冠幅 8m。

上二道河古白蜡树

白蜡树 *Fraxinus chinensis* Roxb

保护等级：三级

基本信息：位于双桥区狮子沟镇上二道河子村，地理坐标为：东经 117.9506024°，北纬 41.0122833°。树龄 125 年，树高 16.9m，胸围 216cm，冠幅 15m。

丁香属 *Syringa* L.

　　落叶灌木或小乔木。小枝近圆柱形或带四棱形，具皮孔。叶对生，单叶，稀复叶，全缘，稀分裂；具叶柄。花两性，聚伞花序排列成圆锥花序，顶生或侧生，与叶同时抽生或叶后抽生。果为蒴果，微扁，2室，室间开裂；种子扁平，有翅；子叶卵形，扁平。

　　本属19种（不包括自然杂交种），分布于东南欧产、日本、阿富汗、喜马拉雅和朝鲜。我国14种（含1亚种、1变种），主要分布于西南及黄河流域以北各省份，故我国素有丁香之国之称。

　　本属中有不少种类的花是提取香精、配制高级香料的原料。因枝叶繁茂、花色淡雅而清香，故庭园广为栽培供观赏，为园林、庭园中之珍品。

柏木塘古丁香

暴马丁香　*Syringa reticulata* subsp. *amurensis*（Ruprecht）P. S. Green et M. C. Chang

保护等级：三级

基本信息：位于宽城满族自治县孟子岭乡柏木塘村，地理坐标为：东经 118.360401°，北纬 40.497066°。树龄 200 年，树高 10.1m，胸围 283cm，冠幅 12m。

上窝铺古丁香

暴马丁香　*Syringa reticulata* subsp. *amurensis*（Ruprecht）P. S. Green et M. C. Chang

保护等级：一级

基本信息：位于兴隆县北营房镇上窝铺村，地理坐标为：东经 117.6553902°，北纬 40.5833402°。树龄 505 年，树高 10.5m，胸围 188cm，冠幅 9m。

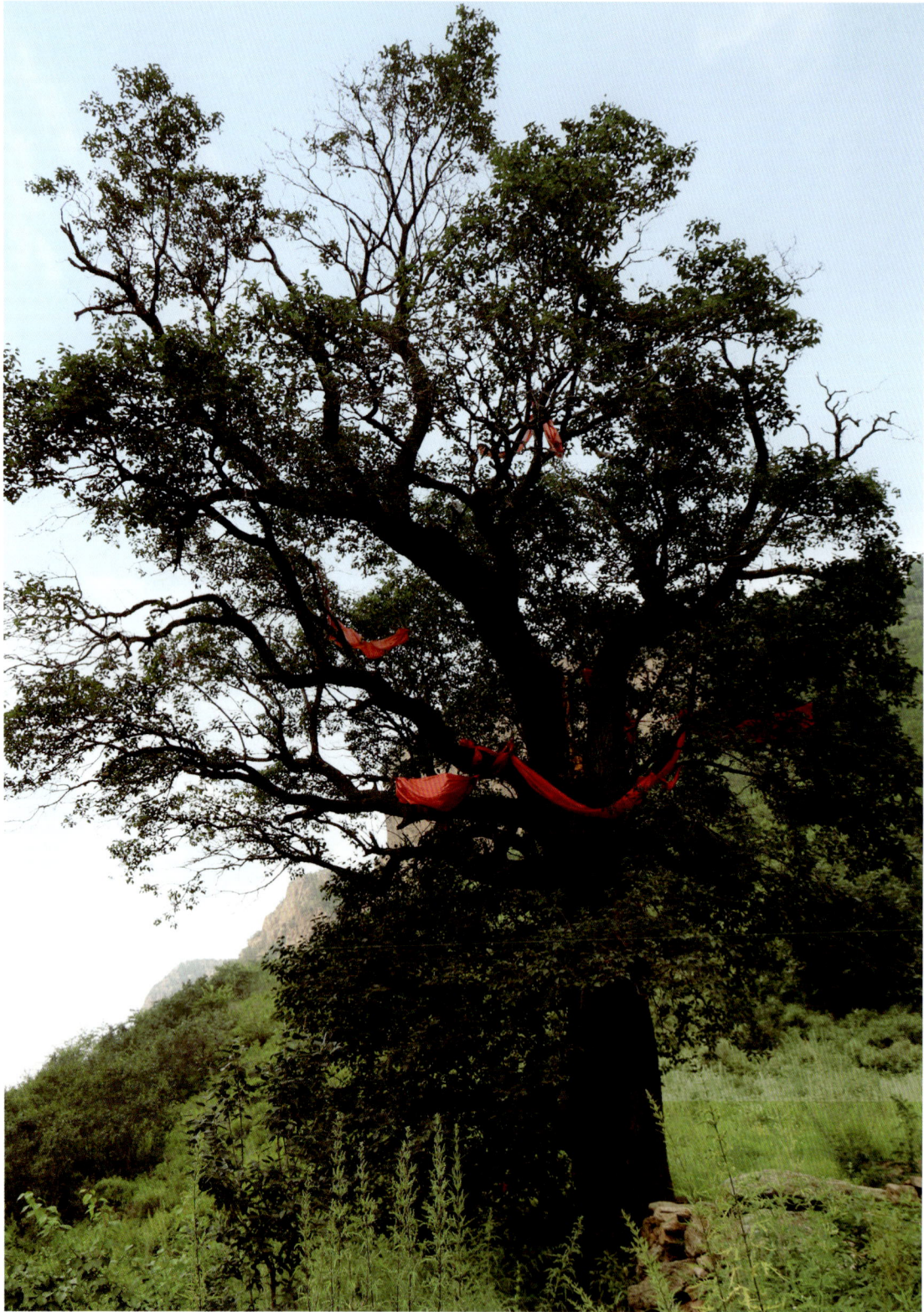

蓝旗北沟古丁香

暴马丁香　*Syringa reticulata* subsp. *amurensis*（Ruprecht）P. S. Green et M. C. Chang

保护等级：二级

基本信息：位于隆化县蓝旗镇蓝旗北沟村，地理坐标为：东经 117.6692100°，北纬 41.3817340°。树龄 400 年，树高 12.8m，胸围 268cm，冠幅 10m。

流苏树属 *Chionanthus* L.

　　落叶灌木或乔木。叶对生，单叶，全缘或具小锯齿；具叶柄。圆锥花序，疏松，由去年生枝梢的侧芽抽生；花较大，两性，或单性雌雄异株；花萼深 4 裂；花冠白色，花冠管短，裂片 4 枚，深裂至近基部，裂片狭长，花蕾时呈内向镊合状排列；雄蕊 2 枚，稀 4 枚，着生于花冠管上，内藏或稍伸出，花丝短，药室近外向开裂；子房 2 室，每室具下垂胚珠 2 枚，花柱短，柱头 2 裂。果为核果，内果皮厚，近硬骨质，具种子 1 颗；种皮薄，胚乳肉质；子叶扁平；胚根短，向上。

　　本属 2 种，1 种产于北美，1 种产于我国以及日本和朝鲜。生于海拔 3000 米以下的稀疏混交林中或灌丛中，或山坡、河边。喜光，也较耐阴。喜温暖气候，也颇耐寒。喜中性及微酸性土壤，耐干旱瘠薄，不耐水涝。

　　本属可作为观赏植物。花、嫩叶晒干可代茶，味香。果可榨芳香油。木材可制器具。

长北沟流苏树

流苏树　*Chionanthus retusus* Lindl. et Paxt.

保护等级： 一级

基本信息： 位于双滦区偏桥子镇长北沟村，地理坐标为：东经 117.8454301°，北纬 40.9417811°。树龄 505 年，树高 9.5m，胸围 185cm，冠幅 11m。

紫葳科 Bignoniaceae

梓属 *Catalpa* Scop.

落叶乔木。单叶对生，稀3叶轮生，揉之有臭气味，叶下面脉腋间通常具紫色腺点。花两性，组成顶生圆锥花序、伞房花序或总状花序。果为长柱形蒴果，2瓣开裂，果瓣薄而脆；种子多列，圆形，薄膜状，两端具束毛。

本属13种，分布于美洲和东亚。我国共5种及1变型，除南部外，各地均有。

本属植物生长迅速，除供庭园观赏外，木材材质优良，心材色深，灰褐色至姜黄色，重量中等，纹理通直，胀缩性小，抗腐性强，为优良家具及装饰用材。可作理想的造林树种和行道树。树皮药用，为利尿、杀虫剂。

白营古梓

梓 *Catalpa ovata* G. Don

保护等级：三级

基本信息：位于丰宁满族自治县凤山镇白营村，地理坐标为：东经 117.1785500°，北纬 41.2255980°。树龄 155 年，树高 14.8m，胸围 162cm，冠幅 8m。

猕猴桃科 Actinidiaceae

猕猴桃属 *Actinidia* L.

　　落叶、半落叶至常绿藤本。枝条通常有皮孔。叶为单叶，互生，膜质、纸质或革质，多数具长柄，有锯齿，很少近全缘，叶脉羽状，多数侧脉间有明显的横脉，小脉网状。花白色、红色、黄色或绿色，雌雄异株，单生或排成简单的或分歧的聚伞花序，腋生或生于短花枝下部。果为浆果，秃净，少数被毛，球形、卵形至柱状长圆形，有斑点（皮孔显著）或无斑点（皮孔几不可见）；种子多数，细小，扁卵形，褐色，悬浸于果瓤之中。

　　全属54种以上，产于亚洲，分布于马来西亚至俄罗斯西伯利亚东部的广阔地带。我国是优势主产区，有52种，集中产地是秦岭以南和横断山脉以东的大陆地区。

　　本属植物果实可食；叶可饲猪；枝条浸出液含胶质，可供造纸业作调浆剂，并可用于建筑方面与水泥、石灰、黄泥、沙子等混合使用，可起加固作用，用以铺筑路面、晒坪和涂封瓦檐屋脊；根部可作杀虫农药；花是很好的蜜源。许多种类的枝、叶、花果都十分美观，适宜栽植于绿化园地作观赏植物。

　　猕猴桃在我国文字记载的历史已有二三千年。但作为一种果树进行人工栽培则仅是近三四十年的事。因它含维生素C特别丰富，比一般果蔬高十数倍至数十倍，而且甜酸适度，风味特美，又具有鲜食和加工都适合的优点，所以逐渐引起人们的重视，不少国家已进行引种栽培；它的鲜果和加工品已成为国内和国际市场的商品之一。在数十种猕猴桃之中受到国内外重视的首推中华猕猴桃，其次为北方产的狗枣猕猴桃、软枣猕猴桃和葛枣猕猴桃。

二甸子软枣猕猴桃

软枣猕猴桃 *Actinidia arguta* (Sieb. et Zucc.) Planch. ex Miq.

保护等级： 三级

基本信息： 位于兴隆县挂兰峪镇二甸子村，地理坐标为：东经 117.6452903°，北纬 40.3638114°。树龄 150 年，树高 38m，胸围 56cm，冠幅 20m。

大麻科 Cannabaceae

朴属 *Celtis* L.

乔木。芽具鳞片或否。叶互生，常绿或落叶，有锯齿或全缘，具三出脉或3～5对羽状脉，在后者情况下，由于基生一对侧脉比较强壮也似为三出脉，有柄；托叶膜质或厚纸质，早落或顶生者晚落而包着冬芽。花小，两性或单性，有柄，集成小聚伞花序或圆锥花序，或因总梗短缩而化成簇状，或因退化而花序仅具一两性花或雌花；花序生于当年生小枝上，雄花序多生于小枝下部无叶处或下部的叶腋，在杂性花序中，两性花或雌花多生于花序顶端；花被片4～5，仅基部稍合生，脱落；雄蕊与花被片同数，着生于通常具柔毛的花托上；雌蕊具短花柱，柱头2，线形，先端全缘或2裂，子房1室，具1枚倒生胚珠。果为核果，内果皮骨质，表面有网孔状凹陷或近平滑；种子充满核内，胚乳少量或无，胚弯，子叶宽。

本属60种，广布于全世界热带和温带地区。我国有11种2变种，产于辽东半岛以南广大地区。

本属多数种类的木材可供建筑和制作家具等用，树皮纤维可代麻制绳、织袋，或为造纸原料。大多数种类的种子油可制肥皂或作滑润油。

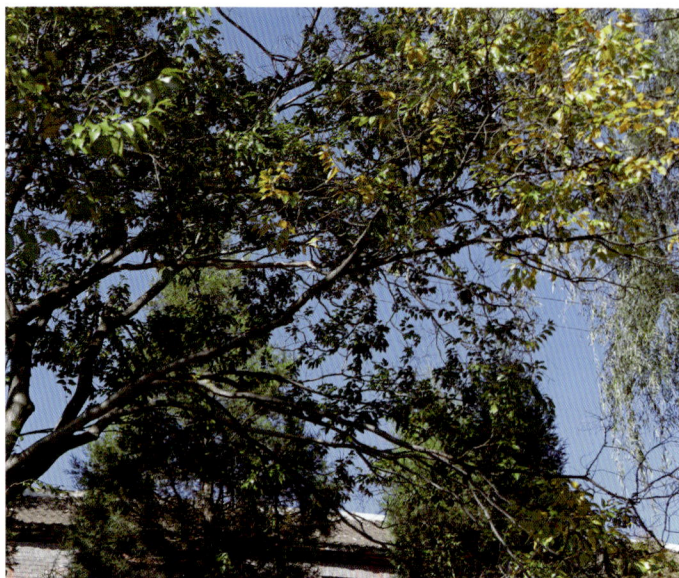

汤泉黑弹树

黑弹树　*Celtis bungeana* Bl.

保护等级： 二级

基本信息： 位于承德县头沟镇汤泉村，地理坐标为：东经 118.0967300°，北纬 41.2074990°。树龄 300 年，树高 10.9m，胸围 157cm，冠幅 13m。

峡沟黑弹树

黑弹树　*Celtis bungeana* Bl.

保护等级： 一级

基本信息： 位于宽城满族自治县板城镇峡沟村，地理坐标为：东经 118.6887732°，北纬 40.5737862°。树龄 510 年，树高 20.7m，胸围 403cm，冠幅 18m。

西营子黑弹树

黑弹树 *Celtis bungeana* Bl.

保护等级：三级

基本信息：位于滦平县长山峪镇西营子村，地理坐标为：东经117.3602301°，北纬40.8508062°。树龄150年，树高14.5m，胸围219cm，冠幅17m。

卫矛科　Celastraceae

卫矛属　*Euonymus* L.

　　常绿、半常绿或落叶灌木或小乔木，或倾斜、披散以至藤本。叶对生，极少为互生或3叶轮生。花为三出至多次分枝的聚伞圆锥花序；花两性，较小。蒴果近球状、倒锥状，不分裂或上部4～5浅凹，或4～5深裂至近基部；种子每室多为1～2颗，稀多至6颗以上，种子外被红色或黄色肉质假种皮；假种皮包围种子的全部，或仅包围一部分而成杯状、舟状或盔状。

　　本属220种，分布亚热带和温暖地区，仅少数种类北伸至寒温带。我国有111种10变种4变型。

　　卫矛属植物不仅对严寒、盐碱、有害气体等逆境的强抗性，在园林绿化中被广泛应用，而且还有较高的药用价值，用于治疗跌打损伤、风湿痹痛、活血止血、杀虫解毒等。

头沟南沟白杜

白杜　*Euonymus maackii* Rupr

　　保护等级：二级

　　基本信息：位于承德县头沟镇头沟南沟村，地理坐标为：东经 118.0547250°，北纬 41.1360710°。树龄 320 年，树高 11.6m，胸围 315cm，冠幅 14m。

西三岔口白杜

白杜 *Euonymus maackii* Rupr

保护等级：三级

基本信息：位于兴隆县青松岭镇西三岔口村，地理坐标为：东经 117.3643175°，北纬 40.2943436°。树龄 250 年，树高 6.2m，胸围 168cm，冠幅 6m。

下洼子白杜

白杜　*Euonymus maackii* Rupr

保护等级： 三级

基本信息： 位于隆化县隆化镇下洼子村，地理坐标为：东经 117.7241380°，北纬 41.3223080°。树龄 200 年，树高 13m，胸围 237cm，冠幅 10m。

木兰科　Magnoliaceae

木兰属　*Magnolia* L.

　　乔木或灌木。树皮通常灰色，光滑，或有时粗糙具深沟，通常落叶，少数常绿。小枝具环状的托叶痕，髓心连续或分隔。芽有 2 型：营养芽（枝、叶芽）腋生或顶生，具芽鳞 2，膜质，镊合状合成盔状托叶，包裹着幼叶和生长点，与叶柄连生；混合芽顶生（枝、叶及花芽）具 1 至数枚次第脱落的佛焰苞状苞片，包着 1 至数个节间，每节间有 1 腋生的营养芽，末端 2 节膨大，顶生着较大的花蕾。花柄上有数个环状苞片脱落痕。叶膜质或厚纸质，互生，有时密集成假轮生，全缘，稀先端 2 浅裂。托叶膜质，贴生于叶柄，在叶柄上留有托叶痕，幼叶在芽中直立，对折。花通常芳香，大而美丽，雌蕊常先熟，为甲壳虫传粉，单生枝顶，很少 2～3 朵顶生，两性，落叶种类在发叶前开放或与叶同时开放；花被片白色、粉红色或紫红色，很少黄色，9～21(45) 片，每轮 3～5 片，近相等，有时外轮花被片较小，带绿色或黄褐色，呈萼片状。雄蕊早落，花丝扁平，药隔延伸成短尖或长尖，很少不延伸，药室内向或侧向开裂。雌蕊群和雄蕊群相连接，无雌蕊群柄。心皮分离，多数或少数，花柱向外弯曲，沿近轴面为具乳头状突起的柱头面，每心皮有胚珠 2 颗（很少在下部心皮具 3～4 颗）。聚合果成熟时通常为长圆状圆柱形，卵状圆柱形或长圆状卵圆形，常因心皮不育而偏斜弯曲。成熟蓇葖革质或近木质，互相分离，很少互相连合，沿背缝线开裂，顶端具或短或长的喙，全部宿存于果轴。种子 1～2 颗，外种皮橙红色或鲜红色，肉质，含油，内种皮坚硬，种脐有丝状假珠柄与胎座相连，悬挂于果外。

　　约 90 种，产亚洲东南部温带及热带。印度东北部、马来群岛、日本、北美洲东南部、美洲中部及大、小安的列斯群岛。我国约有 31 种，分布于西南部、秦岭以南至华东、东北。

　　本属植物种类经济价值大，不少乔木种类材质优良，是我国北纬 34° 以南的重要林业树种。有些种类的树皮作厚朴或代厚朴药用，花蕾作辛夷药用，是我国二千多年的传统中药。多数种类的花色艳丽多姿，色香兼备，是我国二千五百多年的传统花卉，如玉兰、紫玉兰等约有 20 余种早已引种至各国都市，享誉全球。

都山天女木兰（名木）

天女木兰　*Magnolia sieboldii* K. Koch

保护等级：三级

基本信息：位于宽城满族自治县冰沟林场都山保护区，地理坐标为：东经 118.7586111°，北纬 40.4897222°。树龄 200 年，树高 5m，胸围 25cm，冠幅 10m。

　　特征：天女木兰为太古第四纪冰川时期幸存的珍稀名贵木本花卉，堪称植物王国中"准太后"与"活化石"，花期在 6～7 月，因其花瓣洁白、雄蕊紫色、香气迷人，花朵与长梗随风招展，形似天女散花。其花、叶、茎可提炼高级香料，具有极高观赏和经济价值，是国家稀有植物和濒危植物之一。近年来，宽城加大了对天女木兰的保护力度，通过了国家林业局珍稀濒危物种野外救护与繁育项目，划定保护区域 1467hm²，指定专职保护人员 3 名，单株编号挂牌 1123 株，建立植株档案。重点保护基地设置围栏 1500 米，并组建科研小组，建立实验性苗圃一处，培育实生苗木和扦插苗木为主，进行园林移栽试验。

第四部分 古树群

东升侧柏群

保护等级： 三级

基本信息： 位于平泉市七沟镇东升社区。四至坐标：东至东升社区东大岔梁顶 118.4848292°，40.9159253°；南至崖门子社区村界 118.4746331°，40.8937544°；西至崖门子社区村界 118.4368442°，40.9055743°；北至于杖子大川 118.4601591°，40.9291114°。面积 288.6729hm²，株数 41569 株。林分平均高 2.9m，平均胸围 34cm，平均年龄 150 年。

三道沟侧柏群

保护等级： 三级

基本信息： 位于滦平县付家店乡三道沟门村。四至坐标：东至东猴头沟 117.1586291°，40.8331602°；南至龙潭 117.1431983°，40.8266202°；西至山脊 117.1350223°，40.8326951°；北至山脊 117.1465003°，40.8410034°。面积 101.2hm²，株数 48576 株。林分平均高 3.4m，平均胸围 30.6cm，平均年龄 120 年。

四家桧柏群

保护等级：三级

基本信息：位于平泉市党坝镇四家村。四至坐标：东至山脊 118.6674221°，40.7622552°；南至路边 118.6623713°，40.7561214°；西至山脊 118.6579592°，40.7614833°；北至山脊 118.6635562°，40.7662754°。面积 21.3hm²，株数 12786 株。林分平均高 6m，平均胸围 55cm，平均年龄 200 年。

第三乡青扦群

保护等级： 三级

基本信息： 位于围场县塞罕坝机械林场第三乡林场母子沟营林区。四至坐标：东至路边 117.4463042°，42.2390693°；南至山边 117.4461322°，42.2385804°；西至林边 117.4457051°，42.2388353°；北至林边 117.4458612°，42.2389992°。面积 0.19hm²，株数 24 株。林分平均高 21.5m，平均胸围 134cm，平均年龄 140 年。

庙宫油松群

保护等级：三级

基本信息：位于围场县四道沟乡庙宫村。四至坐标：东至林边 117.8497511°，41.7137691°；南至林边 117.8498832°，41.7132742°；西至林边 117.8484062°，41.7135191°；北至林边 117.8479921°，41.7145371°。面积 1.19hm²，株数 74 株。林分平均高 20.1m，平均胸围 182cm，平均年龄 206 年。

画山油松群

保护等级：三级

基本信息：位于围场县腰站镇画山村。四至坐标：东至林边117.9368752°，41.8392993°；南至林边117.9354372°，41.8393832°；西至林边117.9341331°，41.8390592°；北至林边117.9357002°，41.8398403°。面积0.53hm²，株数158株。林分平均高16.2m，平均胸围109cm，平均年龄140年。

第五部分 附图/附表

承德市古树名木一览表

编号	中文名	县（市）	乡（镇）	村（社区）组	小地名	地理坐标（东经）	地理坐标（北纬）	估测树龄	古树等级	树高（m）	胸围（cm）	冠幅（m）
13082200001	青扦	兴隆县	兴隆镇	王平石村	一组平台	117.571766	40.348996	185	三级	13.7	132	7
13082200002	油松	兴隆县	兴隆镇	龙窝村	2组后山	117.477932	40.371405	275	三级	13.8	170	11
13082200003	油松	兴隆县	兴隆镇	龙窝村	六组龙窝双林岔道口	117.490508	40.356639	150	三级	11.4	202	14
13082200004	榆树	兴隆县	青松岭镇	西三岔口村	杨家窝铺西石湖	117.364258	40.294265	205	三级	10.4	202	6
13082200005	白杜	兴隆县	青松岭镇	西三岔口村	杨家窝铺西石湖	117.364318	40.294344	250	三级	6.2	168	6
13082200006	油松	兴隆县	青松岭镇	西三岔口村	杨家窝铺闫家坟	117.376188	40.292668	325	二级	18.8	269	19
13082200007	油松	兴隆县	青松岭镇	老营盘村	后干涧郝银武房后	117.412506	40.273099	115	三级	17.6	146	14
13082200008	栗	兴隆县	青松岭镇	麻地村	庙沟口上50米路旁	117.525805	40.285764	205	三级	15.5	286	21
13082200009	栗	兴隆县	青松岭镇	麻地村	庙沟口上51米路旁	117.525626	40.285827	205	三级	12.2	257	16
13082200010	油松	兴隆县	青松岭镇	麻地村	麻地大柠椤台	117.519089	40.282319	140	三级	8.4	142	9
13082200011	旱柳	兴隆县	青松岭镇	蚂蚁沟村	河西营子郭荣贵院前	117.510938	40.254010	105	三级	24.5	211	14
13082200012	山楂	兴隆县	青松岭镇	跑马场村	插钎子沟	117.481901	40.244187	110	三级	8.6	275	13
13082200013	油松	兴隆县	青松岭镇	青松岭村	小岭	117.436418	40.298021	800	一级	9.3	220	19
13082200014	山樱花	兴隆县	青松岭镇	董家店村	雨淋沟沟口	117.427346	40.318414	110	一级	12.1	96	6
13082200015	山樱花	兴隆县	青松岭镇	董家店村	雨淋沟沟口	117.427346	40.318414	110	一级	12.1	90	6
13082200016	槐	兴隆县	青松岭镇	石门台村	李海军家房前	117.476227	40.282075	180	三级	20.7	226	16
13082200017	油松	兴隆县	青松岭镇	石门台村	薛店前	117.489715	40.289443	150	三级	14.3	172	16
13082200018	栅树	兴隆县	青松岭镇	快活林村	西毛峪	117.426263	40.251373	120	三级	18.4	152	11
13082200019	槐	兴隆县	青松岭镇	快活林村	西毛峪	117.424470	40.251619	800	一级	15.8	252	23
13082200020	栗	兴隆县	青松岭镇	快活林村	快活林村庄南别墅院内	117.462008	40.256298	250	三级	16.0	322	17
13082200021	槐	兴隆县	六道河镇	六道河村	镇政府门前	117.320267	40.396472	555	一级	14.1	378	15
13082200022	油松	兴隆县	六道河镇	六道河村	东南山	117.348454	40.360944	108	三级	23.6	207	16
13082200023	油松	兴隆县	六道河镇	思家岭村	松树梁子	117.340129	40.342086	550	一级	8.6	233	13
13082200024	油松	兴隆县	六道河镇	北火道村	后崖鱼池上	117.398375	40.413207	110	三级	5.6	77	6
13082200025	油松	兴隆县	六道河镇	响水湖村	土洞沟	117.293976	40.358100	120	三级	7.8	135	8
13082200026	油松	兴隆县	六道河镇	南台村	岳家台	117.290814	40.421856	150	三级	11.2	159	13
13082200027	油松	兴隆县	六道河镇	小关门村	上孔台子	117.250364	40.423998	400	二级	6.7	149	13
13082200028	槐	兴隆县	六道河镇	小关门村	王金房西	117.242355	40.422189	120	三级	16.8	240	18
13082200029	侧柏	兴隆县	六道河镇	周家庄村	北台子	117.334414	40.437127	530	一级	7.5	95	7
13082200030	侧柏	兴隆县	六道河镇	周家庄村	北台子	117.334607	40.437234	550	一级	7.0	148	7
13082200031	栅树	兴隆县	雾灵山乡	水泉沟村	老村后山	117.311247	40.515734	155	三级	11.6	234	12
13082200032	油松	兴隆县	雾灵山乡	水泉沟村	四大坡	117.295126	40.512509	325	二级	11.2	161	14
13082200033	油松	兴隆县	雾灵山乡	水泉沟村	四大坡	117.295451	40.512652	355	二级	5.8	138	12
13082200034	暴马丁香	兴隆县	雾灵山乡	水泉沟村	四大坡	117.294333	40.511833	265	三级	7.4	137	7
13082200035	槐	兴隆县	雾灵山乡	水泉沟村	四大坡	117.294364	40.511813	250	三级	11.6	182	8
13082200036	槐	兴隆县	雾灵山乡	翻水泉村	杨石塘国春义门前	117.343224	40.558087	160	三级	16.8	209	18
13082200037	槐	兴隆县	雾灵山乡	翻水泉村	刘家寨街东	117.349523	40.543182	285	三级	17.1	191	16
13082200038	榆树	兴隆县	雾灵山乡	翻水泉村	刘家寨街口	117.348295	40.544192	125	三级	15.2	228	19
13082200039	槐	兴隆县	雾灵山乡	翻水泉村	刘寨子大街	117.350185	40.543128	500	一级	22.3	295	20
13082200040	槐	兴隆县	雾灵山乡	翻水泉村	北河台	117.370607	40.539899	210	三级	13.1	379	20
13082200041	加杨	兴隆县	雾灵山乡	苗尔洞村	大杨树	117.249156	40.537988	110	三级	26.8	245	17
13082200042	胡桃	兴隆县	雾灵山乡	苗尔洞村	牛槽地	117.273530	40.537749	120	三级	16.8	278	21
13082200043	胡桃	兴隆县	雾灵山乡	苗尔洞村	牛槽地	117.273495	40.536596	120	三级	19.3	243	22
13082200044	槐	兴隆县	雾灵山乡	苗尔洞村	北大坡	117.277883	40.547500	260	三级	18.6	243	18
13082200045	油松	兴隆县	雾灵山乡	苗尔洞村	大石虎	117.258901	40.522454	200	三级	7.3	150	8
13082200046	油松	兴隆县	雾灵山乡	苗尔洞村	大石虎	117.261041	40.522643	1000	一级	11.8	281	20
13082200047	秋子梨	兴隆县	雾灵山乡	苗尔洞村	大石虎西沟	117.256819	40.520928	105	三级	7.6	212	11
13082200048	榆树	兴隆县	雾灵山乡	东梅寺村	东梅寺村街心	117.499685	40.510200	305	二级	6.1	222	8
13082200049	秋子梨	兴隆县	雾灵山乡	东梅寺村	庄东坡	117.502444	40.511175	160	三级	8.8	253	10
13082200050	秋子梨	兴隆县	雾灵山乡	东梅寺村	庄东坡	117.502432	40.510956	160	三级	9.3	241	11
13082200051	秋子梨	兴隆县	雾灵山乡	东梅寺村	庄东坡	117.502323	40.510950	160	三级	9.7	190	10
13082200052	秋子梨	兴隆县	雾灵山乡	东梅寺村	庄东坡	117.503743	40.510953	160	三级	9.0	197	10

（续表）

编号	中文名	县（市）	乡（镇）	村（社区）组	小地名	地理坐标（东经）	地理坐标（北纬）	估测树龄	古树等级	树高（m）	胸围（cm）	冠幅（m）
13082200053	秋子梨	兴隆县	雾灵山乡	东梅寺村	庄东坡	117.503759	40.510709	160	三级	9.5	224	13
13082200054	秋子梨	兴隆县	雾灵山乡	东梅寺村	庄东坡	117.503740	40.510527	160	三级	9.2	232	11
13082200055	油松	兴隆县	雾灵山乡	雾灵山村	东大尖	117.504178	40.638417	300	二级	14.1	196	13
13082200056	油松	兴隆县	雾灵山乡	雾灵山村	石庙子	117.510321	40.621878	200	三级	11.2	201	14
13082200057	山樱花	兴隆县	雾灵山乡	雾灵山村	松店子	117.502003	40.635004	115	一级	4.1	24	3
13082200058	榆树	兴隆县	上石洞乡	后深峪村	大西洼	117.353577	40.484690	320	二级	16.5	231	10
13082200059	榆树	兴隆县	上石洞乡	后深峪村	八叉沟	117.359470	40.476615	150	三级	15.7	159	12
13082200060	旱柳	兴隆县	上石洞乡	栅子沟村	东石湖	117.319043	40.452157	400	二级	7.1	429	5
13082200061	油松	兴隆县	上石洞乡	米铺村	柞园北梁谷	117.273102	40.454486	510	一级	8.1	175	12
13082200062	蒙古栎	兴隆县	上石洞乡	小好地村	大石湖	117.412438	40.474160	200	二级	15.0	216	13
13082200063	刺槐	兴隆县	南天门满族乡	郭家庄村	郭家旺门前	117.743473	40.375070	150	三级	13.7	180	11
13082200064	旱柳	兴隆县	南天门满族乡	杨树岭村	1组西山冯家坟地	117.711567	40.405036	185	三级	11.2	320	11
13082200065	山楂	兴隆县	南天门满族乡	杨树岭村	2组西山冯家坟地南40米	117.711653	40.404890	140	三级	10.4	249	14
13082200066	小叶杨	兴隆县	南天门满族乡	大洼村	河东衙门西	117.683463	40.404351	350	二级	16.1	575	25
13082200067	鹅耳枥	兴隆县	挂兰峪镇	二甸子村	天子山天梯	117.645360	40.363748	220	三级	16.2	155	10
13082200068	鹅耳枥	兴隆县	挂兰峪镇	二甸子村	天子山天梯	117.645198	40.363837	200	三级	15.1	131	10
13082200069	软枣猕猴桃	兴隆县	挂兰峪镇	二甸子村	天子山天梯	117.645290	40.363811	150	三级	38.0	56	20
13082200070	刺楸	兴隆县	挂兰峪镇	二甸子村	天子山天梯	117.645283	40.363903	110	三级	15.0	110	8
13082200071	栓皮栎	兴隆县	挂兰峪镇	二甸子村	天子山天梯	117.645292	40.363720	110	三级	17.0	74	6
13082200072	鹅耳枥	兴隆县	挂兰峪镇	二甸子村	天子山天梯	117.645418	40.363679	110	三级	12.0	81	6
13082200073	臭檀吴萸	兴隆县	挂兰峪镇	二甸子村	天子山天梯	117.645473	40.363703	380	二级	12.0	260	12
13082200074	栓皮栎	兴隆县	挂兰峪镇	二甸子村	天子山草甸子	117.645986	40.362095	330	二级	15.0	153	11
13082200075	白蜡树	兴隆县	挂兰峪镇	二甸子村	天子山草甸子	117.646016	40.362171	120	三级	9.5	104	8
13082200076	栓皮栎	兴隆县	挂兰峪镇	二甸子村	天子山草甸子	117.645943	40.362933	340	二级	15.0	156	12
13082200077	栓皮栎	兴隆县	挂兰峪镇	二甸子村	天子山草甸子	117.646062	40.361888	310	二级	14.0	131	10
13082200078	栓皮栎	兴隆县	挂兰峪镇	二甸子村	天子山草甸子	117.646293	40.362060	310	二级	14.0	127	10
13082200079	栓皮栎	兴隆县	挂兰峪镇	二甸子村	天子山草甸子	117.646548	40.362437	330	二级	15.0	150	10
13082200080	栓皮栎	兴隆县	挂兰峪镇	二甸子村	天子山草甸子	117.646968	40.362444	320	二级	14.0	139	9
13082200081	臭檀吴萸	兴隆县	挂兰峪镇	二甸子村	天子山草甸子	117.647319	40.362394	350	二级	15.0	235	11
13082200082	槲树	兴隆县	挂兰峪镇	二甸子村	天子山草甸子	117.647603	40.362198	280	三级	16.0	140	10
13082200083	槲树	兴隆县	挂兰峪镇	二甸子村	天子山草甸子	117.647613	40.362178	280	三级	16.0	130	10
13082200084	栓皮栎	兴隆县	挂兰峪镇	二甸子村	天子山草甸子	117.647673	40.362161	320	二级	16.0	146	9
13082200085	栓皮栎	兴隆县	挂兰峪镇	二甸子村	天子山草甸子	117.649073	40.361771	320	二级	16.0	145	10
13082200086	槲树	兴隆县	挂兰峪镇	橡树台村	橡树台西山	117.696119	40.302249	115	三级	10.8	94	4
13082200087	槲树	兴隆县	挂兰峪镇	橡树台村	橡树台西山	117.696070	40.302123	115	三级	13.8	121	7
13082200088	槲树	兴隆县	挂兰峪镇	橡树台村	橡树台西山	117.696108	40.302110	115	三级	14.5	135	7
13082200089	栓皮栎	兴隆县	挂兰峪镇	橡树台村	橡树台西山	117.696104	40.302085	115	三级	14.0	118	7
13082200090	槲树	兴隆县	挂兰峪镇	橡树台村	橡树台西山	117.696129	40.302098	115	三级	11.0	96	7
13082200091	槲树	兴隆县	挂兰峪镇	橡树台村	橡树台西山	117.696157	40.302121	115	三级	10.0	89	8
13082200092	槲树	兴隆县	挂兰峪镇	橡树台村	橡树台西山	117.696168	40.302118	115	三级	11.0	97	8
13082200093	槲树	兴隆县	挂兰峪镇	橡树台村	橡树台西山	117.696240	40.302079	115	三级	12.0	146	9
13082200094	槲树	兴隆县	挂兰峪镇	橡树台村	橡树台西山	117.696157	40.302053	115	三级	10.0	103	8
13082200095	槲树	兴隆县	挂兰峪镇	橡树台村	橡树台西山	117.696157	40.302053	115	三级	11.0	114	9
13082200096	槲树	兴隆县	挂兰峪镇	橡树台村	橡树台西山	117.696194	40.301904	115	三级	16.0	185	9
13082200097	槲树	兴隆县	挂兰峪镇	橡树台村	橡树台西山	117.696224	40.301830	115	三级	16.3	170	9
13082200098	槲树	兴隆县	挂兰峪镇	橡树台村	橡树台西山	117.696338	40.301776	115	三级	16.0	135	7
13082200099	槲树	兴隆县	挂兰峪镇	橡树台村	橡树台西山	117.696440	40.301580	115	三级	14.5	129	8
13082200100	槲树	兴隆县	挂兰峪镇	橡树台村	橡树台西山	117.696474	40.301352	115	三级	15.4	91	6
13082200101	槲树	兴隆县	挂兰峪镇	橡树台村	橡树台西山	117.696474	40.301351	115	三级	15.4	115	6
13082200102	槲树	兴隆县	挂兰峪镇	橡树台村	橡树台西山	117.696603	40.301421	115	三级	15.0	205	14
13082200103	槲树	兴隆县	挂兰峪镇	橡树台村	橡树台西山	117.696566	40.301257	115	三级	13.5	150	9
13082200104	槲树	兴隆县	挂兰峪镇	橡树台村	橡树台西山	117.696572	40.301301	115	三级	13.0	117	9
13082200105	槲树	兴隆县	挂兰峪镇	橡树台村	橡树台西山	117.696664	40.301194	115	三级	14.0	109	9
13082200106	槲树	兴隆县	挂兰峪镇	橡树台村	橡树台西山	117.696747	40.301155	115	三级	14.0	140	10
13082200107	槲树	兴隆县	挂兰峪镇	橡树台村	橡树台西山	117.697467	40.303808	115	三级	16.0	157	10
13082200108	黄檗	兴隆县	挂兰峪镇	橡树台村	橡树台高永生家房西侧	117.697033	40.299302	100	三级	9.6	105	5
13082200109	黑弹树	兴隆县	挂兰峪镇	橡树台村	橡树台高永生家房西侧	117.696935	40.299314	180	三级	15.7	149	6

编号	中文名	县（市）	乡（镇）	村（社区）组	小地名	地理坐标（东经）	地理坐标（北纬）	估测树龄	古树等级	树高（m）	胸围（cm）	冠幅（m）
13082200110	流苏树	兴隆县	挂兰峪镇	龙洞峪村	茶叶木北沟	117.611535	40.249095	110	三级	6.5	67	4
13082200111	流苏树	兴隆县	挂兰峪镇	龙洞峪村	茶叶木	117.612401	40.245273	110	三级	8.7	210	4
13082200112	槐	兴隆县	挂兰峪镇	挂兰峪村	栏马墙	117.713752	40.276366	120	三级	19.4	215	18
13082200113	槲栎	兴隆县	挂兰峪镇	二甸子村	草甸子	117.645883	40.362848	100	三级	12.8	143	11
13082200114	槲栎	兴隆县	挂兰峪镇	二甸子村	草甸子	117.645974	40.362872	120	三级	14.1	183	11
13082200115	槲栎	兴隆县	挂兰峪镇	二甸子村	草甸子	117.646069	40.362736	120	三级	18.0	249	17
13082200116	槲栎	兴隆县	挂兰峪镇	二甸子村	草甸子	117.646139	40.362596	120	三级	14.5	181	13
13082200117	栓皮栎	兴隆县	挂兰峪镇	二甸子村	草甸子	117.646236	40.362540	110	三级	18.5	146	11
13082200118	栓皮栎	兴隆县	挂兰峪镇	二甸子村	草甸子	117.646207	40.362475	120	三级	18.3	139	10
13082200119	栓皮栎	兴隆县	挂兰峪镇	二甸子村	草甸子	117.646241	40.362167	110	三级	15.6	165	12
13082200120	栓皮栎	兴隆县	挂兰峪镇	二甸子村	草甸子	117.647063	40.362382	110	三级	15.9	138	9
13082200121	栓皮栎	兴隆县	挂兰峪镇	二甸子村	草甸子	117.647088	40.362370	105	三级	16.0	135	6
13082200122	栓皮栎	兴隆县	挂兰峪镇	二甸子村	草甸子	117.647054	40.362327	110	三级	15.1	127	8
13082200123	栓皮栎	兴隆县	挂兰峪镇	二甸子村	草甸子	117.647971	40.362079	110	三级	15.3	133	7
13082200124	栓皮栎	兴隆县	挂兰峪镇	二甸子村	天梯	117.648108	40.361993	110	三级	16.0	140	13
13082200125	栓皮栎	兴隆县	挂兰峪镇	二甸子村	天梯	117.649133	40.361832	120	三级	15.6	220	8
13082200126	黑弹树	兴隆县	挂兰峪镇	大鹿圈村	鹿圈庄里路中间	117.690854	40.288711	150	三级	8.8	99	8
13082200127	油松	兴隆县	李家营乡	凿子岭村	凿子岭大庄肖家坟	117.756313	40.537035	305	二级	18.8	231	18
13082200128	油松	兴隆县	李家营乡	凿子岭村	凿子岭东沟沟口	117.755758	40.539638	125	三级	12.9	194	17
13082200129	旱柳	兴隆县	李家营乡	凿子岭村	凿子岭东沟卢成军门前	117.764554	40.537905	105	三级	21.9	522	22
13082200130	槐	兴隆县	李家营乡	下台子村	徐庄	117.713177	40.590895	360	二级	20.1	396	17
13082200131	槐	兴隆县	李家营乡	下台子村	徐庄河西	117.713409	40.590970	350	二级	12.7	260	13
13082200132	五角枫	兴隆县	李家营乡	栾家店村	松挠沟西梁邓青宏房后	117.781415	40.687732	350	二级	22.1	222	10
13082200133	五角枫	兴隆县	李家营乡	栾家店村	松挠沟西梁邓青宏房后	117.781367	40.687765	310	二级	25.8	185	10
13082200134	槲树	兴隆县	李家营乡	栾家店村	松挠沟五组后山邓青松后	117.798769	40.685964	130	三级	8.2	160	12
13082200135	槲树	兴隆县	李家营乡	栾家店村	松挠沟五组后山邓青松后	117.798748	40.686014	130	三级	7.6	148	9
13082200136	油松	兴隆县	李家营乡	栾家店村	李家店李纪侠右院角	117.850109	40.684723	560	一级	16.8	245	16
13082200137	侧柏	兴隆县	李家营乡	栾家店村	小河东7组	117.842767	40.687932	300	二级	6.9	122	4
13082200138	侧柏	兴隆县	李家营乡	栾家店村	小河东7组	117.842385	40.688014	300	二级	5.5	91	5
13082200139	侧柏	兴隆县	李家营乡	栾家店村	小河东7组	117.842474	40.688043	300	二级	5.7	135	6
13082200140	侧柏	兴隆县	李家营乡	栾家店村	小河东7组	117.842339	40.688078	300	二级	5.7	278	9
13082200141	侧柏	兴隆县	李家营乡	栾家店村	小河东7组	117.842720	40.687916	300	二级	6.9	172	6
13082200142	侧柏	兴隆县	李家营乡	栾家店村	小河东7组	117.842686	40.688021	300	二级	6.9	279	10
13082200143	鹅耳枥	兴隆县	李家营乡	栾家店村	松桡沟大地前山	117.811449	40.682645	110	三级	6.5	78	6
13082200144	榆树	兴隆县	李家营乡	栾家店村	土龙沟	117.752610	40.641384	140	三级	20.0	253	18
13082200145	槲树	兴隆县	李家营乡	栾家店村	松桡沟大地小东梁	117.813497	40.685261	140	三级	7.5	154	13
13082200146	油松	兴隆县	三道河乡	灰窑峪村	二队前山	118.121503	40.404641	550	一级	11.9	286	16
13082200147	槐	兴隆县	三道河乡	大东沟村	北沟	118.105407	40.372220	600	一级	19.5	382	15
13082200148	油松	兴隆县	三道河乡	大东沟村	长城城墙边下	118.118826	40.360130	305	二级	8.9	305	14
13082200149	栓皮栎	兴隆县	三道河乡	花水村	村院后	118.035908	40.383275	125	三级	12.9	181	10
13082200150	栓皮栎	兴隆县	三道河乡	花水村	村院后	118.035872	40.383274	125	三级	12.5	150	7
13082200151	榆树	兴隆县	三道河乡	中兴村	老贠家	118.053488	40.411326	175	三级	21.6	211	10
13082200152	侧柏	兴隆县	三道河乡	中兴村	西山台	118.043247	40.418608	160	三级	18.8	165	11
13082200153	侧柏	兴隆县	三道河乡	中兴村	西山台	118.043243	40.418569	160	三级	18.4	176	11
13082200154	侧柏	兴隆县	三道河乡	中兴村	老郝家后山	118.041842	40.425798	300	二级	12.3	280	8
13082200155	油松	兴隆县	三道河乡	雪山村	头道沟阴坡梁尖	118.019871	40.456050	150	三级	7.1	221	8
13082200156	油松	兴隆县	三道河乡	雪山村	小庙	118.023737	40.456199	130	三级	20.5	190	15
13082200157	油松	兴隆县	三道河乡	雪山村	西贺岭阴坡梁尖	118.026089	40.449313	150	三级	7.3	207	8
13082200158	油松	兴隆县	蓝旗营镇	大山村	梅鹿沟会馆后山	117.983189	40.471730	605	一级	8.2	179	16
13082200159	侧柏	兴隆县	蓝旗营镇	大山村	头道河子	118.015607	40.427315	600	一级	19.8	212	15
13082200160	侧柏	兴隆县	蓝旗营镇	大山村	头道河子	118.014988	40.426942	250	三级	12.2	162	7
13082200161	旱柳	兴隆县	蓝旗营镇	东风村	金斗峪	117.969610	40.376203	100	三级	14.1	281	14
13082200162	槐	兴隆县	蓝旗营镇	杨树台村	杨树台2组	117.971734	40.404060	310	二级	10.2	375	7
13082200163	槲树	兴隆县	蓝旗营镇	蛇皮村	白虎峪东山	118.015449	40.408889	300	二级	10.9	214	16
13082200164	槲树	兴隆县	八卦岭满族乡	珍珠村村	四组北沟杨家坟地	117.772320	40.260907	260	三级	15.8	210	13
13082200165	槐	兴隆县	八卦岭满族乡	珍珠村村	黄河沟杨跃门前	117.772610	40.248671	110	三级	21.6	177	9
13082200166	旱柳	兴隆县	八卦岭满族乡	珍珠村村	珍栗源冷库门前	117.774203	40.258019	110	三级	20.2	248	20

（续表）

编号	中文名	县（市）	乡（镇）	村（社区）组	小地名	地理坐标（东经）	地理坐标（北纬）	估测树龄	古树等级	树高（m）	胸围（cm）	冠幅（m）
13082200167	小叶杨	兴隆县	八卦岭满族乡	珍珠村村	黄河峪桥头大道台	117.773967	40.256081	110	三级	26.0	228	9
13082200168	油松	兴隆县	八卦岭满族乡	珍珠村村	老万家西山坟地	117.767592	40.277723	320	二级	6.5	185	14
13082200169	毛白杨	兴隆县	八卦岭满族乡	珍珠村村	老万家西山坟地	117.767447	40.277684	160	三级	16.8	260	16
13082200170	毛白杨	兴隆县	八卦岭满族乡	珍珠村村	老万家西山坟地	117.767342	40.277712	160	三级	16.6	210	12
13082200171	槐	兴隆县	八卦岭满族乡	八卦岭村	五组何家庄加油站对过	117.726595	40.258222	270	三级	17.1	290	21
13082200172	侧柏	兴隆县	陡子峪乡	东陡子峪村	元龙沟小庙梁头	117.335537	40.297300	110	三级	11.1	190	6
13082200173	油松	兴隆县	陡子峪乡	东陡子峪村	元龙沟小庙梁头	117.335530	40.297014	120	三级	11.7	230	19
13082200174	油松	兴隆县	陡子峪乡	东陡子峪村	元龙沟小庙梁头	117.335428	40.297250	120	三级	10.4	210	17
13082200175	油松	兴隆县	陡子峪乡	梯子峪村	万岭沟8组	117.347607	40.326843	110	三级	12.4	170	10
13082200176	油松	兴隆县	陡子峪乡	西陡子峪村	8组路边地	117.294690	40.315419	150	三级	11.2	260	18
13082200177	榆树	兴隆县	陡子峪乡	西陡子峪村	峰洞子大榆树	117.286327	40.316709	210	三级	12.3	360	16
13082200178	油松	兴隆县	孤山子镇	孤山子村	白枣峪	117.947375	40.297674	400	二级	9.6	247	14
13082200179	油松	兴隆县	孤山子镇	沙坡峪村	白石峪	117.861740	40.291417	150	三级	10.4	200	9
13082200180	油松	兴隆县	孤山子镇	沙坡峪村	白石峪	117.861678	40.291403	200	三级	9.4	200	13
13082200181	油松	兴隆县	半壁山镇	小碌洞村	许宝贺前山南子岭	117.831357	40.341253	160	三级	17.0	189	14
13082200182	槲栎	兴隆县	半壁山镇	小碌洞村	1组姚家坟地	117.815747	40.328622	260	三级	23.8	320	12
13082200183	槲栎	兴隆县	半壁山镇	小碌洞村	1组姚家坟地	117.815753	40.328658	220	三级	22.0	255	12
13082200184	槲栎	兴隆县	半壁山镇	小碌洞村	1组姚家坟地	117.815697	40.328671	150	三级	18.0	155	9
13082200185	槲栎	兴隆县	半壁山镇	小碌洞村	1组姚家坟地	117.815635	40.328668	240	三级	22.0	290	15
13082200186	槲栎	兴隆县	半壁山镇	小碌洞村	1组姚家坟地	117.815702	40.328781	130	三级	16.0	140	8
13082200187	槲栎	兴隆县	半壁山镇	小碌洞村	1组姚家坟地	117.815755	40.328770	140	三级	15.0	140	10
13082200188	槲栎	兴隆县	半壁山镇	小碌洞村	1组姚家坟地	117.815685	40.328859	130	三级	15.0	130	10
13082200189	槲栎	兴隆县	半壁山镇	小碌洞村	1组姚家坟地	117.815718	40.328837	110	三级	14.0	110	8
13082200190	槲栎	兴隆县	半壁山镇	小碌洞村	1组姚家坟地	117.815707	40.328883	120	三级	14.0	120	8
13082200191	槲栎	兴隆县	半壁山镇	小碌洞村	1组姚家坟地	117.815718	40.328885	130	三级	14.0	135	8
13082200192	槲栎	兴隆县	半壁山镇	小碌洞村	1组姚家坟地	117.815653	40.328855	100	三级	12.0	90	8
13082200193	槲栎	兴隆县	半壁山镇	小碌洞村	1组姚家坟地	117.815633	40.328913	160	三级	14.0	160	7
13082200194	槲栎	兴隆县	半壁山镇	小碌洞村	1组姚家坟地	117.815603	40.328947	110	三级	13.0	115	9
13082200195	槲栎	兴隆县	半壁山镇	小碌洞村	1组姚家坟地	117.815583	40.328957	250	三级	19.0	230	12
13082200196	槲栎	兴隆县	半壁山镇	小碌洞村	1组姚家坟地	117.815685	40.324977	310	二级	22.0	300	13
13082200197	槲栎	兴隆县	半壁山镇	小碌洞村	1组姚家坟地	117.815765	40.328995	160	三级	11.0	100	8
13082200198	槲栎	兴隆县	半壁山镇	小碌洞村	1组姚家坟地	117.815758	40.328992	100	三级	13.0	108	8
13082200199	槲栎	兴隆县	半壁山镇	小碌洞村	1组姚家坟地	117.815878	40.328908	100	三级	14.0	95	7
13082200200	榆树	兴隆县	半壁山镇	小碌洞村	1组姚家坟地	117.815906	40.328896	270	三级	15.0	260	9
13082200201	榆树	兴隆县	半壁山镇	小碌洞村	1组姚家坟地	117.816030	40.328873	180	三级	16.0	180	10
13082200202	槲栎	兴隆县	半壁山镇	小碌洞村	1组姚家坟地	117.815935	40.328764	220	三级	18.0	220	9
13082200203	槲栎	兴隆县	半壁山镇	小碌洞村	1组姚家坟地	117.815832	40.328770	180	三级	21.0	188	8
13082200204	槲栎	兴隆县	半壁山镇	小碌洞村	1组姚家坟地	117.815840	40.328700	160	三级	22.0	160	8
13082200205	榆树	兴隆县	半壁山镇	小碌洞村	1组姚家坟地	117.816030	40.328643	180	二级	22.6	326	15
13082200206	槲树	兴隆县	半壁山镇	小碌洞村	5组前山	117.828228	40.345472	170	三级	11.6	162	9
13082200207	榆树	兴隆县	半壁山镇	小碌洞村	薄沙窝子	117.829400	40.356182	270	三级	25.5	245	15
13082200208	槐	兴隆县	半壁山镇	河沿子村	李志生门前	117.883165	40.363019	260	三级	17.7	222	12
13082200209	油松	兴隆县	半壁山镇	黄门子村	黄门子西沟门东山尖	117.808578	40.377623	250	三级	7.4	190	7
13082200210	槐	兴隆县	半壁山镇	八仙沟村	路边	117.834235	40.378257	500	一级	20.2	420	15
13082200211	槐	兴隆县	半壁山镇	八仙沟村	庄里	117.834625	40.378691	200	三级	22.3	345	19
13082200212	槐	兴隆县	半壁山镇	伙山子村	北沟	117.867078	40.377738	220	三级	18.7	218	15
13082200213	槐	兴隆县	半壁山镇	车道峪村	村边	117.856807	40.362429	200	三级	22.8	262	19
13082200214	蒙古栎	兴隆县	半壁山镇	驴叫村	家门沟后山	117.766428	40.416075	120	三级	11.2	146	9
13082200215	五角枫	兴隆县	半壁山镇	驴叫村	家门沟后山	117.766388	40.416034	120	三级	8.0	133	7
13082200216	蒙古栎	兴隆县	半壁山镇	驴叫村	家门沟后山	117.766365	40.415995	120	三级	12.1	164	13
13082200217	油松	兴隆县	半壁山镇	驴叫村	南道南盖子	117.779360	40.401064	120	三级	19.3	260	11
13082200218	油松	兴隆县	半壁山镇	驴叫村	南道南盖子	117.779637	40.400921	120	三级	20.3	230	14
13082200219	油松	兴隆县	半壁山镇	驴叫村	马家沟后岭	117.792378	40.412480	120	三级	7.5	115	6
13082200220	槐	兴隆县	半壁山镇	靳杖子村	庄里	117.939962	40.396887	100	三级	14.1	240	17
13082200221	槐	兴隆县	半壁山镇	靳杖子村	庄里	117.940132	40.396946	180	三级	15.2	250	16
13082200222	槐	兴隆县	半壁山镇	靳杖子村	庄里	117.940522	40.397039	320	二级	24.1	362	22
13082200223	槐	兴隆县	半壁山镇	靳杖子村	庄里	117.940690	40.397161	250	三级	16.9	262	14

(续表)

编号	中文名	县（市）	乡（镇）	村（社区）组	小地名	地理坐标（东经）	地理坐标（北纬）	估测树龄	古树等级	树高（m）	胸围（cm）	冠幅（m）
13082200224	槐	兴隆县	大杖子乡	姜家庄村	姜家庄村营子中姜长苗门前	118.036282	40.655781	210	三级	21.9	268	16
13082200225	槲树	兴隆县	大杖子乡	姜家庄村	姜家庄后梁姜长苗房西侧	118.035927	40.655956	190	三级	14.2	186	9
13082200226	桑	兴隆县	大杖子乡	姜家庄村	姜家庄泼水流子	118.067038	40.659565	390	二级	15.1	390	16
13082200227	榆树	兴隆县	大杖子乡	姜家庄村	姜家庄泼水流子	118.067047	40.659365	180	三级	9.3	210	6
13082200228	油松	兴隆县	大杖子乡	关杖子村	长峪沟门谢富宏房东	118.094258	40.651980	310	二级	11.1	192	15
13082200229	槐	兴隆县	大杖子乡	大杖子村	四组张瑞祥门前	118.108002	40.622228	190	三级	21.6	278	21
13082200230	榆树	兴隆县	大杖子乡	永合堂村	永合堂雷普瑞房西	118.074485	40.588324	310	二级	21.2	288	18
13082200231	榆树	兴隆县	大杖子乡	永合堂村	村墙外	118.074192	40.588049	300	二级	20.7	279	19
13082200232	油松	兴隆县	大杖子乡	永合堂村	永合堂姜长苗后山山顶	118.074988	40.588578	180	三级	9.9	178	12
13082200233	榆树	兴隆县	大杖子乡	永合堂村	永合堂西沟姜家坟地	118.064862	40.582737	180	三级	19.7	220	16
13082200234	油松	兴隆县	大杖子乡	永合堂村	永合堂五组南沟坟地	118.068335	40.574015	500	一级	17.8	262	10
13082200235	油松	兴隆县	大杖子乡	永合堂村	永合堂五组南沟小梁顶两人间房后	118.068033	40.573845	200	三级	16.6	179	15
13082200236	槐	兴隆县	大杖子乡	邢杖子村	邢杖子5组大槐树	118.055808	40.617125	610	一级	23.4	417	26
13082200237	槐	兴隆县	大杖子乡	邢杖子村	邢杖子5组大槐树	118.055793	40.617112	360	二级	11.0	275	10
13082200238	槐	兴隆县	大杖子乡	邢杖子村	邢杖子5组大槐树	118.055703	40.616993	340	二级	18.0	280	17
13082200239	槐	兴隆县	大杖子乡	邢杖子村	小学西	118.054623	40.617228	340	二级	14.7	283	23
13082200240	槐	兴隆县	大杖子乡	邢杖子村	姜家锅伙高学山门前	118.051107	40.618393	320	二级	19.5	348	22
13082200241	油松	兴隆县	大杖子乡	车河梁村	二道沟	117.894287	40.602581	220	三级	22.9	231	14
13082200242	油松	兴隆县	大杖子乡	车河梁村	二道沟后山	117.892427	40.601504	350	二级	15.4	276	20
13082200243	油松	兴隆县	大杖子乡	车河梁村	龙王庙	117.906580	40.601313	200	三级	9.6	171	12
13082200244	油松	兴隆县	大杖子乡	车河梁村	龙王庙	117.906658	40.600835	150	三级	12.9	161	11
13082200245	油松	兴隆县	大杖子乡	车河梁村	龙王庙墙外	117.906652	40.601398	200	三级	8.7	72	5
13082200246	油松	兴隆县	大杖子乡	车河梁村	龙王庙墙外	117.906652	40.601398	200	三级	7.7	70	5
13082200247	油松	兴隆县	大杖子乡	车河梁村	龙王庙	117.906678	40.601351	200	三级	9.7	115	6
13082200248	油松	兴隆县	大杖子乡	车河梁村	龙王庙墙外	117.906598	40.601374	200	三级	10.7	75	5
13082200249	油松	兴隆县	大杖子乡	南道村村	南道庄	117.980477	40.616693	400	二级	15.3	385	18
13082200250	油松	兴隆县	大杖子乡	南道村村	西山	117.976642	40.615951	400	二级	13.7	441	13
13082200251	油松	兴隆县	大杖子乡	山村村	乔木梁顶	118.018630	40.556652	200	三级	9.7	235	15
13082200252	槐	兴隆县	大杖子乡	车河堡村	村路边	118.005692	40.604224	600	一级	14.2	432	12
13082200253	榆树	兴隆县	大杖子乡	桥木梁村	车道沟	118.025830	40.597268	200	三级	12.7	229	17
13082200254	油松	兴隆县	大杖子乡	桥木梁村	车道沟	118.025808	40.597354	150	三级	14.2	167	13
13082200255	槲树	兴隆县	大杖子乡	桥木梁村	车道沟	118.025593	40.597212	350	二级	17.6	272	19
13082200256	榆树	兴隆县	大杖子乡	桥木梁村	车道沟	118.025792	40.597170	280	三级	13.7	275	17
13082200257	鹅耳枥	兴隆县	大杖子乡	山村村	桃树沟	118.018138	40.569458	150	三级	11.2	162	10
13082200258	栾树	兴隆县	大杖子乡	山村村	蔡家庄	118.023352	40.577610	200	三级	13.7	152	9
13082200259	皂荚	兴隆县	大杖子乡	南道村村	河东	117.987082	40.615812	220	三级	10.4	272	13
13082200260	槐	兴隆县	大杖子乡	南道村村	河东	117.985753	40.616705	200	三级	20.3	251	17
13082200261	槐	兴隆县	大水泉乡	宝地村	吴家庄吴启忠房西	117.719395	40.459453	260	三级	22.5	246	20
13082200262	槐	兴隆县	大水泉乡	宝地村	吴家庄吴启忠房西	117.719393	40.459555	260	三级	22.0	229	17
13082200263	槐	兴隆县	大水泉乡	宝地村	吴家庄吴启忠房西	117.719415	40.459652	260	三级	17.0	188	12
13082200264	槐	兴隆县	大水泉乡	厂沟村	二道河子曹满房西路边	117.788622	40.477649	210	三级	15.6	185	14
13082200265	油松	兴隆县	大水泉乡	厂沟村	厂沟1组南砬子	117.790420	40.476652	250	三级	7.6	202	15
13082200266	槐	兴隆县	大水泉乡	田家庄村	西台子公路边邱玉荣家门口	117.809735	40.469718	280	三级	20.3	262	22
13082200267	榆树	兴隆县	大水泉乡	刘杖子村	5组小西地孟庆顺门前	117.836357	40.519250	140	三级	17.9	335	25
13082200268	榆树	兴隆县	大水泉乡	刘杖子村	周杖子周景奎门前	117.863827	40.523945	190	三级	16.2	544	17
13082200269	槐	兴隆县	大水泉乡	黄酒铺村	西沟门卢凤君门前	117.837108	40.451456	160	三级	23.8	283	22
13082200270	油松	兴隆县	安子岭乡	安子岭村	安子岭南山山顶	117.907677	40.418780	180	三级	12.9	172	15
13082200271	暴马丁香	兴隆县	安子岭乡	双炉台村	西台子望景台下	117.911188	40.417371	260	三级	12.4	213	9
13082200272	暴马丁香	兴隆县	安子岭乡	双炉台村	西台子望景台下	117.911137	40.417411	160	三级	12.2	132	8
13082200273	暴马丁香	兴隆县	安子岭乡	双炉台村	西台子望景台下	117.911104	40.417437	160	三级	12.2	107	8
13082200274	槐	兴隆县	安子岭乡	双炉台村	西台子望景台下	117.911248	40.417359	100	三级	17.6	120	8
13082200275	油松	兴隆县	安子岭乡	双炉台村	西台子路转弯处	117.911070	40.417665	160	三级	13.2	159	10
13082200276	槐	兴隆县	安子岭乡	双炉台村	双炉台庄内	117.917403	40.415055	600	一级	20.5	308	17
13082200277	槐	兴隆县	安子岭乡	双炉台村	双炉台庄内	117.917233	40.415049	600	二级	10.9	289	10
13082200278	槲栎	兴隆县	安子岭乡	老虎沟村	头道河丁字路后	117.921288	40.422333	360	二级	13.2	325	17
13082200279	槲栎	兴隆县	安子岭乡	老虎沟村	头道河猪圈边	117.921151	40.422498	360	二级	14.7	228	9
13082200280	油松	兴隆县	安子岭乡	老虎沟村	东树峪南沟桃树梁山顶	117.939202	40.424157	480	二级	8.2	229	17

(续表)

编号	中文名	县（市）	乡（镇）	村（社区）组	小地名	地理坐标（东经）	地理坐标（北纬）	估测树龄	古树等级	树高（m）	胸围（cm）	冠幅（m）
13082200281	栀栎	兴隆县	安子岭乡	老虎沟村	东树峪南沟后窗头	117.935820	40.425500	880	一级	17.5	410	21
13082200282	槐	兴隆县	安子岭乡	高板河村	高板河庄	117.886945	40.427846	360	二级	17.2	258	16
13082200283	槐	兴隆县	安子岭乡	高板河村	高板河庄	117.887080	40.428086	360	二级	25.8	278	22
13082200284	槐	兴隆县	安子岭乡	高板河村	西沟门子	117.882192	40.427376	360	二级	16.5	268	7
13082200285	暴马丁香	兴隆县	安子岭乡	天桥峪村	二道岭子	117.945885	40.447362	260	三级	11.2	240	10
13082200286	榆树	兴隆县	安子岭乡	天桥峪村	四道岭子	117.952063	40.451449	310	二级	23.5	295	18
13082200287	榆树	兴隆县	安子岭乡	天桥峪村	四道岭子	117.951862	40.451641	310	二级	14.6	275	6
13082200288	五角枫	兴隆县	安子岭乡	天桥峪村	四道岭子	117.951843	40.452135	270	三级	14.0	194	17
13082200289	五角枫	兴隆县	安子岭乡	天桥峪村	四道岭子	117.951997	40.452045	120	三级	13.4	139	12
13082200290	油松	兴隆县	安子岭乡	羊羔峪村	沟门子伊俊瑞房东	117.915065	40.445590	180	三级	25.7	180	9
13082200291	油松	兴隆县	安子岭乡	羊羔峪村	沟门子西山顶	117.917835	40.445955	180	三级	12.5	135	12
13082200292	油松	兴隆县	安子岭乡	上庄村	厂沟西沟	117.886920	40.475327	150	三级	11.2	210	12
13082200293	油松	兴隆县	安子岭乡	上庄村	北场	117.905655	40.467160	110	三级	13.0	80	7
13082200294	油松	兴隆县	安子岭乡	上庄村	小西湾梁顶	117.911509	40.451437	150	三级	7.5	150	10
13082200295	油松	兴隆县	安子岭乡	马架沟村	小分梁	117.962077	40.484449	150	三级	9.6	165	11
13082200296	油松	兴隆县	安子岭乡	马架沟村	分水梁	117.961628	40.485126	150	三级	11.0	120	9
13082200297	油松	兴隆县	安子岭乡	马架沟村	分水梁	117.962823	40.485156	150	三级	11.8	180	12
13082200298	油松	兴隆县	安子岭乡	马架沟村	分水梁	117.962565	40.485857	150	三级	10.5	113	8
13082200299	油松	兴隆县	安子岭乡	马架沟村	分水梁	117.962602	40.485864	150	三级	16.5	134	9
13082200300	榆树	兴隆县	安子岭乡	马架沟村	石强地	117.930007	40.481246	110	三级	16.2	186	12
13082200301	油松	兴隆县	安子岭乡	马架沟村	分水梁	117.961923	40.485697	150	三级	17.2	150	11
13082200302	油松	兴隆县	安子岭乡	羊羔峪村	水泉子小梁	117.927347	40.473489	150	三级	9.5	218	14
13082200303	油松	兴隆县	安子岭乡	羊羔峪村	陈旅后山	117.921778	40.464107	300	二级	10.2	230	20
13082200304	油松	兴隆县	安子岭乡	羊羔峪村	小门沟梁顶	117.924455	40.456339	200	三级	10.5	190	11
13082200305	榆树	兴隆县	蘑菇峪乡	孙杖子村	3组杨树台	118.144403	40.525209	280	三级	19.5	247	18
13082200306	油松	兴隆县	蘑菇峪乡	孙杖子村	3组杨树台	118.144798	40.525052	145	三级	11.8	166	12
13082200307	油松	兴隆县	蘑菇峪乡	孙杖子村	1组小盘道沟	118.142673	40.534619	260	三级	9.8	220	19
13082200308	油松	兴隆县	蘑菇峪乡	河南大峪村	1组高家庄后山	118.170876	40.512957	410	二级	12.5	210	16
13082200309	油松	兴隆县	蘑菇峪乡	河南大峪村	1组高家庄后山	118.170685	40.512944	160	三级	9.7	160	10
13082200310	榆树	兴隆县	蘑菇峪乡	河南大峪村	1组高家庄新坟圈	118.173218	40.513554	310	二级	22.5	260	19
13082200311	榆树	兴隆县	蘑菇峪乡	河南大峪村	1组高家庄新坟圈	118.173218	40.513554	310	二级	22.5	262	19
13082200312	榆树	兴隆县	蘑菇峪乡	河南大峪村	1组高家庄新坟圈	118.173516	40.513488	160	三级	17.1	188	17
13082200313	油松	兴隆县	蘑菇峪乡	河南大峪村	3组刘家庄西山	118.193423	40.522953	510	一级	9.6	295	21
13082200314	黑弹树	兴隆县	蘑菇峪乡	河南大峪村	2组张家庄田玉国房后	118.185562	40.519216	200	三级	10.2	200	10
13082200315	油松	兴隆县	蘑菇峪乡	大东峪村	1组前坡峪	118.162730	40.507193	340	二级	12.6	276	20
13082200316	油松	兴隆县	蘑菇峪乡	大东峪村	1组前坡峪前山	118.162699	40.507177	340	二级	7.5	235	14
13082200317	槐	兴隆县	蘑菇峪乡	大东峪村	2组大东峪庄内	118.151580	40.505030	310	二级	17.9	292	27
13082200318	油松	兴隆县	蘑菇峪乡	大东峪村	2组大东峪后山	118.150160	40.505242	330	二级	12.2	170	15
13082200319	油松	兴隆县	蘑菇峪乡	大东峪村	3组刺峪	118.139360	40.506048	220	三级	25.3	166	12
13082200320	油松	兴隆县	蘑菇峪乡	大东峪村	3组刺峪	118.139309	40.506005	220	三级	15.7	158	16
13082200321	油松	兴隆县	蘑菇峪乡	大东峪村	3组刺峪	118.139298	40.505953	220	三级	26.1	153	12
13082200322	油松	兴隆县	蘑菇峪乡	菜园子村	南洼砬子上	118.117517	40.501293	240	三级	6.5	155	12
13082200323	油松	兴隆县	蘑菇峪乡	张杖子村	张杖子村13组北台子	118.119098	40.542237	310	二级	10.2	200	18
13082200324	油松	兴隆县	蘑菇峪乡	张杖子村	小马架沟前山台	118.117627	40.540455	190	三级	13.1	111	16
13082200325	油松	兴隆县	蘑菇峪乡	张杖子村	西偏道子	118.113175	40.557900	390	二级	8.2	202	17
13082200326	油松	兴隆县	蘑菇峪乡	张杖子村	西偏道子	118.112819	40.557615	390	二级	13.2	167	13
13082200327	油松	兴隆县	蘑菇峪乡	张杖子村	西偏道子	118.112083	40.557564	390	二级	12.8	231	14
13082200328	油松	兴隆县	蘑菇峪乡	张杖子村	西偏道子	118.111575	40.557435	390	二级	13.8	168	14
13082200329	油松	兴隆县	蘑菇峪乡	张杖子村	西偏道子	118.111122	40.557157	390	二级	11.8	205	16
13082200330	油松	兴隆县	蘑菇峪乡	张杖子村	西偏道子	118.114138	40.558143	100	三级	9.6	94	10
13082200331	油松	兴隆县	蘑菇峪乡	张杖子村	大马架沟	118.108952	40.535681	225	三级	7.9	155	13
13082200332	油松	兴隆县	蘑菇峪乡	张杖子村	张杖子村1组河边石砬子上	118.126287	40.539507	350	二级	11.5	210	15
13082200333	油松	兴隆县	蘑菇峪乡	王宝石村	后沟梁头石砬子	118.182149	40.552676	310	二级	9.2	168	14
13082200334	槐	兴隆县	蘑菇峪乡	解放村	赵家大地	117.995328	40.535410	150	三级	18.0	237	18
13082200335	油松	兴隆县	蘑菇峪乡	解放村	孟大地	118.017315	40.547676	300	二级	10.0	205	14
13082200336	榆树	兴隆县	蘑菇峪乡	解放村	转山子河北	118.033300	40.544618	150	三级	19.0	267	16
13082200337	油松	兴隆县	蘑菇峪乡	解放村	转山子	118.031018	40.543647	300	二级	11.0	206	17

(续表)

编号	中文名	县（市）	乡（镇）	村（社区）组	小地名	地理坐标（东经）	地理坐标（北纬）	估测树龄	古树等级	树高（m）	胸围（cm）	冠幅（m）
13082200338	油松	兴隆县	蘑菇峪乡	解放村	转山子东梁	118.030229	40.544672	200	三级	7.5	178	12
13082200339	油松	兴隆县	蘑菇峪乡	三道梁子村	庄前	118.060753	40.531394	300	二级	9.5	222	12
13082200340	油松	兴隆县	蘑菇峪乡	天明村	大西梁	117.974897	40.526331	200	三级	9.0	197	19
13082200341	油松	兴隆县	蘑菇峪乡	天明村	大西梁	117.974920	40.525968	150	三级	18.2	168	12
13082200342	榆树	兴隆县	蘑菇峪乡	天明村	见草沟南山	117.941213	40.520732	200	三级	22.0	286	17
13082200343	油松	兴隆县	蘑菇峪乡	成功村	大岭后梁	117.889273	40.516462	300	二级	10.5	243	18
13082200344	油松	兴隆县	蘑菇峪乡	三道梁子村	头道沟	118.060080	40.537775	300	二级	13.0	230	15
13082200345	油松	兴隆县	蘑菇峪乡	二道岭子村	二道岭庄后山	118.066823	40.531491	300	二级	21.5	194	12
13082200346	油松	兴隆县	蘑菇峪乡	二道岭子村	广西山	118.078418	40.539239	350	二级	10.5	237	12
13082200347	油松	兴隆县	蘑菇峪乡	二道岭子村	广东山	118.080064	40.536491	390	二级	14.0	315	18
13082200348	油松	兴隆县	蘑菇峪乡	二道岭子村	广东山	118.067913	40.530153	260	三级	16.5	230	10
13082200349	油松	兴隆县	蘑菇峪乡	二道岭子村	龙潭沟	118.078043	40.530426	200	三级	14.5	189	11
13082200350	油松	兴隆县	蘑菇峪乡	李杖子村	王杖子北台	118.066435	40.493317	120	三级	7.5	125	8
13082200351	油松	兴隆县	蘑菇峪乡	李杖子村	王杖子	118.065463	40.492741	310	二级	9.7	300	7
13082200352	油松	兴隆县	蘑菇峪乡	宋杖子村	北大地	118.079188	40.496743	150	三级	12.0	295	13
13082200353	油松	兴隆县	蘑菇峪乡	宋杖子村	西山	118.078098	40.493966	200	三级	5.0	162	15
13082200354	槐	兴隆县	蘑菇峪乡	宋杖子村	宋杖子庄	118.083892	40.493723	310	二级	11.0	309	5
13082200355	槐	兴隆县	蘑菇峪乡	大西峪村	黄砬台	118.149670	40.444823	120	三级	18.4	224	18
13082200356	暴马丁香	兴隆县	北营房镇	上窝铺村	上窝铺村庄中心	117.655390	40.583340	505	一级	10.5	188	9
13082200357	油松	兴隆县	北营房镇	北营房村	北营房村南山顶	117.668183	40.568184	130	三级	11.0	100	7
13082200358	油松	兴隆县	北营房镇	北营房村	北营房村原小学院内	117.673520	40.577535	110	三级	6.0	123	10
13082200359	油松	兴隆县	北营房镇	北营房村	北营房村原小学院内	117.673664	40.577531	110	三级	12.5	129	12
13082200360	油松	兴隆县	北营房镇	北营房村	北营房村原小学院内	117.673660	40.577465	110	三级	16.5	175	12
13082200361	侧柏	兴隆县	北营房镇	北营房村	北营房村后山	117.670932	40.575897	110	三级	10.6	99	4
13082200362	侧柏	兴隆县	北营房镇	北营房村	北营房村后山	117.670941	40.575857	110	三级	7.6	88	6
13082200363	油松	兴隆县	北营房镇	西道沟村	大屁股山顶	117.649883	40.574917	320	二级	13.3	144	14
13082200364	油松	兴隆县	北营房镇	姚栅子村	摩天岭过梁道路边	117.683790	40.556378	160	三级	5.8	123	12
13082200365	蒙古栎	兴隆县	北营房镇	姚栅子村	姚栅子北沟槽子地猪场后	117.680600	40.597628	200	三级	11.7	229	11
13082800001	油松	围场县	四道沟乡	庙宫村	东庙宫	117.849381	41.713860	206	三级	18.7	216	13
13082800002	油松	围场县	四道沟乡	庙宫村	东庙宫	117.850415	41.713737	206	三级	13.1	203	13
13082800003	油松	围场县	四道沟乡	庙宫村	东庙宫	117.849821	41.713532	206	三级	20.2	197	15
13082800004	油松	围场县	四道沟乡	庙宫村	东庙宫	117.849838	41.713359	206	三级	21.5	225	17
13082800005	油松	围场县	四道沟乡	庙宫村	东庙宫	117.849544	41.713410	206	三级	14.4	205	17
13082800006	油松	围场县	四道沟乡	庙宫村	东庙宫	117.849270	41.713922	206	二级	19.1	184	11
13082800007	油松	围场县	四道沟乡	庙宫村	东庙宫	117.849210	41.713804	206	三级	22.1	220	14
13082800008	油松	围场县	四道沟乡	庙宫村	东庙宫	117.849146	41.713914	206	三级	21.4	170	10
13082800009	油松	围场县	四道沟乡	庙宫村	东庙宫	117.849084	41.713874	206	三级	22.5	216	14
13082800010	油松	围场县	四道沟乡	庙宫村	东庙宫	117.849060	41.713769	206	三级	18.8	213	12
13082800011	油松	围场县	四道沟乡	庙宫村	东庙宫	117.849023	41.713670	206	三级	19.1	219	13
13082800012	油松	围场县	四道沟乡	庙宫村	东庙宫	117.848900	41.713624	206	三级	12.1	228	15
13082800013	油松	围场县	四道沟乡	庙宫村	东庙宫	117.848826	41.713601	206	三级	24.1	209	13
13082800014	油松	围场县	四道沟乡	庙宫村	东庙宫	117.848744	41.713587	206	三级	20.2	186	11
13082800015	油松	围场县	四道沟乡	庙宫村	东庙宫	117.848884	41.713688	206	三级	22.1	173	11
13082800016	油松	围场县	四道沟乡	庙宫村	东庙宫	117.848796	41.713721	206	三级	18.4	132	7
13082800017	油松	围场县	四道沟乡	庙宫村	东庙宫	117.848733	41.713628	206	三级	22.6	200	14
13082800018	油松	围场县	四道沟乡	庙宫村	东庙宫	117.848546	41.713610	206	三级	17.5	131	8
13082800019	油松	围场县	四道沟乡	庙宫村	东庙宫	117.848470	41.713596	206	三级	21.5	198	9
13082800020	油松	围场县	四道沟乡	庙宫村	东庙宫	117.848494	41.713713	206	三级	18.4	162	10
13082800021	油松	围场县	四道沟乡	庙宫村	东庙宫	117.848420	41.713760	206	三级	18.6	204	10
13082800022	油松	围场县	四道沟乡	庙宫村	东庙宫	117.848492	41.713792	206	三级	18.4	187	10
13082800023	油松	围场县	四道沟乡	庙宫村	东庙宫	117.848389	41.713877	206	三级	17.1	173	11
13082800024	油松	围场县	四道沟乡	庙宫村	东庙宫	117.848460	41.713850	206	三级	13.5	150	11
13082800025	油松	围场县	四道沟乡	庙宫村	东庙宫	117.848625	41.713742	206	三级	25.2	188	10
13082800026	油松	围场县	四道沟乡	庙宫村	东庙宫	117.848683	41.713828	206	三级	24.5	208	14
13082800027	油松	围场县	四道沟乡	庙宫村	东庙宫	117.848703	41.713776	206	三级	25.8	186	14
13082800028	油松	围场县	四道沟乡	庙宫村	东庙宫	117.848908	41.714059	206	三级	24.5	232	11
13082800029	油松	围场县	四道沟乡	庙宫村	东庙宫	117.848484	41.714306	206	三级	23.3	174	8

(续表)

编号	中文名	县（市）	乡（镇）	村（社区）组	小地名	地理坐标（东经）	地理坐标（北纬）	估测树龄	古树等级	树高（m）	胸围（cm）	冠幅（m）
13082800030	油松	围场县	四道沟乡	庙宫村	东庙宫	117.848555	41.714321	206	三级	23.5	168	8
13082800031	油松	围场县	四道沟乡	庙宫村	东庙宫	117.848640	41.714337	206	三级	24.1	175	9
13082800032	油松	围场县	四道沟乡	庙宫村	东庙宫	117.849332	41.714123	206	三级	20.3	241	11
13082800033	油松	围场县	四道沟乡	庙宫村	东庙宫	117.849309	41.714225	206	三级	17.9	205	9
13082800034	油松	围场县	四道沟乡	庙宫村	东庙宫	117.849123	41.714213	206	三级	14.7	191	6
13082800035	油松	围场县	四道沟乡	庙宫村	东庙宫	117.849198	41.714272	206	三级	23.0	258	8
13082800036	油松	围场县	四道沟乡	庙宫村	东庙宫	117.849037	41.714230	206	三级	18.2	175	7
13082800037	油松	围场县	四道沟乡	庙宫村	东庙宫	117.849076	41.714142	206	三级	16.6	150	5
13082800038	油松	围场县	四道沟乡	庙宫村	东庙宫	117.849023	41.714315	206	三级	24.7	248	19
13082800039	油松	围场县	四道沟乡	庙宫村	东庙宫	117.848923	41.714357	206	三级	25.2	180	9
13082800040	油松	围场县	四道沟乡	庙宫村	东庙宫	117.848970	41.714475	206	三级	17.0	167	8
13082800041	油松	围场县	四道沟乡	庙宫村	东庙宫	117.849073	41.714432	206	三级	16.2	166	7
13082800042	油松	围场县	四道沟乡	庙宫村	东庙宫	117.849074	41.714483	206	三级	18.9	189	6
13082800043	油松	围场县	四道沟乡	庙宫村	东庙宫	117.848999	41.714629	206	三级	15.8	190	9
13082800044	油松	围场县	四道沟乡	庙宫村	东庙宫	117.848897	41.714619	206	三级	10.4	151	6
13082800045	油松	围场县	四道沟乡	庙宫村	东庙宫	117.848837	41.714495	206	三级	21.1	207	9
13082800046	油松	围场县	四道沟乡	庙宫村	东庙宫	117.848837	41.714495	206	三级	22.5	162	8
13082800047	油松	围场县	四道沟乡	庙宫村	东庙宫	117.848685	41.714429	206	三级	22.0	190	7
13082800048	油松	围场县	四道沟乡	庙宫村	东庙宫	117.848621	41.714407	206	三级	21.5	173	5
13082800049	油松	围场县	四道沟乡	庙宫村	东庙宫	117.848589	41.714452	206	三级	25.2	172	5
13082800050	油松	围场县	四道沟乡	庙宫村	东庙宫	117.848686	41.714614	206	三级	16.0	175	12
13082800051	油松	围场县	四道沟乡	庙宫村	东庙宫	117.848588	41.714600	206	三级	20.2	212	13
13082800052	油松	围场县	四道沟乡	庙宫村	东庙宫	117.848383	41.714502	206	三级	20.7	177	8
13082800053	油松	围场县	四道沟乡	庙宫村	东庙宫	117.848437	41.714442	206	三级	27.7	220	10
13082800054	油松	围场县	四道沟乡	庙宫村	东庙宫	117.848427	41.714355	206	三级	31.4	189	7
13082800055	油松	围场县	四道沟乡	庙宫村	东庙宫	117.848396	41.714371	206	三级	22.2	143	4
13082800056	油松	围场县	四道沟乡	庙宫村	东庙宫	117.848370	41.714340	206	三级	31.4	197	10
13082800057	油松	围场县	四道沟乡	庙宫村	东庙宫	117.848480	41.714317	206	三级	24.9	161	7
13082800058	油松	围场县	四道沟乡	庙宫村	东庙宫	117.848328	41.714301	206	三级	21.7	156	6
13082800059	油松	围场县	四道沟乡	庙宫村	东庙宫	117.848282	41.714281	206	三级	27.6	167	5
13082800060	油松	围场县	四道沟乡	庙宫村	东庙宫	117.848498	41.714205	206	三级	22.9	142	5
13082800061	油松	围场县	四道沟乡	庙宫村	东庙宫	117.848460	41.714177	206	三级	18.6	107	6
13082800062	油松	围场县	四道沟乡	庙宫村	东庙宫	117.848550	41.714175	206	三级	17.1	129	4
13082800063	油松	围场县	四道沟乡	庙宫村	东庙宫	117.848506	41.714172	206	三级	19.8	126	5
13082800064	油松	围场县	四道沟乡	庙宫村	东庙宫	117.848408	41.714147	206	三级	23.2	178	10
13082800065	油松	围场县	四道沟乡	庙宫村	东庙宫	117.848362	41.714143	206	三级	18.6	159	8
13082800066	油松	围场县	四道沟乡	庙宫村	东庙宫	117.848569	41.714140	206	三级	20.9	174	13
13082800067	油松	围场县	四道沟乡	庙宫村	东庙宫	117.848516	41.714126	206	三级	20.8	157	6
13082800068	油松	围场县	四道沟乡	庙宫村	东庙宫	117.848456	41.714111	206	三级	14.8	182	9
13082800069	油松	围场县	四道沟乡	庙宫村	东庙宫	117.848458	41.714063	206	三级	14.2	158	11
13082800070	油松	围场县	四道沟乡	庙宫村	东庙宫	117.848542	41.714012	206	三级	13.0	145	11
13082800071	油松	围场县	四道沟乡	庙宫村	东庙宫	117.848434	41.713981	206	三级	10.2	131	12
13082800072	油松	围场县	四道沟乡	庙宫村	东庙宫	117.848274	41.714115	206	三级	18.4	171	12
13082800073	油松	围场县	四道沟乡	庙宫村	东庙宫	117.848174	41.714453	206	三级	18.2	200	15
13082800074	油松	围场县	四道沟乡	庙宫村	东庙宫	117.848194	41.714434	206	三级	17.0	164	11
13082800075	榆树	围场县	四道沟乡	二道沟村	大孤榆树	117.913697	41.721556	560	一级	19.6	692	21
13082800076	榆树	围场县	四合永镇	东关地村	村部门前	117.796821	41.886350	430	二级	26.2	407	21
13082800077	榆树	围场县	四合永镇	东关地村	5组董燕房后	117.798232	41.887043	200	三级	18.7	285	15
13082800078	榆树	围场县	三义永乡	二地村	黄土弯子	117.824530	42.471599	560	一级	13.8	445	14
13082800079	榆树	围场县	三义永乡	二地村	黄土弯子	117.825063	42.471097	560	一级	26.0	430	18
13082800080	榆树	围场县	三义永乡	二地村	黄土弯子	117.825065	42.471080	510	一级	16.1	378	15
13082800081	榆树	围场县	三义永乡	二地村	黄土弯子	117.825280	42.471016	560	一级	21.8	504	17
13082800082	榆树	围场县	三义永乡	二地村	黄土弯子	117.825283	42.471110	560	一级	22.7	450	19
13082800083	榆树	围场县	三义永乡	二地村	黄土弯子	117.825517	42.471329	360	二级	13.7	340	14
13082800084	榆树	围场县	三义永乡	二地村	黄土弯子	117.825582	42.471408	390	二级	18.2	318	14
13082800085	榆树	围场县	三义永乡	二地村	黄土弯子	117.825658	42.471450	410	二级	18.1	401	15
13082800086	榆树	围场县	三义永乡	二地村	黄土弯子	117.825787	42.471454	410	二级	10.7	260	9

（续表）

编号	中文名	县（市）	乡（镇）	村（社区）组	小地名	地理坐标（东经）	地理坐标（北纬）	估测树龄	古树等级	树高（m）	胸围（cm）	冠幅（m）
13082800087	榆树	围场县	三义永乡	二地村	黄土弯子	117.825568	42.471691	130	三级	12.7	298	14
13082800088	榆树	围场县	三义永乡	二地村	黄土弯子	117.825525	42.471692	130	三级	13.0	165	12
13082800089	榆树	围场县	三义永乡	二地村	黄土弯子	117.825482	42.471698	130	三级	9.0	115	8
13082800090	榆树	围场县	三义永乡	二地村	黄土弯子	117.825737	42.471720	110	三级	17.9	160	13
13082800091	榆树	围场县	姜家店乡	庙子沟村	木头庙子	117.549498	42.526267	600	一级	12.2	474	13
13082800092	蒙古栎	围场县	姜家店乡	二道沟村	四组老王家后山	117.628021	42.510031	280	三级	9.6	280	11
13082800093	榆树	围场县	姜家店乡	如意山村	三组东小庙	117.658141	42.447445	580	一级	21.0	400	21
13082800094	榆树	围场县	姜家店乡	如意山村	老魏家坟地	117.663365	42.448904	560	一级	10.8	375	21
13082800095	榆树	围场县	山湾子乡	红葫芦村	栽马砣前怀	117.705813	42.462542	580	一级	19.4	472	24
13082800096	榆树	围场县	哈里哈乡	扣花营村	双榆树	117.559308	42.156105	560	一级	18.9	332	17
13082800097	榆树	围场县	哈里哈乡	扣花营村	双榆树	117.559283	42.156041	560	一级	17.6	330	19
13082800098	榆树	围场县	棋盘山镇	棋盘山村	44号12组路边	117.629490	42.110790	125	三级	17.0	155	12
13082800099	榆树	围场县	棋盘山镇	棋盘山村	44号12组路边	117.629515	42.110658	125	三级	16.2	148	11
13082800100	油松	围场县	棋盘山镇	棋盘山村	44号后山	117.625781	42.115386	315	二级	6.9	217	15
13082800101	榆树	围场县	棋盘山镇	棋盘山村	44号12组后山	117.627480	42.112039	125	三级	8.1	238	10
13082800102	榆树	围场县	棋盘山镇	棋盘山村	44号12组路边	117.629228	42.111244	125	三级	7.8	154	10
13082800103	榆树	围场县	棋盘山镇	棋盘山村	44号12组路边	117.629208	42.110963	125	三级	16.2	182	14
13082800104	榆树	围场县	棋盘山镇	棋盘山村	44号12组路边	117.629221	42.110899	125	三级	19.2	180	14
13082800105	榆树	围场县	棋盘山镇	棋盘山村	44号12组路边	117.629247	42.110844	125	三级	17.4	120	12
13082800106	榆树	围场县	棋盘山镇	棋盘山村	44号12组路边	117.629245	42.110787	125	三级	13.7	145	14
13082800107	榆树	围场县	棋盘山镇	棋盘山村	44号12组路边	117.629640	42.110625	125	二级	12.4	116	10
13082800108	榆树	围场县	棋盘山镇	棋盘山村	44号12组路边	117.629682	42.110585	125	三级	16.8	146	15
13082800109	榆树	围场县	棋盘山镇	棋盘山村	44号12组路边	117.629662	42.110541	125	三级	18.6	159	12
13082800110	榆树	围场县	棋盘山镇	棋盘山村	44号12组路边	117.629580	42.110546	125	三级	15.0	142	13
13082800111	榆树	围场县	棋盘山镇	棋盘山村	44号12组路边	117.629881	42.110327	125	三级	15.2	191	14
13082800112	榆树	围场县	棋盘山镇	棋盘山村	44号12组路边	117.630108	42.110281	125	三级	14.1	154	13
13082800113	榆树	围场县	棋盘山镇	棋盘山村	44号12组路边	117.630092	42.110349	125	三级	18.6	212	17
13082800114	榆树	围场县	棋盘山镇	棋盘山村	44号12组路边	117.630098	42.110388	125	三级	17.2	105	11
13082800115	榆树	围场县	棋盘山镇	棋盘山村	44号12组路边	117.630100	42.110413	125	三级	14.6	132	11
13082800116	榆树	围场县	棋盘山镇	棋盘山村	44号12组路边	117.630024	42.110464	125	三级	15.7	123	11
13082800117	榆树	围场县	棋盘山镇	棋盘山村	44号12组路边	117.629929	42.110398	125	三级	14.2	135	12
13082800118	油松	围场县	棋盘山镇	棋盘山村	七颗松崖顶	117.643817	42.098242	230	三级	13.4	175	9
13082800119	油松	围场县	棋盘山镇	棋盘山村	七颗松崖顶	117.643870	42.098242	225	三级	13.6	127	8
13082800120	油松	围场县	棋盘山镇	棋盘山村	七颗松崖顶	117.643909	42.098211	145	三级	12.0	108	7
13082800121	油松	围场县	棋盘山镇	棋盘山村	七颗松崖顶	117.643963	42.098186	300	二级	6.8	117	10
13082800122	油松	围场县	棋盘山镇	棋盘山村	七颗松崖顶	117.644005	42.098148	260	三级	6.3	100	8
13082800123	油松	围场县	棋盘山镇	棋盘山村	七颗松崖顶	117.643934	42.098327	300	二级	16.7	162	10
13082800124	油松	围场县	棋盘山镇	棋盘山村	七颗松崖顶	117.643508	42.098198	260	三级	6.1	75	6
13082800125	油松	围场县	棋盘山镇	棋盘山村	七颗松崖顶	117.643509	42.098197	260	三级	6.5	82	5
13082800126	油松	围场县	棋盘山镇	棋盘山村	七颗松崖顶	117.643483	42.098190	260	三级	5.8	104	12
13082800127	榆树	围场县	棋盘山镇	甘六号村	孤榆树	117.719572	42.079492	560	一级	16.8	369	20
13082800128	蒙古栎	围场县	棋盘山镇	小下村	五组后梁	117.618237	42.058147	245	三级	9.8	222	13
13082800129	榆树	围场县	棋盘山镇	小下村	五号大榆树	117.617667	42.054548	300	二级	18.6	259	14
13082800130	榆树	围场县	新拨镇	旧拨村	大老西沟门庙前	117.772178	42.318733	160	三级	10.0	142	11
13082800131	榆树	围场县	新拨镇	骆驼头村	下月亮湾小孤山	117.694938	42.307729	330	二级	15.2	327	14
13082800132	榆树	围场县	新拨镇	骆驼头村	下月亮湾小孤山	117.694795	42.308040	280	三级	14.1	280	18
13082800133	小叶杨	围场县	朝阳湾镇	五间房村	五队房后	117.934117	42.117220	200	三级	23.8	407	21
13082800134	榆树	围场县	朝阳湾镇	朝阳湾村	七棵树北公路西	117.947408	42.077869	500	一级	21.8	333	20
13082800135	榆树	围场县	朝阳湾镇	朝阳湾村	七棵树北公路西	117.947430	42.077846	370	二级	11.0	254	15
13082800136	榆树	围场县	朝阳湾镇	朝阳湾村	七棵树南大地	117.953033	42.072790	290	三级	21.4	283	15
13082800137	油松	围场县	郭家湾乡	羊草沟村	村后山	118.038305	42.158880	120	三级	16.0	101	8
13082800138	油松	围场县	郭家湾乡	羊草沟村	村后山	118.038271	42.158894	120	三级	16.4	103	7
13082800139	油松	围场县	郭家湾乡	羊草沟村	村后山	118.038181	42.158908	120	三级	16.6	95	7
13082800140	油松	围场县	郭家湾乡	羊草沟村	村后山	118.038161	42.158872	120	三级	15.2	89	4
13082800141	油松	围场县	郭家湾乡	羊草沟村	村后山	118.038156	42.158912	120	三级	15.2	70	5
13082800142	油松	围场县	郭家湾乡	羊草沟村	村后山	118.038140	42.158883	120	三级	15.7	94	4
13082800143	油松	围场县	郭家湾乡	羊草沟村	村后山	118.038122	42.158924	120	三级	16.5	82	4

(续表)

编号	中文名	县（市）	乡（镇）	村（社区）组	小地名	地理坐标（东经）	地理坐标（北纬）	估测树龄	古树等级	树高（m）	胸围（cm）	冠幅（m）
13082800144	油松	围场县	郭家湾乡	羊草沟村	村后山	118.038091	42.158930	120	三级	13.7	102	7
13082800145	油松	围场县	郭家湾乡	羊草沟村	村后山	118.038044	42.158940	120	三级	12.0	87	6
13082800146	油松	围场县	郭家湾乡	羊草沟村	村后山	118.038033	42.158914	120	三级	12.8	100	8
13082800147	油松	围场县	郭家湾乡	羊草沟村	村后山	118.038009	42.158917	120	三级	11.8	93	7
13082800148	油松	围场县	郭家湾乡	羊草沟村	村后山	118.037991	42.158921	120	三级	7.2	70	5
13082800149	油松	围场县	郭家湾乡	羊草沟村	村后山	118.037966	42.158923	120	三级	9.1	83	6
13082800150	油松	围场县	郭家湾乡	羊草沟村	村后山	118.037983	42.158951	120	三级	10.8	105	6
13082800151	油松	围场县	郭家湾乡	羊草沟村	村后山	118.037959	42.158952	120	三级	13.6	84	4
13082800152	油松	围场县	郭家湾乡	羊草沟村	村后山	118.037927	42.158956	120	三级	17.5	108	7
13082800153	油松	围场县	郭家湾乡	羊草沟村	村后山	118.037907	42.158959	120	三级	14.5	93	5
13082800154	油松	围场县	郭家湾乡	羊草沟村	村后山	118.037893	42.158941	120	三级	16.0	100	6
13082800155	油松	围场县	郭家湾乡	羊草沟村	村后山	118.037842	42.158978	120	三级	17.2	102	6
13082800156	油松	围场县	郭家湾乡	羊草沟村	村后山	118.037812	42.158967	120	三级	7.4	90	5
13082800157	油松	围场县	郭家湾乡	羊草沟村	村后山	118.037782	42.158989	120	三级	16.4	104	7
13082800158	油松	围场县	郭家湾乡	羊草沟村	村后山	118.037705	42.158952	120	三级	19.4	110	7
13082800159	油松	围场县	郭家湾乡	羊草沟村	村后山	118.037635	42.158971	120	三级	13.5	87	7
13082800160	油松	围场县	郭家湾乡	羊草沟村	村后山	118.037596	42.158960	120	三级	13.7	100	4
13082800161	油松	围场县	郭家湾乡	羊草沟村	村后山	118.037574	42.158961	120	三级	11.7	92	8
13082800162	油松	围场县	郭家湾乡	羊草沟村	村后山	118.037537	42.158961	120	三级	13.4	97	6
13082800163	油松	围场县	郭家湾乡	羊草沟村	村后山	118.037504	42.158968	120	三级	7.8	67	5
13082800164	油松	围场县	郭家湾乡	羊草沟村	村后山	118.037465	42.158963	120	三级	15.5	105	7
13082800165	油松	围场县	郭家湾乡	羊草沟村	村后山	118.037472	42.158998	120	三级	15.5	110	8
13082800166	油松	围场县	郭家湾乡	羊草沟村	村后山	118.037424	42.158998	120	三级	15.7	110	5
13082800167	油松	围场县	郭家湾乡	羊草沟村	村后山	118.037362	42.159010	120	三级	15.4	97	7
13082800168	油松	围场县	郭家湾乡	羊草沟村	村后山	118.037303	42.159000	120	三级	14.4	91	5
13082800169	油松	围场县	郭家湾乡	羊草沟村	村后山	118.037292	42.158962	120	三级	14.7	92	5
13082800170	油松	围场县	郭家湾乡	羊草沟村	村后山	118.037246	42.158967	120	三级	15.7	95	7
13082800171	油松	围场县	郭家湾乡	羊草沟村	村后山	118.037222	42.158998	120	三级	16.2	100	6
13082800172	油松	围场县	郭家湾乡	羊草沟村	村后山	118.037169	42.158973	120	三级	16.0	89	5
13082800173	油松	围场县	郭家湾乡	羊草沟村	村后山	118.037108	42.158973	120	三级	11.6	88	7
13082800174	油松	围场县	郭家湾乡	羊草沟村	村后山	118.037108	42.158997	120	三级	17.5	101	7
13082800175	油松	围场县	郭家湾乡	羊草沟村	村后山	118.037008	42.159012	120	三级	15.2	115	8
13082800176	油松	围场县	郭家湾乡	羊草沟村	村后山	118.036916	42.159007	120	三级	16.0	96	5
13082800177	油松	围场县	郭家湾乡	羊草沟村	村后山	118.036920	42.158962	120	三级	15.9	107	9
13082800178	油松	围场县	郭家湾乡	羊草沟村	村后山	118.036875	42.158956	120	三级	10.6	67	4
13082800179	油松	围场县	郭家湾乡	羊草沟村	村后山	118.036837	42.158953	120	三级	13.7	88	6
13082800180	油松	围场县	郭家湾乡	羊草沟村	村后山	118.036801	42.158949	120	三级	16.0	97	6
13082800181	油松	围场县	郭家湾乡	羊草沟村	村后山	118.036768	42.158951	120	三级	16.4	102	5
13082800182	油松	围场县	郭家湾乡	羊草沟村	村后山	118.036765	42.158999	120	三级	14.8	105	5
13082800183	油松	围场县	郭家湾乡	羊草沟村	村后山	118.036719	42.158944	120	三级	15.0	90	7
13082800184	油松	围场县	郭家湾乡	羊草沟村	村后山	118.036676	42.158942	120	三级	15.1	96	7
13082800185	油松	围场县	郭家湾乡	羊草沟村	村后山	118.036662	42.158975	120	三级	8.5	78	8
13082800186	油松	围场县	郭家湾乡	羊草沟村	村后山	118.036637	42.158973	120	三级	9.4	81	6
13082800187	油松	围场县	郭家湾乡	羊草沟村	村后山	118.036611	42.158969	120	三级	13.2	99	6
13082800188	油松	围场县	郭家湾乡	羊草沟村	村后山	118.036580	42.158967	120	三级	13.7	98	6
13082800189	油松	围场县	郭家湾乡	羊草沟村	村后山	118.036562	42.158928	120	三级	11.4	87	6
13082800190	油松	围场县	郭家湾乡	羊草沟村	村后山	118.036511	42.158932	120	三级	15.6	99	8
13082800191	油松	围场县	郭家湾乡	羊草沟村	村后山	118.036434	42.158949	120	三级	16.5	103	6
13082800192	油松	围场县	郭家湾乡	羊草沟村	村后山	118.036396	42.158932	120	三级	13.0	90	7
13082800193	油松	围场县	郭家湾乡	羊草沟村	村后山	118.036406	42.158902	120	三级	16.0	101	8
13082800194	油松	围场县	郭家湾乡	羊草沟村	村后山	118.036332	42.158909	120	三级	14.2	106	7
13082800195	油松	围场县	郭家湾乡	羊草沟村	村后山	118.036354	42.158871	120	三级	14.7	93	7
13082800196	油松	围场县	郭家湾乡	羊草沟村	村后山	118.036598	42.159152	120	三级	8.3	112	8
13082800197	油松	围场县	郭家湾乡	羊草沟村	村后山	118.036330	42.159095	120	三级	19.2	114	10
13082800198	油松	围场县	郭家湾乡	羊草沟村	村后山	118.036302	42.159083	120	三级	15.2	94	8
13082800199	油松	围场县	郭家湾乡	羊草沟村	村后山	118.036265	42.159074	120	三级	15.0	96	6
13082800200	油松	围场县	郭家湾乡	羊草沟村	村后山	118.036235	42.159042	120	三级	14.6	98	10

编号	中文名	县（市）	乡（镇）	村（社区）组	小地名	地理坐标（东经）	地理坐标（北纬）	估测树龄	古树等级	树高（m）	胸围（cm）	冠幅（m）
13082800201	油松	围场县	郭家湾乡	羊草沟村	村后山	118.036222	42.158830	120	三级	13.7	90	7
13082800202	油松	围场县	郭家湾乡	羊草沟村	村后山	118.036155	42.158811	120	三级	14.0	95	7
13082800203	油松	围场县	郭家湾乡	羊草沟村	村后山	118.036099	42.158807	120	三级	11.1	81	9
13082800204	油松	围场县	郭家湾乡	羊草沟村	村后山	118.036048	42.158801	120	三级	13.7	87	8
13082800205	油松	围场县	郭家湾乡	羊草沟村	村后山	118.036070	42.158753	120	三级	13.5	88	6
13082800206	油松	围场县	郭家湾乡	羊草沟村	村后山	118.036106	42.158735	120	三级	12.4	80	6
13082800207	油松	围场县	郭家湾乡	羊草沟村	村后山	118.036168	42.158744	120	三级	10.7	79	6
13082800208	油松	围场县	郭家湾乡	羊草沟村	村后山	118.035972	42.158692	120	三级	17.8	103	6
13082800209	油松	围场县	郭家湾乡	羊草沟村	村后山	118.036001	42.158660	120	三级	12.9	85	6
13082800210	油松	围场县	郭家湾乡	羊草沟村	村后山	118.036065	42.158615	120	三级	12.5	99	7
13082800211	油松	围场县	郭家湾乡	羊草沟村	村后山	118.036014	42.158577	120	三级	10.9	78	6
13082800212	油松	围场县	郭家湾乡	羊草沟村	村后山	118.035975	42.158539	120	三级	11.5	84	4
13082800213	油松	围场县	郭家湾乡	羊草沟村	村后山	118.035956	42.158521	120	三级	10.7	91	6
13082800214	油松	围场县	郭家湾乡	羊草沟村	村后山	118.035931	42.158495	120	三级	12.1	81	4
13082800215	油松	围场县	郭家湾乡	羊草沟村	村后山	118.035901	42.158476	120	三级	12.0	93	6
13082800216	油松	围场县	郭家湾乡	羊草沟村	村后山	118.035565	42.158390	120	三级	13.9	91	6
13082800217	油松	围场县	郭家湾乡	羊草沟村	村后山	118.035529	42.158374	120	三级	13.2	81	4
13082800218	油松	围场县	郭家湾乡	羊草沟村	村后山	118.035490	42.158404	120	三级	14.7	92	7
13082800219	油松	围场县	郭家湾乡	羊草沟村	村后山	118.035476	42.158430	120	三级	14.9	98	5
13082800220	油松	围场县	郭家湾乡	羊草沟村	村后山	118.035490	42.158463	120	三级	14.2	99	4
13082800221	油松	围场县	郭家湾乡	羊草沟村	村后山	118.035406	42.158440	120	三级	15.1	106	6
13082800222	榆树	围场县	杨家湾乡	兴巨德村	兴巨德营子里	118.148892	42.079295	360	二级	14.6	348	17
13082800223	榆树	围场县	杨家湾乡	兴巨德村	兴巨德营子里	118.148485	42.079118	360	二级	12.1	310	10
13082800224	榆树	围场县	杨家湾乡	兴巨德村	兴巨德营子里	118.149550	42.079631	300	二级	12.1	268	11
13082800225	榆树	围场县	兰旗卡伦乡	常青村	郭家店桥头	118.075707	41.733220	580	一级	16.8	578	16
13082800226	榆树	围场县	兰旗卡伦乡	常青村	郭家店路边	118.077492	41.735005	520	一级	18.4	519	20
13082800227	榆树	围场县	新地乡	狍子沟村	村部院内	118.228885	41.825887	320	二级	27.2	309	13
13082800228	榆树	围场县	新地乡	狍子沟村	村后小庙	118.232983	41.829845	280	三级	19.4	207	19
13082800229	榆树	围场县	新地乡	狍子沟村	村后小庙	118.233026	41.830052	505	一级	17.4	405	22
13082800230	蒙古栎	围场县	新地乡	大营子村	小东沟南	118.298070	41.835996	420	二级	14.1	382	22
13082800231	榆树	围场县	克勒沟镇	高家店村	辛家营子村口	118.148961	41.868133	370	二级	25.8	335	16
13082800232	榆树	围场县	克勒沟镇	高家店村	2组东山	118.139488	41.900668	520	一级	15.8	470	22
13082800233	榆树	围场县	银窝沟乡	大碾子村	村部院内	118.080058	41.884824	450	二级	32.8	700	22
13082800234	榆树	围场县	银窝沟乡	大碾子村	村部外西路边	118.079361	41.884493	320	二级	28.5	300	17
13082800235	榆树	围场县	银窝沟乡	大碾子村	村部外西路房后	118.079316	41.884579	260	三级	23.1	240	8
13082800236	榆树	围场县	银窝沟乡	大碾子村	村部外西路房后	118.079236	41.884578	230	三级	18.6	206	12
13082800237	榆树	围场县	银窝沟乡	大碾子村	村部外西路房后	118.079128	41.884604	360	二级	25.6	300	12
13082800238	榆树	围场县	银窝沟乡	大碾子村	村部西广场边	118.079034	41.884625	260	三级	12.6	175	7
13082800239	榆树	围场县	银窝沟乡	大碾子村	村部西广场边	118.078901	41.884656	260	三级	17.8	230	12
13082800240	榆树	围场县	银窝沟乡	大碾子村	村部西广场边	118.078805	41.884679	310	二级	19.2	285	16
13082800241	榆树	围场县	银窝沟乡	大碾子村	村部西广场边	118.078692	41.884701	260	三级	26.6	200	8
13082800242	榆树	围场县	银窝沟乡	大碾子村	村部西广场边	118.078596	41.884756	260	三级	23.8	200	10
13082800243	榆树	围场县	银窝沟乡	大碾子村	村部西广场边	118.078529	41.884779	260	三级	20.0	190	9
13082800244	榆树	围场县	银窝沟乡	大碾子村	村部西广场边	118.078451	41.884809	240	三级	10.0	200	8
13082800245	榆树	围场县	银窝沟乡	大碾子村	村部西广场边	118.078382	41.884837	240	三级	26.2	200	13
13082800246	榆树	围场县	银窝沟乡	大碾子村	村部西广场边	118.078256	41.884880	310	二级	28.5	280	14
13082800247	榆树	围场县	银窝沟乡	大碾子村	村部西广场边	118.078170	41.884919	260	三级	24.1	233	14
13082800248	榆树	围场县	银窝沟乡	大碾子村	村部西广场边	118.078121	41.884951	310	二级	25.6	279	15
13082800249	榆树	围场县	银窝沟乡	大碾子村	河堤西	118.078052	41.884988	260	三级	21.0	218	10
13082800250	榆树	围场县	银窝沟乡	大碾子村	新房院	118.079254	41.882733	310	二级	24.1	259	13
13082800251	榆树	围场县	银窝沟乡	大碾子村	村部前河边路北	118.080674	41.884489	360	二级	22.4	310	11
13082800252	榆树	围场县	银窝沟乡	西沟门村	村中间大榆树	118.061668	41.835767	460	二级	21.2	413	19
13082800253	榆树	围场县	银窝沟乡	西沟门村	西账房北	118.073418	41.859184	380	二级	18.1	348	20
13082800254	榆树	围场县	银窝沟乡	银里村	村东梁顶	118.027625	41.871865	450	二级	12.1	156	10
13082800255	榆树	围场县	银窝沟乡	银镇村	李新家房前	118.002062	41.902326	450	二级	15.3	363	10
13082800256	油松	围场县	银窝沟乡	银镇村	村西沟边	117.997132	41.901638	135	三级	7.0	110	8
13082800257	油松	围场县	银窝沟乡	银镇村	村西沟边	117.997109	41.901685	135	三级	14.5	150	8

编号	中文名	县（市）	乡（镇）	村（社区）组	小地名	地理坐标（东经）	地理坐标（北纬）	估测树龄	古树等级	树高（m）	胸围（cm）	冠幅（m）
13082800258	油松	围场县	银窝沟乡	银镇村	村西沟边	117.997083	41.901727	135	三级	15.8	140	6
13082800259	油松	围场县	银窝沟乡	银镇村	村西沟边	117.997023	41.901825	135	三级	14.4	135	6
13082800260	油松	围场县	银窝沟乡	银镇村	村西沟边	117.996956	41.901918	135	三级	16.3	155	7
13082800261	油松	围场县	银窝沟乡	银镇村	村西沟边	117.996794	41.902145	135	三级	13.8	120	5
13082800262	油松	围场县	银窝沟乡	银镇村	村西沟边	117.996626	41.902337	135	三级	15.1	150	8
13082800263	油松	围场县	银窝沟乡	银镇村	村西沟边	117.996612	41.902415	135	三级	14.4	120	5
13082800264	油松	围场县	银窝沟乡	银镇村	村西沟边	117.996195	41.903012	135	三级	14.1	137	7
13082800265	油松	围场县	银窝沟乡	银镇村	村西沟边	117.996165	41.903074	135	三级	14.5	140	5
13082800266	油松	围场县	银窝沟乡	银镇村	村西沟边	117.996132	41.903140	135	三级	9.8	126	7
13082800267	油松	围场县	银窝沟乡	银镇村	村西南边地中	117.997814	41.900638	135	三级	16.4	174	10
13082800268	蒙古栎	围场县	银窝沟乡	富营子村	大营子后山	117.993270	41.928091	320	二级	11.6	225	16
13082800269	油松	围场县	腰站镇	画山村	松树圈	117.936876	41.839325	135	三级	9.8	90	6
13082800270	油松	围场县	腰站镇	画山村	松树圈	117.936861	41.839355	135	三级	13.4	107	5
13082800271	油松	围场县	腰站镇	画山村	松树圈	117.936856	41.839377	135	三级	13.8	85	5
13082800272	油松	围场县	腰站镇	画山村	松树圈	117.936852	41.839392	135	三级	13.2	87	5
13082800273	油松	围场县	腰站镇	画山村	松树圈	117.936838	41.839401	135	三级	14.2	105	6
13082800274	油松	围场县	腰站镇	画山村	松树圈	117.936830	41.839424	135	三级	14.6	128	8
13082800275	油松	围场县	腰站镇	画山村	松树圈	117.936813	41.839442	135	三级	14.4	119	7
13082800276	油松	围场县	腰站镇	画山村	松树圈	117.936803	41.839470	135	三级	14.4	96	7
13082800277	油松	围场县	腰站镇	画山村	松树圈	117.936785	41.839483	135	三级	14.4	82	4
13082800278	油松	围场县	腰站镇	画山村	松树圈	117.936765	41.839492	135	三级	14.6	93	5
13082800279	油松	围场县	腰站镇	画山村	松树圈	117.936742	41.839515	135	三级	12.7	75	4
13082800280	油松	围场县	腰站镇	画山村	松树圈	117.936735	41.839538	135	三级	17.2	133	7
13082800281	油松	围场县	腰站镇	画山村	松树圈	117.936725	41.839551	135	三级	17.2	108	6
13082800282	油松	围场县	腰站镇	画山村	松树圈	117.936712	41.839554	135	三级	16.9	126	6
13082800283	油松	围场县	腰站镇	画山村	松树圈	117.936710	41.839567	135	三级	16.8	119	9
13082800284	油松	围场县	腰站镇	画山村	松树圈	117.936677	41.839608	135	三级	17.6	120	8
13082800285	油松	围场县	腰站镇	画山村	松树圈	117.936650	41.839631	135	三级	17.5	119	8
13082800286	油松	围场县	腰站镇	画山村	松树圈	117.936628	41.839644	135	三级	18.2	134	8
13082800287	油松	围场县	腰站镇	画山村	松树圈	117.936602	41.839657	135	三级	17.5	123	8
13082800288	油松	围场县	腰站镇	画山村	松树圈	117.936566	41.839671	135	三级	16.2	117	7
13082800289	油松	围场县	腰站镇	画山村	松树圈	117.936516	41.839693	135	三级	21.2	118	6
13082800290	油松	围场县	腰站镇	画山村	松树圈	117.936483	41.839708	135	三级	22.6	116	5
13082800291	油松	围场县	腰站镇	画山村	松树圈	117.936458	41.839674	135	三级	21.2	119	6
13082800292	油松	围场县	腰站镇	画山村	松树圈	117.936435	41.839714	135	三级	22.6	103	4
13082800293	油松	围场县	腰站镇	画山村	松树圈	117.936408	41.839694	135	三级	20.8	104	4
13082800294	油松	围场县	腰站镇	画山村	松树圈	117.936404	41.839734	135	三级	22.6	136	6
13082800295	油松	围场县	腰站镇	画山村	松树圈	117.936375	41.839706	135	三级	22.4	123	4
13082800296	油松	围场县	腰站镇	画山村	松树圈	117.936375	41.839746	135	三级	22.8	104	6
13082800297	油松	围场县	腰站镇	画山村	松树圈	117.936338	41.839720	135	三级	20.8	83	3
13082800298	油松	围场县	腰站镇	画山村	松树圈	117.936343	41.839758	135	三级	23.2	97	5
13082800299	油松	围场县	腰站镇	画山村	松树圈	117.936304	41.839732	135	三级	23.1	106	6
13082800300	油松	围场县	腰站镇	画山村	松树圈	117.936315	41.839772	135	三级	21.5	92	4
13082800301	油松	围场县	腰站镇	画山村	松树圈	117.936292	41.839781	135	三级	22.1	111	6
13082800302	油松	围场县	腰站镇	画山村	松树圈	117.936245	41.839751	135	三级	23.1	109	5
13082800303	油松	围场县	腰站镇	画山村	松树圈	117.936263	41.839787	135	三级	23.2	134	6
13082800304	油松	围场县	腰站镇	画山村	松树圈	117.936228	41.839802	135	三级	23.4	124	5
13082800305	油松	围场县	腰站镇	画山村	松树圈	117.936196	41.839808	135	三级	21.8	131	7
13082800306	油松	围场县	腰站镇	富山村	松树圈	117.936148	41.839760	135	三级	18.9	107	6
13082800307	油松	围场县	腰站镇	画山村	松树圈	117.936169	41.839817	135	三级	18.1	95	6
13082800308	油松	围场县	腰站镇	画山村	松树圈	117.936136	41.839826	135	三级	20.1	120	6
13082800309	油松	围场县	腰站镇	画山村	松树圈	117.936308	41.839644	135	三级	14.1	94	8
13082800310	油松	围场县	腰站镇	画山村	松树圈	117.936218	41.839598	135	三级	14.0	103	7
13082800311	油松	围场县	腰站镇	画山村	松树圈	117.936166	41.839572	135	三级	15.5	100	6
13082800312	油松	围场县	腰站镇	画山村	松树圈	117.936097	41.839553	135	三级	13.6	89	7
13082800313	油松	围场县	腰站镇	画山村	松树圈	117.936021	41.839526	135	三级	14.5	102	7
13082800314	油松	围场县	腰站镇	画山村	松树圈	117.935970	41.839516	135	三级	12.7	96	7

（续表）

编号	中文名	县（市）	乡（镇）	村（社区）组	小地名	地理坐标（东经）	地理坐标（北纬）	估测树龄	古树等级	树高（m）	胸围（cm）	冠幅（m）
13082800315	油松	围场县	腰站镇	画山村	松树圈	117.935896	41.839496	135	三级	14.3	100	8
13082800316	油松	围场县	腰站镇	画山村	松树圈	117.935798	41.839490	135	三级	15.1	104	8
13082800317	油松	围场县	腰站镇	画山村	松树圈	117.935734	41.839486	135	三级	15.5	102	8
13082800318	油松	围场县	腰站镇	画山村	松树圈	117.935647	41.839489	135	三级	15.3	91	7
13082800319	油松	围场县	腰站镇	画山村	松树圈	117.935592	41.839480	135	三级	14.7	97	8
13082800320	油松	围场县	腰站镇	画山村	松树圈	117.935545	41.839480	135	三级	13.8	88	8
13082800321	油松	围场县	腰站镇	画山村	松树圈	117.935571	41.839520	135	三级	12.6	84	6
13082800322	油松	围场县	腰站镇	画山村	松树圈	117.935640	41.839546	135	三级	12.2	107	7
13082800323	油松	围场县	腰站镇	画山村	松树圈	117.935734	41.839562	135	三级	13.0	88	8
13082800324	油松	围场县	腰站镇	画山村	松树圈	117.935799	41.839582	135	三级	14.8	96	7
13082800325	油松	围场县	腰站镇	画山村	松树圈	117.935879	41.839599	135	三级	14.3	97	6
13082800326	油松	围场县	腰站镇	画山村	松树圈	117.935944	41.839610	135	三级	12.8	80	7
13082800327	油松	围场县	腰站镇	画山村	松树圈	117.936015	41.839632	135	三级	13.5	91	7
13082800328	油松	围场县	腰站镇	画山村	松树圈	117.936067	41.839665	135	三级	14.2	96	7
13082800329	油松	围场县	腰站镇	画山村	松树圈	117.936124	41.839671	135	三级	14.5	102	6
13082800330	油松	围场县	腰站镇	画山村	松树圈	117.936170	41.839685	135	三级	12.7	85	7
13082800331	油松	围场县	腰站镇	画山村	松树圈	117.936204	41.839702	135	三级	11.3	75	5
13082800332	油松	围场县	腰站镇	画山村	松树圈	117.936011	41.839733	135	三级	9.3	75	6
13082800333	油松	围场县	腰站镇	画山村	松树圈	117.935953	41.839717	135	三级	15.1	90	8
13082800334	油松	围场县	腰站镇	画山村	松树圈	117.935886	41.839676	135	三级	15.3	103	8
13082800335	油松	围场县	腰站镇	画山村	松树圈	117.935817	41.839657	135	三级	13.8	93	7
13082800336	油松	围场县	腰站镇	画山村	松树圈	117.935725	41.839628	135	三级	13.5	95	8
13082800337	油松	围场县	腰站镇	画山村	松树圈	117.935629	41.839607	135	三级	13.8	85	7
13082800338	油松	围场县	腰站镇	画山村	松树圈	117.935608	41.839651	135	三级	14.4	104	8
13082800339	油松	围场县	腰站镇	画山村	松树圈	117.935663	41.839683	135	三级	14.8	97	9
13082800340	油松	围场县	腰站镇	画山村	松树圈	117.935747	41.839709	135	三级	8.5	92	6
13082800341	油松	围场县	腰站镇	画山村	松树圈	117.935795	41.839752	135	三级	8.8	86	9
13082800342	油松	围场县	腰站镇	画山村	松树圈	117.935660	41.839763	135	三级	14.4	101	9
13082800343	油松	围场县	腰站镇	画山村	松树圈	117.935582	41.839715	135	三级	11.2	96	7
13082800344	油松	围场县	腰站镇	画山村	松树圈	117.935536	41.839687	135	三级	12.4	84	7
13082800345	油松	围场县	腰站镇	画山村	松树圈	117.935487	41.839666	135	三级	14.0	100	10
13082800346	油松	围场县	腰站镇	画山村	松树圈	117.936098	41.839832	135	三级	16.5	110	5
13082800347	油松	围场县	腰站镇	画山村	松树圈	117.936063	41.839837	135	三级	11.2	100	6
13082800348	油松	围场县	腰站镇	画山村	松树圈	117.936028	41.839838	135	三级	16.3	128	7
13082800349	油松	围场县	腰站镇	画山村	松树圈	117.935978	41.839838	135	三级	16.3	107	6
13082800350	油松	围场县	腰站镇	画山村	松树圈	117.935935	41.839840	135	三级	16.8	148	8
13082800351	油松	围场县	腰站镇	画山村	松树圈	117.935903	41.839835	135	三级	17.4	164	10
13082800352	油松	围场县	腰站镇	画山村	松树圈	117.935861	41.839840	135	三级	11.8	86	7
13082800353	油松	围场县	腰站镇	画山村	松树圈	117.935819	41.839844	135	三级	16.8	130	8
13082800354	油松	围场县	腰站镇	画山村	松树圈	117.935783	41.839844	135	三级	15.9	102	8
13082800355	油松	围场县	腰站镇	画山村	松树圈	117.935731	41.839838	135	三级	14.7	125	10
13082800356	油松	围场县	腰站镇	画山村	松树圈	117.935644	41.839834	135	三级	13.8	102	7
13082800357	油松	围场县	腰站镇	画山村	松树圈	117.935586	41.839827	135	三级	14.6	107	7
13082800358	油松	围场县	腰站镇	画山村	松树圈	117.935562	41.839835	135	三级	15.4	109	6
13082800359	油松	围场县	腰站镇	画山村	松树圈	117.935515	41.839835	135	三级	15.1	121	10
13082800360	油松	围场县	腰站镇	画山村	松树圈	117.935490	41.839838	135	三级	16.6	113	7
13082800361	油松	围场县	腰站镇	画山村	松树圈	117.935459	41.839835	135	三级	21.6	133	8
13082800362	油松	围场县	腰站镇	画山村	松树圈	117.935430	41.839826	135	三级	21.3	140	8
13082800363	油松	围场县	腰站镇	画山村	松树圈	117.935385	41.839817	135	三级	20.5	114	8
13082800364	油松	围场县	腰站镇	画山村	松树圈	117.935350	41.839811	135	三级	21.3	134	6
13082800365	油松	围场县	腰站镇	画山村	松树圈	117.935322	41.839806	135	三级	20.5	135	8
13082800366	油松	围场县	腰站镇	画山村	松树圈	117.935300	41.839791	135	三级	20.7	133	8
13082800367	油松	围场县	腰站镇	画山村	松树圈	117.935269	41.839785	135	三级	20.8	118	7
13082800368	油松	围场县	腰站镇	画山村	松树圈	117.935243	41.839779	135	三级	19.4	114	8
13082800369	油松	围场县	腰站镇	画山村	松树圈	117.935212	41.839772	135	三级	12.5	75	6
13082800370	油松	围场县	腰站镇	画山村	松树圈	117.934373	41.838871	140	三级	14.3	123	8
13082800371	油松	围场县	腰站镇	画山村	松树圈	117.934365	41.838886	140	三级	14.7	98	8

编号	中文名	县（市）	乡（镇）	村（社区）组	小地名	地理坐标（东经）	地理坐标（北纬）	估测树龄	古树等级	树高（m）	胸围（cm）	冠幅（m）
13082800372	油松	围场县	腰站镇	画山村	松树圈	117.934332	41.838963	140	三级	9.5	80	6
13082800373	油松	围场县	腰站镇	画山村	松树圈	117.934292	41.838997	140	三级	14.4	100	8
13082800374	油松	围场县	腰站镇	画山村	松树圈	117.934280	41.839017	140	三级	14.9	113	8
13082800375	油松	围场县	腰站镇	画山村	松树圈	117.934312	41.839042	140	三级	10.0	82	7
13082800376	油松	围场县	腰站镇	画山村	松树圈	117.934313	41.839061	140	三级	16.0	152	8
13082800377	油松	围场县	腰站镇	画山村	松树圈	117.934323	41.839073	140	三级	15.2	131	6
13082800378	油松	围场县	腰站镇	画山村	松树圈	117.934312	41.839121	140	三级	15.0	115	7
13082800379	油松	围场县	腰站镇	画山村	松树圈	117.934312	41.839115	140	三级	15.0	118	8
13082800380	油松	围场县	腰站镇	画山村	松树圈	117.934307	41.839137	140	三级	14.8	95	8
13082800381	油松	围场县	腰站镇	画山村	松树圈	117.934328	41.839159	140	三级	15.3	106	7
13082800382	油松	围场县	腰站镇	画山村	松树圈	117.934378	41.839166	140	三级	16.0	130	7
13082800383	油松	围场县	腰站镇	画山村	松树圈	117.934395	41.839186	140	三级	15.6	122	7
13082800384	油松	围场县	腰站镇	画山村	松树圈	117.934417	41.839225	140	三级	16.0	162	7
13082800385	油松	围场县	腰站镇	画山村	松树圈	117.934332	41.839246	140	三级	15.0	117	7
13082800386	油松	围场县	腰站镇	画山村	松树圈	117.934440	41.839265	140	三级	15.0	147	8
13082800387	油松	围场县	腰站镇	画山村	松树圈	117.934417	41.839289	140	三级	10.0	92	7
13082800388	油松	围场县	腰站镇	画山村	松树圈	117.934430	41.839320	140	三级	16.0	152	7
13082800389	油松	围场县	腰站镇	画山村	松树圈	117.934482	41.839345	140	三级	15.4	150	7
13082800390	油松	围场县	腰站镇	画山村	松树圈	117.934537	41.839368	140	三级	16.0	110	7
13082800391	油松	围场县	腰站镇	画山村	松树圈	117.934560	41.839379	140	三级	15.4	122	7
13082800392	油松	围场县	腰站镇	画山村	松树圈	117.934553	41.839409	140	三级	13.0	124	6
13082800393	油松	围场县	腰站镇	画山村	松树圈	117.934573	41.839391	140	三级	17.4	150	8
13082800394	油松	围场县	腰站镇	画山村	松树圈	117.934650	41.839487	140	三级	16.4	117	5
13082800395	油松	围场县	腰站镇	画山村	松树圈	117.934620	41.839452	140	三级	16.1	134	6
13082800396	油松	围场县	腰站镇	画山村	松树圈	117.934672	41.839475	140	三级	14.0	114	6
13082800397	油松	围场县	腰站镇	画山村	松树圈	117.934687	41.839494	140	三级	18.5	146	7
13082800398	油松	围场县	腰站镇	画山村	松树圈	117.934727	41.839521	140	三级	17.0	116	7
13082800399	油松	围场县	腰站镇	画山村	松树圈	117.934767	41.839505	140	三级	12.1	122	8
13082800400	油松	围场县	腰站镇	画山村	松树圈	117.934795	41.839517	140	三级	10.0	73	5
13082800401	油松	围场县	腰站镇	画山村	松树圈	117.934795	41.839529	140	三级	11.0	88	5
13082800402	油松	围场县	腰站镇	画山村	松树圈	117.934780	41.839547	140	三级	17.2	112	9
13082800403	油松	围场县	腰站镇	画山村	松树圈	117.934830	41.839586	140	三级	16.4	138	8
13082800404	油松	围场县	腰站镇	画山村	松树圈	117.934855	41.839605	140	三级	15.8	117	7
13082800405	油松	围场县	腰站镇	画山村	松树圈	117.934897	41.839590	140	三级	14.0	89	6
13082800406	油松	围场县	腰站镇	画山村	松树圈	117.934892	41.839627	140	三级	12.0	125	7
13082800407	油松	围场县	腰站镇	画山村	松树圈	117.934910	41.839633	140	三级	15.2	130	7
13082800408	油松	围场县	腰站镇	画山村	松树圈	117.934917	41.839624	140	三级	13.6	109	7
13082800409	油松	围场县	腰站镇	画山村	松树圈	117.934935	41.839643	140	三级	14.2	117	6
13082800410	油松	围场县	腰站镇	画山村	松树圈	117.934952	41.839667	140	三级	16.0	127	7
13082800411	油松	围场县	腰站镇	画山村	松树圈	117.934982	41.839677	140	三级	11.0	89	6
13082800412	油松	围场县	腰站镇	画山村	松树圈	117.935008	41.839692	140	三级	18.0	103	7
13082800413	油松	围场县	腰站镇	画山村	松树圈	117.935058	41.839693	140	三级	17.0	130	6
13082800414	油松	围场县	腰站镇	画山村	松树圈	117.935070	41.839703	140	三级	18.0	127	6
13082800415	油松	围场县	腰站镇	画山村	松树圈	117.935088	41.839719	140	三级	18.0	123	7
13082800416	油松	围场县	腰站镇	画山村	松树圈	117.935142	41.839734	140	三级	16.7	83	6
13082800417	油松	围场县	腰站镇	画山村	松树圈	117.935152	41.839744	140	三级	17.3	100	6
13082800418	油松	围场县	腰站镇	画山村	松树圈	117.935192	41.839750	140	三级	16.5	142	6
13082800419	油松	围场县	腰站镇	画山村	松树圈	117.935024	41.839604	140	三级	12.0	91	6
13082800420	油松	围场县	腰站镇	画山村	松树圈	117.935062	41.839610	140	三级	13.0	95	6
13082800421	油松	围场县	腰站镇	画山村	松树圈	117.935095	41.839618	140	三级	12.0	100	6
13082800422	油松	围场县	腰站镇	画山村	松树圈	117.935120	41.839622	140	三级	14.0	92	6
13082800423	油松	围场县	腰站镇	画山村	松树圈	117.935173	41.839673	140	三级	14.6	105	6
13082800424	油松	围场县	腰站镇	画山村	松树圈	117.935188	41.839695	140	三级	15.0	132	6
13082800425	油松	围场县	腰站镇	画山村	松树圈	117.935197	41.839733	140	三级	14.0	80	6
13082800426	油松	围场县	腰站镇	画山村	松树圈	117.935232	41.839750	140	三级	13.0	107	6
13082800427	榆树	围场县	腰站镇	榆木沟村	小卡伦大河东营子中	117.891932	41.841161	260	三级	10.1	194	9
13082800428	榆树	围场县	腰站镇	榆木沟村	小卡伦大河东营子中	117.892008	41.841121	260	三级	12.2	188	9

编号	中文名	县（市）	乡（镇）	村（社区）组	小地名	地理坐标（东经）	地理坐标（北纬）	估测树龄	古树等级	树高（m）	胸围（cm）	冠幅（m）
13082800429	榆树	围场县	腰站镇	榆木沟村	小卡伦大河东营子中	117.892046	41.841559	260	三级	16.8	193	15
13082800430	榆树	围场县	腰站镇	榆木沟村	小卡伦大河东营子中	117.892314	41.841448	280	三级	18.2	250	17
13082800431	榆树	围场县	腰站镇	榆木沟村	小卡伦大河东营子中	117.892261	41.841143	340	二级	15.6	316	10
13082800432	榆树	围场县	腰站镇	榆木沟村	小卡伦大河东营子中	117.890892	41.841265	425	二级	14.4	395	15
13082800433	榆树	围场县	腰站镇	腰站村	6组小榆树林沟	117.860866	41.853327	410	二级	11.8	362	14
13082800434	榆树	围场县	腰站镇	腰站村	6组小榆树林沟	117.860910	41.853272	410	二级	19.8	334	13
13082800435	旱柳	围场县	腰站镇	腰站村	6组小榆树林沟	117.861112	41.853063	360	二级	18.2	334	15
13082800436	旱柳	围场县	腰站镇	腰站村	6组小榆树林沟	117.861177	41.853000	320	二级	21.7	250	12
13082800437	榆树	围场县	腰站镇	腰站村	6组小榆树林沟	117.859525	41.854938	360	二级	9.6	296	10
13082800438	榆树	围场县	腰站镇	腰站村	6组小榆树林沟	117.859323	41.855082	360	二级	12.8	313	12
13082800439	榆树	围场县	腰站镇	腰站村	8组村西	117.862577	41.852065	260	三级	14.8	228	14
13082800440	榆树	围场县	腰站镇	下三合义村	于家湾	117.885742	41.863450	350	二级	11.2	505	14
13082800441	榆树	围场县	腰站镇	永合栈村	下广德号路北	117.922556	41.872375	200	三级	11.4	370	13
13082800442	榆树	围场县	腰站镇	永合栈村	下广德号路北	117.922822	41.874471	200	三级	12.3	360	19
13082800443	小叶杨	围场县	腰站镇	永合栈村	下广德号路南	117.926463	41.872850	130	三级	20.0	402	9
13082800444	小叶杨	围场县	腰站镇	永合栈村	下广德号村东	117.926350	41.872990	130	三级	24.0	385	9
13082800445	榆树	围场县	腰站镇	清泉村	葛刚院内	117.896050	41.936469	140	三级	24.0	450	19
13082800446	旱柳	围场县	腰站镇	根菜沟村	路边	117.914257	41.936940	120	三级	14.0	340	13
13082800447	油松	围场县	棋盘山镇	棋盘山村	棋盘山砬子上	117.662677	42.112859	205	三级	9.6	125	9
13082800448	油松	围场县	棋盘山镇	棋盘山村	棋盘山砬子上	117.661887	42.111898	205	三级	8.5	132	7
13082800449	油松	围场县	棋盘山镇	棋盘山村	棋盘山砬子上	117.661897	42.111931	205	三级	8.2	125	9
13082800450	油松	围场县	棋盘山镇	棋盘山村	棋盘山砬子上	117.661857	42.111631	205	三级	9.4	128	7
13082800451	油松	围场县	棋盘山镇	棋盘山村	棋盘山砬子上	117.661664	42.111531	205	三级	7.5	113	5
13082800452	垂柳	围场县	围场镇	伊逊社区居委会	伊逊路	117.754247	41.942926	110	三级	12.3	248	12
13082800453	旱柳	围场县	围场镇	伊逊社区居委会	伊逊路	117.754529	41.937489	110	三级	8.5	248	7
13082800454	旱柳	围场县	围场镇	伊逊社区居委会	伊逊路	117.754525	41.937440	110	三级	11.0	286	6
13082800455	旱柳	围场县	围场镇	伊逊社区居委会	伊逊路	117.754540	41.937308	110	三级	14.5	230	10
13082800456	榆树	围场县	道坝子乡	顺上村	1组庄外	117.584323	41.942779	200	三级	17.8	353	19
13082800457	榆树	围场县	道坝子乡	顺上村	1组庄里	117.583018	41.946933	200	三级	15.6	344	16
13082800458	榆树	围场县	道坝子乡	永丰村	杨树沟	117.574470	41.980625	240	三级	20.3	393	20
13082800459	榆树	围场县	道坝子乡	查字下村	查字2号	117.543826	41.979141	260	三级	16.3	371	13
13082800460	小叶杨	围场县	道坝子乡	查字上村	村部房后	117.482739	42.027127	120	三级	23.6	323	15
13082800461	油松	围场县	半截塔镇	要路沟村	炭窑沟西梁顶	117.428555	41.989319	260	三级	15.6	258	15
13082800462	榆树	围场县	半截塔镇	北沟村	三道沟门	117.535875	41.861861	150	三级	14.0	362	16
13082800463	小叶杨	围场县	半截塔镇	北沟村	桦树皮沟门	117.560314	41.841548	120	三级	18.0	420	18
13082800464	榆树	围场县	西龙头乡	甘沟口村	大院内	116.943192	41.925925	130	三级	14.5	258	15
13082800465	油松	围场县	西龙头乡	甘沟口村	村院西	116.942000	41.925616	150	三级	7.5	141	8
13082800466	油松	围场县	西龙头乡	甘沟口村	村院西	116.942000	41.925595	150	三级	10.4	130	9
13082800467	油松	围场县	西龙头乡	甘沟口村	村院西	116.941945	41.925616	150	三级	11.7	237	11
13082800468	榆树	围场县	西龙头乡	甘沟口村	菜园子	116.950388	41.917236	200	三级	23.1	283	22
13082800469	榆树	围场县	西龙头乡	甘沟口村	菜园子	116.950388	41.917236	200	三级	21.5	490	20
13082800470	榆树	围场县	西龙头乡	甘沟口村	菜园子	116.950307	41.917226	200	三级	18.6	380	11
13082800471	榆树	围场县	西龙头乡	甘沟口村	青阳洞	116.942199	41.950111	200	三级	16.9	228	16
13082800472	榆树	围场县	西龙头乡	甘沟口村	榆树湾	116.934071	41.956702	200	三级	7.6	312	16
13082800473	榆树	围场县	西龙头乡	甘沟口村	苇子沟门	116.943294	41.925739	240	三级	12.8	445	15
13082800474	榆树	围场县	西龙头乡	甘沟口村	河东	116.949415	41.927260	300	二级	15.2	442	19
13082800475	榆树	围场县	西龙头乡	甘沟口村	河东	116.949223	41.926842	300	二级	19.2	455	19
13082800476	榆树	围场县	西龙头乡	西龙头村	龙潭沟上营	116.896319	41.891817	200	三级	19.9	411	20
13082800477	旱柳	围场县	西龙头乡	西龙头村	西梁	116.911099	41.894636	130	三级	15.1	325	3
13082800478	榆树	围场县	西龙头乡	西龙头村	龙潭沟	116.891593	41.894140	150	三级	10.6	275	16
13082800479	榆树	围场县	西龙头乡	大院村	古榆树	116.913306	41.873082	250	三级	15.1	342	16
13082800480	榆树	围场县	石桌子乡	石桌子村	烈士墓后小庙	117.160871	41.841636	150	三级	16.3	299	16
13082800481	油松	围场县	石桌子乡	石桌子村	王营子后山	117.163476	41.844554	130	三级	10.5	186	8
13082800482	秋子梨	围场县	石桌子乡	石桌子村	榆树窝铺北	117.148863	41.834079	130	三级	19.2	238	11
13082800483	油松	围场县	石桌子乡	嘎拜村	村部东	117.045833	41.771831	120	三级	11.5	323	17
13082800484	榆树	围场县	大头山乡	大头山村	陈家岗子	117.235882	41.888151	310	二级	10.0	300	17
13082800485	旱柳	围场县	下伙房乡	八号地村	碾子沟门	117.369622	41.858375	120	三级	14.5	315	11

编号	中文名	县（市）	乡（镇）	村（社区）组	小地名	地理坐标（东经）	地理坐标（北纬）	估测树龄	古树等级	树高（m）	胸围（cm）	冠幅（m）
13082800486	榆树	围场县	下伙房乡	八号地村	大湖汰沟门	117.382415	41.857544	200	三级	14.0	292	16
13082800487	旱柳	围场县	下伙房乡	八号地村	大湖汰	117.375676	41.877222	310	二级	14.3	442	17
13082800488	榆树	围场县	下伙房乡	哈巴气村	博立沟门	117.447995	41.851309	400	二级	21.0	400	10
13082800489	榆树	围场县	下伙房乡	哈巴气村	博立沟门	117.447385	41.851983	120	三级	16.8	186	12
13082800490	榆树	围场县	下伙房乡	下伙房村	三记沟门	117.451513	41.819529	350	二级	17.9	621	11
13082800491	榆树	围场县	下伙房乡	下伙房村	垫园子后沟门	117.458752	41.842444	600	一级	21.5	738	21
13082800492	榆树	围场县	下伙房乡	万泉沟村	付家营	117.487066	41.812545	130	三级	13.6	175	11
13082800493	榆树	围场县	下伙房乡	万泉沟村	砬子沟	117.494150	41.818810	150	三级	22.7	240	13
13082800494	青扦	围场县	下伙房乡	沙巴汰村	桦树梁东坡	117.474486	41.795653	140	三级	19.3	175	8
13082800495	青扦	围场县	下伙房乡	沙巴汰村	桦树梁东坡	117.474449	41.795627	140	三级	17.6	147	7
13082800496	油松	围场县	下伙房乡	沙巴汰村	老虎沟梁西坡	117.482127	41.796856	200	三级	19.7	189	10
13082800497	油松	围场县	下伙房乡	沙巴汰村	大东梁	117.475173	41.789139	220	三级	20.5	195	10
13082800498	榆树	围场县	下伙房乡	东沟村	上卡拉	117.521652	41.789839	150	三级	19.9	360	18
13082800499	油松	围场县	下伙房乡	任家营村	卡伦后梁	117.295860	41.841706	350	二级	11.5	199	11
13082800500	油松	围场县	下伙房乡	任家营村	卡伦后梁	117.295646	41.842305	260	三级	16.7	187	11
13082800501	榆树	围场县	下伙房乡	任家营村	村大院	117.323963	41.849857	120	三级	28.5	251	9
13082800502	榆树	围场县	下伙房乡	任家营村	村大院	117.323962	41.849970	120	三级	16.5	241	9
13082800503	榆树	围场县	下伙房乡	任家营村	3组路东	117.322618	41.860218	350	二级	18.0	350	19
13082800504	小叶杨	围场县	燕格柏乡	天桥村	四十六号	117.315910	42.109825	150	三级	10.4	502	9
13082800505	蒙古栎	围场县	燕格柏乡	五号村	四号后梁	117.294507	42.053305	200	三级	6.8	238	12
13082800506	榆树	围场县	燕格柏乡	燕丰村	二十七号沟门	117.364917	42.029204	120	三级	18.7	331	17
13082800507	旱柳	围场县	燕格柏乡	燕下村	八号营子	117.390348	41.968728	110	三级	20.3	385	17
13082800508	蒙古栎	围场县	南山嘴乡	卡伦村	大铧子沟门	117.088039	41.837175	200	三级	9.6	227	12
13082800509	大果榆	围场县	南山嘴乡	卡伦村	大铧子沟	117.086211	41.836898	150	三级	15.7	270	12
13082800510	榆树	围场县	南山嘴乡	卡伦村	3组道边	117.080671	41.855203	150	三级	25.0	334	14
13082800511	蒙古栎	围场县	南山嘴乡	卡伦村	红砬沟	117.023795	41.894827	130	三级	10.9	240	12
13082800512	榆树	围场县	南山嘴乡	卡伦村	暖水龙	117.059084	41.852202	120	三级	21.8	245	15
13082800513	榆树	围场县	南山嘴乡	石棚村	小七队营子西	117.130162	41.867661	120	三级	17.5	158	10
13082800514	榆树	围场县	南山嘴乡	官地村	曹碾营子道边	116.983677	41.795226	200	三级	21.9	345	16
13082800515	榆树	围场县	南山嘴乡	官地村	白云沟道边	116.958955	41.810915	120	三级	21.7	240	19
13082800516	榆树	围场县	南山嘴乡	南山嘴村	五百沟门	116.992099	41.847936	350	三级	9.0	339	11
13082800517	榆树	围场县	南山嘴乡	南山嘴村	北山嘴庙后	117.002395	41.853438	300	二级	17.6	362	14
13082800518	榆树	围场县	南山嘴乡	南山嘴村	七棵树小庙	117.000323	41.869598	150	三级	21.3	345	19
13082800519	蒙古栎	围场县	城子乡	六棵桦村	前营子后梁	117.011170	41.967055	200	三级	10.1	253	16
13082800520	蒙古栎	围场县	城子乡	六棵桦村	大北沟脑	117.028473	41.985197	150	三级	7.7	177	13
13082800521	蒙古栎	围场县	城子乡	六棵桦村	大北沟脑	117.028607	41.985158	120	三级	8.6	130	11
13082800522	油松	围场县	城子乡	六棵桦村	砬子沟	117.049948	41.972418	200	三级	5.2	130	14
13082800523	榆树	围场县	老窝铺乡	上窝铺村	刘家营	116.980334	42.024812	300	二级	8.6	274	11
13082800524	榆树	围场县	老窝铺乡	上窝铺村	刘家营	116.980219	42.024903	300	二级	13.6	280	15
13082800525	榆树	围场县	老窝铺乡	上窝铺村	刘家营	116.980155	42.021496	350	二级	19.4	370	16
13082800526	青扦	围场县	老窝铺乡	下窝铺村	坟茔地	116.925692	41.996739	150	三级	14.8	128	6
13082800527	青扦	围场县	老窝铺乡	下窝铺村	坟茔地	116.925704	41.996726	150	三级	14.1	149	6
13082800528	青扦	围场县	老窝铺乡	下窝铺村	坟茔地	116.925696	41.996689	150	三级	16.7	188	7
13082800529	油松	围场县	老窝铺乡	下窝铺村	坟茔地	116.925712	41.996437	150	三级	19.5	226	9
13082800530	油松	围场县	老窝铺乡	下窝铺村	坟茔地	116.925780	41.996440	150	三级	19.2	179	9
13082800531	油松	围场县	老窝铺乡	下窝铺村	坟茔地	116.925992	41.996424	150	三级	17.0	174	8
13082800532	油松	围场县	老窝铺乡	下窝铺村	坟茔地	116.926041	41.996422	150	三级	16.1	138	7
13082800533	华北落叶松	围场县	红松洼牧场	红松洼	一棵松	117.669870	42.583336	510	一级	12.2	175	7
13082800534	青扦	围场县	第二乡林场	母子沟营林区	大南沟	117.445784	42.238898	140	三级	23.2	135	6
13082800535	青扦	围场县	第三乡林场	母子沟营林区	大南沟	117.445788	42.238858	140	三级	21.7	136	7
13082800536	青扦	围场县	第三乡林场	母子沟营林区	大南沟	117.445796	42.238812	140	三级	21.8	108	7
13082800537	青扦	围场县	第三乡林场	母子沟营林区	大南沟	117.445869	42.238856	140	三级	22.1	119	7
13082800538	青扦	围场县	第三乡林场	母子沟营林区	大南沟	117.445948	42.238724	140	三级	20.8	154	9
13082800539	青扦	围场县	第三乡林场	母子沟营林区	大南沟	117.446066	42.238796	140	三级	21.0	190	7
13082800540	青扦	围场县	第三乡林场	母子沟营林区	大南沟	117.446009	42.238855	140	三级	21.5	131	6
13082800541	青扦	围场县	第三乡林场	母子沟营林区	大南沟	117.445983	42.238846	140	三级	20.5	130	6
13082800542	青扦	围场县	第三乡林场	母子沟营林区	大南沟	117.445974	42.238881	140	三级	20.0	120	6

编号	中文名	县（市）	乡（镇）	村（社区）组	小地名	地理坐标（东经）	地理坐标（北纬）	估测树龄	古树等级	树高（m）	胸围（cm）	冠幅（m）
13082800543	青扦	围场县	第三乡林场	母子沟营林区	大南沟	117.445917	42.238879	140	三级	19.5	112	7
13082800544	青扦	围场县	第三乡林场	母子沟营林区	大南沟	117.445930	42.238917	140	三级	22.0	149	8
13082800545	青扦	围场县	第三乡林场	母子沟营林区	大南沟	117.445902	42.238954	140	三级	22.5	158	8
13082800546	青扦	围场县	第三乡林场	母子沟营林区	大南沟	117.446045	42.238919	140	三级	20.2	181	9
13082800547	青扦	围场县	第三乡林场	母子沟营林区	大南沟	117.446109	42.238982	140	三级	20.8	113	7
13082800548	青扦	围场县	第三乡林场	母子沟营林区	大南沟	117.446143	42.238985	140	三级	21.5	143	8
13082800549	青扦	围场县	第三乡林场	母子沟营林区	大南沟	117.446222	42.239000	140	三级	16.5	98	5
13082800550	青扦	围场县	第三乡林场	母子沟营林区	大南沟	117.446213	42.239016	140	三级	21.8	154	6
13082800551	青扦	围场县	第三乡林场	母子沟营林区	大南沟	117.446303	42.239035	140	三级	22.6	135	6
13082800552	青扦	围场县	第三乡林场	母子沟营林区	大南沟	117.446355	42.239030	140	三级	22.4	140	6
13082800553	青扦	围场县	第三乡林场	母子沟营林区	大南沟	117.446356	42.238964	140	三级	23.2	129	7
13082800554	青扦	围场县	第三乡林场	母子沟营林区	大南沟	117.446321	42.238947	140	三级	22.8	104	5
13082800555	青扦	围场县	第三乡林场	母子沟营林区	大南沟	117.446308	42.238919	140	三级	23.2	114	5
13082800556	青扦	围场县	第三乡林场	母子沟营林区	大南沟	117.446288	42.238916	140	三级	20.8	121	6
13082800557	青扦	围场县	第三乡林场	母子沟营林区	大南沟	117.446262	42.238909	140	三级	22.8	145	8
13082800558	华北落叶松	围场县	千层板林场	长腿泡子营林区	七星湖东北岸	117.244408	42.434761	140	三级	17.2	160	10
13082800559	华北落叶松	围场县	千层板林场	长腿泡子营林区	七星湖东北岸	117.244372	42.434747	150	三级	17.0	146	11
13082800560	华北落叶松	围场县	千层板林场	长腿泡子营林区	七星湖东北岸	117.244023	42.434879	150	三级	13.2	196	12
13082800561	华北落叶松	围场县	千层板林场	长腿泡子营林区	七星湖东北岸	117.242093	42.435698	160	三级	14.8	164	13
13082800562	华北落叶松	围场县	千层板林场	长腿泡子营林区	七星湖东北岸	117.242342	42.435582	200	三级	10.7	195	14
13082800563	榆树	围场县	三道河口林场	三道河营林区	大松树	117.085945	42.421039	300	二级	10.0	285	10
13082800564	油松	围场县	三道河口林场	果园营林区	碾盘梁	116.992539	42.415395	200	三级	8.0	122	10
13082800565	油松	围场县	三道河口林场	果园营林区	碾盘梁	116.994194	42.415261	200	三级	7.6	170	14
13082800566	油松	围场县	三道河口林场	果园营林区	碾盘梁	116.994173	42.414437	200	三级	12.7	182	12
13082800567	油松	围场县	三道河口林场	果园营林区	碾盘梁	116.994328	42.414395	200	三级	8.9	134	10
13082800568	油松	围场县	三道河口林场	果园营林区	碾盘梁	116.994385	42.414392	200	三级	12.3	154	12
13082800569	油松	围场县	三道河口林场	果园营林区	碾盘梁	116.994106	42.414234	200	三级	13.5	135	13
13082800570	油松	围场县	三道河口林场	果园营林区	碾盘梁	116.994103	42.414176	200	三级	10.5	188	13
13082800571	油松	围场县	三道河口林场	果园营林区	碾盘梁	116.994541	42.414290	200	三级	7.4	184	11
13082800572	油松	围场县	三道河口林场	果园营林区	碾盘梁	116.994711	42.414233	200	三级	8.8	150	15
13082800573	油松	围场县	三道河口林场	果园营林区	碾盘梁	116.994855	42.414123	200	三级	6.2	100	9
13082800574	油松	围场县	三道河口林场	果园营林区	碾盘梁	116.995326	42.414013	200	三级	12.3	130	10
13082800575	油松	围场县	三道河口林场	果园营林区	碾盘梁	116.995326	42.414013	200	三级	12.0	135	10
13082800576	油松	围场县	三道河口林场	果园营林区	碾盘梁	116.995310	42.414035	200	三级	10.2	130	11
13082800577	油松	围场县	三道河口林场	果园营林区	碾盘梁	116.995211	42.413595	200	三级	11.0	120	7
13082800578	油松	围场县	三道河口林场	果园营林区	碾盘梁	116.995223	42.413583	200	三级	12.0	110	7
13082800579	油松	围场县	三道河口林场	果园营林区	碾盘梁	116.995273	42.413614	200	三级	8.0	110	5
13082800580	油松	围场县	三道河口林场	果园营林区	碾盘梁	116.995274	42.413527	200	三级	11.6	150	11
13082800581	油松	围场县	三道河口林场	果园营林区	碾盘梁	116.995305	42.413537	200	三级	12.3	230	8
13082800582	华北落叶松	围场县	千层板林场	长腿泡子营林区	七星湖北岸	117.245877	42.434467	150	三级	21.5	191	8
13082800583	华北落叶松	围场县	千层板林场	长腿泡子营林区	七星湖北岸	117.245927	42.434442	150	三级	22.3	180	7
13082800584	青扦	围场县	千层板林场	长腿泡子营林区	七星湖北岸	117.246508	42.434399	150	三级	23.1	157	7
13082800585	青扦	围场县	千层板林场	长腿泡子营林区	七星湖北岸	117.246808	42.434200	150	三级	23.4	147	6
13082800586	青扦	围场县	千层板林场	长腿泡子营林区	七星湖北岸	117.247113	42.434142	150	三级	23.8	175	10
13082800587	华北落叶松	围场县	千层板林场	长腿泡子营林区	七星湖北岸	117.247041	42.434088	150	三级	23.6	193	14
13082800588	华北落叶松	围场县	千层板林场	长腿泡子营林区	七星湖北岸	117.247457	42.434162	150	三级	23.2	195	10
13082800589	青扦	围场县	第三乡林场	母子沟营林区	车道沟门	117.429470	42.263860	140	三级	16.4	115	7
13082800590	青扦	围场县	第三乡林场	母子沟营林区	车道沟门	117.429798	42.263876	140	三级	16.6	101	7
13082800591	青扦	围场县	第三乡林场	母子沟营林区	车道沟门	117.429713	42.263932	140	三级	15.2	104	6
13082800592	青扦	围场县	第三乡林场	母子沟营林区	车道沟门	117.434867	42.261280	140	三级	17.4	120	7
13082800593	青扦	围场县	第三乡林场	母子沟营林区	车道沟门	117.435211	42.261128	140	三级	20.4	130	6
13082800594	青扦	围场县	第三乡林场	母子沟营林区	车道沟门	117.435423	42.260988	140	三级	21.5	140	8
13082800595	青扦	围场县	第三乡林场	母子沟营林区	车道沟门	117.435438	42.260875	140	三级	22.3	111	7
13082800596	青扦	围场县	长林子分场	东长林子生产队	疙瘩林子	117.295765	42.314630	210	三级	14.5	160	9
13082800597	青扦	围场县	长林子分场	东长林子生产队	疙瘩林子	117.295775	42.314671	210	三级	14.6	170	10
13082800598	青扦	围场县	长林子分场	东长林子生产队	疙瘩林子	117.295643	42.314835	210	三级	15.8	165	11
13082800599	青扦	围场县	长林子分场	东长林子生产队	疙瘩林子	117.295638	42.314854	210	三级	15.9	150	12

（续表）

编号	中文名	县（市）	乡（镇）	村（社区）组	小地名	地理坐标（东经）	地理坐标（北纬）	估测树龄	古树等级	树高（m）	胸围（cm）	冠幅（m）
13082800600	青扦	围场县	长林子分场	东长林子生产队	疙瘩林子	117.296098	42.314917	210	三级	17.2	145	9
13082800601	青扦	围场县	长林子分场	东长林子生产队	疙瘩林子	117.296112	42.314913	210	三级	16.2	150	12
13082800602	榆树	围场县	长林子分场	罗圈林子生产队	圈里	117.250232	42.347237	220	三级	6.0	250	11
13082800603	榆树	围场县	长林子分场	罗圈林子生产队	圈里	117.250725	42.347084	220	三级	5.6	220	11
13082800604	榆树	围场县	长林子分场	罗圈林子生产队	圈里西	117.227548	42.355801	220	三级	8.2	230	11
13082800605	华北落叶松	围场县	长林子分场	罗圈林子生产队	松树坡小河南	117.270710	42.340050	180	三级	18.2	165	9
13082800606	青扦	围场县	长林子分场	罗圈林子生产队	松树坡小河南	117.270630	42.340150	180	三级	18.1	145	10
13082800607	华北落叶松	围场县	长林子分场	罗圈林子生产队	松树坡小河南	117.270136	42.340284	180	三级	16.8	155	9
13082800608	华北落叶松	围场县	长林子分场	罗圈林子生产队	松树坡小河南	117.269777	42.340239	180	三级	17.2	120	9
13082800609	华北落叶松	围场县	长林子分场	罗圈林子生产队	松树坡小河南	117.269440	42.340172	180	三级	14.7	155	10
13082800610	华北落叶松	围场县	长林子分场	罗圈林子生产队	圈里	117.255062	42.344577	180	三级	15.6	130	9
13082800611	华北落叶松	围场县	长林子分场	罗圈林子生产队	圈里	117.255063	42.344582	180	三级	15.5	135	8
13082800612	华北落叶松	围场县	长林子分场	罗圈林子生产队	圈里	117.255350	42.344473	180	三级	15.5	160	11
13082800613	榆树	围场县	长林子分场	前大脑袋生产队	河东	117.217970	42.369324	180	三级	10.5	180	12
13082800614	华北落叶松	围场县	长林子分场	东长林子生产队	八队东山	117.327645	42.293834	450	二级	15.6	258	11
13082800615	华北落叶松	围场县	长林子分场	东长林子生产队	八队东山	117.327750	42.293813	260	三级	19.8	146	11
13082800616	华北落叶松	围场县	长林子分场	东长林子生产队	八队东山	117.330633	42.293241	300	三级	15.8	167	13
13082800617	华北落叶松	围场县	长林子分场	东长林子生产队	八队东山	117.330620	42.293264	160	三级	10.8	112	10
13082800618	华北落叶松	围场县	长林子分场	东长林子生产队	八队东山	117.329737	42.293520	220	三级	13.6	130	11
13082800619	华北落叶松	围场县	长林子分场	东长林子生产队	八队东山	117.329793	42.293531	220	三级	15.1	128	11
13082800620	榆树	围场县	如意河分场	神仙洞生产队	一撮毛水库边	117.248857	42.212520	160	三级	6.0	150	8
13082800621	山荆子	围场县	如意河分场	神仙洞生产队	一撮毛水库边	117.248623	42.212564	140	三级	5.2	92	7
13082800622	山荆子	围场县	如意河分场	神仙洞生产队	一撮毛水库边	117.248629	42.212577	140	三级	4.5	90	6
13082800623	榆树	围场县	如意河分场	神仙洞生产队	一撮毛	117.246002	42.213611	160	三级	4.0	100	2
13082800624	榆树	围场县	如意河分场	神仙洞生产队	一撮毛	117.245911	42.213650	160	三级	2.5	91	1
13082800625	榆树	围场县	如意河分场	神仙洞生产队	一撮毛	117.242406	42.214913	140	三级	6.0	106	8
13082800626	榆树	围场县	如意河分场	神仙洞生产队	一撮毛	117.242377	42.214917	130	三级	8.2	114	11
13082800627	榆树	围场县	如意河分场	神仙洞生产队	一撮毛	117.242370	42.214918	140	三级	6.5	90	9
13082800628	榆树	围场县	如意河分场	神仙洞生产队	一撮毛对坡	117.243011	42.215249	140	三级	6.2	112	9
13082800629	榆树	围场县	如意河分场	神仙洞生产队	一撮毛西北	117.249783	42.220104	140	三级	6.5	150	8
13082800630	小叶杨	围场县	如意河分场	神仙洞生产队	一撮毛西南小山坡	117.249342	42.220269	110	三级	9.4	190	9
13082800631	小叶杨	围场县	如意河分场	神仙洞生产队	一撮毛西南小山坡	117.249332	42.220244	110	三级	9.6	152	9
13082800632	小叶杨	围场县	如意河分场	神仙洞生产队	一撮毛西南小山坡	117.249333	42.220446	110	三级	8.7	139	9
13082800633	山杨	围场县	如意河分场	神仙洞生产队	一撮毛	117.229820	42.205994	130	三级	11.6	180	9
13082800634	山杨	围场县	如意河分场	神仙洞生产队	一撮毛	117.229886	42.205907	130	三级	7.4	107	9
13082800635	山杨	围场县	如意河分场	神仙洞生产队	一撮毛	117.229873	42.205884	130	三级	8.0	115	8
13082800636	山杨	围场县	如意河分场	神仙洞生产队	一撮毛	117.229855	42.205892	110	三级	7.9	93	8
13082800637	山杨	围场县	如意河分场	神仙洞生产队	一撮毛	117.229788	42.205836	150	三级	8.1	173	9
13082800638	山杨	围场县	如意河分场	神仙洞生产队	一撮毛	117.229741	42.205817	110	三级	9.3	136	8
13082800639	华北落叶松	围场县	如意河分场	神仙洞生产队	一撮毛	117.242832	42.207153	140	三级	9.1	129	10
13082800640	榆树	围场县	如意河分场	神仙洞生产队	一撮毛	117.248852	42.212521	110	三级	5.1	148	11
13082800641	榆树	围场县	如意河分场	神仙洞生产队	一撮毛	117.245696	42.214954	110	三级	5.8	105	8
13082800642	山杨	围场县	如意河分场	神仙洞生产队	一撮毛	117.250435	42.222775	120	三级	8.5	182	9
13082800643	山杨	围场县	如意河分场	神仙洞生产队	一撮毛	117.250455	42.222741	110	三级	9.3	162	10
13082800644	榆树	围场县	如意河分场	暖泉子生产队	暖泉子	117.056703	42.266065	150	三级	12.3	219	13
13082800645	榆树	围场县	如意河分场	暖泉子生产队	暖泉子	117.056249	42.266329	150	三级	16.8	194	15
13082800646	榆树	围场县	如意河分场	暖泉子生产队	暖泉子	117.056038	42.266321	120	三级	11.6	113	8
13082800647	榆树	围场县	如意河分场	暖泉子生产队	暖泉子	117.056036	42.266288	120	三级	13.6	167	14
13082800648	榆树	围场县	如意河分场	暖泉子生产队	暖泉子	117.056050	42.266385	110	三级	11.2	112	8
13082800649	榆树	围场县	如意河分场	暖泉子生产队	暖泉子	117.055971	42.266412	130	三级	13.2	145	12
13082800650	榆树	围场县	如意河分场	暖泉子生产队	暖泉子	117.056031	42.266488	130	三级	14.8	165	18
13082800651	榆树	围场县	如意河分场	暖泉子生产队	暖泉子	117.056303	42.266437	140	三级	14.6	152	14
13082800652	榆树	围场县	如意河分场	暖泉子生产队	暖泉子	117.056395	42.266521	130	三级	11.6	185	17
13082800653	榆树	围场县	如意河分场	暖泉子生产队	暖泉子	117.055990	42.265907	130	三级	9.4	180	12
13082800654	榆树	围场县	如意河分场	暖泉子生产队	暖泉子	117.055723	42.266306	130	三级	11.5	163	16
13082800655	油松	围场县	灯竹碗分场	后台子产队	后台子小泡子西梁	117.101342	42.395711	250	三级	14.8	252	15
13082800656	榆树	围场县	灯竹碗分场	后台子产队	后台子小泡子西梁	117.086917	42.385346	320	二级	7.4	302	10

（续表）

编号	中文名	县（市）	乡（镇）	村（社区）组	小地名	地理坐标（东经）	地理坐标（北纬）	估测树龄	古树等级	树高（m）	胸围（cm）	冠幅（m）
13082800657	榆树	围场县	灯竹碗分场	后台子产队	后台子小泡子西梁	117.086474	42.087075	150	三级	7.5	120	10
13082800658	青扦	围场县	灯竹碗分场	后台子产队	鹿场后梁	117.088348	42.415097	150	三级	14.8	122	9
13082800659	青扦	围场县	灯竹碗分场	后台子产队	鹿场后梁	117.087075	42.385574	150	三级	8.6	151	7
13082800660	油松	围场县	灯竹碗分场	后台子产队	鹿场后梁	117.087148	42.415040	200	三级	12.6	186	13
13082800661	榆树	围场县	灯竹碗分场	灯竹碗生产队	五分场房后	116.956083	42.337648	110	三级	8.0	200	5
13082800662	榆树	围场县	灯竹碗分场	灯竹碗生产队	五分场房后	116.956187	42.337763	110	三级	8.5	206	13
13082800663	油松	围场县	灯竹碗分场	后台子产队	一棵松	117.111364	42.373309	200	三级	6.5	248	12
13082400001	油松	滦平县	五道营子满族乡	石坡子村	水库下	116.810627	40.916294	305	二级	23.5	271	20
13082400002	油松	滦平县	五道营子满族乡	石坡子村	水库下	116.810382	40.916372	140	三级	15.4	140	14
13082400003	油松	滦平县	五道营子满族乡	石坡子村	水库下道边	116.810336	40.915938	300	二级	27.3	240	12
13082400004	槲树	滦平县	五道营子满族乡	上台子村	五天明沟	116.707060	40.973287	480	二级	13.8	302	12
13082400005	槲树	滦平县	五道营子满族乡	上台子村	五天明沟	116.707060	40.973286	480	二级	13.0	224	14
13082400006	油松	滦平县	五道营子满族乡	上台子村	王达沟后山	116.718517	40.962156	260	三级	12.5	209	11
13082400007	槲树	滦平县	五道营子满族乡	上台子村	王达沟前坡	116.714855	40.961326	465	二级	10.5	322	15
13082400008	槲树	滦平县	五道营子满族乡	上台子村	窑沟门马立新后院	116.710038	40.963943	400	二级	15.3	256	10
13082400009	文冠果	滦平县	五道营子满族乡	上台子村	窑沟门马立新院中	116.710040	40.963782	120	三级	8.6	101	11
13082400010	油松	滦平县	五道营子满族乡	上台子村	王达沟车地	116.721317	40.960047	200	三级	11.7	143	10
13082400011	油松	滦平县	五道营子满族乡	上台子村	王达沟车地	116.721268	40.960015	160	三级	11.0	140	10
13082400012	油松	滦平县	五道营子满族乡	老米沟村	后山	116.730408	40.979056	365	二级	9.5	190	13
13082400013	旱柳	滦平县	五道营子满族乡	西甸子村	杏树下北沟	116.744713	40.933655	310	二级	16.6	542	14
13082400014	油松	滦平县	五道营子满族乡	大营子村	大营子后山	116.785558	40.905763	400	二级	16.6	278	13
13082400015	油松	滦平县	五道营子满族乡	大营子村	大栅子新村前坡	116.750402	40.895885	360	二级	19.6	228	14
13082400016	榆树	滦平县	五道营子满族乡	五道营子村	中营子村头	116.759676	40.954528	400	二级	18.3	369	19
13082400017	油松	滦平县	五道营子满族乡	五道营子村	岔沟门	116.761141	40.948864	200	三级	14.8	232	11
13082400018	油松	滦平县	五道营子满族乡	五道营子村	窑沟门	116.759955	40.949621	200	三级	12.9	172	15
13082400019	油松	滦平县	五道营子满族乡	五道营子村	窑沟门	116.761245	40.949591	150	三级	16.8	178	10
13082400020	油松	滦平县	五道营子满族乡	五道营子村	药王庙沟门	116.758532	40.961423	200	三级	17.6	240	11
13082400021	油松	滦平县	五道营子满族乡	五道营子村	朱营子村西	116.756728	40.956265	200	三级	17.8	219	10
13082400022	油松	滦平县	五道营子满族乡	五道营子村	朱营子村西	116.756559	40.955880	270	三级	16.2	235	12
13082400023	榆树	滦平县	五道营子满族乡	五道营子村	孟营子	116.753201	40.956035	480	二级	23.8	483	18
13082400024	油松	滦平县	五道营子满族乡	五道营子村	孟营子村头	116.754074	40.956329	310	二级	16.1	241	13
13082400025	油松	滦平县	五道营子满族乡	五道营子村	孟营子村头	116.754416	40.956568	300	二级	17.3	170	9
13082400026	油松	滦平县	五道营子满族乡	五道营子村	孟营子村头	116.754496	40.956548	300	二级	16.3	238	11
13082400027	油松	滦平县	五道营子满族乡	五道营子村	孟营子后山	116.753706	40.959087	300	二级	9.6	200	14
13082400028	油松	滦平县	五道营子满族乡	五道营子村	孟营子后山	116.754273	40.959603	300	二级	10.3	184	12
13082400029	油松	滦平县	五道营子满族乡	五道营子村	孟营子南山	116.749905	40.953814	200	三级	8.0	182	14
13082400030	油松	滦平县	五道营子满族乡	五道营子村	孟营子南山	116.751883	40.953519	200	三级	8.2	177	15
13082400031	油松	滦平县	五道营子满族乡	五道营子村	孟营子东沟房后梁	116.754137	40.972670	300	二级	12.4	270	20
13082400032	油松	滦平县	五道营子满族乡	五道营子村	东沟石磨沟	116.783494	40.956373	300	二级	16.8	205	17
13082400033	油松	滦平县	五道营子满族乡	五道营子村	东沟石磨沟	116.782621	40.956315	200	三级	15.6	166	14
13082400034	油松	滦平县	五道营子满族乡	五道营子村	南山根	116.772018	40.941473	440	二级	13.5	238	15
13082400035	油松	滦平县	马营子满族乡	黑石头村	南洼前山	116.910663	40.782692	360	二级	10.8	186	10
13082400036	油松	滦平县	马营子满族乡	黑石头村	东南洼	116.911640	40.783460	160	三级	8.9	143	11
13082400037	油松	滦平县	马营子满族乡	黑石头村	火石峪前山	116.901452	40.783085	310	二级	11.7	246	15
13082400038	槐	滦平县	马营子满族乡	大兴沟村	张子勇院内	117.043063	40.749045	260	三级	17.8	231	18
13082400039	槐	滦平县	马营子满族乡	大兴沟村	高玉清房后	117.042657	40.751664	240	三级	16.5	210	14
13082400040	槐	滦平县	马营子满族乡	南台子村	南台子村广场边	117.015872	40.749420	430	二级	17.9	346	18
13082400041	旱柳	滦平县	马营子满族乡	南台子村	南台子村中心井台边	117.015940	40.751033	110	三级	6.3	254	8
13082400042	油松	滦平县	马营子满族乡	龙潭沟村	四间房梁头砬子上	116.942790	40.745937	260	三级	9.5	124	11
13082400043	油松	滦平县	马营子满族乡	龙潭沟村	四间房梁头砬子上	116.942807	40.745863	160	三级	6.5	76	8
13082400044	油松	滦平县	马营子满族乡	龙潭沟村	四间房梁头砬子上	116.942912	40.745701	160	三级	8.7	127	10
13082400045	油松	滦平县	马营子满族乡	龙潭沟村	四间房梁头砬子上	116.942808	40.745496	160	三级	7.3	112	10
13082400046	油松	滦平县	马营子满族乡	龙潭沟村	四间房梁头砬子上	116.942732	40.745463	110	三级	6.0	73	9
13082400047	油松	滦平县	马营子满族乡	高营子村	罗石沟	116.969218	40.762601	300	二级	14.4	167	13
13082400048	油松	滦平县	马营子满族乡	石门村	朝梁根王春德院外	116.993307	40.760580	350	二级	14.5	200	12
13082400049	油松	滦平县	马营子满族乡	南台子西沟村	好家前山砬子上	116.974412	40.723512	350	二级	16.0	242	11
13082400050	油松	滦平县	马营子满族乡	南台子西沟村	好家前山砬子上	116.972703	40.723702	350	二级	16.0	220	10

编号	中文名	县（市）	乡（镇）	村（社区）组	小地名	地理坐标（东经）	地理坐标（北纬）	估测树龄	古树等级	树高（m）	胸围（cm）	冠幅（m）
13082400051	油松	滦平县	马营子满族乡	南台子西沟村	孙振坟边	116.989727	40.735237	360	二级	11.0	237	9
13082400052	油松	滦平县	马营子满族乡	南台子西沟村	孙振坟边	116.989605	40.735197	360	二级	12.5	220	14
13082400053	油松	滦平县	马营子满族乡	南台子西沟村	孙振坟山边	116.989245	40.735379	240	三级	8.6	131	8
13082400054	白杜	滦平县	马营子满族乡	南大庙村	杨树沟门于家坟地	117.058698	40.781954	320	二级	13.0	198	12
13082400055	油松	滦平县	付家店满族乡	北店子村	北店子村村边	117.080943	40.793135	310	二级	14.4	248	23
13082400056	油松	滦平县	付家店满族乡	北店子村	北店子村村边	117.082160	40.793985	310	二级	12.8	191	15
13082400057	油松	滦平县	付家店满族乡	北店子村	北店子村村边	117.082273	40.793892	310	二级	10.1	182	14
13082400058	油松	滦平县	付家店满族乡	北店子村	北店子村村边	117.082493	40.794153	310	二级	11.3	153	12
13082400059	油松	滦平县	付家店满族乡	北店子村	北店子村村边	117.081750	40.795121	310	二级	10.3	162	12
13082400060	油松	滦平县	付家店满族乡	北店子村	北店子村村边	117.077088	40.792914	310	二级	13.8	245	14
13082400061	侧柏	滦平县	付家店满族乡	三道沟门村	柏砬沟龙潭上	117.144410	40.834183	160	三级	3.4	37	2
13082400062	侧柏	滦平县	付家店满族乡	三道沟门村	柏砬沟龙潭上	117.144674	40.834102	160	三级	3.6	31	2
13082400063	侧柏	滦平县	付家店满族乡	三道沟门村	柏砬沟龙潭上	117.144578	40.833352	160	三级	4.1	48	3
13082400064	侧柏	滦平县	付家店满族乡	三道沟门村	柏砬沟龙潭上	117.145152	40.833156	160	三级	2.6	37	1
13082400065	侧柏	滦平县	付家店满族乡	三道沟门村	柏砬沟龙潭上	117.145180	40.833143	160	三级	2.0	24	1
13082400066	侧柏	滦平县	付家店满族乡	三道沟门村	柏砬沟龙潭上	117.145198	40.833117	160	三级	3.1	19	1
13082400067	侧柏	滦平县	付家店满族乡	三道沟门村	柏砬沟龙潭上	117.145209	40.833100	160	三级	2.8	13	1
13082400068	侧柏	滦平县	付家店满族乡	三道沟门村	柏砬沟龙潭上	117.144949	40.832628	160	三级	3.1	36	3
13082400069	侧柏	滦平县	付家店满族乡	三道沟门村	柏砬沟龙潭上	117.144496	40.833072	160	三级	2.7	31	2
13082400070	侧柏	滦平县	付家店满族乡	三道沟门村	柏砬沟龙潭上	117.144771	40.832947	160	三级	3.7	34	3
13082400071	侧柏	滦平县	付家店满族乡	三道沟门村	柏砬沟龙潭上	117.144648	40.832846	160	三级	3.3	29	3
13082400072	侧柏	滦平县	付家店满族乡	三道沟门村	柏砬沟龙潭上	117.144794	40.832746	160	三级	3.1	33	3
13082400073	侧柏	滦平县	付家店满族乡	三道沟门村	柏砬沟龙潭上	117.144590	40.832979	160	三级	2.7	26	3
13082400074	侧柏	滦平县	付家店满族乡	三道沟门村	柏砬沟龙潭上	117.144756	40.832384	160	三级	2.7	22	2
13082400075	侧柏	滦平县	付家店满族乡	三道沟门村	柏砬沟龙潭上	117.144157	40.831606	160	三级	4.3	42	4
13082400076	侧柏	滦平县	付家店满族乡	三道沟门村	柏砬沟龙潭上	117.145934	40.831077	160	三级	5.4	46	4
13082400077	侧柏	滦平县	付家店满族乡	三道沟门村	柏砬沟龙潭上	117.145870	40.831086	160	三级	5.3	40	3
13082400078	侧柏	滦平县	付家店满族乡	三道沟门村	柏砬沟龙潭上	117.145830	40.831105	160	三级	5.4	43	4
13082400079	侧柏	滦平县	付家店满族乡	三道沟门村	柏砬沟龙潭上	117.143025	40.829209	160	三级	3.8	36	3
13082400080	侧柏	滦平县	付家店满族乡	三道沟门村	柏砬沟龙潭上	117.142819	40.829457	160	三级	2.4	19	1
13082400081	侧柏	滦平县	付家店满族乡	三道沟门村	柏砬沟龙潭上	117.142668	40.829658	160	三级	2.9	18	1
13082400082	侧柏	滦平县	付家店满族乡	三道沟门村	柏砬沟龙潭上	117.142457	40.829745	160	三级	2.8	21	2
13082400083	侧柏	滦平县	付家店满族乡	三道沟门村	柏砬沟龙潭上	117.142316	40.829768	160	三级	3.1	19	2
13082400084	侧柏	滦平县	付家店满族乡	三道沟门村	柏砬沟龙潭上	117.142664	40.829548	160	三级	2.4	22	3
13082400085	侧柏	滦平县	付家店满族乡	三道沟门村	柏砬沟龙潭上	117.141766	40.829803	160	三级	4.5	39	4
13082400086	油松	滦平县	长山峪镇	宋窝铺村	一组后山	117.391592	40.868532	230	三级	12.8	150	11
13082400087	侧柏	滦平县	长山峪镇	宋窝铺村	北营子村后东小园赵家坟地	117.376968	40.376968	278	三级	11.4	196	10
13082400088	榆树	滦平县	长山峪镇	宋窝铺村	北营子村后东小园赵家坟地	117.377078	40.875526	278	三级	7.0	146	8
13082400089	榆树	滦平县	长山峪镇	宋窝铺村	北营子村后东小园赵家坟地	117.377110	40.875562	278	三级	13.6	179	9
13082400090	榆树	滦平县	长山峪镇	宋窝铺村	北营子村后东小园赵家坟地	117.377100	40.875544	278	三级	13.5	169	10
13082400091	榆树	滦平县	长山峪镇	宋窝铺村	北营子村后东小园赵家坟地	117.377186	40.875530	278	三级	13.6	204	17
13082400092	侧柏	滦平县	长山峪镇	宋窝铺村	北营子村后东小园赵家坟地	117.377263	40.875500	278	三级	11.8	136	7
13082400093	油松	滦平县	长山峪镇	宋窝铺村	赵家房东地	117.374383	40.876455	170	三级	14.3	144	12
13082400094	油松	滦平县	长山峪镇	宋窝铺村	赵家房东地	117.374340	40.876530	170	三级	13.2	145	10
13082400095	榆树	滦平县	长山峪镇	宋窝铺村	赵家房东地	117.374262	40.876486	190	三级	14.4	167	15
13082400096	油松	滦平县	长山峪镇	宋窝铺村	赵家房东地	117.374635	40.876856	340	二级	10.2	194	13
13082400097	油松	滦平县	长山峪镇	宋窝铺村	松树梁顶	117.376048	40.876962	340	二级	9.8	189	14
13082400098	榆树	滦平县	长山峪镇	宋窝铺村	赵家西梁坟地	117.372548	40.877766	130	三级	14.5	188	8
13082400099	榆树	滦平县	长山峪镇	宋窝铺村	赵家西梁坟地	117.372600	40.877695	130	三级	12.5	170	10
13082400100	榆树	滦平县	长山峪镇	宋窝铺村	赵家西梁坟地	117.372552	40.877737	130	三级	14.3	235	12
13082400101	黑弹树	滦平县	长山峪镇	西营子村	西营子村西小庙	117.360230	40.850806	150	三级	14.5	219	17
13082400102	油松	滦平县	长山峪镇	长山峪村	供销社院里	117.419934	40.850395	300	二级	8.8	175	12
13082400103	青扦	滦平县	长山峪镇	长山峪村	东府街头	117.426215	40.850797	120	三级	14.0	100	2
13082400104	青扦	滦平县	长山峪镇	安子岭村	学校院内	117.462979	40.849683	314	二级	17.4	207	4
13082400105	青扦	滦平县	长山峪镇	安子岭村	学校院内	117.463103	40.849696	314	二级	15.4	125	4
13082400106	油松	滦平县	长山峪镇	二道营子村	头营西山	117.550413	40.880690	150	三级	13.5	140	14
13082400107	油松	滦平县	长山峪镇	二道营子村	头营西山	117.550315	40.880612	200	三级	13.5	205	16

（续表）

编号	中文名	县（市）	乡（镇）	村（社区）组	小地名	地理坐标（东经）	地理坐标（北纬）	估测树龄	古树等级	树高（m）	胸围（cm）	冠幅（m）
13082400108	油松	滦平县	长山峪镇	二道营子村	二道营后山	117.531665	40.884768	210	三级	8.1	191	14
13082400109	五角枫	滦平县	长山峪镇	三道营子村	四营高台子	117.485733	40.864110	150	三级	15.3	205	15
13082400110	槲树	滦平县	小营满族乡	付营村	付营子后道路边	117.718930	41.029059	302	二级	11.0	205	12
13082400111	油松	滦平县	红旗镇	半砬子东沟村	营子后山	117.684268	41.135142	330	二级	11.7	172	16
13082400112	槲树	滦平县	红旗镇	南白旗村	西沟瓦房人家后山	117.646380	41.150595	302	二级	14.3	310	16
13082400113	油松	滦平县	红旗镇	南白旗村	塔山梁头	117.659755	41.139254	460	二级	14.5	260	18
13082400114	五角枫	滦平县	红旗镇	南白旗村	塔山梁头	117.659467	41.139898	410	二级	9.5	256	9
13082400115	油松	滦平县	西沟满族乡	大河西村	村西山梨园边	117.474928	41.187928	302	二级	12.7	227	15
13082400116	油松	滦平县	西沟满族乡	山咀村	村后山顶	117.408365	41.198515	320	二级	14.4	240	16
13082400117	榆树	滦平县	金沟屯镇	荒地村	荒地村后山	117.500683	41.091888	302	二级	12.3	322	15
13082400118	油松	滦平县	金沟屯镇	大杨树沟门村	大杨树沟门村5组前山	117.587999	41.036952	302	二级	9.4	121	11
13082400119	旱柳	滦平县	金沟屯镇	柳家台村	柳家台村营子中小学外	117.515255	41.014182	102	三级	24.4	419	23
13082400120	旱柳	滦平县	金沟屯镇	柳家台村	柳家台村营子中小学外	117.514966	41.014145	102	三级	22.0	290	13
13082400121	槲树	滦平县	金沟屯镇	下营村	三人沟沟外西坡	117.471078	41.027397	300	二级	10.6	168	10
13082400122	槲树	滦平县	金沟屯镇	下营村	三人沟沟外西坡	117.471230	41.027618	300	二级	10.5	200	16
13082400123	黑弹树	滦平县	金沟屯镇	下营村	三人沟沟外西坡	117.471407	41.027517	200	三级	12.2	135	6
13082400124	槲树	滦平县	两间房乡	大石门村	张栅子后山顶	117.394937	40.730299	302	二级	13.6	192	11
13082400125	油松	滦平县	两间房乡	石峰沟村	老牛槽	117.403572	40.403570	202	三级	10.2	186	15
13082400126	五角枫	滦平县	两间房乡	石峰沟村	东湾5组	117.376048	40.771551	352	二级	10.5	150	10
13082400127	槲树	滦平县	两间房乡	石峰沟村	石峰沟后梁	117.362930	40.775196	162	三级	13.7	175	14
13082400128	槐	滦平县	两间房乡	石峰沟村	西山根	117.355276	40.774196	142	三级	20.5	245	17
13082400129	槐	滦平县	两间房乡	石峰沟村	西山根	117.355280	40.774206	142	三级	20.5	251	16
13082400130	油松	滦平县	两间房乡	叶营村	徐营后山	117.321817	40.742851	120	三级	8.5	133	11
13082400131	黑弹树	滦平县	两间房乡	苇塘村	三道沟	117.327718	40.801323	180	三级	15.3	115	13
13082400132	黑弹树	滦平县	两间房乡	苇塘村	三道沟	117.327716	40.801317	370	二级	15.3	275	11
13082400133	黑弹树	滦平县	两间房乡	苇塘村	三道沟	117.327717	40.801330	280	三级	14.3	192	13
13082400134	槲树	滦平县	两间房乡	苇塘村	村前河边	117.338302	40.797911	360	二级	13.3	274	10
13082400135	槲树	滦平县	两间房乡	苇塘村	山咀	117.337710	40.802898	302	二级	11.9	251	16
13082400136	槲树	滦平县	两间房乡	苇塘村	山咀	117.337783	40.802887	302	二级	8.5	169	11
13082400137	青扦	滦平县	巴克什营镇	缸房村	老学校	117.320980	40.693533	202	三级	22.8	19	11
13082400138	油松	滦平县	巴克什营镇	缸房村	候营子后山	117.320928	40.696458	302	二级	12.5	162	9
13082400139	油松	滦平县	巴克什营镇	缸房村	候营子后山	117.320763	40.696388	302	二级	9.7	156	11
13082400140	侧柏	滦平县	巴克什营镇	缸房村	东南坡刘克成院外	117.283763	40.665190	760	一级	12.2	275	17
13082400141	槲树	滦平县	巴克什营镇	缸房村	东南坡路边	117.284535	40.664626	310	二级	21.0	225	14
13082400142	油松	滦平县	巴克什营镇	金山岭长城管理处	索道对面山腰	117.235597	40.683383	252	三级	10.3	232	14
13082400143	五角枫	滦平县	巴克什营镇	金山岭长城管理处	索道对面山腰	117.235642	40.684195	200	三级	11.5	131	12
13082400144	槲树	滦平县	巴克什营镇	金山岭长城管理处	仙隐寺前	117.236290	40.684484	302	二级	8.5	268	10
13082400145	槲树	滦平县	巴克什营镇	金山岭长城管理处	四合院房后	117.234328	40.680158	302	二级	14.5	252	11
13082400146	槲树	滦平县	巴克什营镇	金山岭长城管理处	索道对面山顶	117.234678	40.684329	265	三级	16.4	188	11
13082400147	油松	滦平县	巴克什营镇	山神庙村	上沟人家里	117.170568	40.738917	402	二级	10.2	177	14
13082400148	槐	滦平县	巴克什营镇	山神庙村	上沟人家营子里	117.171148	40.738500	102	三级	20.7	230	15
13082400149	槐	滦平县	巴克什营镇	山神庙村	铁炉子道边	117.188893	40.740958	202	三级	16.6	282	13
13082400150	油松	滦平县	巴克什营镇	古城川村	四达沟沟口东山坡庙前	117.272527	40.716240	140	三级	4.0	98	11
13082400151	槐	滦平县	虎什哈镇	虎什哈村	三棵树	116.986684	40.888931	240	三级	14.6	180	15
13082400152	槐	滦平县	虎什哈镇	虎什哈村	三棵树	116.986703	40.888986	240	三级	15.6	177	19
13082400153	槐	滦平县	虎什哈镇	虎什哈村	三棵树	116.986763	40.888978	240	三级	16.6	220	16
13082400154	油松	滦平县	邓厂满族乡	高窝铺村	上王营小梁后	116.935814	40.838997	150	三级	9.4	169	10
13082400155	油松	滦平县	邓厂满族乡	高窝铺村	上王营小梁后	116.935857	40.839054	150	三级	12.5	118	10
13082400156	油松	滦平县	邓厂满族乡	高窝铺村	上王营小梁后	116.936003	40.839092	150	三级	9.8	169	14
13082400157	油松	滦平县	邓厂满族乡	高窝铺村	上王营小梁后	116.936167	40.839125	150	三级	8.0	139	8
13082400158	油松	滦平县	邓厂满族乡	高窝铺村	上王营小梁后	116.936139	40.839225	150	三级	12.2	150	12
13082400159	油松	滦平县	邓厂满族乡	高窝铺村	上王营小梁后	116.936176	40.839257	300	二级	7.8	207	19
13082400160	油松	滦平县	邓厂满族乡	邓厂村	邓厂村前山	116.958404	40.828856	150	三级	10.4	165	16
13082400161	槲树	滦平县	平坊满族乡	于营村	马场房后沟	117.251917	40.959867	130	三级	8.7	148	11
13082400162	旱柳	滦平县	平坊满族乡	于营村	西沟河边	117.257294	40.963106	300	二级	4.9	350	7
13082400163	蒙古栎	滦平县	平坊满族乡	马圈子村	西沟波罗树梁	117.224987	40.963622	170	三级	10.9	215	12
13082400164	槲树	滦平县	平坊满族乡	马圈子村	砬头	117.264530	40.937046	120	三级	10.6	125	12

编号	中文名	县（市）	乡（镇）	村（社区）组	小地名	地理坐标（东经）	地理坐标（北纬）	估测树龄	古树等级	树高(m)	胸围(cm)	冠幅(m)
13082400165	槲树	滦平县	平坊满族乡	马圈子村	砬头	117.264530	40.937048	130	三级	8.9	167	12
13082400166	五角枫	滦平县	平坊满族乡	马圈子村	小井沟门	117.241572	40.947926	150	三级	8.2	85	10
13082400167	胡桃楸	滦平县	平坊满族乡	马圈子村	银窝沟门前梁	117.240837	40.948812	120	三级	10.0	197	16
13082400168	油松	滦平县	涝洼乡	梁西三道沟村	坟茔后洼	117.404310	40.696043	480	二级	10.2	250	15
13082400169	油松	滦平县	涝洼乡	涝洼村	上小古前坡山顶	117.491702	40.683372	300	二级	12.5	200	8
13082400170	油松	滦平县	涝洼乡	涝洼村	杨海军房后	117.460070	40.687455	200	三级	12.0	152	7
13082400171	油松	滦平县	涝洼乡	涝洼村	杨海军房后	117.460083	40.687466	200	三级	7.0	193	9
13082400172	油松	滦平县	涝洼乡	三岔口村	三岔口后山	117.481042	40.708155	300	二级	11.2	202	15
13082400173	旱柳	滦平县	涝洼乡	三岔口村	红石砬	117.488267	40.735101	300	二级	12.0	770	15
13082400174	油松	滦平县	涝洼乡	三岔口村	红石砬	117.488955	40.726687	200	三级	14.5	215	14
13082400175	油松	滦平县	涝洼乡	三岔口村	红石砬	117.488960	40.736638	200	三级	13.0	180	7
13082400176	牡丹	滦平县	大屯满族乡	兴洲村	行宫院内	117.368403	41.006950	300	一级	1.0	5	1
13082400177	牡丹	滦平县	大屯满族乡	兴洲村	行宫院内	117.368403	41.006950	100	一级	1.0	4	1
13082400178	油松	滦平县	大屯满族乡	兴洲村	观音庙院内	117.370015	41.005488	285	三级	13.2	282	14
13082400179	油松	滦平县	张百湾镇	偏道子村	山嘴后梁	117.630390	40.959454	200	三级	12.0	315	20
13082400180	油松	滦平县	张百湾镇	偏道子村	铁路北	117.626878	40.960368	110	三级	5.5	115	9
13082400181	油松	滦平县	张百湾镇	偏道子村	铁路北	117.625223	40.960029	150	三级	8.0	138	11
13082400182	油松	滦平县	张百湾镇	周营子村	西沟下铺前山	117.598189	40.934830	200	三级	5.5	146	14
13082400183	油松	滦平县	张百湾镇	陈营村	红砬沟	117.481316	40.926325	450	二级	9.4	253	17
13082400184	槲树	滦平县	张百湾镇	陈营村	南头前坡	117.465447	40.937146	105	三级	4.3	105	9
13082400185	油松	滦平县	火斗山乡	苇子峪村	大营东山	117.252045	40.758380	300	二级	9.5	163	14
13082400186	油松	滦平县	火斗山乡	苇子峪村	大营东山	117.251697	40.758491	350	二级	15.0	224	18
13082400187	油松	滦平县	火斗山乡	苇子峪村	大营老学校前	117.252537	40.760463	400	二级	13.2	255	19
13082400188	小叶杨	滦平县	火斗山乡	火斗山村	道边	117.202788	40.779174	110	三级	21.0	330	16
13082400189	油松	滦平县	火斗山乡	长海沟门村	北狐仙	117.263183	40.837563	200	三级	9.0	190	15
13082400190	油松	滦平县	火斗山乡	长海沟门村	北狐仙	117.263177	40.837532	150	三级	8.9	114	8
13082400191	侧柏	滦平县	火斗山乡	长海沟门村	北狐仙	117.263220	40.837496	300	三级	5.5	70	6
13082400192	五角枫	滦平县	火斗山乡	刘营村	龙湾子后山	117.321867	40.815236	130	三级	11.0	158	12
13082400193	五角枫	滦平县	火斗山乡	刘营村	龙湾子后山	117.321897	40.815241	130	三级	12.0	179	12
13082400194	五角枫	滦平县	火斗山乡	张家沟门村	榆树下	117.217504	40.820470	300	二级	12.4	240	10
13082400195	油松	滦平县	付营子镇	金鸡沟村	大松树	117.548497	40.837407	300	二级	15.0	158	12
13082400196	酸枣	滦平县	付营子镇	凡西营村	正街里	117.748100	40.895039	200	三级	11.3	105	5
13082400197	榆树	滦平县	付营子镇	青石垛村	东河套	117.690942	40.845820	350	二级	16.2	485	16
13082400198	榆树	滦平县	付营子镇	九神庙村	九神庙	117.712222	40.864922	200	三级	13.4	248	16
13082400199	油松	滦平县	虎什哈镇	卧牛山村	杨树沟	116.839480	40.875517	150	三级	21.5	210	14
13082400200	油松	滦平县	虎什哈镇	卧牛山村	杨树沟前山	116.839277	40.871504	300	二级	13.5	210	18
13082400201	旱柳	滦平县	虎什哈镇	金台子村	刨甸沟井边	116.875958	40.886405	200	三级	10.0	310	7
13082400202	榆树	滦平县	虎什哈镇	梓树下村	西山	116.967330	40.926024	150	三级	14.5	226	11
13082400203	榆树	滦平县	虎什哈镇	梓树下村	西山	116.967493	40.925957	150	三级	13.7	167	14
13082400204	槲树	滦平县	虎什哈镇	梓树下村	陆家沟后山	117.009188	40.910697	150	三级	8.4	174	16
13082400205	槲树	滦平县	虎什哈镇	梓树下村	陆家沟后山	117.009217	40.910756	150	三级	8.0	265	10
13082400206	油松	滦平县	安纯沟门满族乡	李栅子村	大黑沟	117.194240	40.993088	400	二级	14.5	231	17
13082400207	小叶杨	滦平县	安纯沟门满族乡	李栅子村	大黑沟	117.194195	40.993029	150	三级	10.0	136	14
13082400208	油松	滦平县	安纯沟门满族乡	安纯沟门村	卢营前坡	117.191282	40.911592	200	三级	7.5	174	15
13082400209	油松	滦平县	安纯沟门满族乡	安纯沟门村	卢营西山	117.187038	40.911866	200	三级	10.7	194	18
13080400001	刺槐	营子区	鹰手营子镇	河北村	石片沟三组王雨南门前	117.643972	40.548289	110	三级	16.0	205	13
13080400002	秋子梨	营子区	北马圈子镇	金扇子村	小桥沟毛长有果园边	117.640192	40.479493	180	三级	11.7	247	16
13080400003	杏	营子区	北马圈子镇	金扇子村	火道沟7组李云清老宅房后	117.636788	40.484863	120	三级	8.6	183	10
13080400004	麻核桃	营子区	寿王坟镇	郑家庄村	吴家沟小车道沟	117.799482	40.567943	120	三级	16.2	227	19
13080400005	油松	营子区	寿王坟镇	南沟村	帽子山沟	117.819247	40.544124	120	三级	3.5	100	7
13080400006	榆树	营子区	寿王坟镇	罗圈沟村	下台庄	117.858705	40.573013	150	三级	17.1	240	16
13082700001	油松	宽城县	苇子沟乡	南苇子沟村	马鞍子沟大台子梁脊	118.846920	40.616358	310	二级	11.7	183	15
13082700002	油松	宽城县	苇子沟乡	南苇子沟村	松峣岭	118.865990	40.598566	510	一级	21.6	344	17
13082700003	油松	宽城县	苇子沟乡	南苇子沟村	白土岭庙北	118.890632	40.611101	310	二级	13.7	201	14
13082700004	油松	宽城县	苇子沟乡	南苇子沟村	白土岭庙南	118.890622	40.611110	310	二级	20.0	216	14
13082700005	油松	宽城县	苇子沟乡	南苇子沟村	白土岭山顶	118.890122	40.610592	360	二级	14.8	264	19
13082700006	榆树	宽城县	苇子沟乡	三旗杆村	沟门子	118.897298	40.637497	360	二级	21.7	480	26

编号	中文名	县（市）	乡（镇）	村（社区）组	小地名	地理坐标（东经）	地理坐标（北纬）	估测树龄	古树等级	树高（m）	胸围（cm）	冠幅（m）
13082700007	榆树	宽城县	苇子沟乡	穆杖子村	戏楼杖子	118.869342	40.668981	310	二级	22.6	380	19
13082700008	油松	宽城县	大字沟门乡	朝阳山村	朝阳山南庄坟地	118.814948	40.632728	170	三级	21.8	226	16
13082700009	油松	宽城县	大字沟门乡	朝阳山村	娘娘庙旁	118.805527	40.635505	110	三级	20.2	171	14
13082700010	油松	宽城县	大字沟门乡	朝阳山村	娘娘庙后山顶	118.806040	40.636353	110	三级	8.9	179	14
13082700011	油松	宽城县	大字沟门乡	朝阳山村	宋家沟一组后山	118.831677	40.620206	170	三级	14.7	150	12
13082700012	油松	宽城县	大字沟门乡	朝阳山村	宋家沟一组后山	118.831852	40.620204	170	三级	13.7	150	10
13082700013	油松	宽城县	大字沟门乡	朝阳山村	宋家沟一组后山	118.831995	40.620128	170	三级	9.5	122	8
13082700014	油松	宽城县	大字沟门乡	朝阳山村	宋家沟一组后山	118.832088	40.620164	170	三级	7.6	145	10
13082700015	油松	宽城县	大字沟门乡	朝阳山村	宋家沟一组后山	118.832307	40.620205	170	三级	6.9	122	10
13082700016	油松	宽城县	大字沟门乡	朝阳山村	宋家沟一组后山	118.832365	40.620162	170	三级	10.4	152	10
13082700017	油松	宽城县	大字沟门乡	朝阳山村	宋家沟一组后山	118.832480	40.620163	310	二级	12.4	203	10
13082700018	油松	宽城县	大字沟门乡	朝阳山村	宋家沟一组后山	118.832600	40.620219	310	二级	10.3	187	12
13082700019	油松	宽城县	大字沟门乡	朝阳山村	宋家沟一组后山	118.833242	40.620624	310	二级	6.5	150	10
13082700020	油松	宽城县	大字沟门乡	朝阳山村	宋家沟一组后山	118.833267	40.620818	170	三级	6.3	132	12
13082700021	油松	宽城县	大字沟门乡	朝阳山村	宋家沟一组后山	118.833355	40.621022	170	三级	6.2	115	6
13082700022	油松	宽城县	大字沟门乡	朝阳山村	宋家沟一组后山	118.833383	40.621111	170	三级	7.5	136	9
13082700023	油松	宽城县	大字沟门乡	朝阳山村	宋家沟一组后山	118.833593	40.621520	170	三级	7.5	170	11
13082700024	油松	宽城县	大字沟门乡	姜杖子村	西庄后山	118.788862	40.623400	260	三级	13.5	189	13
13082700025	油松	宽城县	大字沟门乡	姜杖子村	西庄后山	118.789106	40.623451	170	三级	16.0	123	11
13082700026	油松	宽城县	大字沟门乡	姜杖子村	大庄后山梁顶	118.781565	40.615730	250	三级	9.6	194	15
13082700027	油松	宽城县	大字沟门乡	姜杖子村	宁台子	118.737375	40.597696	240	三级	8.6	196	14
13082700028	油松	宽城县	大字沟门乡	小孛罗树村	黄坡沟庄边	118.816593	40.570630	180	三级	13.2	140	11
13082700029	青扦	宽城县	大字沟门乡	小孛罗树村	黄坡沟庄边	118.816592	40.570643	200	三级	25.9	218	9
13082700030	油松	宽城县	大字沟门乡	小孛罗树村	西南山腰	118.813465	40.595177	200	三级	8.6	129	10
13082700031	油松	宽城县	大字沟门乡	小孛罗树村	西南山顶	118.812798	40.594982	200	三级	11.5	279	22
13082700032	榆树	宽城县	大字沟门乡	小孛罗树村	徐杖子大庄村中	118.805907	40.610122	200	三级	18.5	330	15
13082700033	油松	宽城县	汤道河镇	金杖子村	坟地沟岭上	118.895247	40.695242	270	三级	24.8	270	15
13082700034	油松	宽城县	汤道河镇	金杖子村	坟地沟岭上	118.895203	40.695892	220	三级	23.8	170	10
13082700035	油松	宽城县	汤道河镇	金杖子村	坟地沟岭上	118.895300	40.695800	280	三级	18.6	235	11
13082700036	油松	宽城县	汤道河镇	金杖子村	坟地沟	118.894910	40.695654	180	三级	17.4	205	11
13082700037	油松	宽城县	汤道河镇	金杖子村	坟地沟	118.894760	40.695619	200	三级	11.9	220	12
13082700038	油松	宽城县	汤道河镇	金杖子村	坟地沟	118.894643	40.695622	180	三级	17.5	164	10
13082700039	油松	宽城县	汤道河镇	金杖子村	坟地沟	118.894580	40.695652	260	三级	18.3	249	10
13082700040	油松	宽城县	汤道河镇	金杖子村	坟地沟	118.894577	40.695555	240	三级	15.9	206	11
13082700041	油松	宽城县	汤道河镇	金杖子村	卧龙岗	118.894460	40.697397	180	三级	16.6	153	9
13082700042	油松	宽城县	汤道河镇	金杖子村	卧龙岗	118.894515	40.697367	180	三级	13.6	125	6
13082700043	槐	宽城县	汤道河镇	金杖子村	北庄	118.897562	40.714235	360	二级	15.2	372	18
13082700044	油松	宽城县	汤道河镇	金杖子村	北庄西山	118.895628	40.713130	260	三级	12.7	217	16
13082700045	油松	宽城县	汤道河镇	胡杖子村	孙杖子西山	118.936857	40.724942	200	三级	8.5	152	11
13082700046	五角枫	宽城县	汤道河镇	胡杖子村	孙杖子西山	118.937190	40.725377	150	三级	7.8	157	6
13082700047	油松	宽城县	汤道河镇	毛局子村	杨家窝铺南山	118.895318	40.726747	240	三级	18.5	206	13
13082700048	油松	宽城县	汤道河镇	毛局子村	松梁子	118.912760	40.718870	250	三级	8.4	207	15
13082700049	油松	宽城县	汤道河镇	毛局子村	七组前山	118.910585	40.746793	210	三级	12.3	158	15
13082700050	槲树	宽城县	汤道河镇	毛局子村	七组后山	118.909265	40.746215	180	三级	19.6	347	19
13082700051	油松	宽城县	汤道河镇	毛局子村	七组后山	118.908937	40.746214	210	三级	11.8	194	14
13082700052	油松	宽城县	汤道河镇	毛局子村	七组后山	118.909148	40.746308	210	三级	14.6	227	18
13082700053	油松	宽城县	汤道河镇	洒金沟村	洒金沟前山	119.032167	40.654631	200	三级	11.2	240	17
13082700054	油松	宽城县	汤道河镇	洒金沟村	后沟	119.035480	40.658819	240	三级	9.5	175	15
13082700055	油松	宽城县	汤道河镇	洒金沟村	南庄东沟门	119.036795	40.656151	100	三级	8.5	110	8
13082700056	油松	宽城县	汤道河镇	洒金沟村	南庄东沟门	119.036698	40.656145	100	三级	4.6	100	8
13082700057	油松	宽城县	汤道河镇	洒金沟村	南庄东沟门	119.036441	40.655892	100	三级	4.5	95	10
13082700058	油松	宽城县	汤道河镇	洒金沟村	南庄东沟门	119.036804	40.656252	100	三级	4.6	108	8
13082700059	油松	宽城县	汤道河镇	洒金沟村	北沟后山	119.017488	40.678094	350	二级	22.0	360	16
13082700060	槲树	宽城县	汤道河镇	洒金沟村	北沟后山	119.017877	40.678333	280	三级	16.5	180	10
13082700061	五角枫	宽城县	汤道河镇	洒金沟村	北沟后山	119.017878	40.678323	420	二级	9.5	295	12
13082700062	槲树	宽城县	汤道河镇	洒金沟村	北沟后山	119.017737	40.678095	340	二级	18.5	340	12
13082700063	大果榆	宽城县	汤道河镇	洒金沟村	北沟后山	119.018138	40.678215	220	三级	14.6	215	12

(续表)

编号	中文名	县（市）	乡（镇）	村（社区）组	小地名	地理坐标（东经）	地理坐标（北纬）	估测树龄	古树等级	树高(m)	胸围(cm)	冠幅(m)
13082700064	油松	宽城县	汤道河镇	洒金沟村	北沟庄里老张家	119.017887	40.676992	260	三级	22.4	216	13
13082700065	油松	宽城县	汤道河镇	洒金沟村	西甸二道沟	119.010382	40.663496	280	三级	11.5	226	13
13082700066	五角枫	宽城县	汤道河镇	王杖子村	小南沟梁	118.970238	40.661792	100	三级	10.1	140	16
13082700067	油松	宽城县	汤道河镇	王杖子村	下庄桥南	118.972752	40.660923	300	二级	11.6	215	11
13082700068	油松	宽城县	汤道河镇	王杖子村	东洼门	118.976405	40.659422	300	二级	15.6	286	16
13082700069	油松	宽城县	汤道河镇	王杖子村	东洼门	118.976577	40.659534	150	三级	11.6	120	12
13082700070	油松	宽城县	汤道河镇	汤道河村	小东山	118.975578	40.636689	200	三级	5.6	150	12
13082700071	槐	宽城县	汤道河镇	黄土坡村	北庄	118.934958	40.635482	345	二级	18.6	359	24
13082700072	油松	宽城县	汤道河镇	黄土坡村	松树梁	118.925142	40.630598	200	三级	16.0	200	15
13082700073	油松	宽城县	汤道河镇	黄土坡村	松树梁	118.924689	40.629011	300	二级	12.5	209	18
13082700074	油松	宽城县	汤道河镇	偏崖子村	石杖子庄里	118.934595	40.570634	340	二级	5.7	215	12
13082700075	榆树	宽城县	汤道河镇	季杖子村	小岭子杨家坟地	118.928610	40.547030	320	二级	21.0	394	26
13082700076	油松	宽城县	汤道河镇	季杖子村	小岭子杨家坟地	118.928002	40.548642	320	二级	16.6	225	12
13082700077	油松	宽城县	汤道河镇	季杖子村	小岭子杨家坟地	118.928003	40.548632	320	二级	16.8	213	13
13082700078	榆树	宽城县	汤道河镇	季杖子村	小岭子村东墙外	118.930345	40.549447	280	三级	24.0	248	22
13082700079	槐	宽城县	汤道河镇	季杖子村	郝家店庄里	118.930822	40.552727	240	三级	18.0	233	21
13082700080	槐	宽城县	汤道河镇	季杖子村	李富林沟庄里	118.918838	40.557450	280	三级	17.6	262	21
13082700081	旱柳	宽城县	宽城镇	大前坡峪村	徐家庄庄内	118.450653	40.695720	105	三级	23.2	278	25
13082700082	旱柳	宽城县	宽城镇	霍家店村	上杖子8组庄内	118.456913	40.670584	180	三级	12.7	530	18
13082700083	油松	宽城县	宽城镇	西街居委会	头关地老徐家坟地	118.476079	40.598601	105	三级	13.9	112	10
13082700084	油松	宽城县	宽城镇	西街居委会	头关地老徐家坟地	118.476023	40.598575	105	三级	13.9	139	10
13082700085	油松	宽城县	宽城镇	西街居委会	钓鱼台老杨家坟地	118.474955	40.599024	105	三级	14.1	105	9
13082700086	油松	宽城县	宽城镇	西街居委会	中街居委会后院山坡	118.480276	40.600361	110	三级	8.3	107	4
13082700087	油松	宽城县	宽城镇	西街居委会	中街居委会后院山坡	118.480162	40.600367	110	三级	14.6	148	9
13082700088	油松	宽城县	宽城镇	张杖子村	老虎沟梁顶	118.476750	40.581106	130	三级	13.6	265	20
13082700089	榆树	宽城县	宽城镇	唐杖子村	许家庄庄内	118.512337	40.574855	105	三级	17.0	195	16
13082700090	榆树	宽城县	宽城镇	唐杖子村	赵家庄刘家台	118.520325	40.576192	120	三级	24.7	247	17
13082700091	油松	宽城县	宽城镇	蒋杖子村	下窝铺庄内	118.471320	40.561511	150	三级	11.3	200	14
13082700092	旱柳	宽城县	宽城镇	沟里村	老李家坟地	118.481363	40.642422	110	三级	9.1	239	12
13082700093	旱柳	宽城县	宽城镇	沟里村	西沟	118.480648	40.640256	100	三级	16.2	165	14
13082700094	五角枫	宽城县	宽城镇	洪杖子村	陈家庄坟岩台子	118.414185	40.654538	200	三级	12.6	230	15
13082700095	油松	宽城县	宽城镇	小前坡峪村	团瓢沟	118.423251	40.674809	150	三级	6.0	150	8
13082700096	油松	宽城县	宽城镇	小前坡峪村	偏桥子小脸子	118.414508	40.685912	200	三级	10.6	171	16
13082700097	油松	宽城县	宽城镇	小前坡峪村	偏桥子小脸子	118.414514	40.685781	200	三级	9.6	146	14
13082700098	油松	宽城县	宽城镇	小前坡峪村	偏桥子北沟门	118.410654	40.687915	150	三级	14.6	137	14
13082700099	槲树	宽城县	宽城镇	小前坡峪村	菠萝台	118.419009	40.674856	200	三级	10.1	248	14
13082700100	槲树	宽城县	宽城镇	西梁村	鞠家庄	118.393660	40.664461	300	二级	13.2	340	14
13082700101	油松	宽城县	宽城镇	于杖子村	庄西大地	118.417340	40.629291	310	二级	11.5	300	18
13082700102	油松	宽城县	大石柱子乡	孔家沟村	石湖沟沟口	119.151278	40.667152	200	三级	14.6	178	10
13082700103	油松	宽城县	大石柱子乡	孔家沟村	杨家沟门	119.152702	40.672237	200	三级	11.4	170	13
13082700104	旱柳	宽城县	大石柱子乡	孔家沟村	料坡沟门	119.152493	40.671774	230	三级	19.5	320	22
13082700105	油松	宽城县	大石柱子乡	孔家沟村	料坡沟后山	119.156011	40.670434	230	三级	8.5	185	13
13082700106	油松	宽城县	大石柱子乡	孔家沟村	料坡沟后山	119.156028	40.670490	220	三级	9.1	150	11
13082700107	油松	宽城县	大石柱子乡	西梨园村	七组后山	119.105802	40.642680	350	二级	12.5	251	15
13082700108	油松	宽城县	大石柱子乡	西梨园村	李家沟后山	119.111137	40.641642	300	二级	7.5	200	14
13082700109	油松	宽城县	大石柱子乡	西梨园村	李家沟坟地	119.110783	40.640958	180	三级	17.5	131	8
13082700110	油松	宽城县	大石柱子乡	西梨园村	李家沟坟地	119.110684	40.640876	180	三级	11.5	142	6
13082700111	油松	宽城县	大石柱子乡	西梨园村	李家沟坟地	119.110851	40.640857	160	三级	9.5	151	9
13082700112	油松	宽城县	大石柱子乡	西梨园村	李家沟坟地	119.110607	40.640776	160	三级	13.5	127	10
13082700113	油松	宽城县	大石柱子乡	西梨园村	李家沟坟地	119.110675	40.640709	180	三级	10.0	139	8
13082700114	油松	宽城县	大石柱子乡	西梨园村	李家沟坟地	119.110669	40.640650	160	三级	8.7	112	6
13082700115	油松	宽城县	大石柱子乡	西梨园村	李家沟坟地	119.110661	40.640595	160	三级	8.8	133	8
13082700116	油松	宽城县	大石柱子乡	西梨园村	李家沟坟地	119.110741	40.640452	160	三级	15.3	154	7
13082700117	油松	宽城县	大石柱子乡	西梨园村	李家沟坟地	119.110991	40.640447	160	三级	16.8	137	8
13082700118	油松	宽城县	大石柱子乡	西梨园村	李家沟坟地	119.111011	40.640513	160	三级	17.5	131	8
13082700119	油松	宽城县	大石柱子乡	西梨园村	李家沟坟地	119.110938	40.640682	200	三级	15.8	151	9
13082700120	油松	宽城县	大石柱子乡	西梨园村	李家沟坟地	119.111067	40.640647	200	三级	17.8	158	9

编号	中文名	县（市）	乡（镇）	村（社区）组	小地名	地理坐标（东经）	地理坐标（北纬）	估测树龄	古树等级	树高（m）	胸围（cm）	冠幅（m）
13082700121	油松	宽城县	大石柱子乡	西梨园村	李家沟坟地	119.110881	40.640484	230	三级	7.5	201	8
13082700122	油松	宽城县	大石柱子乡	西梨园村	村东头后山	119.117838	40.652647	240	三级	9.5	202	9
13082700123	油松	宽城县	大石柱子乡	西梨园村	村东公路南	119.116133	40.652406	180	三级	13.5	170	10
13082700124	油松	宽城县	大石柱子乡	西梨园村	村西山根	119.109472	40.652080	180	三级	11.4	163	12
13082700125	油松	宽城县	大石柱子乡	西梨园村	西台子后山	119.107148	40.651088	170	三级	14.7	153	10
13082700126	油松	宽城县	大石柱子乡	西梨园村	西台子后山	119.106657	40.652386	200	三级	11.2	191	14
13082700127	油松	宽城县	大石柱子乡	东梨园村	村前坡	119.122882	40.644266	200	三级	11.6	152	10
13082700128	油松	宽城县	大石柱子乡	东梨园村	村前坡	119.122820	40.644304	320	二级	13.0	229	15
13082700129	油松	宽城县	大石柱子乡	东梨园村	村前坡	119.122703	40.644318	320	二级	8.2	210	11
13082700130	油松	宽城县	大石柱子乡	东梨园村	村前坡	119.122622	40.644348	280	三级	13.5	200	15
13082700131	油松	宽城县	大石柱子乡	东梨园村	村前坡	119.122433	40.644342	260	三级	12.5	190	11
13082700132	油松	宽城县	大石柱子乡	东梨园村	村东山梁上	119.124332	40.649019	210	三级	6.0	192	11
13082700133	油松	宽城县	大石柱子乡	双松汀村	平方子后山	119.103475	40.634963	220	三级	8.7	179	16
13082700134	油松	宽城县	大石柱子乡	双松汀村	平方子大庄路边	119.100320	40.635227	260	三级	9.7	195	10
13082700135	油松	宽城县	大石柱子乡	双松汀村	平方子村前山	119.101172	40.634520	240	三级	14.0	148	10
13082700136	油松	宽城县	大石柱子乡	双松汀村	平方子村前山	119.101427	40.634563	240	三级	9.5	156	10
13082700137	油松	宽城县	大石柱子乡	双松汀村	平方子村前山	119.101682	40.634488	240	三级	10.4	126	9
13082700138	油松	宽城县	大石柱子乡	双松汀村	平方子村前山	119.102108	40.634655	240	三级	8.9	146	12
13082700139	油松	宽城县	大石柱子乡	双松汀村	平方子村前山	119.102082	40.634504	240	三级	12.2	169	11
13082700140	油松	宽城县	大石柱子乡	双松汀村	平方子村前山	119.102113	40.634423	280	三级	15.5	199	18
13082700141	油松	宽城县	大石柱子乡	双松汀村	双松汀大庄前山	119.100705	40.618201	320	二级	15.5	189	11
13082700142	油松	宽城县	大石柱子乡	双松汀村	双松汀大庄前山	119.098803	40.618603	260	三级	17.5	191	10
13082700143	油松	宽城县	大石柱子乡	双松汀村	双松汀大庄前山	119.098908	40.618569	260	三级	16.5	145	9
13082700144	油松	宽城县	大石柱子乡	双松汀村	双松汀大庄前山	119.099139	40.618540	260	三级	15.3	189	5
13082700145	油松	宽城县	大石柱子乡	双松汀村	双松汀大庄前山	119.098504	40.618779	210	三级	17.3	146	10
13082700146	油松	宽城县	大石柱子乡	双松汀村	双松汀大庄前山	119.098573	40.618691	190	三级	13.8	137	10
13082700147	油松	宽城县	大石柱子乡	双松汀村	双松汀大庄前山	119.101992	40.617866	260	三级	11.5	184	8
13082700148	油松	宽城县	大石柱子乡	双松汀村	双松汀大庄前山	119.102231	40.617598	260	三级	12.5	156	10
13082700149	油松	宽城县	大石柱子乡	白鸡沟村	老董家后山	119.083355	40.600325	280	三级	23.0	166	10
13082700150	油松	宽城县	大石柱子乡	白鸡沟村	二台子	119.083448	40.594623	320	二级	16.5	252	17
13082700151	油松	宽城县	大石柱子乡	白鸡沟村	二台子	119.083365	40.595020	310	二级	12.0	172	14
13082700152	油松	宽城县	大石柱子乡	白鸡沟村	二道沟	119.094707	40.612259	260	三级	13.5	120	9
13082700153	油松	宽城县	大石柱子乡	白鸡沟村	二道沟	119.094495	40.612531	280	三级	11.5	178	15
13082700154	槲树	宽城县	大石柱子乡	白鸡沟村	小北沟后山	119.089755	40.618677	360	二级	12.9	301	15
13082700155	油松	宽城县	大石柱子乡	大阁杖子村	6组庄头	119.035914	40.618744	100	三级	8.3	124	12
13082700156	油松	宽城县	大石柱子乡	大阁杖子村	大庄后山	119.032735	40.617105	150	三级	11.8	130	10
13082700157	油松	宽城县	大石柱子乡	大阁杖子村	大庄后山	119.032751	40.617193	150	三级	13.4	170	14
13082700158	油松	宽城县	大石柱子乡	大阁杖子村	大庄后山	119.032716	40.617413	150	三级	12.6	138	14
13082700159	油松	宽城县	大石柱子乡	大阁杖子村	大庄后山	119.032896	40.617419	230	三级	11.7	108	12
13082700160	油松	宽城县	大石柱子乡	大阁杖子村	大庄后山	119.033144	40.617420	150	三级	9.8	108	12
13082700161	油松	宽城县	大石柱子乡	大阁杖子村	大庄后山	119.033279	40.617407	150	三级	10.4	118	13
13082700162	油松	宽城县	大石柱子乡	大阁杖子村	大庄后山	119.033337	40.617403	150	三级	12.5	140	14
13082700163	油松	宽城县	大石柱子乡	大阁杖子村	小阁杖子	119.022605	40.610921	150	三级	12.2	123	12
13082700164	油松	宽城县	大石柱子乡	大阁杖子村	陡坡沟	119.011209	40.593479	120	三级	12.4	119	12
13082700165	槲树	宽城县	大石柱子乡	大阁杖子村	大庄东山	119.034098	40.614521	200	三级	8.3	265	13
13082700166	油松	宽城县	大石柱子乡	大阁杖子村	大庄东山	119.034103	40.614627	150	三级	10.2	215	16
13082700167	油松	宽城县	大石柱子乡	大阁杖子村	大庄东山	119.034020	40.614342	110	三级	7.6	123	12
13082700168	油松	宽城县	大石柱子乡	二道河子村	二道河子前山	119.120175	40.611950	150	三级	9.6	150	12
13082700169	油松	宽城县	大石柱子乡	绊马河村	二道河子前山	119.073853	40.661200	200	三级	11.2	200	14
13082700170	油松	宽城县	大石柱子乡	小石柱子村	鱼鳞山后山	119.081307	40.653560	110	三级	7.6	127	13
13082700171	油松	宽城县	大石柱子乡	小石柱子村	鱼鳞山后山	119.081312	40.653560	110	三级	6.3	145	12
13082700172	油松	宽城县	大石柱子乡	小石柱子村	杜家沟台子	119.076661	40.648910	200	三级	18.7	195	18
13082700173	油松	宽城县	大石柱子乡	小石柱子村	杜家沟台子	119.076612	40.648922	200	三级	17.7	245	19
13082700174	油松	宽城县	大石柱子乡	小石柱子村	蝴蝶山	119.065540	40.640126	200	三级	9.6	180	11
13082700175	油松	宽城县	大石柱子乡	小石柱子村	蝴蝶山	119.065529	40.640100	200	三级	8.8	195	12
13082700176	油松	宽城县	大石柱子乡	小石柱子村	蝴蝶山	119.065612	40.639135	200	三级	5.6	182	14
13082700177	油松	宽城县	大石柱子乡	小石柱子村	蝴蝶山	119.065855	40.638077	200	三级	7.4	185	11

（续表）

编号	中文名	县（市）	乡（镇）	村（社区）组	小地名	地理坐标（东经）	地理坐标（北纬）	估测树龄	古树等级	树高（m）	胸围（cm）	冠幅（m）
13082700178	油松	宽城县	大石柱子乡	小石柱子村	大石柱子后山	119.061963	40.638703	300	二级	15.4	269	16
13082700179	油松	宽城县	大石柱子乡	小石柱子村	蝴蝶山	119.065807	40.638028	200	三级	8.6	195	15
13082700180	油松	宽城县	大石柱子乡	小石柱子村	蝴蝶山	119.065830	40.637457	200	三级	9.7	210	16
13082700181	油松	宽城县	大石柱子乡	小石柱子村	蝴蝶山	119.065783	40.636577	200	三级	9.8	200	16
13082700182	油松	宽城县	板城镇	椴树沟村	庙沟门东山	118.750445	40.639894	110	三级	15.2	159	11
13082700183	油松	宽城县	板城镇	椴树沟村	东山	118.750951	40.638129	110	三级	16.5	176	11
13082700184	油松	宽城县	板城镇	椴树沟村	西山	118.747741	40.638953	130	三级	14.6	203	12
13082700185	油松	宽城县	板城镇	椴树沟村	大字岭	118.763899	40.646062	200	三级	14.6	161	11
13082700186	油松	宽城县	板城镇	椴树沟村	白庙子	118.750785	40.632436	120	三级	13.8	202	16
13082700187	槲树	宽城县	板城镇	土牛子村	范杖子后山	118.727722	40.628900	220	三级	12.1	180	10
13082700188	油松	宽城县	板城镇	土牛子村	范杖子后山	118.725695	40.628434	260	三级	13.0	213	17
13082700189	油松	宽城县	板城镇	土牛子村	范杖子后山	118.725570	40.628370	260	三级	10.4	193	11
13082700190	油松	宽城县	板城镇	土牛子村	范杖子后山	118.725400	40.628248	260	二级	12.6	158	11
13082700191	油松	宽城县	板城镇	土牛子村	干巴沟梁头	118.733780	40.635541	290	三级	12.9	214	14
13082700192	油松	宽城县	板城镇	上板城村	王杖子前山	118.673707	40.616898	260	三级	7.8	144	8
13082700193	油松	宽城县	板城镇	上板城村	黄金沟前山	118.699202	40.611544	160	三级	9.5	122	11
13082700194	油松	宽城县	板城镇	下板城村	西小庙	118.635480	40.602836	290	三级	9.5	205	14
13082700195	油松	宽城县	板城镇	北沟村	北沟大庄后山	118.652732	40.613470	360	二级	17.6	190	14
13082700196	油松	宽城县	板城镇	北沟村	村前大坡东	118.652199	40.603904	380	二级	16.2	244	16
13082700197	油松	宽城县	板城镇	北沟村	村前大坡西	118.651251	40.604617	360	二级	14.5	238	21
13082700198	旱柳	宽城县	板城镇	峡沟村	戏子沟门	118.644640	40.584049	170	三级	13.7	442	11
13082700199	榆树	宽城县	板城镇	峡沟村	陈德印门前	118.650407	40.588319	380	二级	18.4	318	16
13082700200	黑弹树	宽城县	板城镇	峡沟村	西台子	118.688773	40.573786	510	一级	20.7	403	18
13082700201	油松	宽城县	板城镇	南沟村	下坎后山	118.630892	40.570456	340	二级	12.5	180	14
13082700202	油松	宽城县	板城镇	南沟村	下坎后山	118.629980	40.570224	320	二级	21.5	206	14
13082700203	油松	宽城县	板城镇	南沟村	南沟	118.630093	40.570128	280	三级	18.5	170	15
13082700204	油松	宽城县	板城镇	南沟村	下坎后山	118.630162	40.569588	280	三级	19.9	172	15
13082700205	油松	宽城县	板城镇	南沟村	下坎后山	118.630467	40.569798	280	三级	15.8	148	17
13082700206	油松	宽城县	板城镇	南沟村	下坎后山	118.630465	40.569930	260	三级	22.7	150	11
13082700207	油松	宽城县	板城镇	西李杖子村	水泉	118.545617	40.584890	210	三级	9.8	138	11
13082700208	油松	宽城县	板城镇	西李杖子村	水泉	118.545617	40.584890	270	三级	8.3	111	9
13082700209	油松	宽城县	板城镇	西李杖子村	李治山房前	118.551723	40.585759	270	三级	7.5	95	6
13082700210	油松	宽城县	板城镇	尖山子村	东山老坟地	118.572737	40.623685	270	三级	15.2	197	13
13082700211	油松	宽城县	板城镇	尖山子村	黄梁子庄后坟地	118.559867	40.623637	170	三级	11.6	141	12
13082700212	槲树	宽城县	板城镇	东杖子村	老坟	118.584435	40.606648	340	二级	17.1	207	17
13082700213	油松	宽城县	板城镇	东杖子村	老坟	118.584380	40.606626	350	二级	18.0	185	16
13082700214	油松	宽城县	板城镇	东杖子村	老坟	118.584377	40.606640	350	二级	18.1	271	15
13082700215	油松	宽城县	板城镇	荞麦峪村	村部后山顶	118.622615	40.622424	290	三级	13.8	222	10
13082700216	油松	宽城县	板城镇	荞麦峪村	横树沟	118.614402	40.620995	320	二级	16.5	204	19
13082700217	油松	宽城县	板城镇	荞麦峪村	横树沟	118.613901	40.620524	340	二级	15.7	238	22
13082700218	油松	宽城县	板城镇	山西村	西山许家祖坟	118.611320	40.597460	290	三级	19.2	160	14
13082700219	油松	宽城县	板城镇	山西村	西山许家祖坟	118.611318	40.597464	270	三级	17.9	186	13
13082700220	油松	宽城县	板城镇	山西村	西山许家祖坟	118.611320	40.597466	270	三级	21.4	182	13
13082700221	旱柳	宽城县	板城镇	岔沟村	大庄里	118.630075	40.586547	150	三级	21.6	306	21
13082700222	垂柳	宽城县	板城镇	岔沟村	大庄里	118.630023	40.586619	130	三级	16.7	242	16
13082700223	油松	宽城县	板城镇	岔沟村	前山	118.628668	40.585507	150	三级	12.8	136	9
13082700224	油松	宽城县	板城镇	双庙村	养猪场后山梁	118.609277	40.556559	200	三级	13.7	159	13
13082700225	油松	宽城县	板城镇	双庙村	养猪场后山梁	118.609373	40.556539	200	三级	10.8	160	17
13082700226	油松	宽城县	板城镇	双庙村	村东山根程家坟地	118.591540	40.563082	120	三级	10.8	118	8
13082700227	油松	宽城县	板城镇	双庙村	村东山根程家坟地	118.591568	40.563102	120	三级	12.2	134	6
13082700228	油松	宽城县	板城镇	安达石村	西岔沟庄前坟地	118.579092	40.577003	280	三级	15.4	181	12
13082700229	槲树	宽城县	板城镇	安达石村	王俊满家后院	118.579572	40.578648	200	三级	14.6	183	14
13082700230	榆树	宽城县	亮甲台镇	大汉沟村	村部前山	118.762008	40.561762	320	二级	15.2	335	17
13082700231	油松	宽城县	亮甲台镇	大汉沟村	王洪强家门前	118.761595	40.562117	130	三级	8.8	125	9
13082700232	油松	宽城县	亮甲台镇	大汉沟村	刘国家后院	118.760777	40.562655	250	三级	6.6	187	10
13082700233	油松	宽城县	亮甲台镇	大汉沟村	东沟庄里	118.770178	40.558020	340	二级	11.5	221	15
13082700234	油松	宽城县	亮甲台镇	大汉沟村	东沟庄东山坡	118.773158	40.556586	130	三级	9.5	108	10

编号	中文名	县（市）	乡（镇）	村（社区）组	小地名	地理坐标（东经）	地理坐标（北纬）	估测树龄	古树等级	树高（m）	胸围（cm）	冠幅（m）
13082700235	油松	宽城县	亮甲台镇	大汉沟村	东沟庄东山坡	118.773230	40.556428	130	三级	9.5	107	11
13082700236	油松	宽城县	亮甲台镇	大汉沟村	上沟庄里	118.789137	40.559721	260	三级	7.5	168	9
13082700237	油松	宽城县	亮甲台镇	北五沟村	兔子山北梁	118.733398	40.568832	140	三级	11.2	113	9
13082700238	油松	宽城县	亮甲台镇	北五沟村	兔子山北梁	118.733936	40.567486	130	三级	10.5	127	10
13082700239	油松	宽城县	亮甲台镇	亮甲台村	南沟庄里魏金山家	118.737102	40.545290	330	二级	12.6	260	10
13082700240	油松	宽城县	亮甲台镇	亮甲台村	南沟庄里	118.736788	40.545770	150	三级	11.2	120	8
13082700241	榆树	宽城县	亮甲台镇	亮甲台村	南沟庄口道南	118.740823	40.538784	140	三级	16.7	194	20
13082700242	油松	宽城县	亮甲台镇	亮甲台村	南沟庄口道北	118.740992	40.538819	240	三级	12.9	190	17
13082700243	油松	宽城县	亮甲台镇	亮甲台村	南沟庄口道北山坡	118.741162	40.539038	240	三级	13.6	177	20
13082700244	油松	宽城县	亮甲台镇	亮甲台村	南沟庄外道北山根	118.740157	40.541167	200	三级	8.3	179	17
13082700245	油松	宽城县	亮甲台镇	亮甲台村	南沟南山果园	118.734853	40.544848	160	三级	9.4	132	16
13082700246	油松	宽城县	亮甲台镇	团山子村	大东山	118.750203	40.551396	160	三级	7.2	99	8
13082700247	油松	宽城县	亮甲台镇	团山子村	大庄里刘永会房后	118.748130	40.553146	200	三级	9.9	159	14
13082700248	青扦	宽城县	亮甲台镇	亮甲台村	明德学校院内	118.726017	40.556292	360	二级	17.3	157	6
13082700249	槐	宽城县	亮甲台镇	亮甲台村	街中心大槐树	118.725957	40.556584	530	一级	21.7	325	19
13082700250	油松	宽城县	亮甲台镇	杨树沟村	宝丰选厂内	118.703045	40.547113	200	三级	8.8	161	12
13082700251	油松	宽城县	亮甲台镇	杨树沟村	杨树沟北山	118.702127	40.542575	150	三级	7.3	93	8
13082700252	油松	宽城县	亮甲台镇	杨树沟村	杨树沟北山	118.701670	40.542692	200	三级	8.6	165	9
13082700253	油松	宽城县	亮甲台镇	杨树沟村	杨树沟北山	118.702949	40.544241	260	三级	11.5	237	12
13082700254	油松	宽城县	亮甲台镇	杨树沟村	杨树沟南山	118.699138	40.540947	200	三级	13.8	154	15
13082700255	油松	宽城县	亮甲台镇	杨树沟村	杨树沟前山	118.699502	40.541134	320	二级	13.7	223	16
13082700256	油松	宽城县	亮甲台镇	杨树沟村	杨树沟前山	118.700593	40.540197	300	二级	19.7	222	17
13082700257	油松	宽城县	亮甲台镇	杨树沟村	杨树沟前山	118.701420	40.539997	260	三级	11.2	128	9
13082700258	油松	宽城县	亮甲台镇	杨树沟村	大川坟地	118.698745	40.532946	140	三级	9.6	136	7
13082700259	油松	宽城县	亮甲台镇	杨树沟村	大川坟地	118.698668	40.532999	120	三级	9.1	110	8
13082700260	油松	宽城县	东黄花川乡	车道子村	北山台子王家祖坟	118.695568	40.507200	210	三级	12.9	191	13
13082700261	油松	宽城县	东黄花川乡	车道子村	北山顶	118.697470	40.507916	330	二级	11.5	220	16
13082700262	油松	宽城县	东黄花川乡	东黄花川村	南梁阴坡	118.676282	40.497094	310	二级	11.3	185	10
13082700263	槐	宽城县	东黄花川乡	西尖山村	村中道西	118.659106	40.484051	340	二级	18.0	302	22
13082700264	榆树	宽城县	东黄花川乡	庙岭村	张明山房后	118.684252	40.494606	150	三级	23.8	333	16
13082700265	油松	宽城县	东黄花川乡	庙岭村	刘会友前山根	118.684883	40.492874	190	三级	5.8	141	9
13082700266	黑弹树	宽城县	东黄花川乡	庙岭村	刘文房后老张家坟地	118.679703	40.494545	540	一级	19.4	249	11
13082700267	油松	宽城县	东大地乡	熊虎斗村	伙计沟前山坡	118.584143	40.406107	550	一级	11.5	338	15
13082700268	油松	宽城县	东大地乡	熊虎斗村	北庄庄里	118.596317	40.418932	350	二级	17.6	228	15
13082700269	油松	宽城县	东大地乡	熊虎斗村	北庄庄口	118.596217	40.419045	310	二级	13.5	188	13
13082700270	油松	宽城县	东大地乡	瓦房沟村	西庄头小庙	118.594277	40.428857	310	二级	6.1	191	11
13082700271	刺柏	宽城县	龙须门镇	药王庙村	庄里杨春发院前	118.519877	40.632235	800	一级	12.1	443	10
13082700272	油松	宽城县	龙须门镇	上店村	东沟小学院内	118.571599	40.674044	530	一级	20.1	363	21
13082700273	五角枫	宽城县	龙须门镇	上店村	凤凰山庙内	118.570793	40.682281	520	一级	17.5	255	16
13082700274	榆树	宽城县	龙须门镇	王家店村	刘家庄刘凤院前	118.600525	40.702893	380	二级	15.3	480	18
13082700275	油松	宽城县	龙须门镇	王家店村	徐家沟松树台	118.604088	40.695325	320	二级	24.6	265	26
13082700276	榆树	宽城县	龙须门镇	东李杖子村	北沟里	118.702028	40.721601	200	三级	10.5	262	18
13082700277	油松	宽城县	龙须门镇	东李杖子村	君街小山	118.699218	40.701165	260	三级	14.2	178	15
13082700278	油松	宽城县	铧尖乡	南沟门村	大石峰子上台	118.582078	40.322038	150	三级	9.5	141	11
13082700279	油松	宽城县	铧尖乡	南沟门村	弈家杖子5组	118.581245	40.331603	350	二级	11.0	233	19
13082700280	油松	宽城县	铧尖乡	南沟门村	石龙沟2组	118.592037	40.339101	150	三级	6.7	139	14
13082700281	小叶杨	宽城县	铧尖乡	马尾沟村	关帝庙	118.612881	40.360454	200	三级	16.7	410	19
13082700282	油松	宽城县	铧尖乡	马尾沟村	关帝庙	118.612831	40.360548	200	三级	21.8	172	12
13082700283	油松	宽城县	铧尖乡	马尾沟村	关帝庙	118.612806	40.360540	200	三级	22.7	176	12
13082700284	油松	宽城县	铧尖乡	马尾沟村	关帝庙	118.612933	40.360597	200	三级	20.6	154	11
13082700285	油松	宽城县	铧尖乡	马尾沟村	关帝庙	118.612936	40.360648	200	三级	22.5	190	12
13082700286	油松	宽城县	铧尖乡	马尾沟村	关帝庙	118.612973	40.360522	200	三级	22.3	186	12
13082700287	垂柳	宽城县	碾子峪镇	艾峪口村	小学院内	118.491217	40.414116	200	三级	16.2	366	15
13082700288	栗	宽城县	碾子峪镇	大屯村	岭根	118.449431	40.418914	714	一级	9.8	340	13
13082700289	栗	宽城县	碾子峪镇	大屯村	岭根	118.449405	40.418941	714	一级	12.8	359	15
13082700290	胡桃	宽城县	铧罗台镇	苧罗村村	下甸子	118.372965	40.480224	150	三级	12.6	370	12
13082700291	胡桃	宽城县	铧罗台镇	苧罗村村	下甸子	118.372823	40.480233	120	三级	15.4	240	20

(续表)

编号	中文名	县（市）	乡（镇）	村（社区）组	小地名	地理坐标（东经）	地理坐标（北纬）	估测树龄	古树等级	树高（m）	胸围（cm）	冠幅（m）
13082700292	槐	宽城县	铧罗台镇	芧罗台村	董台子	118.375728	40.483135	120	三级	19.2	315	16
13082700293	榆树	宽城县	铧罗台镇	芧罗台村	翟家庄	118.378910	40.484335	340	二级	16.4	270	14
13082700294	油松	宽城县	铧罗台镇	安家峪村	西山梁	118.430975	40.489748	550	一级	9.5	238	19
13082700295	油松	宽城县	铧罗台镇	安家峪村	北山根梁	118.430838	40.490015	350	二级	7.5	189	7
13082700296	油松	宽城县	铧罗台镇	安家峪村	前山梁脊	118.433977	40.489049	510	一级	9.0	233	15
13082700297	油松	宽城县	铧罗台镇	安家峪村	后山	118.434078	40.491469	350	二级	9.0	164	15
13082700298	油松	宽城县	铧罗台镇	安家峪村	东台南山	118.436930	40.490053	510	一级	11.5	216	14
13082700299	油松	宽城县	铧罗台镇	白草林村	大庄	118.400756	40.455829	300	二级	11.2	215	16
13082700300	油松	宽城县	化皮溜子乡	西岔沟村	学房庄	118.404390	40.594979	350	二级	8.7	198	10
13082700301	榆树	宽城县	化皮溜子乡	西岔沟村	学房庄	118.403816	40.595047	240	三级	17.0	355	16
13082700302	油松	宽城县	化皮溜子乡	任杖子村	大北山	118.344369	40.609652	150	三级	9.4	176	12
13082700303	胡桃楸	宽城县	化皮溜子乡	任杖子村	鸭嘴山梁家老房框	118.358354	40.616463	240	三级	17.2	394	30
13082700304	胡桃楸	宽城县	化皮溜子乡	任杖子村	鸭嘴山梁家老房框	118.358263	40.616341	200	三级	17.3	286	26
13082700305	胡桃楸	宽城县	化皮溜子乡	任杖子村	鸭嘴山冰沟	118.359294	40.616095	200	三级	15.5	298	21
13082700306	胡桃楸	宽城县	化皮溜子乡	任杖子村	鸭嘴山冰沟	118.359249	40.615953	200	三级	15.0	265	20
13082700307	榆树	宽城县	化皮溜子乡	化皮溜子村	南沟门	118.387644	40.578607	150	三级	13.0	170	14
13082700308	榆树	宽城县	化皮溜子乡	化皮溜子村	侯沟门插当地	118.388685	40.588558	120	三级	20.9	215	20
13082700309	油松	宽城县	化皮溜子乡	北杖子村	大坡上前梁岗	118.321639	40.574814	300	二级	10.4	162	12
13082700310	桑	宽城县	化皮溜子乡	北杖子村	孙家庄	118.346288	40.577452	310	二级	4.0	144	5
13082700311	油松	宽城县	化皮溜子乡	北杖子村	大庄后山根	118.351083	40.583423	140	三级	8.1	115	10
13082700312	油松	宽城县	化皮溜子乡	北杖子村	卢家庄梁岗	118.358328	40.580050	150	三级	7.3	145	14
13082700313	油松	宽城县	化皮溜子乡	北杖子村	偏桥子于得树院内	118.362282	40.598871	300	二级	7.5	198	9
13082700314	油松名	宽城县	塌山乡	椴树洼村	小南沟	118.361780	40.645159	200	三级	12.8	237	18
13082700315	油松	宽城县	塌山乡	椴树洼村	北院	118.367372	40.656715	400	二级	9.3	252	18
13082700316	油松	宽城县	塌山乡	尖宝山村	小东山	118.329906	40.621692	120	三级	13.1	170	12
13082700317	油松	宽城县	塌山乡	尖宝山村	小东台	118.329820	40.621637	120	三级	11.0	155	12
13082700318	油松	宽城县	塌山乡	尖宝山村	小东台	118.329671	40.621549	120	三级	9.3	152	13
13082700319	油松	宽城县	塌山乡	尖宝山村	小东台	118.329654	40.621618	120	三级	10.6	127	11
13082700320	榆树	宽城县	塌山乡	尖宝山村	小东沟王有支后院	118.332705	40.624432	110	三级	14.0	168	14
13082700321	油松	宽城县	塌山乡	尖宝山村	大庄后山	118.325376	40.621224	100	三级	13.2	102	10
13082700322	油松	宽城县	塌山乡	尖宝山村	大庄后山	118.325371	40.621290	100	三级	12.5	90	7
13082700323	油松	宽城县	塌山乡	尖宝山村	大庄后山	118.325627	40.621271	100	三级	12.2	85	8
13082700324	五角枫	宽城县	塌山乡	尖宝山村	大庄后山	118.325360	40.621126	100	三级	7.0	98	6
13082700325	栗	宽城县	塌山乡	尖宝山村	龙台子	118.319861	40.615939	320	二级	6.5	255	10
13082700326	侧柏	宽城县	塌山乡	清河口村	吴家场后沟梁	118.244018	40.544237	200	三级	3.5	101	9
13082700327	油松	宽城县	塌山乡	清河口村	吴家场后沟梁	118.245669	40.546157	150	三级	9.3	140	13
13082700328	油松名	宽城县	塌山乡	西沟村	平顶山仙台山	118.242320	40.608451	400	二级	8.2	178	14
13082700329	油松	宽城县	塌山乡	西沟村	下于家	118.268837	40.600030	200	三级	13.3	160	13
13082700330	油松	宽城县	塌山乡	西沟村	下于家	118.268867	40.600043	200	三级	13.0	140	10
13082700331	黑弹树	宽城县	孟子岭乡	圪达地村	北沟西梁盖	118.458392	40.523357	400	二级	15.7	270	19
13082700332	油松	宽城县	孟子岭乡	圪达地村	北沟后梁	118.459087	40.523928	300	二级	6.6	187	16
13082700333	油松	宽城县	孟子岭乡	圪达地村	尖山沟	118.460637	40.520671	300	二级	5.5	200	18
13082700334	油松	宽城县	孟子岭乡	圪达地村	廖不沟门	118.443945	40.509850	200	三级	7.2	151	12
13082700335	油松	宽城县	孟子岭乡	圪达地村	东沟	118.456665	40.506703	100	三级	5.0	115	11
13082700336	侧柏	宽城县	孟子岭乡	南天门村	李国贞院内	118.419516	40.529454	400	二级	14.3	189	10
13082700337	油松	宽城县	孟子岭乡	南天门村	南山顶	118.428305	40.523070	200	三级	6.5	174	15
13082700338	油松	宽城县	孟子岭乡	大桑园村	石门子西山	118.384050	40.539517	120	三级	9.5	173	12
13082700339	油松	宽城县	孟子岭乡	大桑园村	石门子西山	118.384165	40.539579	100	三级	11.0	121	10
13082700340	油松	宽城县	孟子岭乡	大桑园村	石门子西山	118.384170	40.539582	120	三级	12.1	122	9
13082700341	油松	宽城县	孟子岭乡	大桑园村	石门子西山	118.384170	40.539570	120	三级	9.6	143	11
13082700342	油松	宽城县	孟子岭乡	大桑园村	石门子西山	118.384169	40.539582	120	三级	9.0	104	9
13082700343	油松	宽城县	孟子岭乡	大桑园村	石门子西山	118.384175	40.539582	120	三级	10.5	114	8
13082700344	油松	宽城县	孟子岭乡	大桑园村	石门子松树梁	118.385826	40.538519	110	三级	4.0	130	9
13082700345	油松	宽城县	孟子岭乡	大桑园村	石门子松树梁	118.385826	40.538519	110	三级	4.1	113	9
13082700346	油松	宽城县	孟子岭乡	大桑园村	石门子松树梁	118.385886	40.538646	110	三级	10.4	105	12
13082700347	油松	宽城县	孟子岭乡	大桑园村	石门子前山	118.389050	40.539640	110	三级	6.9	113	10
13082700348	油松	宽城县	孟子岭乡	大桑园村	石门子前山	118.388996	40.539532	110	三级	7.4	123	12

编号	中文名	县（市）	乡（镇）	村（社区）组	小地名	地理坐标（东经）	地理坐标（北纬）	估测树龄	古树等级	树高（m）	胸围（cm）	冠幅（m）
13082700349	侧柏	宽城县	孟子岭乡	大桑园村	石门子后山	118.387922	40.540675	200	三级	7.7	75	5
13082700350	侧柏	宽城县	孟子岭乡	大桑园村	石门子后山	118.387970	40.540668	200	三级	7.7	53	4
13082700351	侧柏	宽城县	孟子岭乡	大桑园村	石门子后山	118.388245	40.540821	200	三级	6.5	72	4
13082700352	榆树	宽城县	孟子岭乡	大桑园村	三角地	118.374373	40.558233	110	三级	13.9	180	15
13082700353	油松	宽城县	孟子岭乡	大桑园村	1组龙八	118.373685	40.553881	350	二级	17.5	190	14
13082700354	油松	宽城县	孟子岭乡	大桑园村	1组龙八	118.373685	40.553883	350	二级	20.5	230	15
13082700355	榆树	宽城县	孟子岭乡	大桑园村	8组西场	118.368132	40.552272	150	三级	10.6	140	16
13082700356	油松	宽城县	孟子岭乡	王厂沟村	南沟上坎大碾子山	118.337199	40.527307	510	一级	13.7	220	18
13082700357	侧柏	宽城县	孟子岭乡	王厂沟村	南沟上坎大碾子山	118.337283	40.527258	350	二级	8.5	120	10
13082700358	侧柏	宽城县	孟子岭乡	王厂沟村	南沟上坎麻地沟大崖子	118.338685	40.524305	300	二级	7.0	150	8
13082700359	油松	宽城县	孟子岭乡	王厂沟村	下岭沟门坟地	118.318225	40.525604	350	二级	21.6	325	20
13082700360	油松	宽城县	孟子岭乡	王厂沟村	下岭沟门坟地	118.318118	40.525546	300	二级	14.0	275	17
13082700361	油松	宽城县	孟子岭乡	王厂沟村	南山根坟圈子	118.309801	40.527766	150	三级	11.2	116	12
13082700362	油松	宽城县	孟子岭乡	王厂沟村	南山根坟圈子	118.309820	40.527519	150	三级	10.7	170	10
13082700363	油松	宽城县	孟子岭乡	王厂沟村	南山哥梁	118.310328	40.527223	200	三级	10.5	220	12
13082700364	油松	宽城县	孟子岭乡	王厂沟村	望水崖大庄前山顶	118.327233	40.532293	300	二级	12.0	210	12
13082700365	油松	宽城县	孟子岭乡	王厂沟村	东沟老牛道山岭	118.330463	40.532056	400	二级	13.5	400	15
13082700366	油松	宽城县	孟子岭乡	柏木塘村	老张家黄梁子	118.355517	40.519998	300	二级	12.6	210	15
13082700367	油松	宽城县	孟子岭乡	柏木塘村	蔡家岭	118.353421	40.528825	300	二级	15.5	220	12
13082700368	油松	宽城县	孟子岭乡	柏木塘村	柏木塘	118.359756	40.512555	200	三级	13.7	161	11
13082700369	油松	宽城县	孟子岭乡	柏木塘村	三道洼	118.337407	40.518923	150	三级	11.1	164	15
13082700370	油松	宽城县	孟子岭乡	柏木塘村	三道洼	118.337028	40.518586	150	三级	6.5	111	9
13082700371	油松	宽城县	孟子岭乡	柏木塘村	商杖子后山	118.359117	40.498068	200	三级	6.0	154	13
13082700372	侧柏	宽城县	孟子岭乡	柏木塘村	商杖子后山	118.358821	40.497757	300	二级	5.0	98	6
13082700373	侧柏	宽城县	孟子岭乡	柏木塘村	商杖子后山	118.358950	40.497819	300	二级	4.5	61	4
13082700374	油松	宽城县	孟子岭乡	柏木塘村	门前山	118.358047	40.495232	300	二级	8.0	220	18
13082700375	油松	宽城县	孟子岭乡	柏木塘村	商杖子前山	118.363063	40.497956	400	二级	5.0	252	20
13082700376	暴马丁香	宽城县	孟子岭乡	柏木塘村	商杖子庄	118.360401	40.497066	200	三级	10.1	283	12
13082700377	油松	宽城县	峪耳崖镇	椅子圈村	家山	118.639732	40.479732	500	一级	11.5	241	14
13082700378	油松	宽城县	峪耳崖镇	椅子圈村	家山	118.640334	40.479459	500	一级	10.5	235	15
13082700379	油松	宽城县	峪耳崖镇	增湾子村	前山	118.608763	40.461576	150	三级	10.9	160	14
13082700380	垂柳	宽城县	峪耳崖镇	葫芦峪村	曹家庄	118.627838	40.507791	160	三级	21.4	330	15
13082700381	油松	宽城县	峪耳崖镇	新甸村	北甸前山	118.570810	40.481477	450	二级	15.2	245	18
13082700382	旱柳	宽城县	峪耳崖镇	新甸村	东地	118.567780	40.479493	130	三级	17.6	331	8
13082700383	油松	宽城县	峪耳崖镇	小庙沟村	二道湾子后山	118.579608	40.493202	120	三级	6.5	138	8
13082700384	油松	宽城县	峪耳崖镇	小庙沟村	二道湾子后山	118.579636	40.493204	120	三级	6.0	104	10
13082700385	油松	宽城县	峪耳崖镇	西川村	小野峪前山	118.479039	40.492372	150	三级	9.5	250	12
13082700386	油松	宽城县	峪耳崖镇	西川村	小野峪前山	118.479330	40.491386	150	三级	10.5	220	14
13082700387	油松	宽城县	峪耳崖镇	西川村	西川庙	118.492390	40.488616	200	三级	11.2	180	11
13082700388	油松	宽城县	峪耳崖镇	北大杖子村	何家庄后山头	118.609582	40.539648	160	三级	12.0	162	12
13082700389	油松	宽城县	峪耳崖镇	北大杖子村	后台子东梁盖	118.565578	40.518860	220	三级	18.2	225	12
13082700390	油松	宽城县	峪耳崖镇	北大杖子村	后台子东梁盖	118.566700	40.519909	150	三级	9.5	191	16
13082700391	油松	宽城县	峪耳崖镇	北大杖子村	后台子东梁盖	118.566588	40.519979	130	三级	8.8	149	13
13082700392	油松	宽城县	峪耳崖镇	后庄村	三棵松树	118.553757	40.490159	350	二级	12.5	255	14
13080300001	油松	双滦区	大庙镇	北梁村	西沟老爷庙	117.790008	41.185950	305	二级	6.3	134	7
13080300002	杏	双滦区	大庙镇	北梁村	七家孙祥家	117.794373	41.173307	105	三级	9.5	209	11
13080300003	榆树	双滦区	大庙镇	东沟村	小黑山营子	117.816268	41.170058	155	三级	19.9	331	15
13080300004	榆树	双滦区	大庙镇	东沟村	小黑山营子	117.816185	41.169874	155	三级	19.9	280	17
13080300005	榆树	双滦区	大庙镇	东沟村	小黑山营子	117.816820	41.170130	155	三级	21.3	296	17
13080300006	油松	双滦区	大庙镇	凤凰咀村	前山	117.787018	41.134173	385	二级	8.2	177	11
13080300007	槲树	双滦区	大庙镇	上碾子村	后山梁顶	117.812175	41.113721	155	三级	14.7	137	9
13080300008	槲树	双滦区	大庙镇	上碾子村	赵玉祥家房后	117.812865	41.113105	205	三级	9.8	169	9
13080300009	白杜	双滦区	大庙镇	岔沟门村	孙家坟地	117.793907	41.101719	155	三级	14.2	250	14
13080300010	槐	双滦区	陈栅子乡	化育沟村	小河南营子	117.778893	40.891765	135	三级	18.8	274	19
13080300011	蒙古栎	双滦区	陈栅子乡	二兴营村	三道营郭家房后	117.822007	40.842706	125	三级	11.2	178	15
13080300012	五角枫	双滦区	陈栅子乡	二兴营村	三道营郭家房后	117.821938	40.843502	185	三级	10.5	145	10
13080300013	五角枫	双滦区	陈栅子乡	河南营村	马鞍梁阳坡	117.836812	40.851895	285	三级	10.5	177	14

编号	中文名	县（市）	乡（镇）	村（社区）组	小地名	地理坐标（东经）	地理坐标（北纬）	估测树龄	古树等级	树高（m）	胸围（cm）	冠幅（m）
13080300014	槲树	双滦区	陈栅子乡	河南营村	柴家后山	117.837783	40.850027	255	三级	17.2	208	17
13080300015	槲树	双滦区	陈栅子乡	河南营村	柴家后山	117.837780	40.850026	255	三级	17.2	285	21
13080300016	油松	双滦区	陈栅子乡	河南营村	大东山大松梁	117.858773	40.830008	405	二级	20.4	325	15
13080300017	油松	双滦区	陈栅子乡	河南营村	大东山大松梁	117.858258	40.830338	405	二级	19.7	282	16
13080300018	油松	双滦区	陈栅子乡	黄梁村	西梁	117.837857	40.825933	285	三级	11.6	145	11
13080300019	油松	双滦区	陈栅子乡	黄梁村	西梁	117.837547	40.825978	305	二级	9.5	168	17
13080300020	流苏树	双滦区	偏桥子镇	长北沟村	上沟	117.845430	40.941781	505	二级	9.5	185	11
13080300021	桑	双滦区	偏桥子镇	长北沟村	上沟	117.846652	40.941478	155	三级	13.5	186	13
13080300022	油松	双滦区	偏桥子镇	十八盘村	十八盘原村部东坡	117.879740	40.924336	385	二级	11.5	195	13
13080300023	油松	双滦区	偏桥子镇	十八盘村	十八盘原村部东坡	117.879945	40.924201	305	二级	10.1	129	11
13080300024	油松	双滦区	偏桥子镇	十八盘村	十八盘原村部西坡	117.877645	40.923976	385	二级	12.5	188	13
13080300025	油松	双滦区	偏桥子镇	十八盘村	十八盘老爷庙	117.879140	40.923632	405	二级	11.9	218	15
13080300026	白杜	双滦区	偏桥子镇	偏桥子村	东弯子李家坟地	117.824447	40.899948	195	三级	13.9	173	14
13080300027	白杜	双滦区	偏桥子镇	偏桥子村	东弯子李家坟地	117.824368	40.899936	195	三级	11.5	179	11
13080300028	油松	双滦区	偏桥子镇	达连坑村	大老沟阳坡	117.820337	40.931193	315	二级	12.9	213	16
13080300029	油松	双滦区	大庙镇	冰沟门村	小南沟前山	117.811437	41.084007	385	二级	11.1	171	13
13080300030	油松	双滦区	大庙镇	冰沟门村	北沟脑大松山	117.834287	41.094640	385	二级	18.5	298	15
13080300031	油松	双滦区	西地满族乡	冯营村	长廊	117.738105	40.975886	325	二级	9.8	235	12
13080300032	油松	双滦区	西地满族乡	冯营村	长廊	117.738183	40.975968	325	二级	8.3	261	10
13080300033	刺槐	双滦区	滦河镇	酒店村	清真寺	117.739055	40.949797	115	三级	6.3	244	6
13080300034	槐	双滦区	滦河镇	西南营村	二道街边	117.738483	40.948077	305	二级	17.8	316	16
13080300035	槐	双滦区	滦河镇	西南营村	凌霄观	117.739722	40.944010	308	二级	14.7	247	12
13080300036	槐	双滦区	滦河镇	西南营村	凌霄观	117.739867	40.944002	308	二级	20.9	349	15
13080300037	槐	双滦区	滦河镇	西南营村	凌霄观	117.739815	40.944213	308	二级	11.9	264	10
13080300038	槐	双滦区	滦河镇	酒店村	龙母庙	117.744215	40.947362	490	二级	19.2	458	16
13080300039	槐	双滦区	滦河镇	东园子村	职教中心	117.744643	40.945951	270	三级	16.8	243	21
13080300040	槐	双滦区	滦河镇	东园子村	职教中心	117.745222	40.945620	265	三级	15.6	258	16
13080300041	槐	双滦区	滦河镇	东园子村	村门前	117.745662	40.945980	305	二级	18.5	307	20
13080300042	槐	双滦区	滦河镇	东园子村	村门前	117.745585	40.945946	305	二级	18.5	297	14
13080300043	油松	双滦区	西地满族乡	烧锅村	村中心广场	117.765197	40.926807	265	三级	10.1	225	11
13082300001	油松	平泉市	柳溪镇	柳溪社区村	北老杖子头道沟西坡	118.632853	41.242243	225	三级	3.7	151	8
13082300002	榆树	平泉市	柳溪镇	柳溪社区村	北老杖子赵良善坟地	118.630912	41.247758	125	三级	12.8	214	14
13082300003	榆树	平泉市	柳溪镇	柳溪社区村	北老杖子赵良善坟地	118.630915	41.247770	125	三级	12.8	215	14
13082300004	榆树	平泉市	柳溪镇	柳溪社区村	北老杖子赵良善坟地	118.630893	41.247976	125	三级	12.7	325	14
13082300005	榆树	平泉市	柳溪镇	柳溪社区村	北老杖子彭家沟二道沟门	118.629657	41.244113	125	三级	12.9	252	11
13082300006	旱柳	平泉市	柳溪镇	柳溪社区村	17组东山	118.627767	41.231671	110	三级	15.5	352	13
13082300007	油松	平泉市	柳溪镇	柳溪社区村	北老杖子河北于家坟地	118.619308	41.242978	110	三级	20.5	143	8
13082300008	油松	平泉市	柳溪镇	柳溪社区村	北老杖子河北于家坟地	118.619280	41.243015	110	三级	21.0	131	7
13082300009	油松	平泉市	柳溪镇	柳溪社区村	北老杖子河北于家坟地	118.619285	41.243012	110	三级	20.5	116	6
13082300010	油松	平泉市	柳溪镇	柳溪社区村	北老杖子河北于家坟地	118.619278	41.243066	110	三级	21.0	127	6
13082300011	油松	平泉市	柳溪镇	柳溪社区村	北老杖子河北于家坟地	118.619282	41.243100	110	三级	20.5	108	7
13082300012	油松	平泉市	柳溪镇	柳溪社区村	北老杖子河北于家坟地	118.619328	41.243097	110	三级	21.5	167	10
13082300013	油松	平泉市	柳溪镇	柳溪社区村	北老杖子河北于家坟地	118.619350	41.243150	110	三级	21.0	171	10
13082300014	油松	平泉市	柳溪镇	柳溪社区村	北老杖子河北于家坟地	118.619362	41.243268	110	三级	21.0	140	11
13082300015	油松	平泉市	柳溪镇	柳溪社区村	北老杖子河北于家坟地	118.619382	41.243260	110	三级	21.5	128	7
13082300016	油松	平泉市	柳溪镇	柳溪社区村	北老杖子河北于家坟地	118.619385	41.243254	110	三级	20.0	103	7
13082300017	油松	平泉市	柳溪镇	柳溪社区村	北老杖子河北于家坟地	118.619423	41.243255	110	三级	20.0	118	8
13082300018	油松	平泉市	柳溪镇	柳溪社区村	北老杖子河北于家坟地	118.619467	41.243267	110	三级	20.5	103	7
13082300019	油松	平泉市	柳溪镇	柳溪社区村	北老杖子河北于家坟地	118.619467	41.243263	110	三级	20.5	110	6
13082300020	油松	平泉市	柳溪镇	柳溪社区村	北老杖子河北于家坟地	118.619510	41.243261	110	三级	19.5	92	7
13082300021	油松	平泉市	柳溪镇	柳溪社区村	北老杖子河北于家坟地	118.619523	41.243216	110	三级	20.5	117	6
13082300022	油松	平泉市	柳溪镇	柳溪社区村	北老杖子河北于家坟地	118.619540	41.243217	110	三级	20.5	102	8
13082300023	油松	平泉市	柳溪镇	柳溪社区村	北老杖子河北于家坟地	118.619555	41.243225	110	三级	21.0	110	10
13082300024	油松	平泉市	柳溪镇	柳溪社区村	北老杖子河北于家坟地	118.619580	41.243239	110	三级	21.5	145	10
13082300025	油松	平泉市	柳溪镇	柳溪社区村	北老杖子河北于家坟地	118.619608	41.243215	110	三级	20.5	120	7
13082300026	油松	平泉市	柳溪镇	柳溪社区村	北老杖子河北于家坟地	118.619645	41.243172	110	三级	20.5	102	7
13082300027	油松	平泉市	柳溪镇	柳溪社区村	北老杖子河北于家坟地	118.619710	41.242733	110	三级	20.5	122	6

（续表）

编号	中文名	县（市）	乡（镇）	村（社区）组	小地名	地理坐标（东经）	地理坐标（北纬）	估测树龄	古树等级	树高（m）	胸围（cm）	冠幅（m）
13082300028	油松	平泉市	柳溪镇	柳溪社区村	北老杖子河北于家坟地	118.619820	41.242765	110	三级	21.0	128	8
13082300029	油松	平泉市	柳溪镇	柳溪社区村	北老杖子河于家坟地	118.619907	41.242849	110	三级	21.5	137	8
13082300030	油松	平泉市	柳溪镇	柳溪社区村	北老杖子河北于家坟地	118.619932	41.242831	110	三级	20.5	97	6
13082300031	油松	平泉市	柳溪镇	柳溪社区村	北老杖子河北于家坟地	118.620020	41.242873	110	三级	20.5	115	7
13082300032	油松	平泉市	柳溪镇	柳溪社区村	北老杖子河北于家坟地	118.620053	41.242885	110	三级	21.5	130	8
13082300033	油松	平泉市	柳溪镇	柳溪社区村	北老杖子河北于家坟地	118.620027	41.242873	110	三级	21.5	127	9
13082300034	油松	平泉市	柳溪镇	柳溪社区村	北老杖子河北于家坟地	118.620090	41.242932	110	三级	20.5	115	8
13082300035	油松	平泉市	柳溪镇	柳溪社区村	北老杖子河北于家坟地	118.620128	41.242961	110	三级	21.5	169	11
13082300036	油松	平泉市	柳溪镇	柳溪社区村	北老杖子河北于家坟地	118.620143	41.242944	110	三级	20.5	133	7
13082300037	油松	平泉市	柳溪镇	柳溪社区村	北老杖子河北于家坟地	118.620298	41.242977	110	三级	21.5	171	12
13082300038	油松	平泉市	柳溪镇	柳溪社区村	北老杖子河北于家坟地	118.620377	41.242929	110	三级	18.5	133	11
13082300039	油松	平泉市	柳溪镇	柳溪社区村	北老杖子河北于家坟地	118.620362	41.242934	110	三级	20.5	111	9
13082300040	油松	平泉市	柳溪镇	柳溪社区村	北老杖子河北于家坟地	118.620342	41.242948	110	三级	21.5	142	9
13082300041	油松	平泉市	柳溪镇	柳溪社区村	北老杖子河北于家坟地	118.620337	41.242931	110	三级	19.5	117	8
13082300042	油松	平泉市	柳溪镇	柳溪社区村	北老杖子河北于家坟地	118.620423	41.242925	110	三级	21.5	127	10
13082300043	油松	平泉市	柳溪镇	柳溪社区村	北老杖子河北于家坟地	118.620427	41.242868	110	三级	20.0	121	9
13082300044	油松	平泉市	柳溪镇	柳溪社区村	北老杖子河北于家坟地	118.620472	41.242841	110	三级	18.0	121	11
13082300045	油松	平泉市	柳溪镇	柳溪社区村	北老杖子河北于家坟地	118.620530	41.242835	110	三级	22.0	190	13
13082300046	油松	平泉市	柳溪镇	柳溪社区村	北老杖子河北于家坟地	118.620568	41.242813	110	三级	21.0	127	11
13082300047	油松	平泉市	柳溪镇	柳溪社区村	北老杖子河北于家坟地	118.620585	41.242695	110	三级	21.5	166	12
13082300048	榆树	平泉市	柳溪镇	柳溪社区村	西南沟小庙前	118.607018	41.243611	305	二级	18.0	391	21
13082300049	榆树	平泉市	柳溪镇	柳溪社区村	杨树沟门崔跃国院内	118.594668	41.261569	155	三级	21.0	368	15
13082300050	榆树	平泉市	柳溪镇	马架子村	藏沟门	118.519788	41.290215	205	三级	12.5	268	15
13082300051	榆树	平泉市	柳溪镇	辽河源社区村	石虎村路中央	118.579793	41.274162	155	三级	18.9	221	16
13082300052	榆树	平泉市	柳溪镇	辽河源社区村	湾子南山根坟地	118.569160	41.272425	135	三级	13.1	311	10
13082300053	榆树	平泉市	柳溪镇	辽河源社区村	湾子南山根坟地	118.569140	41.272591	135	三级	20.3	242	15
13082300054	榆树	平泉市	柳溪镇	辽河源社区村	湾子南山根坟地	118.569153	41.272607	135	三级	20.3	281	14
13082300055	榆树	平泉市	柳溪镇	辽河源社区村	湾子南山根坟地	118.569113	41.272579	135	三级	20.3	375	23
13082300056	油松	平泉市	柳溪镇	辽河源社区村	石羊石虎北山尖	118.580825	41.279753	110	三级	4.0	63	3
13082300057	油松	平泉市	柳溪镇	辽河源社区村	高杖子九道沟后台子	118.535057	41.330259	305	二级	12.9	211	11
13082300058	油松	平泉市	柳溪镇	辽河源社区村	高杖子二道沟门坟地	118.555960	41.303680	110	三级	13.5	188	15
13082300059	油松	平泉市	柳溪镇	辽河源社区村	高杖子二道沟门坟地	118.555942	41.303716	110	三级	18.5	183	11
13082300060	油松	平泉市	柳溪镇	辽河源社区村	高杖子二道沟门坟地	118.555922	41.303717	110	三级	18.5	176	12
13082300061	油松	平泉市	柳溪镇	辽河源社区村	山咀营庄南山梁顶	118.550720	41.273270	145	三级	8.2	189	13
13082300062	油松	平泉市	柳溪镇	辽河源社区村	山咀营庄南山梁顶	118.550815	41.293283	135	三级	8.2	125	8
13082300063	油松	平泉市	柳溪镇	辽河源社区村	山咀营庄小南沟老白山	118.546015	41.291316	155	三级	14.8	134	10
13082300064	旱柳	平泉市	柳溪镇	韩杖子村	刁窝	118.577088	41.229760	300	二级	20.8	412	16
13082300065	油松	平泉市	柳溪镇	薛杖子村	下桥头	118.567447	41.237745	175	三级	12.9	185	12
13082300066	油松	平泉市	柳溪镇	薛杖子村	下桥头	118.567545	41.237699	165	三级	13.2	127	11
13082300067	油松	平泉市	柳溪镇	薛杖子村	下桥头	118.567705	41.237682	155	三级	11.8	156	11
13082300068	油松	平泉市	柳溪镇	薛杖子村	下桥头	118.567665	41.237768	155	三级	10.4	132	8
13082300069	油松	平泉市	柳溪镇	薛杖子村	下桥头	118.567588	41.237790	145	三级	10.4	120	9
13082300070	小叶杨	平泉市	柳溪镇	薛杖子村	下桥头村头	118.561705	41.239247	355	二级	15.1	470	29
13082300071	榆树	平泉市	柳溪镇	薛杖子村	下桥头李盈洲家门口	118.548728	41.244023	385	二级	11.2	280	17
13082300072	油松	平泉市	柳溪镇	大窝铺村	西山南山根坟地	118.537678	41.301910	367	二级	24.3	259	12
13082300073	油松	平泉市	柳溪镇	大窝铺村	西山南山根坟地	118.537627	41.302014	365	二级	19.3	169	10
13082300074	油松	平泉市	柳溪镇	大窝铺村	西山南山根坟地	118.537580	41.301872	366	二级	19.3	220	11
13082300075	油松	平泉市	柳溪镇	大窝铺村	西山南山根坟地	118.537547	41.301950	365	二级	15.8	168	9
13082300076	榆树	平泉市	柳溪镇	大窝铺村	西山南山根坟地	118.537518	41.301922	260	三级	17.2	342	9
13082300077	油松	平泉市	柳溪镇	大窝铺村	西山南山根坟地	118.537522	41.301834	365	二级	22.9	218	11
13082300078	油松	平泉市	柳溪镇	大窝铺村	西山南山根坟地	118.537582	41.301819	365	二级	15.4	218	13
13082300079	榆树	平泉市	柳溪镇	大窝铺村	西山南山根坟地	118.537947	41.301583	260	三级	17.9	376	16
13082300080	小叶杨	平泉市	柳溪镇	大窝铺村	西山营子西沟门	118.535723	41.304183	355	二级	25.8	537	21
13082300081	油松	平泉市	黄土梁子镇	苏达营子村	九组袁家沟王家祖坟	118.660607	41.203154	203	三级	17.8	288	20
13082300082	油松	平泉市	黄土梁子镇	北三家村	三家平房小庙	118.708650	41.212503	213	三级	12.5	192	12
13082300083	油松	平泉市	黄土梁子镇	高台子村	高台子村部后杨家坟地	118.741507	41.258985	205	三级	12.8	244	16
13082300084	五角枫	平泉市	平房满族蒙古族乡	白池沟社区村	隔山沟盖营子后山色树梁	118.857172	41.235659	303	二级	8.1	192	9

（续表）

编号	中文名	县（市）	乡（镇）	村（社区）组	小地名	地理坐标（东经）	地理坐标（北纬）	估测树龄	古树等级	树高（m）	胸围（cm）	冠幅（m）
13082300085	五角枫	平泉市	平房满族蒙古族乡	白池沟社区村	隔山沟盖营子后山色树梁	118.857258	41.235628	303	二级	6.7	186	8
13082300086	五角枫	平泉市	平房满族蒙古族乡	小沟村	刘营子东山后沟刘家祖坟	118.855442	41.270997	303	二级	17.5	296	20
13082300087	五角枫	平泉市	平房满族蒙古族乡	小沟村	刘营子东山后沟刘家祖坟	118.855403	41.270998	303	二级	17.5	202	11
13082300088	五角枫	平泉市	平房满族蒙古族乡	小沟村	东二道沟南山	118.885880	41.244281	212	三级	10.1	430	14
13082300089	旱柳	平泉市	平房满族蒙古族乡	北房村	大营子庄头坝里	118.904653	41.238120	380	二级	12.9	657	14
13082300090	五角枫	平泉市	平房满族蒙古族乡	北房村	大营子东梁	118.911350	41.237457	150	三级	7.9	132	7
13082300091	五角枫	平泉市	平房满族蒙古族乡	北房身村	大营子东梁	118.910937	41.237659	150	三级	9.5	138	10
13082300092	五角枫	平泉市	平房满族蒙古族乡	北房身村	大营子东梁	118.910758	41.237678	150	三级	9.6	132	10
13082300093	五角枫	平泉市	平房满族蒙古族乡	北房村	大营子东梁	118.910867	41.237713	150	三级	11.6	158	11
13082300094	五角枫	平泉市	平房满族蒙古族乡	北房村	大营子东梁	118.910867	41.237763	150	三级	11.0	130	9
13082300095	五角枫	平泉市	平房满族蒙古族乡	北房村	大营子东梁	118.910763	41.237770	150	三级	11.3	165	11
13082300096	五角枫	平泉市	平房满族蒙古族乡	北房村	大营子东梁	118.910763	41.237761	150	三级	12.5	180	12
13082300097	五角枫	平泉市	平房满族蒙古族乡	北房身村	大营子东梁	118.910688	41.237788	150	三级	9.7	140	10
13082300098	五角枫	平泉市	平房满族蒙古族乡	北房身村	大营子东梁	118.910583	41.238019	150	三级	14.5	270	14
13082300099	五角枫	平泉市	平房满族蒙古族乡	北房身村	大营子东梁	118.911065	41.238126	150	三级	13.5	210	10
13082300100	五角枫	平泉市	平房满族蒙古族乡	北房村	大营子后山	118.905332	41.238799	280	三级	15.9	250	12
13082300101	五角枫	平泉市	平房满族蒙古族乡	北房身村	大营子后山	118.905187	41.239073	240	三级	11.0	190	10
13082300102	五角枫	平泉市	平房满族蒙古族乡	北房身村	大营子后山	118.905342	41.239188	230	三级	10.8	170	10
13082300103	五角枫	平泉市	平房满族蒙古族乡	北房身村	大营子后山	118.905547	41.239177	170	三级	9.8	140	10
13082300104	五角枫	平泉市	平房满族蒙古族乡	北房身村	大营子后山	118.905078	41.239168	210	三级	9.8	170	9
13082300105	旱柳	平泉市	北五十家子镇	南梁社区村	北沟门	118.650968	41.316748	219	三级	7.6	245	8
13082300106	油松	平泉市	北五十家子镇	单营子村	单营子前山	118.622367	41.326495	133	三级	21.5	215	14
13082300107	油松	平泉市	北五十家子镇	单营子村	单营子前山	118.621782	41.327248	133	三级	9.8	169	14
13082300108	蒙古栎	平泉市	北五十家子镇	单营子村	尚营子房后	118.638432	41.322252	126	三级	8.3	239	9
13082300109	蒙古栎	平泉市	北五十家子镇	单营子村	二组朱家北沟	118.640660	41.337030	117	三级	6.5	156	8
13082300110	旱柳	平泉市	北五十家子镇	单营子村	二组朱家北沟张桂林果园边	118.641647	41.338294	131	三级	6.7	523	10
13082300111	五角枫	平泉市	北五十家子镇	头道营子村	八王沟九组李景章房后	118.673367	41.340184	153	三级	8.6	122	10
13082300112	五角枫	平泉市	北五十家子镇	头道营子村	八王沟九组李景章房后	118.672890	41.340533	203	三级	11.6	188	13
13082300113	五角枫	平泉市	北五十家子镇	头道营子村	八王沟九组李景章房后	118.672780	41.340380	153	三级	8.1	180	8
13082300114	五角枫	平泉市	北五十家子镇	头道营子村	八王沟九组李景章房后	118.673205	41.340097	153	三级	8.8	101	8
13082300115	五角枫	平泉市	北五十家子镇	头道营子村	八王沟九组李景章房后	118.673162	41.340098	153	三级	8.8	110	8
13082300116	五角枫	平泉市	北五十家子镇	头道营子村	八王沟九组李景章房后	118.673098	41.340128	153	三级	8.8	100	7
13082300117	五角枫	平泉市	北五十家子镇	头道营子村	八王沟九组李景章房后	118.673132	41.340034	175	三级	9.6	155	9
13082300118	五角枫	平泉市	北五十家子镇	头道营子村	八王沟九组东大石砬子下	118.674905	41.339533	200	三级	13.6	172	12
13082300119	油松	平泉市	北五十家子镇	蒙和乌苏社区村	地排子沟老孙家坟地	118.732550	41.307928	134	三级	13.2	223	12
13082300120	油松	平泉市	茅兰沟满族蒙古族乡	五家村	老北沟老坟地东北沟南山顶	118.924622	41.227160	203	三级	11.5	154	11
13082300121	蒙古栎	平泉市	茅兰沟满族蒙古族乡	五家村	许营子前山	118.925602	41.213539	150	三级	9.0	147	11
13082300122	五角枫	平泉市	茅兰沟满族蒙古族乡	前营子村	大庙西沟石砬山下	118.901573	41.165291	153	三级	13.5	222	16
13082300123	黑弹树	平泉市	茅兰沟满族蒙古族乡	长胜沟社区村	庙沟门张汉国家房后	118.822657	41.132987	153	三级	7.8	158	9
13082300124	油松	平泉市	茅兰沟满族蒙古族乡	长胜沟社区村	宋家营子老爷庙	118.824958	41.132463	113	三级	18.4	162	11
13082300125	油松	平泉市	茅兰沟满族蒙古族乡	长胜沟社区村	宋家营子老爷庙	118.864838	41.139287	120	三级	18.0	140	7
13082300126	油松	平泉市	茅兰沟满族蒙古族乡	长胜沟社区村	宋家营子老爷庙	118.864773	41.139266	150	三级	14.5	139	4
13082300127	油松	平泉市	茅兰沟满族蒙古族乡	长胜沟社区村	宋家营子老爷庙	118.864769	41.139297	150	三级	17.3	148	8
13082300128	油松	平泉市	茅兰沟满族蒙古族乡	长胜沟社区村	宋家营子老爷庙	118.864751	41.139375	150	三级	17.3	145	8
13082300129	油松	平泉市	茅兰沟满族蒙古族乡	长胜沟社区村	宋家营子老爷庙	118.864739	41.139408	120	三级	17.3	108	6
13082300130	油松	平泉市	茅兰沟满族蒙古族乡	长胜沟社区村	宋家营子老爷庙	118.864730	41.139449	120	三级	17.3	103	5
13082300131	油松	平泉市	茅兰沟满族蒙古族乡	长胜沟社区村	宋家营子老爷庙	118.864723	41.139495	150	三级	17.3	160	8
13082300132	油松	平泉市	茅兰沟满族蒙古族乡	长胜沟社区村	宋家营子老爷庙	118.864812	41.139493	150	三级	17.3	141	8
13082300133	油松	平泉市	茅兰沟满族蒙古族乡	长胜沟社区村	宋家营子老爷庙	118.864919	41.139498	150	三级	13.2	131	8
13082300134	油松	平泉市	茅兰沟满族蒙古族乡	长胜沟社区村	宋家营子老爷庙	118.864993	41.139493	150	三级	16.6	134	8
13082300135	油松	平泉市	茅兰沟满族蒙古族乡	长胜沟社区村	宋家营子老爷庙	118.865006	41.139414	150	三级	15.8	157	10
13082300136	油松	平泉市	茅兰沟满族蒙古族乡	长胜沟社区村	宋家营子老爷庙	118.865013	41.139320	150	三级	16.6	143	9
13082300137	油松	平泉市	茅兰沟满族蒙古族乡	长胜沟社区村	宋家营子老爷庙	118.864961	41.139318	150	三级	16.6	137	6
13082300138	油松	平泉市	茅兰沟满族蒙古族乡	长胜沟社区村	宋家营子老爷庙	118.864911	41.139304	120	三级	16.6	106	7
13082300139	油松	平泉市	茅兰沟满族蒙古族乡	长胜沟社区村	王家沟脑北坡小庙	118.890187	41.128710	200	三级	13.2	173	11
13082300140	油松	平泉市	茅兰沟满族蒙古族乡	永盛村	盘道梁前山	118.889455	41.095107	213	三级	21.7	348	14
13082300141	油松	平泉市	茅兰沟满族蒙古族乡	永盛村	盘道梁前山	118.889427	41.095091	213	三级	21.7	191	6

（续表）

编号	中文名	县（市）	乡（镇）	村（社区）组	小地名	地理坐标（东经）	地理坐标（北纬）	估测树龄	古树等级	树高（m）	胸围（cm）	冠幅（m）
13082300142	油松	平泉市	茅兰沟满族蒙古族乡	喇嘛洞村	喇嘛洞	118.788738	41.169300	120	三级	9.5	145	11
13082300143	油松	平泉市	茅兰沟满族蒙古族乡	喇嘛洞村	喇嘛洞	118.788993	41.169418	120	三级	7.5	138	14
13082300144	油松	平泉市	茅兰沟满族蒙古族乡	喇嘛洞村	喇嘛洞	118.789132	41.169471	120	三级	10.5	136	11
13082300145	油松	平泉市	茅兰沟满族蒙古族乡	喇嘛洞村	喇嘛洞	118.789185	41.169491	120	三级	9.5	109	8
13082300146	油松	平泉市	茅兰沟满族蒙古族乡	喇嘛洞村	喇嘛洞	118.789220	41.169497	120	三级	10.7	115	9
13082300147	油松	平泉市	茅兰沟满族蒙古族乡	喇嘛洞村	喇嘛洞	118.789388	41.169577	120	三级	6.5	123	8
13082300148	油松	平泉市	茅兰沟满族蒙古族乡	喇嘛洞村	喇嘛洞	118.789488	41.169611	110	三级	9.7	90	7
13082300149	油松	平泉市	茅兰沟满族蒙古族乡	喇嘛洞村	喇嘛洞	118.789343	41.169419	120	三级	14.7	176	14
13082300150	油松	平泉市	茅兰沟满族蒙古族乡	喇嘛洞村	喇嘛洞	118.789482	41.169435	120	三级	12.9	117	9
13082300151	油松	平泉市	茅兰沟满族蒙古族乡	喇嘛洞村	喇嘛洞	118.789565	41.169491	120	三级	7.7	135	10
13082300152	榆树	平泉市	七家岱满族乡	大地村	十二组东台子	118.455007	41.228496	123	三级	18.8	291	21
13082300153	榆树	平泉市	七家岱满族乡	大地村	十二组东台子	118.455062	41.228485	123	三级	18.8	220	15
13082300154	榆树	平泉市	七家岱满族乡	大地村	西大洼	118.485338	41.199570	370	二级	14.8	1080	18
13082300155	油松	平泉市	七家岱满族乡	大地村	四组平房后山	118.512645	41.200633	203	三级	12.5	232	14
13082300156	油松	平泉市	七家岱满族乡	大地村	四组平房后山	118.512602	41.200179	203	三级	12.9	173	12
13082300157	油松	平泉市	七家岱满族乡	朝阳洞村	大西营子后山	118.560757	41.182493	153	三级	15.2	208	10
13082300158	油松	平泉市	七家岱满族乡	朝阳洞村	大西营子后山	118.560802	41.182480	153	三级	13.8	182	10
13082300159	榆树	平泉市	七家岱满族乡	雹神庙社区村	梨树沟门	118.650432	41.184551	203	三级	22.3	438	21
13082300160	蒙古栎	平泉市	七家岱满族乡	雹神庙社区村	长营子后山	118.655618	41.181990	303	二级	18.8	418	20
13082300161	槲树	平泉市	卧龙镇	下洼子村	鞑子坟	118.701730	41.076538	303	二级	12.9	288	18
13082300162	五角枫	平泉市	卧龙镇	大庙村	水库南山	118.670027	41.119104	213	三级	6.0	236	9
13082300163	五角枫	平泉市	卧龙镇	安杖子村	郎家沟前山	118.622322	41.152444	303	二级	10.3	272	16
13082300164	黑桦	平泉市	卧龙镇	安杖子村	郎家沟前山	118.622795	41.152465	180	三级	9.1	158	10
13082300165	旱柳	平泉市	卧龙镇	安杖子村	陈杖子村东	118.624480	41.135298	218	三级	12.8	550	9
13082300166	槲树	平泉市	卧龙镇	安杖子村	陈杖子后山	118.623063	41.136344	303	二级	13.5	249	11
13082300167	槲树	平泉市	卧龙镇	安杖子村	陈杖子后山	118.623195	41.136310	303	二级	13.5	261	15
13082300168	油松	平泉市	卧龙镇	安杖子村	梁台子东山	118.581902	41.145815	170	三级	9.4	154	10
13082300169	油松	平泉市	卧龙镇	二十家子村	棺材沟东坡	118.726200	41.090837	303	二级	12.6	332	22
13082300170	旱柳	平泉市	卧龙镇	碾子沟村	东营子道边李可旺家门口	118.783340	41.101722	173	三级	26.7	382	16
13082300171	旱柳	平泉市	卧龙镇	碾子沟村	东营子道边李可旺家门口	118.783435	41.101808	173	三级	26.7	404	20
13082300172	旱柳	平泉市	卧龙镇	碾子沟村	大营子道边冯兆生门前	118.779563	41.100754	173	三级	20.5	325	17
13082300173	油松	平泉市	卧龙镇	碾子沟村	王显东房西王家老坟	118.768917	41.100329	313	二级	21.6	229	6
13082300174	油松	平泉市	卧龙镇	碾子沟村	王显东房西王家老坟	118.768808	41.100272	313	二级	22.4	304	9
13082300175	油松	平泉市	卧龙镇	碾子沟村	北山根工青山房后	118.769138	41.101065	153	三级	9.2	149	4
13082300176	油松	平泉市	卧龙镇	碾子沟村	北山根王青山房后	118.769010	41.101002	153	三级	12.5	141	7
13082300177	油松	平泉市	卧龙镇	碾子沟村	北山根王青山房后	118.768940	41.100999	153	三级	9.6	148	8
13082300178	油松	平泉市	卧龙镇	碾子沟村	北山根王青山房后	118.768888	41.100966	153	三级	12.2	125	8
13082300179	油松	平泉市	卧龙镇	碾子沟村	北山根王青山房后	118.768867	41.100888	153	三级	12.2	121	7
13082300180	油松	平泉市	卧龙镇	碾子沟村	北山根王青山房后	118.768705	41.100917	153	三级	8.6	118	8
13082300181	油松	平泉市	卧龙镇	碾子沟村	北山根王青山房后	118.768655	41.100893	153	三级	10.6	126	8
13082300182	油松	平泉市	卧龙镇	碾子沟村	北山根王青山房后	118.768525	41.100860	153	三级	12.8	150	8
13082300183	油松	平泉市	卧龙镇	碾子沟村	北山根王青山房后	118.768443	41.100825	153	三级	12.7	126	10
13082300184	油松	平泉市	卧龙镇	碾子沟村	北山根王青山房后	118.768372	41.100725	153	三级	12.4	127	9
13082300185	油松	平泉市	卧龙镇	碾子沟村	北山根王青山房后	118.768487	41.100708	153	三级	14.8	130	10
13082300186	油松	平泉市	卧龙镇	瓦房店村	福寿寺院内	118.741400	41.161866	313	二级	12.9	200	14
13082300187	蒙古栎	平泉市	卧龙镇	官坟梁村	倪国喜家东侧	118.766657	41.131721	303	二级	10.1	168	12
13082300188	五角枫	平泉市	台头山乡	凌河源村	老窝铺五组香炉山山顶	118.935748	41.094446	213	三级	9.3	184	8
13082300189	五角枫	平泉市	台头山乡	凌河源村	老窝铺五组香炉山山顶	118.935730	41.094471	213	三级	11.3	216	13
13082300190	油松	平泉市	台头山乡	榆树沟村	一组郭家坟地	119.103880	41.143449	153	三级	11.9	168	12
13082300191	文冠果	平泉市	台头山乡	榆树沟村	柳条沟张家坟	119.091382	41.145182	353	二级	12.3	198	11
13082300192	油松	平泉市	台头山乡	三官村	四组王家坟地	119.103137	41.156354	153	三级	12.1	168	11
13082300193	油松	平泉市	台头山乡	三官村	四组王家坟地	119.103133	41.156425	153	三级	10.4	159	11
13082300194	油松	平泉市	台头山乡	三官村	四组王家坟地	119.103308	41.156419	153	三级	10.0	150	9
13082300195	油松	平泉市	台头山乡	三官村	四组王家坟地	119.103303	41.156510	153	三级	6.7	103	8
13082300196	油松	平泉市	台头山乡	三官村	四组王家坟地	119.103317	41.156549	153	三级	11.6	193	13
13082300197	五角枫	平泉市	台头山乡	烧锅杖子村	石匠沟胡建一家房后	119.068228	41.119365	350	二级	14.6	333	16
13082300198	五角枫	平泉市	台头山乡	烧锅杖子村	石匠沟胡建一家后山	119.068670	41.119282	120	三级	7.3	180	11

编号	中文名	县（市）	乡（镇）	村（社区）组	小地名	地理坐标（东经）	地理坐标（北纬）	估测树龄	古树等级	树高（m）	胸围（cm）	冠幅（m）
13082300199	刺槐	平泉市	台头山乡	烧锅杖子村	石匠沟六组东坡	119.069780	41.118488	103	三级	18.2	232	13
13082300200	榆树	平泉市	榆树林子镇	土洞子村	东台子小庙东	118.953432	41.225612	153	三级	11.5	280	12
13082300201	五角枫	平泉市	榆树林子镇	土洞子村	东台子一组南山	118.952692	41.224449	113	三级	10.2	161	10
13082300202	五角枫	平泉市	榆树林子镇	土洞子村	六组南山顶	118.949308	41.224460	133	三级	10.0	195	9
13082300203	五角枫	平泉市	榆树林子镇	土洞子村	九组三道沟前山	118.961717	41.208612	123	三级	6.5	116	8
13082300204	五角枫	平泉市	榆树林子镇	土洞子村	九组三道沟前山	118.961638	41.208187	123	三级	10.1	131	8
13082300205	蒙古栎	平泉市	榆树林子镇	土洞子村	三道沟后山（西山）	118.959533	41.207463	123	三级	8.2	306	13
13082300206	蒙古栎	平泉市	榆树林子镇	土洞子村	三道沟后山（西山）	118.959452	41.207519	123	三级	8.1	120	10
13082300207	五角枫	平泉市	榆树林子镇	付家湾子村	上台子王文明门前	118.988710	41.229213	253	三级	16.2	308	12
13082300208	油松	平泉市	榆树林子镇	付家湾子村	六道沟东坡	118.978460	41.225105	183	三级	14.2	142	11
13082300209	油松	平泉市	榆树林子镇	付家湾子村	六道沟东坡	118.978437	41.225140	183	三级	14.0	129	8
13082300210	五角枫	平泉市	榆树林子镇	付家湾子村	三座店南沟口	118.987003	41.227126	203	三级	8.1	181	8
13082300211	五角枫	平泉市	榆树林子镇	嘎海沟村	西台子南山梁顶	119.016293	41.234755	260	三级	9.3	230	10
13082300212	五角枫	平泉市	榆树林子镇	嘎海沟村	西台子南山坡脚	119.015073	41.235580	210	三级	12.3	182	8
13082300213	榆树	平泉市	榆树林子镇	嘎海沟村	南沟门营子里王占山房后	119.013587	41.240705	133	三级	11.1	231	14
13082300214	五角枫	平泉市	榆树林子镇	嘎海沟村	村部后山	119.010738	41.239669	180	三级	9.4	150	8
13082300215	五角枫	平泉市	榆树林子镇	嘎海沟村	村部后山	119.010517	41.239758	150	三级	5.9	101	7
13082300216	五角枫	平泉市	榆树林子镇	嘎海沟村	村部后山	119.010402	41.239788	150	三级	7.4	105	8
13082300217	五角枫	平泉市	榆树林子镇	嘎海沟村	村部后山	119.010303	41.239847	120	三级	6.1	90	9
13082300218	五角枫	平泉市	榆树林子镇	嘎海沟村	村部后山	119.010754	41.240150	200	三级	7.8	170	9
13082300219	五角枫	平泉市	榆树林子镇	嘎海沟村	村部后山	119.010921	41.240478	150	三级	6.4	128	8
13082300220	五角枫	平泉市	榆树林子镇	嘎海沟村	村部后山	119.010637	41.240207	130	三级	7.1	149	6
13082300221	五角枫	平泉市	榆树林子镇	嘎海沟村	村部后山	119.010740	41.240305	150	三级	7.9	168	6
13082300222	五角枫	平泉市	榆树林子镇	嘎海沟村	村部后山	119.010828	41.240341	150	三级	8.3	121	6
13082300223	五角枫	平泉市	榆树林子镇	嘎海沟村	村部后山	119.010929	41.240380	150	三级	7.5	141	7
13082300224	五角枫	平泉市	榆树林子镇	嘎海沟村	村部后山	119.011051	41.240433	160	三级	7.0	125	6
13082300225	五角枫	平泉市	榆树林子镇	嘎海沟村	村部后山	119.011136	41.240651	160	三级	6.5	160	7
13082300226	五角枫	平泉市	榆树林子镇	嘎海沟村	村部后山	119.010930	41.240683	120	三级	6.1	107	7
13082300227	五角枫	平泉市	榆树林子镇	嘎海沟村	村部后山	119.011408	41.240578	160	三级	8.1	178	7
13082300228	五角枫	平泉市	榆树林子镇	嘎海沟村	村部后山	119.011480	41.240806	180	三级	8.5	174	8
13082300229	五角枫	平泉市	榆树林子镇	嘎海沟村	村部后山	119.011417	41.240974	160	三级	7.5	134	6
13082300230	五角枫	平泉市	榆树林子镇	嘎海沟村	村部后山	119.011053	41.239990	160	三级	6.9	125	6
13082300231	黑弹树	平泉市	榆树林子镇	二道杖子村	高家窝铺	118.979845	41.262290	110	三级	5.9	149	8
13082300232	黑弹树	平泉市	榆树林子镇	二道杖子村	高家窝铺	118.979721	41.262442	110	三级	15.0	117	8
13082300233	黑弹树	平泉市	榆树林子镇	二道杖子村	高家窝铺	118.979765	41.262519	110	三级	15.0	100	8
13082300234	黑弹树	平泉市	榆树林子镇	二道杖子村	高家窝铺	118.979665	41.262520	110	三级	16.5	133	10
13082300235	黑弹树	平泉市	榆树林子镇	二道杖子村	高家窝铺	118.979657	41.262568	110	三级	16.5	148	8
13082300236	黑弹树	平泉市	榆树林子镇	二道杖子村	高家窝铺	118.979565	41.262634	110	三级	16.5	128	8
13082300237	油松	平泉市	榆树林子镇	二道杖子村	水帘洞庙西侧	118.987820	41.273145	110	三级	15.4	104	8
13082300238	油松	平泉市	榆树林子镇	二道杖子村	水帘洞庙西侧	118.987733	41.273112	110	三级	14.2	87	7
13082300239	油松	平泉市	榆树林子镇	二道杖子村	水帘洞庙西侧	118.987772	41.273059	110	三级	15.4	110	8
13082300240	油松	平泉市	榆树林子镇	二道杖子村	水帘洞庙西侧	118.987722	41.273051	110	三级	13.8	93	6
13082300241	油松	平泉市	榆树林子镇	二道杖子村	水帘洞庙西侧	118.987795	41.273095	110	三级	15.4	107	8
13082300242	油松	平泉市	榆树林子镇	二道杖子村	水帘洞庙前	118.987878	41.272860	133	三级	6.4	100	8
13082300243	五角枫	平泉市	榆树林子镇	二道杖子村	水帘洞沟底	118.986100	41.272117	320	二级	14.7	356	20
13082300244	五角枫	平泉市	榆树林子镇	二道杖子村	水帘洞沟底	118.985733	41.271654	120	三级	9.5	160	11
13082300245	五角枫	平泉市	榆树林子镇	二道杖子村	水帘洞沟底	118.985377	41.271301	120	三级	9.9	148	11
13082300246	五角枫	平泉市	榆树林子镇	二道杖子村	水帘洞沟底	118.984935	41.271189	120	三级	9.7	155	10
13082300247	五角枫	平泉市	榆树林子镇	二道杖子村	水帘洞沟底	118.984923	41.271257	120	三级	9.4	145	12
13082300248	五角枫	平泉市	榆树林子镇	二道杖子村	水帘洞沟底	118.984738	41.271001	120	三级	8.2	130	12
13082300249	五角枫	平泉市	榆树林子镇	二道杖子村	水帘洞沟底	118.985255	41.270876	120	三级	9.0	120	10
13082300250	五角枫	平泉市	榆树林子镇	二道杖子村	水帘洞沟门山腰	118.982778	41.269288	120	三级	10.7	140	9
13082300251	蒙古栎	平泉市	榆树林子镇	二道杖子村	水帘洞沟门山腰	118.982743	41.269721	180	三级	11.5	209	12
13082300252	蒙古栎	平泉市	榆树林子镇	二道杖子村	水帘洞沟门梁顶	118.982302	41.268988	150	三级	7.2	147	11
13082300253	五角枫	平泉市	榆树林子镇	二道杖子村	花根山	118.981902	41.256413	110	三级	6.6	180	11
13082300254	蒙古栎	平泉市	榆树林子镇	二道杖子村	桦树洼	118.941785	41.275557	110	三级	14.6	150	10
13082300255	蒙古栎	平泉市	榆树林子镇	二道杖子村	桦树洼	118.941910	41.275496	110	三级	8.5	145	8

（续表）

编号	中文名	县（市）	乡（镇）	村（社区）组	小地名	地理坐标（东经）	地理坐标（北纬）	估测树龄	古树等级	树高（m）	胸围（cm）	冠幅（m）
13082300256	蒙古栎	平泉市	榆树林子镇	二道杖子村	桦树洼	118.941169	41.275440	110	三级	8.3	142	7
13082300257	蒙古栎	平泉市	榆树林子镇	二道杖子村	桦树洼	118.941850	41.275600	110	三级	8.3	140	7
13082300258	蒙古栎	平泉市	榆树林子镇	二道杖子村	桦树洼	118.941878	41.275695	110	三级	11.0	122	8
13082300259	蒙古栎	平泉市	榆树林子镇	二道杖子村	桦树洼	118.941848	41.275703	110	三级	9.6	144	8
13082300260	蒙古栎	平泉市	榆树林子镇	二道杖子村	桦树洼	118.941780	41.275796	110	三级	9.3	148	7
13082300261	蒙古栎	平泉市	榆树林子镇	二道杖子村	桦树洼	118.941793	41.275780	110	三级	8.4	146	7
13082300262	蒙古栎	平泉市	榆树林子镇	二道杖子村	桦树洼	118.941650	41.275817	110	三级	8.3	135	6
13082300263	蒙古栎	平泉市	榆树林子镇	二道杖子村	桦树洼	118.941617	41.275715	110	三级	7.1	157	7
13082300264	蒙古栎	平泉市	榆树林子镇	二道杖子村	刘营子后山	118.972128	41.264849	320	二级	8.5	247	15
13082300265	蒙古栎	平泉市	榆树林子镇	二道杖子村	刘营子后山	118.972150	41.264750	290	三级	7.0	193	7
13082300266	黑弹树	平泉市	榆树林子镇	二道杖子村	高家窝铺祝保荣房后	118.975520	41.263906	130	三级	13.6	118	10
13082300267	黑弹树	平泉市	榆树林子镇	二道杖子村	高家窝铺祝保荣房后	118.975505	41.263855	130	三级	13.6	140	9
13082300268	黑弹树	平泉市	榆树林子镇	二道杖子村	高家窝铺祝保荣房后	118.975487	41.263810	130	三级	13.6	130	7
13082300269	黑弹树	平泉市	榆树林子镇	二道杖子村	高家窝铺祝保荣房后	118.975428	41.263958	130	三级	11.3	148	8
13082300270	五角枫	平泉市	榆树林子镇	二道杖子村	东台子小东山	118.988889	41.247743	320	二级	11.3	208	12
13082300271	五角枫	平泉市	榆树林子镇	二道杖子村	东台子小东山	118.989070	41.247425	320	二级	11.6	195	12
13082300272	榆树	平泉市	榆树林子镇	放牛沟村	王营子	118.964557	41.290985	203	三级	12.2	492	14
13082300273	五角枫	平泉市	榆树林子镇	放牛沟村	大营子南山	119.007650	41.282552	403	二级	10.6	213	11
13082300274	油松	平泉市	榆树林子镇	放牛沟村	老爷岭老爷庙内	119.022310	41.300201	213	三级	8.6	182	13
13082300275	五角枫	平泉市	榆树林子镇	放牛沟村	丁家沟南山	119.015535	41.298100	208	二级	16.2	310	14
13082300276	榆树	平泉市	榆树林子镇	南台子村	张营子张瑞林房东	119.023058	41.278351	113	三级	11.6	184	10
13082300277	榆树	平泉市	榆树林子镇	南台子村	张营子王志军门前	119.022575	41.278697	113	三级	12.0	278	9
13082300278	榆树	平泉市	榆树林子镇	南台子村	张营子耿焕学门前	119.023075	41.279416	113	三级	12.9	219	14
13082300279	五角枫	平泉市	榆树林子镇	南台子村	小西沟老孙家门前	119.005693	41.271805	223	三级	9.2	240	9
13082300280	五角枫	平泉市	榆树林子镇	南台子村	小西沟老孙家门前	119.005697	41.271773	223	三级	10.1	135	6
13082300281	油松	平泉市	榆树林子镇	喇嘛店村	喇嘛洞沟脑老房子前	119.101045	41.272593	113	三级	14.1	155	9
13082300282	油松	平泉市	榆树林子镇	喇嘛店村	喇嘛洞沟脑老房子后	119.101063	41.272797	113	三级	10.5	131	8
13082300283	五角枫	平泉市	榆树林子镇	喇嘛店村	喇嘛洞东山	119.104765	41.271150	183	三级	8.4	152	9
13082300284	五角枫	平泉市	榆树林子镇	北井村	喇嘛洞东山坡	119.104888	41.271383	183	三级	7.3	140	9
13082300285	五角枫	平泉市	榆树林子镇	范杖子村	前营子后山	119.123142	41.226886	303	二级	8.6	242	9
13082300286	五角枫	平泉市	榆树林子镇	范杖子村	前营子后山	119.122903	41.227575	303	二级	13.8	262	12
13082300287	五角枫	平泉市	榆树林子镇	范杖子村	前营子后山	119.122490	41.227723	303	二级	8.3	140	10
13082300288	大果榆	平泉市	榆树林子镇	范杖子村	前营子后山	119.122825	41.228291	153	二级	7.3	224	9
13082300289	五角枫	平泉市	榆树林子镇	范杖子村	前营子后山	119.122917	41.228493	303	二级	7.8	176	11
13082300290	五角枫	平泉市	榆树林子镇	范杖子村	前营子后山	119.122793	41.228982	303	二级	8.9	139	8
13082300291	五角枫	平泉市	榆树林子镇	范杖子村	前营子后山	119.122460	41.229308	203	三级	6.3	108	5
13082300292	五角枫	平泉市	榆树林子镇	范杖子村	前营子后山	119.122408	41.229308	153	三级	5.2	125	4
13082300293	五角枫	平泉市	榆树林子镇	范杖子村	前营子前山	119.121193	41.224984	123	三级	10.7	140	9
13082300294	五角枫	平泉市	榆树林子镇	范杖子村	前营子前山	119.122938	41.224816	123	三级	8.3	156	9
13082300295	榆树	平泉市	榆树林子镇	范杖子村	西山李家坟地	119.110312	41.250157	260	三级	12.3	172	14
13082300296	榆树	平泉市	榆树林子镇	范杖子村	西山李家坟地	119.110118	41.250001	260	三级	12.8	268	16
13082300297	榆树	平泉市	榆树林子镇	果树园村	大营子村内	119.166512	41.230177	213	三级	8.3	207	10
13082300298	旱柳	平泉市	榆树林子镇	果树园村	江家坟地	119.207125	41.241602	110	三级	13.4	209	14
13082300299	旱柳	平泉市	榆树林子镇	果树园村	庙后	119.199428	41.228430	110	三级	14.5	164	12
13082300300	油松	平泉市	榆树林子镇	吴家店村	大来营子纯性寺内	119.212577	41.286893	203	三级	9.7	127	7
13082300301	油松	平泉市	榆树林子镇	吴家店村	大来营子纯性寺内	119.212662	41.287036	203	三级	9.3	120	10
13082300302	垂柳	平泉市	榆树林子镇	吴家店村	大来营子四组王永强家门前	119.214087	41.285425	110	三级	13.4	178	17
13082300303	旱柳	平泉市	榆树林子镇	吴家店村	东沟六组王瑞久门前	119.221695	41.298014	110	三级	20.0	280	16
13082300304	榆树	平泉市	榆树林子镇	半截沟村	范家沟门王波门前	119.178487	41.282365	110	三级	16.0	275	20
13082300305	旱柳	平泉市	榆树林子镇	河北村	松树底	119.015697	41.187403	123	三级	12.3	570	15
13082300306	五角枫	平泉市	榆树林子镇	河北村	色树梁	119.002080	41.208883	258	三级	8.1	333	14
13082300307	五角枫	平泉市	榆树林子镇	连云海社区村	红石砬色树梁顶	119.088258	41.210336	123	三级	9.8	280	9
13082300308	榆树	平泉市	榆树林子镇	连云海社区村	寇杖子小沟脑	119.063687	41.194216	110	三级	13.8	253	16
13082300309	旱柳	平泉市	榆树林子镇	连云海社区村	杨树底下刘子明房东	119.115324	41.204329	503	一级	9.6	619	11
13082300310	榆树	平泉市	榆树林子镇	连云海社区村	杨树底下庄后	119.113773	41.204912	123	三级	12.8	224	11
13082300311	榆树	平泉市	榆树林子镇	连云海社区村	杨树底下庄后	119.114013	41.204943	153	三级	8.4	218	11
13082300312	榆树	平泉市	榆树林子镇	连云海社区村	杨树底下庄后	119.114065	41.204884	153	三级	9.2	270	12

(续表)

编号	中文名	县（市）	乡（镇）	村（社区）组	小地名	地理坐标（东经）	地理坐标（北纬）	估测树龄	古树等级	树高（m）	胸围（cm）	冠幅（m）
13082300313	榆树	平泉市	榆树林子镇	连云海社区村	杨树底下庄后	119.114633	41.204898	189	三级	13.5	189	14
13082300314	榆树	平泉市	榆树林子镇	连云海社区村	杨树底下庄后	119.114793	41.204827	203	三级	9.8	340	14
13082300315	油松	平泉市	柳溪镇	大窝铺村	喇嘛店小庙	118.493012	41.330640	380	二级	11.6	281	14
13082300316	油松	平泉市	柳溪镇	大窝铺村	喇嘛店小庙西山根	118.491540	41.330980	270	三级	9.1	185	13
13082300317	旱柳	平泉市	柳溪镇	大窝铺村	水泉沟沟口河南地边	118.503050	41.324899	128	三级	13.4	248	7
13082300318	紫椴	平泉市	柳溪镇	大窝铺村	烂石窖路南	118.502525	41.315476	123	三级	12.6	199	8
13082300319	旱柳	平泉市	梓椤树镇	东门杖子村	东大岭庄	118.886220	40.761021	220	三级	15.5	485	14
13082300320	槲树	平泉市	梓椤树镇	东门杖子村	南沟庄	118.871017	40.755920	100	三级	11.5	163	13
13082300321	榆树	平泉市	梓椤树镇	李家庄村	庄里	118.855390	40.772552	150	三级	14.4	300	16
13082300322	槲树	平泉市	梓椤树镇	李家庄村	庄北路边	118.852247	40.776593	250	三级	4.5	238	5
13082300323	油松	平泉市	梓椤树镇	李家庄村	齐家庄	118.860057	40.762369	200	三级	6.1	230	16
13082300324	油松	平泉市	梓椤树镇	二道沟村	徐家庄后地	118.850112	40.766032	150	三级	11.0	166	13
13082300325	油松	平泉市	梓椤树镇	二道沟村	徐家庄西山	118.848554	40.765315	180	三级	17.8	178	11
13082300326	油松	平泉市	梓椤树镇	倪杖子村	倪杖子小学后山	118.833853	40.852169	350	二级	7.5	194	17
13082300327	黑弹树	平泉市	梓椤树镇	倪杖子村	康家沟	118.825685	40.749208	350	二级	18.1	250	12
13082300328	油松	平泉市	梓椤树镇	倪杖子村	康家沟沟夹梁头	118.825335	40.750093	200	三级	12.4	170	12
13082300329	油松	平泉市	梓椤树镇	倪杖子村	康家沟刘家坟	118.826678	40.749037	350	二级	17.1	232	13
13082300330	榆树	平泉市	梓椤树镇	梓椤树社区村	南洞子庄	118.805448	40.716060	400	二级	23.6	460	26
13082300331	榆树	平泉市	梓椤树镇	梓椤树社区村	庄南	118.805378	40.714441	300	二级	17.7	280	17
13082300332	油松	平泉市	梓椤树镇	八十亩地新村	后山台子	118.815124	40.774685	100	三级	11.0	145	12
13082300333	油松	平泉市	梓椤树镇	八十亩地新村	北洞子前庄	118.810360	40.751381	150	三级	13.1	179	7
13082300334	旱柳	平泉市	梓椤树镇	梓椤树社区村	郭杖子村路北	118.786320	40.731161	150	三级	15.3	403	14
13082300335	油松	平泉市	梓椤树镇	梓椤树社区村	毛家沟东山山下	118.785000	40.755498	120	三级	14.2	160	10
13082300336	油松	平泉市	梓椤树镇	梓椤树社区村	毛家沟东山山下	118.785035	40.755494	120	三级	12.5	116	10
13082300337	油松	平泉市	梓椤树镇	梓椤树社区村	毛家沟东山山下	118.785046	40.755505	120	三级	15.0	136	10
13082300338	油松	平泉市	梓椤树镇	梓椤树社区村	毛家沟东山山下	118.785090	40.755536	120	三级	16.2	130	10
13082300339	油松	平泉市	梓椤树镇	梓椤树社区村	毛家沟东山山下	118.785108	40.755556	100	三级	16.1	123	10
13082300340	油松	平泉市	梓椤树镇	梓椤树社区村	毛家沟东山山下	118.785123	40.755490	120	三级	16.1	162	13
13082300341	油松	平泉市	梓椤树镇	梓椤树社区村	毛家沟东山山下	118.785151	40.755541	120	三级	17.2	172	14
13082300342	油松	平泉市	梓椤树镇	梓椤树社区村	毛家沟东山山下	118.785246	40.755655	120	三级	16.0	132	13
13082300343	油松	平泉市	梓椤树镇	梓椤树社区村	毛家沟东山山下	118.785326	40.755618	120	三级	16.4	130	14
13082300344	油松	平泉市	梓椤树镇	梓椤树社区村	毛家沟东山山下	118.785415	40.755637	120	三级	17.5	146	15
13082300345	油松	平泉市	梓椤树镇	梓椤树社区村	毛家沟东山山下	118.785484	40.755630	120	三级	17.6	168	11
13082300346	油松	平泉市	梓椤树镇	梓椤树社区村	毛家沟东山山下	118.785010	40.755658	180	三级	15.1	196	10
13082300347	油松	平泉市	梓椤树镇	梓椤树社区村	毛家沟东山山下	118.785008	40.755680	180	三级	16.1	182	11
13082300348	油松	平泉市	梓椤树镇	梓椤树社区村	毛家沟东山山下	118.786534	40.760247	200	三级	13.8	196	18
13082300349	油松	平泉市	梓椤树镇	梓椤树社区村	毛家沟连家沟门	118.780993	40.750733	200	三级	9.5	246	18
13082300350	油松	平泉市	梓椤树镇	梓椤树社区村	王家沟周杖子西山	118.766407	40.765716	300	二级	7.4	289	12
13082300351	油松	平泉市	梓椤树镇	梓椤树社区村	王家沟王杖子西山阴坡	118.766092	40.765920	200	三级	11.0	230	13
13082300352	油松	平泉市	梓椤树镇	梓椤树社区村	金杖子5组后山	118.753764	40.736150	350	二级	10.5	240	23
13082300353	油松	平泉市	梓椤树镇	梓椤树社区村	金杖子5组后山	118.753858	40.736448	350	二级	15.5	238	16
13082300354	油松	平泉市	梓椤树镇	梓椤树社区村	金杖子6组后山	118.754021	40.736756	350	二级	14.1	263	16
13082300355	榆树	平泉市	梓椤树镇	梓椤树社区村	马村子庄里	118.728475	40.735656	350	二级	21.4	502	12
13082300356	油松	平泉市	梓椤树镇	南黄土梁子村	刘家坟地	118.720280	40.737430	400	二级	17.5	260	20
13082300357	油松	平泉市	梓椤树镇	南黄土梁子村	刘家坟地	118.720234	40.737430	400	二级	16.1	301	22
13082300358	榆树	平泉市	梓椤树镇	南黄土梁子村	南黄土梁子庄	118.718787	40.735308	240	三级	15.6	415	19
13082300359	榆树	平泉市	梓椤树镇	下营坊村	南梁梁上	118.681448	40.721671	100	三级	13.5	210	12
13082300360	槲树	平泉市	梓椤树镇	下营坊村	南梁梁上	118.681420	40.721597	100	三级	10.1	232	10
13082300361	五角枫	平泉市	道虎沟乡	东梁村	小山	118.803865	40.942926	400	二级	12.2	248	13
13082300362	槲树	平泉市	道虎沟乡	老爷庙村	翟家沟翟耀国后院	118.733671	40.926535	400	二级	8.9	305	8
13082300363	榆树	平泉市	道虎沟乡	大营子村	大营子小学	118.709173	40.936766	200	三级	18.0	461	20
13082300364	油松	平泉市	道虎沟乡	丁杖子村	丁家坟	118.730624	40.941389	210	三级	8.8	172	13
13082300365	油松	平泉市	道虎沟乡	丁杖子村	丁家坟	118.730679	40.941360	210	三级	12.6	152	11
13082300366	油松	平泉市	道虎沟乡	丁杖子村	丁家坟	118.730671	40.941301	210	三级	13.8	168	11
13082300367	油松	平泉市	道虎沟乡	丁杖子村	丁家坟	118.730664	40.941264	210	三级	15.6	203	15
13082300368	油松	平泉市	道虎沟乡	丁杖子村	丁家坟	118.731019	40.941212	210	三级	15.2	204	15
13082300369	油松	平泉市	道虎沟乡	丁杖子村	丁家坟	118.730948	40.941212	210	三级	9.0	158	13

编号	中文名	县（市）	乡（镇）	村（社区）组	小地名	地理坐标（东经）	地理坐标（北纬）	估测树龄	古树等级	树高（m）	胸围（cm）	冠幅（m）
13082300370	油松	平泉市	道虎沟乡	丁杖子村	丁家坟	118.730851	40.941196	210	三级	11.5	150	10
13082300371	油松	平泉市	道虎沟乡	丁杖子村	丁家坟	118.730734	40.941186	210	三级	13.4	155	14
13082300372	油松	平泉市	道虎沟乡	丁杖子村	丁家坟	118.730653	40.941168	210	三级	15.1	168	8
13082300373	油松	平泉市	道虎沟乡	丁杖子村	丁家坟	118.730519	40.941133	210	三级	19.4	214	16
13082300374	油松	平泉市	道虎沟乡	丁杖子村	丁家坟	118.730408	40.941080	210	三级	15.4	252	12
13082300375	油松	平泉市	道虎沟乡	丁杖子村	丁家坟	118.730403	40.941011	210	三级	14.0	192	10
13082300376	油松	平泉市	道虎沟乡	丁杖子村	丁家坟	118.730438	40.940978	210	三级	16.2	304	11
13082300377	油松	平泉市	道虎沟乡	丁杖子村	丁家坟	118.730461	40.940964	210	三级	16.3	208	12
13082300378	油松	平泉市	道虎沟乡	丁杖子村	丁家坟	118.730584	40.941016	210	三级	15.6	185	14
13082300379	油松	平泉市	道虎沟乡	丁杖子村	丁家坟	118.730430	40.940828	210	三级	14.2	209	10
13082300380	油松	平泉市	道虎沟乡	丁杖子村	丁家坟	118.730446	40.940782	210	三级	16.8	199	10
13082300381	油松	平泉市	道虎沟乡	丁杖子村	丁家坟	118.730448	40.940717	210	三级	10.2	160	9
13082300382	油松	平泉市	道虎沟乡	丁杖子村	丁家坟	118.730470	40.940643	210	三级	13.8	206	10
13082300383	油松	平泉市	道虎沟乡	丁杖子村	丁家坟	118.730554	40.940660	210	三级	20.5	259	14
13082300384	油松	平泉市	道虎沟乡	丁杖子村	丁家坟	118.730638	40.940678	210	三级	20.8	215	10
13082300385	油松	平泉市	道虎沟乡	丁杖子村	丁家坟	118.730711	40.940728	210	三级	21.7	234	14
13082300386	榆树	平泉市	道虎沟乡	李家梁子村	大榆树林	118.706466	40.962504	510	一级	16.6	625	22
13082300387	油松	平泉市	党坝镇	大吉口村	小庙子	118.577222	40.800186	210	三级	21.0	212	12
13082300388	油松	平泉市	党坝镇	大吉口村	小庙子	118.577232	40.800190	210	三级	18.4	252	15
13082300389	旱柳	平泉市	党坝镇	党坝社区村	四道河子	118.580077	40.783640	150	三级	20.3	440	20
13082300390	刺槐	平泉市	党坝镇	党坝社区村	党坝河北	118.590845	40.774238	100	三级	19.6	310	14
13082300391	五角枫	平泉市	党坝镇	党坝社区村	煤岭子庙山	118.586462	40.755601	150	三级	6.1	117	7
13082300392	油松	平泉市	党坝镇	暖泉村	丁家坟	118.586122	40.740349	200	三级	15.5	202	13
13082300393	侧柏	平泉市	党坝镇	暖泉村	庙后洼	118.592918	40.738496	300	二级	3.7	79	5
13082300394	侧柏	平泉市	党坝镇	暖泉村	庙后洼	118.592895	40.738649	300	二级	8.3	118	6
13082300395	侧柏	平泉市	党坝镇	暖泉村	庙后洼	118.593128	40.738763	200	三级	5.6	88	5
13082300396	侧柏	平泉市	党坝镇	暖泉村	庙后洼	118.593145	40.738797	200	三级	8.1	110	4
13082300397	侧柏	平泉市	党坝镇	暖泉村	庙后洼	118.593212	40.738959	200	三级	7.5	92	4
13082300398	侧柏	平泉市	党坝镇	暖泉村	庙后洼	118.593270	40.739067	200	三级	5.5	108	5
13082300399	侧柏	平泉市	党坝镇	暖泉村	庙后洼	118.593298	40.738949	200	三级	10.5	112	8
13082300400	侧柏	平泉市	党坝镇	暖泉村	庙后洼	118.593418	40.739337	200	三级	7.0	95	4
13082300401	侧柏	平泉市	党坝镇	暖泉村	庙后洼	118.593405	40.739388	200	三级	9.2	120	7
13082300402	侧柏	平泉市	党坝镇	暖泉村	庙后洼	118.592872	40.739557	200	三级	6.0	105	6
13082300403	侧柏	平泉市	党坝镇	暖泉村	庙后洼	118.592827	40.739546	200	三级	5.6	75	4
13082300404	侧柏	平泉市	党坝镇	暖泉村	庙后洼	118.592647	40.739512	200	三级	5.0	55	3
13082300405	侧柏	平泉市	党坝镇	暖泉村	庙后洼	118.592820	40.739532	200	三级	6.0	60	4
13082300406	侧柏	平泉市	党坝镇	暖泉村	庙后洼	118.592528	40.739331	200	三级	5.0	68	5
13082300407	侧柏	平泉市	党坝镇	暖泉村	庙后洼	118.592713	40.739246	200	三级	9.2	72	3
13082300408	侧柏	平泉市	党坝镇	暖泉村	庙后洼	118.592363	40.739064	210	三级	6.5	59	4
13082300409	侧柏	平泉市	党坝镇	暖泉村	庙后洼	118.592007	40.739017	200	三级	5.0	85	5
13082300410	侧柏	平泉市	党坝镇	暖泉村	庙后洼	118.592023	40.739006	200	三级	6.0	75	4
13082300411	侧柏	平泉市	党坝镇	暖泉村	庙后洼	118.592112	40.738887	200	三级	4.9	88	5
13082300412	侧柏	平泉市	党坝镇	暖泉村	庙后洼	118.592000	40.738917	200	三级	5.5	78	4
13082300413	侧柏	平泉市	党坝镇	暖泉村	庙后洼	118.592047	40.738835	200	三级	5.0	130	6
13082300414	侧柏	平泉市	党坝镇	暖泉村	庙后洼	118.592047	40.738808	200	三级	6.1	88	3
13082300415	侧柏	平泉市	党坝镇	暖泉村	庙后洼	118.591587	40.738794	200	三级	5.8	85	4
13082300416	侧柏	平泉市	党坝镇	暖泉村	庙后洼	118.591689	40.738849	300	二级	4.8	75	4
13082300417	侧柏	平泉市	党坝镇	暖泉村	庙后洼	118.591451	40.738814	300	二级	4.5	60	4
13082300418	侧柏	平泉市	党坝镇	暖泉村	庙后洼	118.591356	40.738813	300	二级	5.5	95	5
13082300419	侧柏	平泉市	党坝镇	暖泉村	庙后洼	118.591401	40.738784	300	二级	4.5	57	4
13082300420	侧柏	平泉市	党坝镇	暖泉村	庙后洼	118.591401	40.738782	300	二级	5.1	108	4
13082300421	侧柏	平泉市	党坝镇	暖泉村	庙后洼	118.591391	40.738717	300	二级	4.8	65	4
13082300422	侧柏	平泉市	党坝镇	暖泉村	庙后洼	118.591372	40.738717	300	二级	5.9	80	6
13082300423	侧柏	平泉市	党坝镇	暖泉村	庙后洼	118.591316	40.738700	300	二级	6.1	81	6
13082300424	侧柏	平泉市	党坝镇	暖泉村	庙后洼	118.591273	40.738630	300	二级	7.5	96	5
13082300425	侧柏	平泉市	党坝镇	暖泉村	庙后洼	118.591257	40.738627	300	二级	6.1	81	5
13082300426	侧柏	平泉市	党坝镇	暖泉村	庙后洼	118.591264	40.738626	300	二级	6.1	96	4

(续表)

编号	中文名	县（市）	乡（镇）	村（社区）组	小地名	地理坐标（东经）	地理坐标（北纬）	估测树龄	古树等级	树高（m）	胸围（cm）	冠幅（m）
13082300427	侧柏	平泉市	党坝镇	暖泉村	庙后洼	118.591269	40.738620	300	二级	4.5	68	4
13082300428	侧柏	平泉市	党坝镇	暖泉村	庙后洼	118.591275	40.738621	300	二级	6.0	84	5
13082300429	侧柏	平泉市	党坝镇	暖泉村	庙后洼	118.591261	40.738622	300	二级	5.2	88	4
13082300430	侧柏	平泉市	党坝镇	暖泉村	庙后洼	118.591274	40.738612	300	二级	6.0	98	5
13082300431	侧柏	平泉市	党坝镇	暖泉村	庙后洼	118.591284	40.738613	300	二级	4.0	55	3
13082300432	侧柏	平泉市	党坝镇	暖泉村	庙后洼	118.591252	40.738620	300	二级	4.8	76	4
13082300433	侧柏	平泉市	党坝镇	暖泉村	庙后洼	118.591290	40.738591	300	二级	4.0	48	3
13082300434	侧柏	平泉市	党坝镇	暖泉村	庙后洼	118.591314	40.738597	300	二级	5.2	94	5
13082300435	侧柏	平泉市	党坝镇	暖泉村	庙后洼	118.591313	40.738589	300	二级	3.9	50	3
13082300436	侧柏	平泉市	党坝镇	暖泉村	庙后洼	118.591312	40.738579	300	二级	5.2	85	4
13082300437	侧柏	平泉市	党坝镇	暖泉村	庙后洼	118.591380	40.738509	300	二级	5.0	96	4
13082300438	槲树	平泉市	党坝镇	暖泉村	梨树沟门	118.584470	40.740735	200	三级	15.3	306	28
13082300439	油松	平泉市	党坝镇	暖泉村	暖泉大梁	118.588050	40.733666	200	三级	9.8	156	13
13082300440	油松	平泉市	党坝镇	暖泉村	暖泉大梁	118.588219	40.733625	200	三级	11.2	116	11
13082300441	油松	平泉市	党坝镇	暖泉村	暖泉大梁	118.588177	40.733571	200	三级	12.8	134	11
13082300442	油松	平泉市	党坝镇	暖泉村	暖泉大梁	118.588198	40.733354	200	三级	13.3	124	14
13082300443	油松	平泉市	党坝镇	暖泉村	暖泉大梁	118.588277	40.733491	200	三级	13.6	158	12
13082300444	油松	平泉市	党坝镇	暖泉村	暖泉大梁	118.588410	40.733535	200	三级	9.3	159	15
13082300445	榆树	平泉市	党坝镇	暖泉村	孟家坟	118.593340	40.730583	200	三级	16.6	298	25
13082300446	槲树	平泉市	党坝镇	大石湖村	岔沟里	118.521927	40.723591	100	三级	6.7	145	15
13082300447	油松	平泉市	党坝镇	大石湖村	大石湖前山	118.526499	40.702160	200	三级	6.8	201	19
13082300448	油松	平泉市	党坝镇	大石湖村	大石湖前山	118.528084	40.705597	200	三级	6.5	185	12
13082300449	榆树	平泉市	党坝镇	双兴村	郑杖子	118.670522	40.789983	110	三级	17.0	241	19
13082300450	榆树	平泉市	党坝镇	南沟门村	老村子庄头	118.651198	40.754172	200	三级	11.9	320	19
13082300451	油松	平泉市	党坝镇	四家村	庄头	118.663563	40.754830	200	三级	8.1	202	12
13082300452	油松	平泉市	党坝镇	四家村	庄南	118.666118	40.755991	200	三级	12.1	240	20
13082300453	侧柏	平泉市	党坝镇	四家村	四家村后山	118.665630	40.764109	200	三级	4.5	30	2
13082300454	侧柏	平泉市	党坝镇	四家村	四家村后山	118.664715	40.763232	200	三级	9.1	61	3
13082300455	侧柏	平泉市	党坝镇	四家村	四家村后山	118.664708	40.763144	200	三级	4.0	42	2
13082300456	槲树	平泉市	南五十家子镇	大杨杖子村	土圪瘩北山	118.658885	40.927519	200	三级	9.5	258	10
13082300457	蒙桑	平泉市	道虎沟乡	李家梁子村	高家沟	118.698405	40.952595	400	二级	11.2	178	12
13082300458	蒙桑	平泉市	道虎沟乡	李家梁子村	高家沟	118.698242	40.952669	300	二级	6.8	96	9
13082300459	蒙桑	平泉市	道虎沟乡	李家梁子村	高家沟	118.698327	40.952719	300	二级	7.3	108	12
13082300460	蒙桑	平泉市	道虎沟乡	李家梁子村	高家沟	118.697475	40.952964	300	二级	9.6	126	14
13082300461	蒙桑	平泉市	道虎沟乡	李家梁子村	高家沟	118.695787	40.952981	150	三级	6.3	98	8
13082300462	蒙桑	平泉市	道虎沟乡	李家梁子村	高家沟	118.695110	40.952939	500	一级	11.0	160	14
13082300463	蒙桑	平泉市	道虎沟乡	李家梁子村	高家沟	118.695063	40.952868	500	一级	10.2	226	14
13082300464	蒙桑	平泉市	道虎沟乡	李家梁子村	高家沟	118.695062	40.952945	500	一级	10.0	180	12
13082300465	蒙桑	平泉市	道虎沟乡	李家梁子村	高家沟	118.697072	40.953650	500	一级	8.3	228	16
13082300466	蒙桑	平泉市	道虎沟乡	李家梁子村	高家沟	118.696947	40.953561	500	一级	8.5	119	11
13082300467	蒙桑	平泉市	道虎沟乡	李家梁子村	高家沟	118.696857	40.953461	500	一级	9.6	197	18
13082300468	蒙桑	平泉市	道虎沟乡	李家梁子村	高家沟	118.697093	40.953414	300	二级	7.4	96	9
13082300469	蒙桑	平泉市	道虎沟乡	李家梁子村	高家沟	118.698368	40.953217	200	三级	8.5	146	14
13082300470	蒙桑	平泉市	道虎沟乡	李家梁子村	高家沟	118.698912	40.953032	500	一级	11.0	254	12
13082300471	蒙桑	平泉市	道虎沟乡	李家梁子村	高家沟	118.698527	40.952354	500	一级	7.3	155	12
13082300472	蒙桑	平泉市	道虎沟乡	李家梁子村	邱家沟	118.699408	40.954798	200	三级	9.7	120	8
13082300473	蒙桑	平泉市	道虎沟乡	李家梁子村	邱家沟	118.699242	40.955229	150	三级	7.1	93	11
13082300474	蒙桑	平泉市	道虎沟乡	李家梁子村	邱家沟	118.699408	40.955126	150	三级	7.8	84	7
13082300475	榆树	平泉市	七沟镇	崖门子社区村	北杖子村路边	118.361153	40.896396	220	三级	13.5	282	21
13082300476	油松	平泉市	七沟镇	崖门子社区村	南杖子东山根	118.369527	40.886886	110	三级	13.8	128	10
13082300477	油松	平泉市	七沟镇	崖门子社区村	南杖子东山	118.369555	40.886920	210	三级	13.5	118	10
13082300478	侧柏	平泉市	七沟镇	崖门子社区村	南杖子东山	118.370391	40.889869	200	三级	8.2	141	12
13082300479	侧柏	平泉市	七沟镇	崖门子社区村	南杖子东山	118.370600	40.889894	200	三级	8.5	152	13
13082300480	槲树	平泉市	七沟镇	崖门子社区村	前杖子东沟里后山	118.424357	40.947622	270	三级	8.4	267	12
13082300481	杏	平泉市	七沟镇	崖门子社区村	前杖子东沟里前山	118.425637	40.947103	120	三级	4.2	172	5
13082300482	杏	平泉市	七沟镇	崖门子社区村	前杖子东沟里10组前山	118.425622	40.947075	120	三级	6.5	165	7
13082300483	五角枫	平泉市	七沟镇	崖门子社区村	前杖子东沟里前山	118.425808	40.946513	200	三级	7.1	225	12

（续表）

编号	中文名	县（市）	乡（镇）	村（社区）组	小地名	地理坐标（东经）	地理坐标（北纬）	估测树龄	古树等级	树高（m）	胸围（cm）	冠幅（m）
13082300484	五角枫	平泉市	七沟镇	崖门子社区村	前杖子东沟里后山	118.425808	40.946514	110	三级	9.8	150	12
13082300485	五角枫	平泉市	七沟镇	崖门子社区村	前杖子东沟里后山	118.424418	40.947685	120	三级	9.5	88	11
13082300486	杏	平泉市	七沟镇	崖门子社区村	前杖子村东沟里	118.419958	40.941495	150	三级	5.2	255	19
13082300487	油松	平泉市	七沟镇	崖门子社区村	前杖子袁家坟地	118.392277	40.943195	150	三级	10.5	180	11
13082300488	五角枫	平泉市	七沟镇	崖门子社区村	西杖子北山顶	118.381153	40.923900	200	三级	6.8	202	15
13082300489	油松	平泉市	七沟镇	崖门子社区村	西杖子平台子	118.410833	40.924900	200	三级	13.1	218	20
13082300490	侧柏	平泉市	七沟镇	崖门子社区村	曹碾沟料北沟阳坡	118.429142	40.894627	110	三级	2.6	28	3
13082300491	侧柏	平泉市	七沟镇	崖门子社区村	曹碾沟料北沟阳坡	118.429105	40.894582	110	三级	2.7	30	3
13082300492	侧柏	平泉市	七沟镇	崖门子社区村	曹碾沟料北沟阳坡	118.429678	40.894609	110	三级	2.8	29	2
13082300493	侧柏	平泉市	七沟镇	崖门子社区村	曹碾沟料北沟阳坡	118.429763	40.894688	110	三级	2.9	33	3
13082300494	侧柏	平泉市	七沟镇	崖门子社区村	曹碾沟料北沟阳坡	118.427776	40.894735	110	三级	1.6	22	2
13082300495	侧柏	平泉市	七沟镇	崖门子社区村	曹碾沟料北沟阳坡	118.427839	40.894695	110	三级	1.7	26	2
13082300496	侧柏	平泉市	七沟镇	崖门子社区村	曹碾沟料北沟阳坡	118.429946	40.895820	110	三级	2.8	38	3
13082300497	侧柏	平泉市	七沟镇	崖门子社区村	曹碾沟料北沟阳坡	118.429984	40.895891	110	三级	3.1	31	3
13082300498	侧柏	平泉市	七沟镇	崖门子社区村	南杖子五道沟	118.401881	40.864499	110	三级	2.2	39	2
13082300499	侧柏	平泉市	七沟镇	崖门子社区村	南杖子五道沟	118.402157	40.864532	110	三级	2.6	19	2
13082300500	侧柏	平泉市	七沟镇	崖门子社区村	南杖子五道沟	118.401872	40.864404	110	三级	2.4	16	2
13082300501	侧柏	平泉市	七沟镇	崖门子社区村	南杖子五道沟	118.401857	40.864332	110	三级	1.9	14	2
13082300502	侧柏	平泉市	七沟镇	崖门子社区村	南杖子五道沟	118.401797	40.864372	110	三级	2.1	17	2
13082300503	侧柏	平泉市	七沟镇	崖门子社区村	南杖子五道沟	118.401775	40.864285	110	三级	2.0	22	2
13082300504	侧柏	平泉市	七沟镇	崖门子社区村	南杖子五道沟	118.399862	40.863037	130	三级	3.1	46	4
13082300505	油松	平泉市	七沟镇	东六沟村	祥云岭梁	118.371497	40.979765	218	三级	23.5	250	18
13082300506	油松	平泉市	七沟镇	东六沟村	祥云岭梁	118.371467	40.979763	200	三级	14.4	190	17
13082300507	槲树	平泉市	七沟镇	榆树林村	石湖沟门	118.404502	41.002387	200	三级	12.3	247	20
13082300508	槲树	平泉市	七沟镇	榆树林村	朴家坟	118.407948	41.005537	120	三级	11.7	165	12
13082300509	槲树	平泉市	七沟镇	榆树林村	朴家坟	118.408007	41.005400	120	三级	11.3	149	12
13082300510	槲树	平泉市	七沟镇	榆树林村	朴家坟	118.408155	41.005424	200	三级	15.8	279	19
13082300511	槲树	平泉市	七沟镇	榆树林村	朴家坟	118.408075	41.005601	120	三级	9.2	130	14
13082300512	槲树	平泉市	七沟镇	榆树林村	朴家坟	118.408095	41.005684	120	三级	12.4	130	12
13082300513	槲树	平泉市	七沟镇	榆树林村	朴家坟	118.408073	41.005660	120	三级	12.8	142	11
13082300514	蒙古栎	平泉市	七沟镇	榆树林村	朴家坟	118.407958	41.005758	120	三级	12.8	158	10
13082300515	蒙古栎	平泉市	七沟镇	榆树林村	朴家坟	118.407953	41.005742	120	三级	12.4	141	10
13082300516	油松	平泉市	七沟镇	七沟村	老府后院	118.448400	41.000743	200	三级	14.6	165	12
13082300517	旱柳	平泉市	七沟镇	七沟村	朴杖子庄	118.463158	41.002030	200	三级	20.6	550	22
13082300518	油松	平泉市	七沟镇	东升社区村	荒地小庙	118.425873	40.935942	360	二级	18.4	352	19
13082300519	侧柏	平泉市	七沟镇	东升社区村	荒地小庙	118.424877	40.935935	150	三级	4.7	85	5
13082300520	侧柏	平泉市	七沟镇	东升社区村	荒地小庙	118.424837	40.953573	150	三级	4.0	70	6
13082300521	侧柏	平泉市	七沟镇	东升社区村	荒地小庙	118.424830	40.935570	150	三级	5.1	68	6
13082300522	侧柏	平泉市	七沟镇	东升社区村	荒地小庙	118.424855	40.935991	150	三级	4.6	93	6
13082300523	侧柏	平泉市	七沟镇	东升社区村	荒地小庙	118.424795	40.936031	150	三级	6.3	84	7
13082300524	侧柏	平泉市	七沟镇	东升社区村	荒地小庙	118.424750	40.936049	150	三级	5.9	80	6
13082300525	侧柏	平泉市	七沟镇	东升社区村	荒地小庙	118.424570	40.936016	150	三级	10.1	110	9
13082300526	侧柏	平泉市	七沟镇	东升社区村	荒地小庙	118.424793	40.936062	150	三级	6.6	81	6
13082300527	侧柏	平泉市	七沟镇	东升社区村	荒地小庙	118.424802	40.936086	150	三级	6.1	78	5
13082300528	侧柏	平泉市	七沟镇	东升社区村	荒地小庙	118.424763	40.936118	150	三级	5.8	77	5
13082300529	侧柏	平泉市	七沟镇	东升社区村	荒地小庙	118.424952	40.936187	150	三级	3.1	98	6
13082300530	油松	平泉市	七沟镇	东升社区村	三义庙台子	118.450303	40.947490	300	二级	12.7	325	14
13082300531	油松	平泉市	七沟镇	东升社区村	三义庙台子	118.450297	40.947402	150	三级	15.2	140	16
13082300532	油松	平泉市	七沟镇	东升社区村	三义庙台子	118.450313	40.947243	150	三级	15.6	196	18
13082300533	油松	平泉市	七沟镇	东升社区村	三义庙台子	118.450112	40.947205	300	二级	15.8	190	18
13082300534	油松	平泉市	七沟镇	东升社区村	干沟子西岔	118.453088	40.903644	120	三级	15.8	198	9
13082300535	油松	平泉市	七沟镇	东升社区村	干沟子西岔	118.453222	40.903518	110	三级	12.2	155	10
13082300536	油松	平泉市	七沟镇	东升社区村	干沟子西岔	118.453143	40.903458	110	三级	15.4	192	11
13082300537	油松	平泉市	七沟镇	东升社区村	干沟子西岔	118.423882	40.928093	150	三级	10.0	217	17
13082300538	油松	平泉市	七沟镇	东升社区村	荒地南山根	118.439808	40.939019	120	三级	12.8	152	14
13082300539	油松	平泉市	七沟镇	东升社区村	荒地南山根	118.440749	40.938895	100	三级	11.6	111	9
13082300540	油松	平泉市	七沟镇	东升社区村	荒地南山根	118.437658	40.943577	100	三级	10.7	118	6

（续表）

编号	中文名	县（市）	乡（镇）	村（社区）组	小地名	地理坐标（东经）	地理坐标（北纬）	估测树龄	古树等级	树高（m）	胸围（cm）	冠幅（m）
13082300541	油松	平泉市	七沟镇	东升社区村	荒地南山根	118.435983	40.943408	120	三级	4.2	111	10
13082300542	椴树	平泉市	七沟镇	东升社区村	三义庙唐风沟	118.448248	40.952880	130	三级	13.4	199	14
13082300543	椴树	平泉市	七沟镇	东升社区村	三义庙唐风沟	118.448190	40.953030	200	三级	9.3	268	15
13082300544	油松	平泉市	七沟镇	东升社区村	三义庙唐风沟	118.448853	40.951817	200	三级	11.6	208	19
13082300545	油松	平泉市	七沟镇	东升社区村	三义庙王恩祥房后	118.456645	40.951118	300	二级	15.9	242	15
13082300546	榆树	平泉市	七沟镇	东升社区村	三义庙路边	118.452182	40.949058	180	三级	8.9	294	14
13082300547	椴树	平泉市	七沟镇	东升社区村	荒地村河北后山	118.443627	40.948900	260	三级	12.1	227	16
13082300548	侧柏	平泉市	七沟镇	东升社区村	西干沟子罗圈沟阳坡	118.448171	40.903957	510	一级	5.4	67	4
13082300549	侧柏	平泉市	七沟镇	东升社区村	西干沟子罗圈沟阳坡	118.448169	40.903956	510	一级	5.4	59	4
13082300550	侧柏	平泉市	七沟镇	东升社区村	西干沟子罗圈沟阳坡	118.448171	40.903958	510	一级	4.9	60	4
13082300551	侧柏	平泉市	七沟镇	东升社区村	西干沟子罗圈沟阳坡	118.448090	40.903923	110	三级	2.7	31	2
13082300552	侧柏	平泉市	七沟镇	东升社区村	西干沟子罗圈沟阳坡	118.448013	40.903978	210	三级	3.5	51	3
13082300553	椴树	平泉市	七沟镇	白石庙子村	赵家北沟三座庙	118.451470	41.059254	120	三级	9.8	176	8
13082300554	椴树	平泉市	七沟镇	白石庙子村	赵家北沟三座庙	118.451480	41.059111	120	三级	10.5	166	11
13082300555	椴树	平泉市	七沟镇	白石庙子村	赵家北沟三座庙	118.451483	41.059100	100	三级	11.6	162	9
13082300556	蒙古栎	平泉市	七沟镇	白石庙子村	赵家北沟东黄家沟	118.483142	41.050996	120	三级	11.6	134	10
13082300557	蒙古栎	平泉市	七沟镇	白石庙子村	赵家北沟东黄家沟	118.483037	41.051004	120	三级	13.2	164	10
13082300558	蒙古栎	平泉市	七沟镇	白石庙子村	赵家北沟东黄家沟	118.482995	41.051009	120	三级	13.8	198	15
13082300559	蒙古栎	平泉市	七沟镇	白石庙子村	赵家北沟东黄家沟	118.482548	41.050970	150	三级	13.7	226	17
13082300560	蒙古栎	平泉市	七沟镇	白石庙子村	赵家北沟东黄家沟	118.482913	41.051014	150	三级	13.1	162	13
13082300561	蒙古栎	平泉市	七沟镇	白石庙子村	赵家北沟东黄家沟	118.482813	41.051028	120	三级	12.9	142	11
13082300562	蒙古栎	平泉市	七沟镇	白石庙子村	赵家北沟东黄家沟	118.482785	41.050905	120	三级	13.4	189	11
13082300563	榆树	平泉市	七沟镇	白石庙子村	赵家北沟东黄家沟	118.483297	41.050525	150	三级	11.7	200	18
13082300564	油松	平泉市	七沟镇	白石庙子村	东黄家沟姜家坟	118.481084	41.045163	280	三级	19.4	256	19
13082300565	五角枫	平泉市	七沟镇	银窝沟村	半截沟门	118.527367	41.045715	210	三级	17.2	256	18
13082300566	槐	平泉市	七沟镇	圣佛庙村	圣皇庙后院	118.486020	41.005774	120	三级	14.8	203	19
13082300567	油松	平泉市	七沟镇	圣佛庙村	小学院内	118.484458	41.001682	300	二级	18.8	253	18
13082300568	油松	平泉市	七沟镇	圣佛庙村	小学院内	118.484407	41.001663	300	二级	16.5	218	15
13082300569	油松	平泉市	七沟镇	圣佛庙村	小学院内	118.484422	41.001580	300	二级	14.1	198	16
13082300570	油松	平泉市	七沟镇	柳树底村	三岔口东山根	118.434847	40.983049	180	三级	15.4	195	17
13082300571	油松	平泉市	七沟镇	柳树底村	三岔口	118.436688	40.984345	180	三级	15.2	140	11
13082300572	油松	平泉市	七沟镇	柳树底村	三岔口东山根	118.436728	40.984356	180	三级	15.0	175	15
13082300573	油松	平泉市	七沟镇	柳树底村	三岔口东山根	118.436766	40.984324	180	三级	15.6	165	13
13082300574	榆树	平泉市	七沟镇	柳树底村	三岔口	118.432755	40.983509	250	三级	23.1	279	17
13082300575	油松	平泉市	七沟镇	上平房村	西山跟下	118.415135	41.052890	150	三级	12.6	153	9
13082300576	油松	平泉市	七沟镇	上平房村	西山跟下	118.415137	41.052946	150	三级	13.1	143	10
13082300577	油松	平泉市	七沟镇	上平房村	西山跟	118.415103	41.052091	150	三级	9.1	133	9
13082300578	油松	平泉市	七沟镇	上平房村	西山跟	118.415102	41.053046	150	三级	11.4	165	12
13082300315	油松	平泉市	柳溪镇	大窝铺村	喇嘛店小庙	118.493012	41.330640	380	二级	11.6	281	14
13082300316	油松	平泉市	柳溪镇	大窝铺村	喇嘛店小庙西山根	118.491540	41.330980	270	三级	9.1	185	13
13082300317	旱柳	平泉市	柳溪镇	大窝铺村	水泉沟沟口河南地边	118.503050	41.324899	128	三级	13.4	248	7
13082300318	紫椴	平泉市	柳溪镇	大窝铺村	烂石窖路南	118.502525	41.315476	123	三级	12.6	199	8
13082300319	旱柳	平泉市	梓椤树镇	东门杖子村	东大岭庄	118.886220	40.761021	220	三级	15.5	485	14
13082300320	椴树	平泉市	梓椤树镇	东门杖子村	南沟庄	118.871017	40.755920	100	三级	11.5	163	13
13082300321	榆树	平泉市	梓椤树镇	李家庄村	庄里	118.855390	40.772552	150	三级	14.4	300	16
13082300322	椴树	平泉市	梓椤树镇	李家庄村	庄北路边	118.852247	40.776593	250	三级	4.5	238	5
13082300323	油松	平泉市	梓椤树镇	李家庄村	齐家庄	118.860057	40.762369	200	三级	6.1	230	16
13082300324	油松	平泉市	梓椤树镇	二道沟村	徐家庄后地	118.850112	40.766032	150	三级	11.0	166	13
13082300325	油松	平泉市	梓椤树镇	二道沟村	徐家庄西山	118.848554	40.765315	180	三级	17.8	178	11
13082300326	油松	平泉市	梓椤树镇	倪杖子村	倪杖子小学后山	118.833853	40.852169	350	二级	7.5	194	17
13082300327	黑弹树	平泉市	梓椤树镇	倪杖子村	康家沟	118.825685	40.749208	350	二级	18.1	250	12
13082300328	油松	平泉市	梓椤树镇	倪杖子村	康家沟庄夹梁头	118.825335	40.750093	200	三级	12.4	170	12
13082300329	油松	平泉市	梓椤树镇	倪杖子村	康家沟刘家坟	118.826678	40.749037	350	二级	17.1	232	13
13082300330	榆树	平泉市	梓椤树镇	梓椤树社区村	南洞子庄	118.805448	40.716060	400	二级	23.6	460	26
13082300331	榆树	平泉市	梓椤树镇	梓椤树社区村	庄南	118.805378	40.714441	300	二级	17.7	280	17
13082300332	油松	平泉市	梓椤树镇	八十亩地新村	后山台子	118.815124	40.774685	100	三级	11.0	145	12
13082300333	油松	平泉市	梓椤树镇	八十亩地新村	北洞子前庄	118.810360	40.751381	150	三级	13.1	179	7

编号	中文名	县（市）	乡（镇）	村（社区）组	小地名	地理坐标（东经）	地理坐标（北纬）	估测树龄	古树等级	树高（m）	胸围（cm）	冠幅（m）
13082300334	旱柳	平泉市	桲椤树镇	桲椤树社区村	郭杖子村路北	118.786320	40.731161	150	三级	15.3	403	14
13082300335	油松	平泉市	桲椤树镇	桲椤树社区村	毛家沟东山山下	118.785000	40.755498	120	三级	14.2	160	10
13082300336	油松	平泉市	桲椤树镇	桲椤树社区村	毛家沟东山山下	118.785035	40.755494	120	三级	12.5	116	10
13082300337	油松	平泉市	桲椤树镇	桲椤树社区村	毛家沟东山山下	118.785046	40.755505	120	三级	15.0	136	10
13082300338	油松	平泉市	桲椤树镇	桲椤树社区村	毛家沟东山山下	118.785090	40.755536	120	三级	16.2	130	10
13082300339	油松	平泉市	桲椤树镇	桲椤树社区村	毛家沟东山山下	118.785108	40.755556	100	三级	16.1	123	10
13082300340	油松	平泉市	桲椤树镇	桲椤树社区村	毛家沟东山山下	118.785123	40.755490	120	三级	16.1	162	13
13082300341	油松	平泉市	桲椤树镇	桲椤树社区村	毛家沟东山山下	118.785151	40.755541	120	三级	17.2	172	14
13082300342	油松	平泉市	桲椤树镇	桲椤树社区村	毛家沟东山山下	118.785246	40.755655	120	三级	16.0	132	13
13082300343	油松	平泉市	桲椤树镇	桲椤树社区村	毛家沟东山山下	118.785326	40.755618	120	三级	16.4	130	14
13082300344	油松	平泉市	桲椤树镇	桲椤树社区村	毛家沟东山山下	118.785415	40.755637	120	三级	17.5	146	15
13082300345	油松	平泉市	桲椤树镇	桲椤树社区村	毛家沟东山山下	118.785484	40.755630	120	三级	17.6	168	11
13082300346	油松	平泉市	桲椤树镇	桲椤树社区村	毛家沟东山山下	118.785010	40.755658	180	三级	15.1	196	10
13082300347	油松	平泉市	桲椤树镇	桲椤树社区村	毛家沟东山山下	118.785008	40.755680	180	三级	16.1	182	11
13082300348	油松	平泉市	桲椤树镇	桲椤树社区村	毛家沟东山山下	118.786534	40.760247	200	三级	13.8	196	18
13082300349	油松	平泉市	桲椤树镇	桲椤树社区村	毛家沟连家沟门	118.780993	40.750733	200	三级	9.5	246	18
13082300350	油松	平泉市	桲椤树镇	桲椤树社区村	王家沟周杖子西山	118.766407	40.765716	300	二级	7.4	289	12
13082300351	油松	平泉市	桲椤树镇	桲椤树社区村	王家沟王杖子西山阴坡	118.766092	40.765920	200	三级	11.0	230	13
13082300352	油松	平泉市	桲椤树镇	桲椤树社区村	金杖子5组后山	118.753764	40.736150	350	二级	10.5	240	23
13082300353	油松	平泉市	桲椤树镇	桲椤树社区村	金杖子5组后山	118.753858	40.736448	350	二级	15.5	238	16
13082300354	油松	平泉市	桲椤树镇	桲椤树社区村	金杖子6组后山	118.754021	40.736756	350	二级	14.1	263	16
13082300355	榆树	平泉市	桲椤树镇	桲椤树社区村	马村子庄里	118.728475	40.735656	350	二级	21.4	502	12
13082300356	油松	平泉市	桲椤树镇	南黄土梁子村	刘家坟地	118.720280	40.737430	400	二级	17.5	260	20
13082300357	油松	平泉市	桲椤树镇	南黄土梁子村	刘家坟地	118.720234	40.737430	400	二级	16.1	301	22
13082300358	榆树	平泉市	桲椤树镇	南黄土梁子村	南黄土梁子庄	118.718787	40.735308	240	三级	15.6	415	19
13082300359	榆树	平泉市	桲椤树镇	下营坊村	南梁梁上	118.681448	40.721671	100	三级	13.5	210	12
13082300360	槲树	平泉市	桲椤树镇	下营坊村	南梁梁上	118.681420	40.721597	100	三级	10.1	232	10
13082300361	五角枫	平泉市	道虎沟乡	东梁村	小山	118.803865	40.942926	400	二级	12.2	248	13
13082300362	槲树	平泉市	道虎沟乡	老爷庙村	翟家沟翟耀国后院	118.733671	40.926535	400	二级	8.9	305	8
13082300363	榆树	平泉市	道虎沟乡	大营子村	大营子小学	118.709173	40.936766	200	三级	18.0	461	20
13082300364	油松	平泉市	道虎沟乡	丁杖子村	丁家坟	118.730624	40.941389	210	三级	8.8	172	13
13082300365	油松	平泉市	道虎沟乡	丁杖子村	丁家坟	118.730679	40.941360	210	三级	12.6	152	11
13082300366	油松	平泉市	道虎沟乡	丁杖子村	丁家坟	118.730671	40.941301	210	三级	13.8	168	11
13082300367	油松	平泉市	道虎沟乡	丁杖子村	丁家坟	118.730664	40.941264	210	三级	15.6	203	15
13082300368	油松	平泉市	道虎沟乡	丁杖子村	丁家坟	118.731019	40.941212	210	三级	15.2	204	15
13082300369	油松	平泉市	道虎沟乡	丁杖子村	丁家坟	118.730948	40.941212	210	三级	9.0	158	13
13082300370	油松	平泉市	道虎沟乡	丁杖子村	丁家坟	118.730851	40.941196	210	三级	11.5	150	10
13082300371	油松	平泉市	道虎沟乡	丁杖子村	丁家坟	118.730734	40.941186	210	三级	13.4	155	14
13082300372	油松	平泉市	道虎沟乡	丁杖子村	丁家坟	118.730653	40.941168	210	三级	15.1	168	8
13082300373	油松	平泉市	道虎沟乡	丁杖子村	丁家坟	118.730519	40.941133	210	三级	19.4	214	16
13082300374	油松	平泉市	道虎沟乡	丁杖子村	丁家坟	118.730408	40.941080	210	三级	15.4	252	12
13082300375	油松	平泉市	道虎沟乡	丁杖子村	丁家坟	118.730403	40.941011	210	三级	14.0	192	10
13082300376	油松	平泉市	道虎沟乡	丁杖子村	丁家坟	118.730438	40.940978	210	三级	16.2	304	11
13082300377	油松	平泉市	道虎沟乡	丁杖子村	丁家坟	118.730461	40.940964	210	三级	16.3	208	12
13082300378	油松	平泉市	道虎沟乡	丁杖子村	丁家坟	118.730584	40.941016	210	三级	15.6	185	14
13082300379	油松	平泉市	道虎沟乡	丁杖子村	丁家坟	118.730430	40.940828	210	三级	14.2	209	10
13082300380	油松	平泉市	道虎沟乡	丁杖子村	丁家坟	118.730446	40.940782	210	三级	16.8	199	10
13082300381	油松	平泉市	道虎沟乡	丁杖子村	丁家坟	118.730448	40.940717	210	三级	10.2	160	9
13082300382	油松	平泉市	道虎沟乡	丁杖子村	丁家坟	118.730470	40.940643	210	三级	13.8	206	10
13082300383	油松	平泉市	道虎沟乡	丁杖子村	丁家坟	118.730554	40.940660	210	三级	20.5	259	14
13082300384	油松	平泉市	道虎沟乡	丁杖子村	丁家坟	118.730638	40.940678	210	三级	20.8	215	10
13082300385	油松	平泉市	道虎沟乡	丁杖子村	丁家坟	118.730711	40.940728	210	三级	21.7	234	14
13082300386	榆树	平泉市	道虎沟乡	李家梁子村	大榆树林	118.706466	40.962504	510	一级	16.6	625	22
13082300387	油松	平泉市	党坝镇	大吉口村	小庙子	118.577222	40.800186	210	三级	21.0	212	12
13082300388	油松	平泉市	党坝镇	大吉口村	小庙子	118.577232	40.800190	210	三级	18.4	252	15
13082300389	旱柳	平泉市	党坝镇	党坝社区村	四道河子	118.580077	40.783640	150	三级	20.3	440	20
13082300390	刺槐	平泉市	党坝镇	党坝社区村	党坝河北	118.590845	40.774238	100	三级	19.6	310	14

（续表）

编号	中文名	县（市）	乡（镇）	村（社区）组	小地名	地理坐标（东经）	地理坐标（北纬）	估测树龄	古树等级	树高（m）	胸围（cm）	冠幅（m）
13082300391	五角枫	平泉市	党坝镇	党坝社区村	煤岭子庙山	118.586462	40.755601	150	三级	6.1	117	7
13082300392	油松	平泉市	党坝镇	暖泉村	丁家坟	118.586122	40.740349	200	三级	15.5	202	13
13082300393	侧柏	平泉市	党坝镇	暖泉村	庙后洼	118.592918	40.738496	300	二级	3.7	79	5
13082300394	侧柏	平泉市	党坝镇	暖泉村	庙后洼	118.592895	40.738649	300	二级	8.3	118	6
13082300395	侧柏	平泉市	党坝镇	暖泉村	庙后洼	118.593128	40.738763	200	三级	5.6	88	5
13082300396	侧柏	平泉市	党坝镇	暖泉村	庙后洼	118.593145	40.738797	200	三级	8.1	110	4
13082300397	侧柏	平泉市	党坝镇	暖泉村	庙后洼	118.593212	40.738959	200	三级	7.5	92	4
13082300398	侧柏	平泉市	党坝镇	暖泉村	庙后洼	118.593270	40.739067	200	三级	5.5	108	5
13082300399	侧柏	平泉市	党坝镇	暖泉村	庙后洼	118.593298	40.738949	200	三级	10.5	112	8
13082300400	侧柏	平泉市	党坝镇	暖泉村	庙后洼	118.593418	40.739337	200	三级	7.0	95	4
13082300401	侧柏	平泉市	党坝镇	暖泉村	庙后洼	118.593405	40.739388	200	三级	9.2	120	7
13082300402	侧柏	平泉市	党坝镇	暖泉村	庙后洼	118.592872	40.739557	200	三级	6.0	105	6
13082300403	侧柏	平泉市	党坝镇	暖泉村	庙后洼	118.592827	40.739546	200	三级	5.6	75	4
13082300404	侧柏	平泉市	党坝镇	暖泉村	庙后洼	118.592647	40.739512	200	三级	5.0	55	3
13082300405	侧柏	平泉市	党坝镇	暖泉村	庙后洼	118.592820	40.739532	200	三级	6.0	60	4
13082300406	侧柏	平泉市	党坝镇	暖泉村	庙后洼	118.592528	40.739331	200	三级	5.0	68	5
13082300407	侧柏	平泉市	党坝镇	暖泉村	庙后洼	118.592713	40.739246	200	三级	9.2	72	3
13082300408	侧柏	平泉市	党坝镇	暖泉村	庙后洼	118.592363	40.739064	200	三级	6.5	59	4
13082300409	侧柏	平泉市	党坝镇	暖泉村	庙后洼	118.592007	40.739017	200	三级	5.0	85	5
13082300410	侧柏	平泉市	党坝镇	暖泉村	庙后洼	118.592023	40.739006	200	三级	6.0	75	4
13082300411	侧柏	平泉市	党坝镇	暖泉村	庙后洼	118.592112	40.738887	200	三级	4.9	88	5
13082300412	侧柏	平泉市	党坝镇	暖泉村	庙后洼	118.592000	40.738917	200	三级	5.5	78	4
13082300413	侧柏	平泉市	党坝镇	暖泉村	庙后洼	118.592047	40.738835	200	三级	5.0	130	6
13082300414	侧柏	平泉市	党坝镇	暖泉村	庙后洼	118.592047	40.738808	200	三级	6.1	88	3
13082300415	侧柏	平泉市	党坝镇	暖泉村	庙后洼	118.591587	40.738794	200	三级	5.8	85	4
13082300416	侧柏	平泉市	党坝镇	暖泉村	庙后洼	118.591689	40.738849	300	二级	4.8	75	4
13082300417	侧柏	平泉市	党坝镇	暖泉村	庙后洼	118.591451	40.738814	300	二级	4.5	60	4
13082300418	侧柏	平泉市	党坝镇	暖泉村	庙后洼	118.591356	40.738813	300	二级	5.5	95	5
13082300419	侧柏	平泉市	党坝镇	暖泉村	庙后洼	118.591401	40.738784	300	二级	4.5	57	4
13082300420	侧柏	平泉市	党坝镇	暖泉村	庙后洼	118.591401	40.738782	300	二级	5.1	108	4
13082300421	侧柏	平泉市	党坝镇	暖泉村	庙后洼	118.591391	40.738717	300	二级	4.8	65	4
13082300422	侧柏	平泉市	党坝镇	暖泉村	庙后洼	118.591372	40.738717	300	二级	5.9	80	6
13082300423	侧柏	平泉市	党坝镇	暖泉村	庙后洼	118.591316	40.738700	300	二级	6.1	81	6
13082300424	侧柏	平泉市	党坝镇	暖泉村	庙后洼	118.591273	40.738630	300	二级	7.5	96	5
13082300425	侧柏	平泉市	党坝镇	暖泉村	庙后洼	118.591257	40.738627	300	二级	6.1	81	5
13082300426	侧柏	平泉市	党坝镇	暖泉村	庙后洼	118.591264	40.738626	300	二级	6.1	96	5
13082300427	侧柏	平泉市	党坝镇	暖泉村	庙后洼	118.591269	40.738620	300	二级	4.5	68	4
13082300428	侧柏	平泉市	党坝镇	暖泉村	庙后洼	118.591275	40.738621	300	二级	6.0	84	5
13082300429	侧柏	平泉市	党坝镇	暖泉村	庙后洼	118.591261	40.738622	300	二级	5.2	88	4
13082300430	侧柏	平泉市	党坝镇	暖泉村	庙后洼	118.591274	40.738612	300	二级	6.0	98	5
13082300431	侧柏	平泉市	党坝镇	暖泉村	庙后洼	118.591284	40.738613	300	二级	4.0	55	3
13082300432	侧柏	平泉市	党坝镇	暖泉村	庙后洼	118.591252	40.738620	300	二级	4.8	76	4
13082300433	侧柏	平泉市	党坝镇	暖泉村	庙后洼	118.591290	40.738591	300	二级	4.0	48	3
13082300434	侧柏	平泉市	党坝镇	暖泉村	庙后洼	118.591314	40.738597	300	二级	5.2	94	5
13082300435	侧柏	平泉市	党坝镇	暖泉村	庙后洼	118.591313	40.738589	300	二级	3.9	50	3
13082300436	侧柏	平泉市	党坝镇	暖泉村	庙后洼	118.591312	40.738579	300	二级	5.2	85	4
13082300437	侧柏	平泉市	党坝镇	暖泉村	庙后洼	118.591380	40.738509	300	二级	5.0	96	4
13082300438	槲树	平泉市	党坝镇	暖泉村	梨树沟门	118.584470	40.740735	200	三级	15.3	306	28
13082300439	油松	平泉市	党坝镇	暖泉村	暖泉大梁	118.588050	40.733666	200	三级	9.8	156	13
13082300440	油松	平泉市	党坝镇	暖泉村	暖泉大梁	118.588219	40.733625	200	三级	11.2	116	11
13082300441	油松	平泉市	党坝镇	暖泉村	暖泉大梁	118.588177	40.733571	200	三级	12.8	134	11
13082300442	油松	平泉市	党坝镇	暖泉村	暖泉大梁	118.588198	40.733354	200	三级	13.3	124	14
13082300443	油松	平泉市	党坝镇	暖泉村	暖泉大梁	118.588277	40.733491	200	三级	13.6	158	12
13082300444	油松	平泉市	党坝镇	暖泉村	暖泉大梁	118.588410	40.733535	200	三级	9.3	159	15
13082300445	榆树	平泉市	党坝镇	暖泉村	孟家坟	118.593340	40.730583	200	三级	16.6	298	25
13082300446	槲树	平泉市	党坝镇	大石湖村	岔沟里	118.521927	40.723591	100	三级	6.7	145	15
13082300447	油松	平泉市	党坝镇	大石湖村	大石湖前山	118.526499	40.702160	200	三级	6.8	201	19

(续表)

编号	中文名	县（市）	乡（镇）	村（社区）组	小地名	地理坐标（东经）	地理坐标（北纬）	估测树龄	古树等级	树高（m）	胸围（cm）	冠幅（m）
13082300448	油松	平泉市	党坝镇	大石湖村	大石湖前山	118.528084	40.705597	200	三级	6.5	185	12
13082300449	榆树	平泉市	党坝镇	双兴村	郑杖子	118.670522	40.789983	110	三级	17.0	241	19
13082300450	榆树	平泉市	党坝镇	南沟门村	老村子庄头	118.651198	40.754172	200	三级	11.9	320	19
13082300451	油松	平泉市	党坝镇	四家村	庄头	118.663563	40.754830	200	三级	8.1	202	12
13082300452	油松	平泉市	党坝镇	四家村	庄南	118.666118	40.755991	200	三级	12.1	240	20
13082300453	侧柏	平泉市	党坝镇	四家村	四家村后山	118.665630	40.764109	200	三级	4.5	30	2
13082300454	侧柏	平泉市	党坝镇	四家村	四家村后山	118.664715	40.763232	200	三级	9.1	61	3
13082300455	侧柏	平泉市	党坝镇	四家村	四家村后山	118.664708	40.763144	200	三级	4.0	42	2
13082300456	槲树	平泉市	南五十家子镇	大杨杖子村	土疙瘩北山	118.658885	40.927519	200	三级	9.5	258	10
13082300457	蒙桑	平泉市	道虎沟乡	李家梁子村	高家沟	118.698405	40.952595	400	二级	11.2	178	12
13082300458	蒙桑	平泉市	道虎沟乡	李家梁子村	高家沟	118.698242	40.952669	300	二级	6.8	96	9
13082300459	蒙桑	平泉市	道虎沟乡	李家梁子村	高家沟	118.698327	40.952719	300	二级	7.3	108	12
13082300460	蒙桑	平泉市	道虎沟乡	李家梁子村	高家沟	118.697475	40.952964	300	二级	9.6	126	14
13082300461	蒙桑	平泉市	道虎沟乡	李家梁子村	高家沟	118.695787	40.952981	150	三级	6.3	98	8
13082300462	蒙桑	平泉市	道虎沟乡	李家梁子村	高家沟	118.695110	40.952939	500	一级	11.0	160	14
13082300463	蒙桑	平泉市	道虎沟乡	李家梁子村	高家沟	118.695063	40.952868	500	一级	10.2	226	14
13082300464	蒙桑	平泉市	道虎沟乡	李家梁子村	高家沟	118.695062	40.952945	500	一级	10.0	180	12
13082300465	蒙桑	平泉市	道虎沟乡	李家梁子村	高家沟	118.697072	40.953650	500	一级	8.3	228	16
13082300466	蒙桑	平泉市	道虎沟乡	李家梁子村	高家沟	118.696947	40.953561	500	一级	8.5	119	11
13082300467	蒙桑	平泉市	道虎沟乡	李家梁子村	高家沟	118.696857	40.953461	500	一级	9.6	197	18
13082300468	蒙桑	平泉市	道虎沟乡	李家梁子村	高家沟	118.697093	40.953414	300	二级	7.4	96	9
13082300469	蒙桑	平泉市	道虎沟乡	李家梁子村	高家沟	118.698368	40.953217	200	三级	8.5	146	14
13082300470	蒙桑	平泉市	道虎沟乡	李家梁子村	高家沟	118.698912	40.953032	500	一级	11.0	254	12
13082300471	蒙桑	平泉市	道虎沟乡	李家梁子村	高家沟	118.698527	40.952354	500	一级	7.3	155	12
13082300472	蒙桑	平泉市	道虎沟乡	李家梁子村	邱家沟	118.699408	40.954798	200	三级	9.7	120	8
13082300473	蒙桑	平泉市	道虎沟乡	李家梁子村	邱家沟	118.699242	40.955229	150	三级	7.1	93	11
13082300474	蒙桑	平泉市	道虎沟乡	李家梁子村	邱家沟	118.699408	40.955126	150	三级	7.8	84	7
13082300475	榆树	平泉市	七沟镇	崖门子社区村	北杖子村路边	118.361153	40.896396	220	三级	13.5	282	21
13082300476	油松	平泉市	七沟镇	崖门子社区村	南杖子东山根	118.369527	40.886886	110	三级	13.8	128	10
13082300477	油松	平泉市	七沟镇	崖门子社区村	南杖子东山	118.369555	40.886920	210	三级	13.5	118	10
13082300478	侧柏	平泉市	七沟镇	崖门子社区村	南杖子东山	118.370391	40.889869	200	三级	8.2	141	12
13082300479	侧柏	平泉市	七沟镇	崖门子社区村	南杖子东山	118.370600	40.889894	200	三级	8.5	152	13
13082300480	槲树	平泉市	七沟镇	崖门子社区村	前杖子东沟里后山	118.424357	40.947622	270	三级	8.4	267	12
13082300481	杏	平泉市	七沟镇	崖门子社区村	前杖子东沟里前山	118.425637	40.947103	120	三级	4.2	172	5
13082300482	杏	平泉市	七沟镇	崖门子社区村	前杖子东沟里10组前山	118.425622	40.947075	120	三级	6.5	165	7
13082300483	五角枫	平泉市	七沟镇	崖门子社区村	前杖子东沟里前山	118.425808	40.946513	200	三级	7.1	225	12
13082300484	五角枫	平泉市	七沟镇	崖门子社区村	前杖子东沟里后山	118.425808	40.946514	110	三级	9.8	150	12
13082300485	五角枫	平泉市	七沟镇	崖门子社区村	前杖子东沟里后山	118.424418	40.947685	120	三级	9.5	88	11
13082300486	杏	平泉市	七沟镇	崖门子社区村	前杖子村东沟里	118.419958	40.941495	150	三级	5.2	255	19
13082300487	油松	平泉市	七沟镇	崖门子社区村	前杖子袁家坟地	118.392277	40.943195	150	三级	10.5	180	11
13082300488	五角枫	平泉市	七沟镇	崖门子社区村	西杖子北山顶	118.381153	40.923900	200	三级	6.8	202	15
13082300489	油松	平泉市	七沟镇	崖门子社区村	西杖子平台子	118.410833	40.924900	200	三级	13.1	218	20
13082300490	侧柏	平泉市	七沟镇	崖门子社区村	曹碾沟料北沟阳坡	118.429142	40.894627	110	三级	2.6	28	3
13082300491	侧柏	平泉市	七沟镇	崖门子社区村	曹碾沟料北沟阳坡	118.429105	40.894582	110	三级	2.7	30	3
13082300492	侧柏	平泉市	七沟镇	崖门子社区村	曹碾沟料北沟阳坡	118.429678	40.894609	110	三级	2.8	29	2
13082300493	侧柏	平泉市	七沟镇	崖门子社区村	曹碾沟料北沟阳坡	118.429763	40.894688	110	三级	2.9	33	3
13082300494	侧柏	平泉市	七沟镇	崖门子社区村	曹碾沟料北沟阳坡	118.427776	40.894735	110	三级	1.6	22	2
13082300495	侧柏	平泉市	七沟镇	崖门子社区村	曹碾沟料北沟阳坡	118.427839	40.894695	110	三级	1.7	26	2
13082300496	侧柏	平泉市	七沟镇	崖门子社区村	曹碾沟料北沟阳坡	118.429946	40.895820	110	三级	2.8	38	3
13082300497	侧柏	平泉市	七沟镇	崖门子社区村	曹碾沟料北沟阳坡	118.429984	40.895891	110	三级	3.1	31	3
13082300498	侧柏	平泉市	七沟镇	崖门子社区村	南杖子五道沟	118.401881	40.864499	110	三级	2.2	39	2
13082300499	侧柏	平泉市	七沟镇	崖门子社区村	南杖子五道沟	118.402157	40.864532	110	三级	2.6	19	2
13082300500	侧柏	平泉市	七沟镇	崖门子社区村	南杖子五道沟	118.401872	40.864404	110	三级	2.4	16	2
13082300501	侧柏	平泉市	七沟镇	崖门子社区村	南杖子五道沟	118.401857	40.864332	110	三级	1.9	14	2
13082300502	侧柏	平泉市	七沟镇	崖门子社区村	南杖子五道沟	118.401797	40.864372	110	三级	2.1	17	2
13082300503	侧柏	平泉市	七沟镇	崖门子社区村	南杖子五道沟	118.401775	40.864285	110	三级	2.0	22	2
13082300504	侧柏	平泉市	七沟镇	崖门子社区村	南杖子五道沟	118.399862	40.863037	130	三级	3.1	46	4

(续表)

编号	中文名	县（市）	乡（镇）	村（社区）组	小地名	地理坐标（东经）	地理坐标（北纬）	估测树龄	古树等级	树高（m）	胸围（cm）	冠幅（m）
13082300505	油松	平泉市	七沟镇	东六沟村	祥云岭梁	118.371497	40.979765	218	三级	23.5	250	18
13082300506	油松	平泉市	七沟镇	东六沟村	祥云岭梁	118.371467	40.979763	200	三级	14.4	190	17
13082300507	槲树	平泉市	七沟镇	榆树林村	石湖沟门	118.404502	41.002387	200	三级	12.3	247	20
13082300508	槲树	平泉市	七沟镇	榆树林村	朴家坎	118.407948	41.005537	120	三级	11.7	165	12
13082300509	槲树	平泉市	七沟镇	榆树林村	朴家坎	118.408007	41.005400	120	三级	11.3	149	12
13082300510	槲树	平泉市	七沟镇	榆树林村	朴家坎	118.408155	41.005424	200	三级	15.8	279	19
13082300511	槲树	平泉市	七沟镇	榆树林村	朴家坎	118.408075	41.005601	120	三级	9.2	130	14
13082300512	槲树	平泉市	七沟镇	榆树林村	朴家坎	118.408095	41.005684	120	三级	12.4	130	12
13082300513	槲树	平泉市	七沟镇	榆树林村	朴家坎	118.408073	41.005660	120	三级	12.8	142	11
13082300514	蒙古栎	平泉市	七沟镇	榆树林村	朴家坎	118.407958	41.005758	120	三级	12.8	158	10
13082300515	蒙古栎	平泉市	七沟镇	榆树林村	朴家坎	118.407953	41.005742	120	三级	12.4	141	10
13082300516	油松	平泉市	七沟镇	七沟村	老政府后院	118.448400	41.000743	200	三级	14.6	165	12
13082300517	旱柳	平泉市	七沟镇	七沟村	朴杖子庄	118.463158	41.002030	200	三级	20.6	550	22
13082300518	油松	平泉市	七沟镇	东升社区村	荒地小庙	118.425873	40.935942	360	二级	18.4	352	19
13082300519	侧柏	平泉市	七沟镇	东升社区村	荒地小庙	118.424877	40.935935	150	三级	4.7	85	5
13082300520	侧柏	平泉市	七沟镇	东升社区村	荒地小庙	118.424837	40.953573	150	三级	4.0	70	6
13082300521	侧柏	平泉市	七沟镇	东升社区村	荒地小庙	118.424830	40.935570	150	三级	5.1	68	6
13082300522	侧柏	平泉市	七沟镇	东升社区村	荒地小庙	118.424855	40.935991	150	三级	4.6	93	6
13082300523	侧柏	平泉市	七沟镇	东升社区村	荒地小庙	118.424795	40.936031	150	三级	6.3	84	7
13082300524	侧柏	平泉市	七沟镇	东升社区村	荒地小庙	118.424750	40.936049	150	三级	5.9	80	6
13082300525	侧柏	平泉市	七沟镇	东升社区村	荒地小庙	118.424570	40.936016	150	三级	10.1	110	9
13082300526	侧柏	平泉市	七沟镇	东升社区村	荒地小庙	118.424793	40.936062	150	三级	6.6	81	6
13082300527	侧柏	平泉市	七沟镇	东升社区村	荒地小庙	118.424802	40.936086	150	三级	6.1	78	5
13082300528	侧柏	平泉市	七沟镇	东升社区村	荒地小庙	118.424763	40.936118	150	三级	5.8	77	5
13082300529	侧柏	平泉市	七沟镇	东升社区村	荒地小庙	118.424952	40.936187	150	三级	3.1	98	6
13082300530	油松	平泉市	七沟镇	东升社区村	三义庙台子	118.450303	40.947490	300	二级	12.7	325	14
13082300531	油松	平泉市	七沟镇	东升社区村	三义庙台子	118.450297	40.947402	150	三级	15.2	140	16
13082300532	油松	平泉市	七沟镇	东升社区村	三义庙台子	118.450313	40.947243	150	三级	15.6	196	18
13082300533	油松	平泉市	七沟镇	东升社区村	三义庙台子	118.450112	40.947205	300	二级	15.8	190	18
13082300534	油松	平泉市	七沟镇	东升社区村	干沟子西岔	118.453088	40.903644	120	三级	15.8	198	9
13082300535	油松	平泉市	七沟镇	东升社区村	干沟子西岔	118.453222	40.903518	110	三级	12.2	155	10
13082300536	油松	平泉市	七沟镇	东升社区村	干沟子西岔	118.453143	40.903458	110	三级	15.4	192	11
13082300537	油松	平泉市	七沟镇	东升社区村	干沟子西岔	118.423882	40.928093	150	三级	10.0	217	17
13082300538	油松	平泉市	七沟镇	东升社区村	荒地南山根	118.439808	40.939019	120	三级	12.8	152	14
13082300539	油松	平泉市	七沟镇	东升社区村	荒地南山根	118.440749	40.938895	100	三级	11.6	111	9
13082300540	油松	平泉市	七沟镇	东升社区村	荒地南山根	118.437658	40.943577	100	三级	10.7	118	6
13082300541	油松	平泉市	七沟镇	东升社区村	荒地南山根	118.435983	40.943408	120	三级	4.2	111	10
13082300542	槲树	平泉市	七沟镇	东升社区村	三义庙唐风沟	118.448248	40.952880	130	三级	13.4	199	14
13082300543	槲树	平泉市	七沟镇	东升社区村	三义庙唐风沟	118.448190	40.953030	200	三级	9.3	268	15
13082300544	油松	平泉市	七沟镇	东升社区村	三义庙唐风沟	118.448853	40.951817	200	三级	11.6	208	19
13082300545	油松	平泉市	七沟镇	东升社区村	三义庙王恩祥房后	118.456645	40.951118	300	三级	15.9	242	15
13082300546	榆树	平泉市	七沟镇	东升社区村	三义庙路边	118.452182	40.949058	180	三级	8.9	294	14
13082300547	槲树	平泉市	七沟镇	东升社区村	荒地村河北后山	118.443627	40.948900	260	三级	12.1	227	16
13082300548	侧柏	平泉市	七沟镇	东升社区村	西干沟子罗圈沟阳坡	118.448171	40.903957	510	一级	5.4	67	4
13082300549	侧柏	平泉市	七沟镇	东升社区村	西干沟子罗圈沟阳坡	118.448169	40.903956	510	一级	5.4	59	4
13082300550	侧柏	平泉市	七沟镇	东升社区村	西干沟子罗圈沟阳坡	118.448171	40.903958	510	一级	4.9	60	4
13082300551	侧柏	平泉市	七沟镇	东升社区村	西干沟子罗圈沟阳坡	118.448090	40.903923	110	三级	2.7	31	2
13082300552	侧柏	平泉市	七沟镇	东升社区村	西干沟子罗圈沟阳坡	118.448013	40.903978	210	三级	3.5	51	3
13082300553	槲树	平泉市	七沟镇	白石庙村	赵家北沟三座庙	118.451470	41.059254	120	三级	9.8	176	8
13082300554	槲树	平泉市	七沟镇	白石庙村	赵家北沟三座庙	118.451480	41.059111	120	三级	10.5	166	11
13082300555	槲树	平泉市	七沟镇	白石庙村	赵家北沟三座庙	118.451483	41.059100	100	三级	11.6	162	9
13082300556	蒙古栎	平泉市	七沟镇	白石庙子村	赵家北沟东黄家沟	118.483142	41.050996	120	三级	11.6	134	10
13082300557	蒙古栎	平泉市	七沟镇	白石庙子村	赵家北沟东黄家沟	118.483037	41.051004	120	三级	13.2	164	10
13082300558	蒙古栎	平泉市	七沟镇	白石庙子村	赵家北沟东黄家沟	118.482995	41.051009	120	三级	13.8	198	15
13082300559	蒙古栎	平泉市	七沟镇	白石庙子村	赵家北沟东黄家沟	118.482548	41.050970	150	三级	13.7	226	17
13082300560	蒙古栎	平泉市	七沟镇	白石庙子村	赵家北沟东黄家沟	118.482913	41.051014	150	三级	13.1	162	13
13082300561	蒙古栎	平泉市	七沟镇	白石庙子村	赵家北沟东黄家沟	118.482813	41.051028	120	三级	12.9	142	11

(续表)

编号	中文名	县（市）	乡（镇）	村（社区）组	小地名	地理坐标（东经）	地理坐标（北纬）	估测树龄	古树等级	树高（m）	胸围（cm）	冠幅（m）
13082300562	蒙古栎	平泉市	七沟镇	白石庙子村	赵家北沟东黄家沟	118.482785	41.050905	120	三级	13.4	189	11
13082300563	榆树	平泉市	七沟镇	白石庙子村	赵家北沟东黄家沟	118.483297	41.050525	150	三级	11.7	200	18
13082300564	油松	平泉市	七沟镇	白石庙子村	东黄家沟姜家坟	118.481084	41.045163	280	三级	19.4	256	19
13082300565	五角枫	平泉市	七沟镇	银窝沟村	半截沟门	118.527367	41.045715	210	三级	17.2	256	18
13082300566	槐	平泉市	七沟镇	圣佛庙村	圣皇庙后院	118.486020	41.005774	120	三级	14.8	203	19
13082300567	油松	平泉市	七沟镇	圣佛庙村	小学院内	118.484458	41.001682	300	二级	18.8	253	18
13082300568	油松	平泉市	七沟镇	圣佛庙村	小学院内	118.484407	41.001663	300	二级	16.5	218	15
13082300569	油松	平泉市	七沟镇	圣佛庙村	小学院内	118.484422	41.001580	300	二级	14.1	198	16
13082300570	油松	平泉市	七沟镇	柳树底村	三岔口东山根	118.434847	40.983049	180	三级	15.4	195	17
13082300571	油松	平泉市	七沟镇	柳树底村	三岔口	118.436688	40.984345	180	三级	15.2	140	11
13082300572	油松	平泉市	七沟镇	柳树底村	三岔口东山根	118.436728	40.984356	180	三级	15.0	175	15
13082300573	油松	平泉市	七沟镇	柳树底村	三岔口东山根	118.436766	40.984324	180	三级	15.6	165	13
13082300574	榆树	平泉市	七沟镇	柳树底村	三岔口	118.432755	40.983509	250	三级	23.1	279	17
13082300575	油松	平泉市	七沟镇	上平房村	西山跟下	118.415135	41.052890	150	三级	12.6	153	9
13082300576	油松	平泉市	七沟镇	上平房村	西山跟下	118.415137	41.052946	150	三级	13.1	143	10
13082300577	油松	平泉市	七沟镇	上平房村	西山跟	118.415103	41.052091	150	三级	9.1	133	9
13082300578	油松	平泉市	七沟镇	上平房村	西山跟	118.415102	41.053046	150	三级	11.4	165	12
13082300739	油松	平泉市	大窝铺林场	大窝铺作业区	银窝沟门西坡	118.517293	41.314826	110	三级	17.2	255	12
13082300740	油松	平泉市	大窝铺林场	大窝铺作业区	银窝沟门西坡	118.517300	41.314886	110	三级	13.6	162	10
13082300741	油松	平泉市	大窝铺林场	大窝铺作业区	银窝沟门西坡	118.517315	41.314911	110	三级	13.8	140	10
13082300742	油松	平泉市	大窝铺林场	大窝铺作业区	银窝沟门西坡	118.517253	41.314988	110	三级	15.5	126	11
13082300743	油松	平泉市	大窝铺林场	大窝铺作业区	银窝沟门西坡	118.517085	41.314580	110	三级	15.0	144	10
13082300744	油松	平泉市	大窝铺林场	大窝铺作业区	银窝沟门西坡	118.517180	41.314796	110	三级	15.2	172	10
13082300745	油松	平泉市	大窝铺林场	大窝铺作业区	银窝沟门西坡	118.517412	41.314670	110	三级	10.4	138	9
13082300746	油松	平泉市	大窝铺林场	大窝铺作业区	银窝沟门西坡	118.516027	41.314845	110	三级	17.2	130	9
13082300747	油松	平泉市	大窝铺林场	大窝铺作业区	银窝沟门西坡	118.516175	41.314890	110	三级	17.6	115	8
13082300748	油松	平泉市	大窝铺林场	大窝铺作业区	银窝沟门西坡	118.516121	41.314870	110	三级	17.2	131	8
13082300749	油松	平泉市	大窝铺林场	大窝铺作业区	银窝沟门西坡	118.516040	41.314901	110	三级	20.6	124	8
13082300750	油松	平泉市	大窝铺林场	大窝铺作业区	银窝沟门西坡	118.515980	41.315040	110	三级	21.5	142	9
13082300751	油松	平泉市	大窝铺林场	大窝铺作业区	银窝沟门西坡	118.515902	41.314974	110	三级	21.5	149	8
13082300752	油松	平泉市	大窝铺林场	大窝铺作业区	银窝沟门西坡	118.516009	41.314587	110	三级	23.5	142	8
13082300753	油松	平泉市	大窝铺林场	大窝铺作业区	银窝沟门西坡	118.516046	41.315143	110	三级	21.5	144	8
13082300754	油松	平泉市	大窝铺林场	大窝铺作业区	银窝沟门西坡	118.515930	41.315033	110	三级	22.5	145	9
13082300755	油松	平泉市	大窝铺林场	大窝铺作业区	银窝沟门西坡	118.515953	41.315100	110	三级	23.5	144	7
13082300756	油松	平泉市	大窝铺林场	大窝铺作业区	银窝沟门西坡	118.515983	41.315074	110	三级	23.2	133	8
13082300757	油松	平泉市	大窝铺林场	大窝铺作业区	银窝沟门西坡	118.514730	41.314929	110	三级	17.8	162	10
13082300758	油松	平泉市	大窝铺林场	大窝铺作业区	银窝沟门西坡	118.514639	41.315046	110	三级	19.5	179	10
13082300759	油松	平泉市	大窝铺林场	大窝铺作业区	银窝沟门西坡	118.514524	41.315077	110	三级	17.2	193	12
13082300760	油松	平泉市	大窝铺林场	大窝铺作业区	银窝沟门西坡	118.514523	41.314999	110	三级	16.7	151	8
13082300761	油松	平泉市	大窝铺林场	大窝铺作业区	银窝沟门西坡	118.514394	41.314833	110	三级	20.1	142	10
13082300762	油松	平泉市	大窝铺林场	大窝铺作业区	银窝沟门西坡	118.514348	41.314826	110	三级	19.2	148	8
13082300763	油松	平泉市	大窝铺林场	大窝铺作业区	银窝沟门西坡	118.514295	41.314835	110	三级	19.1	131	7
13082300764	油松	平泉市	大窝铺林场	大窝铺作业区	银窝沟门西坡	118.514207	41.314820	110	三级	19.5	151	9
13082300765	油松	平泉市	大窝铺林场	大窝铺作业区	银窝沟门西坡	118.514150	41.314806	110	三级	20.5	148	8
13082300766	油松	平泉市	大窝铺林场	大窝铺作业区	银窝沟门西坡	118.514068	41.314795	110	三级	20.5	166	8
13082300767	油松	平泉市	大窝铺林场	大窝铺作业区	银窝沟门西坡	118.514190	41.314512	110	三级	20.0	175	8
13082300768	油松	平泉市	大窝铺林场	大窝铺作业区	银窝沟门西坡	118.514003	41.314866	110	三级	20.2	155	10
13082300769	油松	平泉市	大窝铺林场	大窝铺作业区	银窝沟门西坡	118.513694	41.314639	110	三级	18.5	168	10
13082300770	油松	平泉市	大窝铺林场	大窝铺作业区	银窝沟门西坡	118.518546	41.313913	110	三级	19.6	161	8
13082300771	油松	平泉市	大窝铺林场	大窝铺作业区	银窝沟门东坡	118.518576	41.313942	110	三级	18.9	136	8
13082300772	油松	平泉市	大窝铺林场	大窝铺作业区	银窝沟门东坡	118.518384	41.313521	110	三级	21.0	153	10
13082300773	油松	平泉市	大窝铺林场	大窝铺作业区	银窝沟门东坡	118.518412	41.313879	110	三级	21.2	153	9
13082300774	油松	平泉市	大窝铺林场	大窝铺作业区	银窝沟门东坡	118.518447	41.313548	110	三级	22.5	138	6
13082300775	油松	平泉市	大窝铺林场	大窝铺作业区	银窝沟门东坡	118.518427	41.313564	110	三级	22.5	180	8
13082300776	油松	平泉市	大窝铺林场	大窝铺作业区	银窝沟门东坡	118.518473	41.313529	110	三级	20.5	152	7
13082300777	油松	平泉市	大窝铺林场	大窝铺作业区	银窝沟门东坡	118.518471	41.313402	110	三级	19.2	153	6
13082300778	油松	平泉市	大窝铺林场	大窝铺作业区	银窝沟门东坡	118.518581	41.313374	110	三级	19.5	179	8

（续表）

编号	中文名	县（市）	乡（镇）	村（社区）组	小地名	地理坐标（东经）	地理坐标（北纬）	估测树龄	古树等级	树高（m）	胸围（cm）	冠幅（m）
13082300779	油松	平泉市	大窝铺林场	大窝铺作业区	银窝沟门东坡	118.518622	41.313404	110	三级	19.5	146	6
13082300780	油松	平泉市	大窝铺林场	大窝铺作业区	银窝沟门东坡	118.518617	41.313373	110	三级	19.5	160	8
13082300781	油松	平泉市	大窝铺林场	大窝铺作业区	银窝沟门东坡	118.518639	41.313134	110	三级	19.2	145	7
13082300782	油松	平泉市	大窝铺林场	大窝铺作业区	银窝沟门东坡	118.518778	41.313009	110	三级	20.1	157	7
13082300783	油松	平泉市	大窝铺林场	大窝铺作业区	银窝沟门东坡	118.518745	41.313045	110	三级	20.0	129	7
13082300784	油松	平泉市	大窝铺林场	大窝铺作业区	银窝沟门东坡	118.518832	41.313110	110	三级	20.2	140	5
13082300785	油松	平泉市	大窝铺林场	大窝铺作业区	银窝沟门东坡	118.518905	41.313137	110	三级	20.5	152	8
13082300786	油松	平泉市	大窝铺林场	大窝铺作业区	银窝沟门东坡	118.518963	41.313118	110	三级	21.0	138	7
13082300787	油松	平泉市	大窝铺林场	大窝铺作业区	银窝沟门东坡	118.518953	41.313105	110	三级	20.3	145	8
13082300788	油松	平泉市	大窝铺林场	大窝铺作业区	银窝沟门东坡	118.518897	41.313105	110	三级	21.5	142	5
13082300789	油松	平泉市	大窝铺林场	大窝铺作业区	银窝沟门东坡	118.518474	41.313141	110	三级	21.0	152	6
13082300790	油松	平泉市	大窝铺林场	大窝铺作业区	银窝沟门东坡	118.518518	41.313149	110	三级	21.0	152	7
13082300791	油松	平泉市	大窝铺林场	大窝铺作业区	银窝沟门东坡	118.518324	41.313060	110	三级	20.1	146	7
13082300792	油松	平泉市	大窝铺林场	大窝铺作业区	银窝沟门东坡	118.518294	41.313041	110	三级	21.0	137	7
13082300793	油松	平泉市	大窝铺林场	大窝铺作业区	银窝沟门东坡	118.518178	41.312889	110	三级	14.5	138	9
13082300794	油松	平泉市	大窝铺林场	大窝铺作业区	银窝沟门东坡	118.517956	41.312770	110	三级	17.5	137	11
13082300795	油松	平泉市	大窝铺林场	大窝铺作业区	银窝沟门东坡	118.517856	41.312930	110	三级	17.2	156	7
13082300796	油松	平泉市	大窝铺林场	大窝铺作业区	银窝沟门东坡	118.517999	41.313015	110	三级	20.0	161	8
13082300797	油松	平泉市	大窝铺林场	大窝铺作业区	银窝沟门东坡	118.518088	41.313536	110	三级	22.0	168	7
13082300798	油松	平泉市	大窝铺林场	大窝铺作业区	银窝沟门东坡	118.518036	41.313857	110	三级	20.2	160	7
13082300799	油松	平泉市	大窝铺林场	大窝铺作业区	银窝沟门东坡	118.517910	41.314111	110	三级	19.2	182	10
13082300800	油松	平泉市	大窝铺林场	大窝铺作业区	水泉沟门	118.527348	41.313580	110	三级	10.5	126	9
13080200001	槐	双桥区	狮子沟镇	罗汉堂社区居委会	承德市狮子园解放军70旅旅部西100米处	117.909690	41.012385	235	三级	15.6	356	14
13080200002	槐	双桥区	狮子沟镇	罗汉堂社区居委会	承德市狮子园解放军70旅旅部西100米处	117.909588	41.012422	195	三级	16.1	198	16
13080200003	槐	双桥区	狮子沟镇	罗汉堂社区居委会	承德市狮子园解放军70旅旅部西100米处	117.909678	41.012640	235	三级	8.3	350	6
13080200004	槐	双桥区	狮子沟镇	狮子沟村	承德普宁寺门前东侧	117.947287	41.013717	263	三级	18.1	288	15
13080200005	白蜡树	双桥区	狮子沟镇	上二道河子村	上二道河子村普宁小区5号楼西侧	117.950602	41.012283	125	三级	16.9	216	15
13080200006	刺槐	双桥区	狮子沟镇	喇嘛寺村	承德市东环路原喇嘛寺村部	117.948467	40.995945	105	三级	13.4	214	12
13080200007	蒙桑	双桥区	狮子沟镇	喇嘛寺村	磬锤峰风景区	117.971847	40.997098	355	二级	2.5	140	2
13080200008	油松	双桥区	牛圈子沟镇	蛤蟆石村	蛤蟆石村第4组	117.981390	40.994016	245	三级	14.6	139	11
13080200009	油松	双桥区	牛圈子沟镇	蛤蟆石村	蛤蟆石村第4组	117.981338	40.993994	245	三级	13.6	176	14
13080200010	油松	双桥区	牛圈子沟镇	梓椤树村	梓椤树村平台子自然村	118.011108	40.988729	315	二级	11.1	153	10
13080200011	油松	双桥区	牛圈子沟镇	梓椤树村	梓椤树村平台子自然村	118.011215	40.988629	315	二级	14.6	160	12
13080200012	刺槐	双桥区	中华路街道	山庄社区居委会	迎水坝博物馆西侧山庄墙外	117.940803	40.982417	115	三级	8.9	327	10
13080200013	榆树	双桥区	中华路街道	山庄社区居委会	迎水坝博物馆西侧山庄墙外	117.940510	40.982452	235	三级	20.4	221	17
13080200014	榆树	双桥区	中华路街道	山庄社区居委会	博物馆东迎水坝	117.941780	40.980825	185	三级	14.1	265	9
13080200015	加杨	双桥区	中华路街道	山庄社区居委会	承德市武烈路北侧西侧路边	117.938388	40.978236	105	三级	30.0	350	20
13080200016	旱柳	双桥区	中华路街道	山庄社区居委会	承德市武烈路北侧西侧路边	117.938400	40.978459	105	三级	24.1	376	17
13080200017	加杨	双桥区	中华路街道	山庄社区居委会	承德市武烈路北侧西侧路边	117.938515	40.978786	105	三级	27.6	315	21
13080200018	槐	双桥区	中华路街道	竹林寺社区居委会	承德市竹林寺第三幼儿园院内	117.935788	40.974103	255	三级	13.2	170	12
13080200019	刺槐	双桥区	新华路街道	桃李街社区居委会	承德市桃李街北口120米西侧路边	117.934020	40.966347	125	三级	24.7	272	13
13080200020	榆树	双桥区	新华路街道	桃李街社区居委会	承德市桃李街北口90米西侧路边	117.934095	40.966709	235	三级	16.9	249	17
13080200021	刺槐	双桥区	牛圈子沟镇	小南沟社区居委会	承德二中石油学校院内东面教学楼前	117.934542	40.961045	115	三级	18.6	258	13
13080200022	刺槐	双桥区	石洞子沟街道	白云社区居委会	翠桥小学院内	117.929833	40.966951	115	三级	17.4	230	13
13080200023	榆树	双桥区	牛圈子沟镇	小南沟社区居委会	承德二中石油学校院内东面教学楼前	117.934537	40.961362	100	三级	16.7	190	14
13080200024	槐	双桥区	中华路街道	南兴隆社区居委会	承德市东大街保险宾馆门前路边	117.934810	40.976781	294	三级	13.1	242	15
13080200025	槐	双桥区	中华路街道	南兴隆社区居委会	承德市南兴隆小区1号楼北侧	117.934045	40.978153	221	三级	21.6	249	15
13080200026	槐	双桥区	中华路街道	南兴隆社区居委会	承德市南兴隆街北口西侧	117.935175	40.979385	215	三级	18.2	319	17
13080200027	槐	双桥区	中华路街道	南兴隆社区居委会	承德市南兴隆街北口东侧	117.935200	40.979431	215	三级	16.9	181	11
13080200028	槐	双桥区	西大街街道	火神庙社区居委会	承德市丽正门东侧武庙院内崇圣殿前	117.933285	40.979709	285	三级	16.5	211	14
13080200029	榆树	双桥区	中华路街道	山庄社区居委会	德汇宾馆	117.940857	40.980215	155	三级	19.7	242	17
13080200030	小叶杨	双桥区	狮子沟镇	喇嘛寺村	承德市东环路兴盛丽水小区广场东侧100米	117.947245	40.992397	235	三级	14.9	265	15
13080200031	槐	双桥区	头道牌楼街道	文庙社区居委会	承德文庙后院崇圣院内	117.922292	40.984458	105	三级	15.9	162	12
13080200032	槐	双桥区	头道牌楼街道	文庙社区居委会	承德文庙后院崇圣祠院西南	117.921788	40.984505	241	三级	13.5	170	13
13080200033	槐	双桥区	头道牌楼街道	文庙社区居委会	承德文庙东园藏经阁正宫门内	117.921832	40.983462	241	三级	19.7	220	14

（续表）

编号	中文名	县（市）	乡（镇）	村（社区）组	小地名	地理坐标（东经）	地理坐标（北纬）	估测树龄	古树等级	树高（m）	胸围（cm）	冠幅（m）
13080200034	楸子	双桥区	水泉沟镇	三角地社区居委会	水泉沟口	117.906585	40.989783	105	三级	10.1	139	9
13080200035	槐	双桥区	水泉沟镇	高庙村	承德市广仁岭隧道东口三角地	117.867520	40.985632	315	二级	9.6	324	8
13080200036	槐	双桥区	头道牌楼街道	文庙社区居委会	承德市二牌楼艺术研究所后院	117.920776	40.984228	278	三级	14.7	265	14
13080200037	槐	双桥区	头道牌楼街道	文庙社区居委会	承德市二牌楼艺术研究所后院	117.920697	40.984308	278	三级	14.3	206	20
13080200038	槐	双桥区	头道牌楼街道	文庙社区居委会	承德市二牌楼小区6号楼西南侧	117.920858	40.985039	230	三级	22.8	239	17
13080200039	刺槐	双桥区	头道牌楼街道	文庙社区居委会	承德市二牌楼小区6号楼南侧	117.920862	40.984968	105	三级	16.9	222	14
13080200040	槐	双桥区	潘家沟街道	韭菜社区居委会	潘家沟街道西清真寺大门北侧	117.923355	40.979200	230	三级	14.9	266	17
13080200041	槐	双桥区	潘家沟街道	韭菜社区居委会	潘家沟街道西清真寺大门南侧	117.923377	40.979077	230	三级	15.2	325	15
13080200042	槐	双桥区	潘家沟街道	韭菜社区居委会	潘家沟街道西清真寺南侧	117.923058	40.979016	230	三级	13.3	182	16
13080200043	槐	双桥区	潘家沟街道	大佟沟社区居委会	大佟沟1号楼北侧平房院内	117.927978	40.975631	150	三级	8.6	135	10
13080200044	槐	双桥区	潘家沟街道	大佟沟社区居委会	大佟沟1号楼北侧平房院内	117.927998	40.975660	150	三级	15.3	180	15
13080200045	槐	双桥区	潘家沟街道	大佟沟社区居委会	大佟沟1号楼北侧平房院内	117.927787	40.975580	150	三级	16.2	291	18
13080200046	槐	双桥区	潘家沟街道	大佟沟社区居委会	大佟沟1号楼北侧平房院内	117.927875	40.975626	150	三级	14.6	154	16
13080200047	槐	双桥区	潘家沟街道	大佟沟社区居委会	小佟沟酒仙庙内	117.928970	40.973707	275	三级	17.9	205	16
13080200048	槐	双桥区	潘家沟街道	大佟沟社区居委会	小佟沟酒仙庙内	117.928978	40.973690	275	三级	15.0	247	15
13080200049	榆树	双桥区	潘家沟街道	大佟沟社区居委会	小佟沟酒仙庙内西	117.928657	40.973722	125	三级	11.3	172	10
13080200050	刺槐	双桥区	石洞子沟街道	广电路社区居委会	南营子小学操场南侧	117.926527	40.972880	105	三级	24.1	210	8
13080200051	刺槐	双桥区	石洞子沟街道	广电路社区居委会	南营子小学操场南侧	117.926462	40.972886	105	三级	11.7	180	6
13080200052	刺槐	双桥区	石洞子沟街道	广电路社区居委会	承德市有线电视台院内西侧	117.927410	40.971973	105	三级	18.4	278	14
13080200053	槐	双桥区	潘家沟街道	大佟沟社区居委会	小佟沟2号楼西侧路边	117.929552	40.973051	255	三级	17.8	236	12
13080200054	槐	双桥区	石洞子沟街道	附属医院社区居委会	附属医院门诊楼北侧	117.929658	40.968942	255	三级	24.3	225	18
13080200055	槐	双桥区	新华路街道	裕华路社区居委会	南营子大街北方医院大门口西侧	117.929948	40.969327	243	三级	18.0	234	15
13080200056	油松	双桥区	大石庙镇	鸡冠山村	大石庙镇鸡冠山村大灵峰禅寺遗址	118.024318	40.880471	747	一级	9.8	360	11
13080200057	蒙桑	双桥区	双峰寺镇	南堂村	南堂村西山	117.969023	41.132602	335	二级	10.9	320	17
13080200058	蒙桑	双桥区	双峰寺镇	南堂村	南堂村西山	117.969168	41.132194	335	二级	10.1	367	16
13080200059	槐	双桥区	牛圈子沟镇	牛圈子沟社区居委会	小南沟牛圈子沟口御翠园门前	117.930034	40.959947	105	三级	16.1	252	9
13080200060	槐	双桥区	水泉沟镇	大沃铺村	大沃铺村3组狮子岭村内	117.868448	41.053247	310	二级	14.2	305	11
13080200061	槐	双桥区	冯营子镇	冯营子村	承德市一中院内	117.947117	40.894944	150	三级	11.0	207	12.1
13080200062	白杜	双桥区	冯营子镇	冯营子村	承德市一中院内	117.946927	40.894889	200	三级	9.0	137	5.85
13080200063	白杜	双桥区	冯营子镇	冯营子村	承德市一中院内	117.946927	40.894889	240	三级	8.2	161	5.75
13080200064	白杜	双桥区	冯营子镇	冯营子村	承德市一中院内	117.946820	40.894570	290	三级	6.0	207	6.15
13080200065	榆树	双桥区	冯营子镇	开发东区	百合园小区院内	117.958553	40.909546	400	二级	17.0	251	12.1
13080200066	秋子梨	双桥区	冯营子镇	崔梨沟村	村果园外	117.974167	40.866667	200	三级	15.0	226	14.7
13080200067	秋子梨	双桥区	冯营子镇	东营村	村东	118.034600	40.862742	110	三级	10.0	210	8.25
13080200068	秋子梨	双桥区	冯营子镇	东营村	村北	118.035169	40.862994	110	三级	8.0	194	9.45
13080200069	秋子梨	双桥区	冯营子镇	西营村	村部西	117.991581	40.855983	110	三级	10.0	210	13.5
13080200070	秋子梨	双桥区	冯营子镇	西营村	村部西	117.991592	40.856144	110	三级	8.0	203	9.52
13080200071	秋子梨	双桥区	冯营子镇	西营村	村部西	117.991489	40.856129	110	三级	11.2	290	12.65
13080200072	蒙古栎	双桥区	上板镇	狮子沟村	六组村南	118.067725	40.891642	160	三级	12.1	240	12.3
13080200073	油松	双桥区	上板镇	狮子沟村	六组村南	118.067519	40.891442	160	三级	16.5	199	18.7
13080200074	油松	双桥区	上板镇	狮子沟村	六组村北	118.070686	40.894128	160	三级	16.0	103	9.55
13080200075	侧柏	双桥区	上板镇	大营庄村	村旁庙内	118.105607	40.846195	800	一级	18.0	208	11.3
13080200076	侧柏	双桥区	上板镇	大营庄村	村旁庙内	118.105607	40.846195	800	一级	16.0	286	10.15
13080200077	油松	双桥区	上板镇	卸甲营村	村西山坡	118.020628	40.847025	600	一级	14.0	300	21.25
13080200078	槐	双桥区	上板镇	卸甲营村	村东	118.116578	40.846200	120	三级	8.2	400	5.5
13080200079	槐	双桥区	上板镇	卸甲营村	村西南派出所对面	118.049914	40.836125	200	三级	12.0	480	8.5
13080200080	油松	双桥区	上板镇	房身沟村	房身沟村中	118.013867	40.775803	160	三级	8.0	155	12.45
13080200081	白杜	双桥区	上板镇	房身沟村	龙腾沟	118.013539	40.773825	260	三级	8.0	235	10.85
13080200082	白杜	双桥区	上板镇	房身沟村	东沟	118.014378	40.776861	255	三级	8.0	270	7.75
13080200083	油松	双桥区	上板镇	房身沟村	龙腾沟西山坡	118.012186	40.776111	160	三级	19.0	180	12
13080200084	白杜	双桥区	上板镇	房身沟村	东沟	118.014172	40.776883	200	三级	13.0	210	10
13080200085	油松	双桥区	上板镇	西大庙村	村门西山坡	117.974428	40.805694	200	三级	9.0	165	8.25
13080200086	油松	双桥区	上板镇	松树沟村	村北口	117.977469	40.807283	210	三级	16.0	246	20.3
13080200087	榆树	双桥区	上板镇	周营子村	刘营自然村大井旁	117.936183	40.810056	400	二级	19.0	560	14.3
13080200088	油松	双桥区	上板镇	周营子村	刘营自然村大井旁	117.935594	40.809094	400	二级	4.5	190	11
13080200089	侧柏	双桥区	上板镇	南双庙村	村东头	117.956444	40.772025	300	二级	17.0	182	10.2
13080200090	油松	双桥区	上板镇	老爷庙村	老爷庙村沟门东山	117.971800	40.713878	270	三级	15.0	180	12

（续表）

编号	中文名	县（市）	乡（镇）	村（社区）组	小地名	地理坐标（东经）	地理坐标（北纬）	估测树龄	古树等级	树高（m）	胸围（cm）	冠幅（m）
13080200091	秋子梨	双桥区	上板镇	老爷庙村	老爷庙水泉沟西山坡	117.971518	40.773882	150	三级	7.0	253	7
13080200092	黑弹树	双桥区	上板镇	老爷庙村	老爷庙水泉沟西山坡	117.971428	40.774053	130	三级	8.0	160	10.2
13080200093	暴马丁香	双桥区	上板镇	老爷庙村	老爷庙水泉沟西山坡	117.971558	40.773958	130	三级	11.0	93	6.2
13080200094	黑弹树	双桥区	上板镇	老爷庙村	老爷庙水泉沟西山坡	117.971428	40.774053	110	三级	10.0	110	11
13080200095	黑弹树	双桥区	上板镇	老爷庙村	老爷庙水泉沟西山坡	117.970297	40.774050	110	三级	10.0	107	7.75
13080200096	香椿	双桥区	冯营子镇	闫营子村	张凤臣家院内	117.921383	40.906633	190	三级	15.5	200	13
13080200097	槐	双桥区	中华路街道	山庄社区居委会	避暑山庄博物馆内午门东	117.935583	40.980783	300	二级	16.0	188	12
13080200098	槐	双桥区	中华路街道	山庄社区居委会	避暑山庄博物馆内午门东配殿	117.935650	40.980967	300	二级	18.0	251	17
13080200099	槐	双桥区	中华路街道	山庄社区居委会	避暑山庄博物馆内午门东	117.935667	40.981267	300	二级	13.0	94	13
13080200100	槐	双桥区	中华路街道	山庄社区居委会	避暑山庄博物馆内午门东夹皮墙内	117.935617	40.981183	300	二级	17.0	94	10
13080200101	槐	双桥区	中华路街道	山庄社区居委会	避暑山庄博物馆东所	117.935017	40.981217	300	二级	15.0	188	11
13080200102	槐	双桥区	中华路街道	山庄社区居委会	避暑山庄正宫区与松鹤斋间通道	117.935817	40.981250	300	二级	17.0	207	10
13080200103	榆树	双桥区	中华路街道	山庄社区居委会	避暑山庄博物馆东所	117.935717	40.982317	300	二级	20.0	317	17
13080200104	榆树	双桥区	中华路街道	山庄社区居委会	避暑山庄松鹤斋前门内东	117.935750	40.981367	300	二级	16.0	311	13
13080200105	榆树	双桥区	中华路街道	山庄社区居委会	避暑山庄松鹤斋前门内西	117.936200	40.981267	300	二级	16.0	267	11
13080200106	榆树	双桥区	中华路街道	山庄社区居委会	避暑山庄松鹤斋后门内东	117.936167	40.982700	300	二级	17.0	94	11
13080200107	蒙桑	双桥区	中华路街道	山庄社区居委会	避暑山庄云山胜地前	117.935233	40.982683	300	二级	8.0	198	7
13080200108	蒙桑	双桥区	中华路街道	山庄社区居委会	避暑山庄云山胜地前	117.935267	40.982767	300	二级	9.0	214	7
13080200109	槐	双桥区	中华路街道	山庄社区居委会	避暑山庄云碑林前	117.936583	40.981250	300	二级	14.0	358	20
13080200110	槐	双桥区	中华路街道	山庄社区居委会	避暑山庄万壑松风东侧门前	117.936783	40.982817	300	二级	16.0	283	14
13080200111	槐	双桥区	中华路街道	山庄社区居委会	避暑山庄万壑松风院内	117.936733	40.982883	300	二级	17.0	267	11
13080200112	槐	双桥区	中华路街道	山庄社区居委会	避暑山庄万鱼鳞坡	117.935517	40.983400	300	二级	10.0	345	11
13080200113	槐	双桥区	中华路街道	山庄社区居委会	避暑山庄万清音阁东	117.939083	40.981633	300	二级	11.0	427	8
13080200114	槐	双桥区	中华路街道	山庄社区居委会	避暑山庄德汇门西	117.938200	40.981083	300	二级	16.0	267	12
13080200115	旱柳	双桥区	中华路街道	山庄社区居委会	避暑山庄五孔闸西	117.939050	40.981933	300	二级	6.0	565	6
13080200116	青杨	双桥区	中华路街道	山庄社区居委会	避暑山庄清音阁后西	117.935433	40.983350	300	二级	9.0	361	9
13080200117	旱柳	双桥区	中华路街道	山庄社区居委会	避暑山庄水心榭北	117.939167	40.983950	300	二级	5.0	267	2
13080200118	旱柳	双桥区	中华路街道	山庄社区居委会	避暑山庄水心榭北	117.939133	40.983950	300	二级	1.0	251	1
13080200119	榆树	双桥区	中华路街道	山庄社区居委会	避暑山庄新所东	117.940417	40.984983	300	二级	10.0	559	10
13080200120	旱柳	双桥区	中华路街道	山庄社区居委会	避暑山庄罗锅桥东	117.940867	40.990667	300	二级	7.0	251	4
13080200121	旱柳	双桥区	中华路街道	山庄社区居委会	避暑山庄码头南	117.935567	40.984100	300	二级	16.0	537	9
13080200122	蒙古栎	双桥区	中华路街道	山庄社区居委会	避暑山庄芳园居南，码头西	117.935100	40.984600	300	二级	7.0	333	4
13080200123	槐	双桥区	中华路街道	山庄社区居委会	避暑山庄水流云在西	117.935350	40.988483	300	二级	20.0	361	14
13080200124	槐	双桥区	中华路街道	山庄社区居委会	避暑山庄文津阁	117.934200	40.992533	300	二级	6.0	226	5
13080200125	旱柳	双桥区	中华路街道	山庄社区居委会	避暑山庄水流云在北	117.936083	40.989050	300	二级	3.0	427	3
13080200126	榆树	双桥区	中华路街道	山庄社区居委会	避暑山庄万树园马埭南	117.935367	40.990333	300	二级	6.0	534	4
13080200127	榆树	双桥区	中华路街道	山庄社区居委会	避暑山庄万树园	117.935417	40.992417	300	二级	6.0	408	5
13080200128	榆树	双桥区	中华路街道	山庄社区居委会	避暑山庄万树园	117.935833	40.992683	300	二级	8.0	393	5
13080200129	榆树	双桥区	中华路街道	山庄社区居委会	避暑山庄万树园	117.938300	40.991333	300	二级	6.0	411	5
13080200130	青杨	双桥区	中华路街道	山庄社区居委会	避暑山庄后花窑	117.939500	41.000433	300	二级	12.0	424	8
13080200131	槐	双桥区	中华路街道	山庄社区居委会	前寺慈云善荫前	117.934283	40.990917	300	二级	9.0	305	10
13080200132	侧柏	双桥区	中华路街道	山庄社区居委会	前寺东小院	117.934683	40.990867	300	二级	7.0	144	5
13080200133	旱柳	双桥区	中华路街道	山庄社区居委会	广缘寺	117.948900	41.013867	300	二级	12.0	383	10
13080200134	旱柳	双桥区	中华路街道	山庄社区居委会	普宁寺办公室	117.947533	41.015417	300	二级	13.0	430	10
13080200135	槐	双桥区	中华路街道	山庄社区居委会	须弥福寿之庙前门内东	117.936317	41.007567	300	二级	9.0	273	9
13080200136	槐	双桥区	中华路街道	山庄社区居委会	须弥福寿之庙碑亭北	117.935917	41.007867	300	二级	15.0	207	10
13080200137	槐	双桥区	中华路街道	山庄社区居委会	普陀宗乘之庙五塔门内西	117.944600	41.009600	300	二级	8.0	393	8
13080200138	槐	双桥区	中华路街道	山庄社区居委会	普陀宗乘之庙中罡前南	117.945033	41.010400	300	二级	12.0	264	10
13080200139	槐	双桥区	中华路街道	山庄社区居委会	普陀宗乘之庙游客中心	117.944267	41.010317	300	二级	10.0	198	8
13080200140	槐	双桥区	中华路街道	山庄社区居委会	普陀宗乘之庙平台	117.944650	41.011150	300	二级	4.0	232	5
13080200141	槐	双桥区	中华路街道	山庄社区居委会	普陀宗乘之庙派出所门口	117.943833	41.009850	300	二级	14.0	207	10
13080200142	五角枫	双桥区	中华路街道	山庄社区居委会	普陀宗乘之庙平台	117.944683	41.011050	300	二级	4.0	119	5
13080200143	白杜	双桥区	中华路街道	山庄社区居委会	普陀宗乘之庙西罡	117.944250	41.010750	300	二级	3.0	217	4
13080200144	白杜	双桥区	中华路街道	山庄社区居委会	普陀宗乘之庙西罡	117.944333	41.010717	300	二级	3.0	188	4
13080200145	刺柏	双桥区	中华路街道	山庄社区居委会	普陀宗乘之庙前内西	117.944400	41.009217	300	二级	9.0	116	3
13080200146	刺柏	双桥区	中华路街道	山庄社区居委会	普陀宗乘之庙东罡南	117.945217	41.010117	300	二级	7.0	141	3
13080200147	侧柏	双桥区	中华路街道	山庄社区居委会	普陀宗乘之庙五塔门西	117.944383	41.009350	300	二级	7.0	116	3

（续表）

编号	中文名	县（市）	乡（镇）	村（社区）组	小地名	地理坐标（东经）	地理坐标（北纬）	估测树龄	古树等级	树高（m）	胸围（cm）	冠幅（m）
13080200148	刺柏	双桥区	中华路街道	山庄社区居委会	普陀宗乘之庙中罡后	117.944867	41.010800	300	二级	6.0	88	2
13080200149	刺柏	双桥区	中华路街道	山庄社区居委会	普陀宗乘之庙中罡后	117.944917	41.010800	300	二级	6.0	107	2
13080200150	侧柏	双桥区	中华路街道	山庄社区居委会	普陀宗乘之庙琉璃南	117.944500	41.009800	300	二级	7.0	119	4
13080200151	刺柏	双桥区	中华路街道	山庄社区居委会	普陀宗乘之庙平台下	117.944717	41.010933	300	二级	6.0	207	3
13080200152	侧柏	双桥区	中华路街道	山庄社区居委会	普陀宗乘之庙琉璃南	117.944517	41.009850	300	二级	7.0	138	4
13080200153	侧柏	双桥区	中华路街道	山庄社区居委会	普陀宗乘之庙游客中心	117.944433	41.010233	300	二级	7.0	116	3
13080200154	侧柏	双桥区	中华路街道	山庄社区居委会	普陀宗乘之庙西罡前	117.944367	41.010617	300	二级	6.0	116	4
13080200155	侧柏	双桥区	中华路街道	山庄社区居委会	普陀宗乘之庙东罡	117.945233	41.010517	300	二级	6.0	207	3
13080200156	刺柏	双桥区	中华路街道	山庄社区居委会	普陀宗乘之庙平台下	117.944650	41.011000	300	二级	5.0	75	1
13080200157	侧柏	双桥区	中华路街道	山庄社区居委会	普陀宗乘之庙东罡西	117.944917	41.010583	300	二级	7.0	88	2
13080200158	侧柏	双桥区	中华路街道	山庄社区居委会	普陀宗乘之庙中罡后	117.944917	41.010750	300	二级	5.0	79	2
13080200159	刺柏	双桥区	中华路街道	山庄社区居委会	普陀宗乘之庙西罡	117.944733	41.010883	300	二级	6.0	85	2
13080200160	刺柏	双桥区	中华路街道	山庄社区居委会	普陀宗乘之庙平台	117.944717	41.011067	300	二级	6.0	82	2
13080200161	刺柏	双桥区	中华路街道	山庄社区居委会	普陀宗乘之庙钟楼	117.944933	41.011150	300	二级	8.0	141	3
13080200162	刺柏	双桥区	中华路街道	山庄社区居委会	普陀宗乘之庙钟楼	117.945017	41.011117	300	二级	6.0	144	3
13080200163	侧柏	双桥区	中华路街道	山庄社区居委会	普陀宗乘之庙中罡后	117.944883	41.010700	300	二级	6.0	72	3
13080200164	刺柏	双桥区	中华路街道	山庄社区居委会	普陀宗乘之庙西沟	117.943317	41.010550	300	二级	6.0	182	3
13080200165	刺柏	双桥区	中华路街道	山庄社区居委会	普陀宗乘之庙东沟口	117.946333	41.010350	300	二级	8.0	163	4
13080200166	槐	双桥区	中华路街道	山庄社区居委会	殊像寺前门	117.935767	41.011283	300	二级	10.0	455	10
13080200167	槐	双桥区	中华路街道	山庄社区居委会	殊像寺钟鼓楼前	117.935517	41.011683	300	二级	16.0	305	10
13080200168	槐	双桥区	中华路街道	山庄社区居委会	避暑山庄阿哥所	117.934483	40.980433	300	二级	10.0	370	21
13080200169	槐	双桥区	中华路街道	山庄社区居委会	避暑山庄阿哥所	117.934333	40.980267	300	二级	18.0	340	25
13080200170	油松	双桥区	中华路街道	山庄社区居委会	避暑山庄博物馆内午门东侧	117.935517	40.981233	300	二级	15.0	220	10
13080200171	油松	双桥区	中华路街道	山庄社区居委会	避暑山庄博物馆内午门东侧	117.934933	40.981233	300	二级	16.0	157	9
13080200172	油松	双桥区	中华路街道	山庄社区居委会	避暑山庄博物馆内瞻泊敬诚殿东	117.935633	40.981383	300	二级	20.0	157	8
13080200173	油松	双桥区	中华路街道	山庄社区居委会	避暑山庄博物馆内瞻泊敬诚殿前	117.935550	40.981350	300	二级	22.0	157	8
13080200174	油松	双桥区	中华路街道	山庄社区居委会	避暑山庄博物馆内瞻泊敬诚殿前	117.935483	40.981417	300	二级	23.0	126	10
13080200175	油松	双桥区	中华路街道	山庄社区居委会	避暑山庄博物馆内瞻泊敬诚殿前	117.935350	40.981383	300	二级	23.0	204	15
13080200176	油松	双桥区	中华路街道	山庄社区居委会	避暑山庄博物馆内瞻泊敬诚殿前	117.935100	40.981383	300	二级	24.0	157	7
13080200177	油松	双桥区	中华路街道	山庄社区居委会	避暑山庄博物馆内瞻泊敬诚殿前	117.935117	40.981350	300	二级	24.0	75	7
13080200178	油松	双桥区	中华路街道	山庄社区居委会	避暑山庄博物馆院内	117.934983	40.981400	300	二级	24.0	157	12
13080200179	油松	双桥区	中华路街道	山庄社区居委会	避暑山庄博物馆内瞻泊敬诚殿前	117.934467	40.981400	300	二级	19.0	141	7
13080200180	油松	双桥区	中华路街道	山庄社区居委会	避暑山庄博物馆内瞻泊敬诚殿前	117.935400	40.981417	300	二级	24.0	141	8
13080200181	油松	双桥区	中华路街道	山庄社区居委会	避暑山庄博物馆内瞻泊敬诚殿前	117.935300	40.981433	300	二级	19.0	135	7
13080200182	油松	双桥区	中华路街道	山庄社区居委会	避暑山庄博物馆内瞻泊敬诚殿前	117.935350	40.981467	300	二级	20.0	135	10
13080200183	油松	双桥区	中华路街道	山庄社区居委会	避暑山庄博物馆内瞻泊敬诚殿前	117.935367	40.981467	300	二级	19.0	126	9
13080200184	油松	双桥区	中华路街道	山庄社区居委会	避暑山庄博物馆内瞻泊敬诚殿前	117.935317	40.981500	300	二级	20.0	148	9
13080200185	油松	双桥区	中华路街道	山庄社区居委会	避暑山庄博物馆内瞻泊敬诚殿前	117.935450	40.981600	300	二级	18.0	94	5
13080200186	油松	双桥区	中华路街道	山庄社区居委会	避暑山庄博物馆内瞻泊敬诚殿前	117.935350	40.981500	300	二级	17.0	135	8
13080200187	油松	双桥区	中华路街道	山庄社区居委会	避暑山庄博物馆内瞻泊敬诚殿前	117.935350	40.981500	300	二级	17.0	141	8
13080200188	油松	双桥区	中华路街道	山庄社区居委会	避暑山庄博物馆内瞻泊敬诚殿前	117.935483	40.981533	300	二级	24.0	157	12
13080200189	油松	双桥区	中华路街道	山庄社区居委会	避暑山庄博物馆内瞻泊敬诚殿前	117.935283	40.981550	300	二级	21.0	126	9
13080200190	油松	双桥区	中华路街道	山庄社区居委会	避暑山庄博物馆内瞻泊敬诚殿前	117.935150	40.981433	300	二级	13.0	141	10
13080200191	油松	双桥区	中华路街道	山庄社区居委会	避暑山庄博物馆内瞻泊敬诚殿左面	117.935350	40.981700	300	二级	20.0	220	11
13080200192	油松	双桥区	中华路街道	山庄社区居委会	避暑山庄博物馆内四知书屋殿前	117.935300	40.981883	300	二级	23.0	204	12
13080200193	油松	双桥区	中华路街道	山庄社区居委会	避暑山庄博物馆内四知书屋殿前	117.935300	40.981950	300	二级	23.0	247	11
13080200194	油松	双桥区	中华路街道	山庄社区居委会	避暑山庄博物馆十九间房后	117.935217	40.982083	300	二级	11.0	220	10
13080200195	油松	双桥区	中华路街道	山庄社区居委会	避暑山庄博物馆十九间房后	117.935133	40.982233	300	二级	20.0	188	9
13080200196	油松	双桥区	中华路街道	山庄社区居委会	避暑山庄东所	117.935717	40.982533	300	二级	17.0	204	11
13080200197	油松	双桥区	中华路街道	山庄社区居委会	避暑山庄东所	117.935617	40.982517	300	二级	19.0	176	8
13080200198	油松	双桥区	中华路街道	山庄社区居委会	避暑山庄博物馆内西所	117.935033	40.982333	300	二级	21.0	188	9
13080200199	油松	双桥区	中华路街道	山庄社区居委会	避暑山庄博物馆 烟波致爽殿前后	117.935433	40.982433	300	二级	16.0	126	7
13080200200	油松	双桥区	中华路街道	山庄社区居委会	避暑山庄博物馆 烟波致爽殿前后	117.935433	40.982450	300	二级	11.0	220	10
13080200201	油松	双桥区	中华路街道	山庄社区居委会	避暑山庄博物馆 烟波致爽殿前后	117.935467	40.982483	300	二级	17.0	141	9
13080200202	油松	双桥区	中华路街道	山庄社区居委会	避暑山庄博物馆 烟波致爽殿前后	117.935217	40.982417	300	二级	20.0	192	12
13080200203	油松	双桥区	中华路街道	山庄社区居委会	避暑山庄博物馆 烟波致爽殿前后	117.935183	40.982417	300	二级	17.0	157	8
13080200204	油松	双桥区	中华路街道	山庄社区居委会	避暑山庄博物馆内云山圣地殿东	117.935683	40.982733	300	二级	15.0	141	6

编号	中文名	县（市）	乡（镇）	村（社区）组	小地名	地理坐标（东经）	地理坐标（北纬）	估测树龄	古树等级	树高（m）	胸围（cm）	冠幅（m）
13080200205	油松	双桥区	中华路街道	山庄社区居委会	避暑山庄博物馆内云山圣地前	117.935700	40.982767	300	二级	18.0	204	9
13080200206	油松	双桥区	中华路街道	山庄社区居委会	避暑山庄博物馆 烟波致爽殿前后	117.935317	40.982683	300	二级	20.0	192	12
13080200207	油松	双桥区	中华路街道	山庄社区居委会	避暑山庄博物馆内云山圣地前	117.935367	40.982700	300	二级	20.0	173	6
13080200208	油松	双桥区	中华路街道	山庄社区居委会	避暑山庄博物馆内云山圣地前	117.935317	40.982700	300	二级	21.0	207	10
13080200209	油松	双桥区	中华路街道	山庄社区居委会	避暑山庄松鹤斋前门内	117.936133	40.981450	300	二级	17.0	220	11
13080200210	油松	双桥区	中华路街道	山庄社区居委会	避暑山庄万壑松风院内	117.936533	40.982883	300	二级	15.0	173	7
13080200211	油松	双桥区	中华路街道	山庄社区居委会	避暑山庄万壑松风	117.936250	40.982900	300	二级	19.0	173	8
13080200212	油松	双桥区	中华路街道	山庄社区居委会	避暑山庄松鹤斋前门东	117.936600	40.982983	300	二级	18.0	176	8
13080200213	油松	双桥区	中华路街道	山庄社区居委会	避暑山庄万壑松风前门东	117.936617	40.983100	300	二级	18.0	166	6
13080200214	油松	双桥区	中华路街道	山庄社区居委会	避暑山庄万壑松风前门东	117.936583	40.983067	300	二级	18.0	148	7
13080200215	油松	双桥区	中华路街道	山庄社区居委会	避暑山庄万壑松风前	117.936433	40.983133	300	二级	19.0	166	8
13080200216	油松	双桥区	中华路街道	山庄社区居委会	避暑山庄万壑松风前门	117.936200	40.983283	300	二级	14.0	151	8
13080200217	油松	双桥区	中华路街道	山庄社区居委会	避暑山庄万壑松风前门西	117.936217	40.983033	300	二级	20.0	198	8
13080200218	油松	双桥区	中华路街道	山庄社区居委会	避暑山庄万壑松风前门西	117.936233	40.982950	300	二级	28.0	223	10
13080200219	油松	双桥区	中华路街道	山庄社区居委会	避暑山庄万壑松风前门西	117.936000	40.982950	300	二级	18.0	163	7
13080200220	油松	双桥区	中华路街道	山庄社区居委会	避暑山庄万壑松风前门西	117.936200	40.982967	300	二级	12.0	195	8
13080200221	油松	双桥区	中华路街道	山庄社区居委会	避暑山庄万壑松风前门西	117.936133	40.983033	300	二级	18.0	188	8
13080200222	油松	双桥区	中华路街道	山庄社区居委会	避暑山庄万壑松风前门西	117.935983	40.983100	300	二级	17.0	188	7
13080200223	油松	双桥区	中华路街道	山庄社区居委会	避暑山庄万壑松风前门西	117.935950	40.982983	300	二级	17.0	173	11
13080200224	油松	双桥区	中华路街道	山庄社区居委会	避暑山庄岫云门前东	117.935550	40.983033	300	二级	18.0	182	9
13080200225	油松	双桥区	中华路街道	山庄社区居委会	避暑山庄岫云门前东	117.935550	40.982933	300	二级	16.0	141	9
13080200226	油松	双桥区	中华路街道	山庄社区居委会	避暑山庄岫云门前	117.935400	40.982967	300	二级	17.0	141	7
13080200227	油松	双桥区	中华路街道	山庄社区居委会	避暑山庄岫云门前	117.935400	40.983083	300	二级	14.0	188	10
13080200228	油松	双桥区	中华路街道	山庄社区居委会	避暑山庄岫云门西	117.935167	40.982950	300	二级	14.0	157	10
13080200229	油松	双桥区	中华路街道	山庄社区居委会	避暑山庄博物馆岫云门前西	117.935233	40.983017	300	二级	18.0	188	10
13080200230	油松	双桥区	中华路街道	山庄社区居委会	避暑山庄博物馆岫云门前西	117.935283	40.983150	300	二级	21.0	173	6
13080200231	油松	双桥区	中华路街道	山庄社区居委会	避暑山庄博物馆岫云门前西	117.935183	40.983283	300	二级	19.0	173	7
13080200232	油松	双桥区	中华路街道	山庄社区居委会	避暑山庄博物馆岫云门前西	117.935267	40.983183	300	二级	15.0	141	6
13080200233	油松	双桥区	中华路街道	山庄社区居委会	避暑山庄鱼鳞坡	117.935433	40.983183	300	二级	20.0	214	10
13080200234	油松	双桥区	中华路街道	山庄社区居委会	避暑山庄卷阿胜境西岛山	117.935450	40.983500	300	二级	14.0	188	9
13080200235	油松	双桥区	中华路街道	山庄社区居委会	避暑山庄水心榭南	117.938233	40.983050	300	二级	17.0	226	8
13080200236	油松	双桥区	中华路街道	山庄社区居委会	避暑山庄银湖两岸岛山	117.938733	40.982367	300	二级	14.0	135	7
13080200237	油松	双桥区	中华路街道	山庄社区居委会	避暑山庄银湖两岸岛山	117.938800	40.982300	300	二级	20.0	214	10
13080200238	油松	双桥区	中华路街道	山庄社区居委会	避暑山庄银湖两岸岛山	117.938850	40.982233	300	二级	20.0	157	8
13080200239	油松	双桥区	中华路街道	山庄社区居委会	避暑山庄文园狮子林南	117.939867	40.982517	300	二级	22.0	220	10
13080200240	油松	双桥区	中华路街道	山庄社区居委会	避暑山庄文园狮子林南	117.939867	40.982533	300	二级	16.0	188	8
13080200241	油松	双桥区	中华路街道	山庄社区居委会	避暑山庄文园狮子林南	117.940067	40.982483	300	二级	11.0	170	7
13080200242	油松	双桥区	中华路街道	山庄社区居委会	避暑山庄文园狮子林南	117.940733	40.983067	300	二级	16.0	220	9
13080200243	油松	双桥区	中华路街道	山庄社区居委会	避暑山庄文园狮子林后院	117.940883	40.983017	300	二级	12.0	220	7
13080200244	油松	双桥区	中华路街道	山庄社区居委会	避暑山庄文园狮子林假山	117.940750	40.983117	300	二级	17.0	157	7
13080200245	油松	双桥区	中华路街道	山庄社区居委会	避暑山庄文园狮子林外北	117.940200	40.983733	300	二级	11.0	157	7
13080200246	油松	双桥区	中华路街道	山庄社区居委会	避暑山庄清舒山馆南	117.939350	40.983950	300	二级	10.0	135	5
13080200247	油松	双桥区	中华路街道	山庄社区居委会	避暑山庄月色江声院内	117.939267	40.985283	300	二级	17.0	204	10
13080200248	油松	双桥区	中华路街道	山庄社区居委会	避暑山庄新所东岛山	117.940917	40.985500	300	二级	22.0	188	10
13080200249	油松	双桥区	中华路街道	山庄社区居委会	避暑山庄新所东岛山	117.940000	40.986183	300	二级	13.0	173	4
13080200250	油松	双桥区	中华路街道	山庄社区居委会	避暑山庄新所东岛山东	117.940333	40.986500	300	二级	13.0	132	4
13080200251	油松	双桥区	中华路街道	山庄社区居委会	避暑山庄新所东岛山	117.933333	40.986550	300	二级	14.0	170	6
13080200252	油松	双桥区	中华路街道	山庄社区居委会	避暑山庄金山亭南岛山	117.940767	40.986733	300	二级	14.0	185	6
13080200253	油松	双桥区	中华路街道	山庄社区居委会	避暑山庄金山亭南岛山	117.941400	40.987033	300	二级	21.0	170	7
13080200254	油松	双桥区	中华路街道	山庄社区居委会	避暑山庄金山亭	117.940867	40.987450	300	二级	20.0	204	11
13080200255	油松	双桥区	中华路街道	山庄社区居委会	避暑山庄金山亭假山	117.940617	40.987517	300	二级	10.0	176	7
13080200256	油松	双桥区	中华路街道	山庄社区居委会	避暑山庄金山亭岛	117.940667	40.987533	300	二级	20.0	173	10
13080200257	油松	双桥区	中华路街道	山庄社区居委会	避暑山庄金山亭岛	117.940500	40.987867	300	二级	15.0	210	10
13080200258	油松	双桥区	中华路街道	山庄社区居委会	避暑山庄香远益清岛山	117.940500	40.989783	300	二级	19.0	207	8
13080200259	油松	双桥区	中华路街道	山庄社区居委会	避暑山庄香远益清岛山	117.940367	40.988750	300	二级	16.0	192	7
13080200260	油松	双桥区	中华路街道	山庄社区居委会	避暑山庄依绿斋西	117.940500	40.989917	300	二级	18.0	173	8
13080200261	油松	双桥区	中华路街道	山庄社区居委会	避暑山庄依绿斋西南岛山	117.940517	40.990017	300	二级	14.0	160	7

编号	中文名	县（市）	乡（镇）	村（社区）组	小地名	地理坐标（东经）	地理坐标（北纬）	估测树龄	古树等级	树高（m）	胸围（cm）	冠幅（m）
13080200262	油松	双桥区	中华路街道	山庄社区居委会	避暑山庄蘋香泮前门西	117.940483	40.990367	300	二级	17.0	298	9
13080200263	油松	双桥区	中华路街道	山庄社区居委会	避暑山庄蘋香泮前门外东	117.940983	40.990283	300	二级	17.0	242	8
13080200264	油松	双桥区	中华路街道	山庄社区居委会	避暑山庄蘋香泮院内	117.940850	40.990650	300	二级	19.0	234	7
13080200265	油松	双桥区	中华路街道	山庄社区居委会	避暑山庄环碧	117.937900	40.987250	300	二级	17.0	207	4
13080200266	油松	双桥区	中华路街道	山庄社区居委会	避暑山庄如意洲延薰山馆前	117.937900	40.987250	300	二级	19.0	179	7
13080200267	油松	双桥区	中华路街道	山庄社区居委会	避暑山庄如意洲延薰山馆前	117.937850	40.987267	300	二级	17.0	220	8
13080200268	油松	双桥区	中华路街道	山庄社区居委会	避暑山庄如意洲水芳岩秀殿前	117.937733	40.987417	300	二级	15.0	198	9
13080200269	油松	双桥区	中华路街道	山庄社区居委会	避暑山庄如意洲水芳岩秀殿前	117.937767	40.987450	300	二级	17.0	267	10
13080200270	油松	双桥区	中华路街道	山庄社区居委会	避暑山庄如意洲沧浪屿西	117.937200	40.987667	300	二级	23.0	251	9
13080200271	油松	双桥区	中华路街道	山庄社区居委会	避暑山庄如意洲沧浪屿西	117.937183	40.987883	300	二级	19.0	201	8
13080200272	油松	双桥区	中华路街道	山庄社区居委会	避暑山庄如意洲沧浪屿西	117.937000	40.987867	300	二级	18.0	220	10
13080200273	油松	双桥区	中华路街道	山庄社区居委会	避暑山庄如意洲烟雨楼	117.937483	40.988683	300	二级	21.0	163	8
13080200274	油松	双桥区	中华路街道	山庄社区居委会	避暑山庄如意洲烟雨楼	117.937417	40.988767	300	二级	23.0	210	8
13080200275	油松	双桥区	中华路街道	山庄社区居委会	避暑山庄如意洲烟雨楼	117.937417	40.988817	300	二级	21.0	157	8
13080200276	油松	双桥区	中华路街道	山庄社区居委会	避暑山庄如意洲烟雨楼	117.937217	40.988733	300	二级	18.0	239	8
13080200277	油松	双桥区	中华路街道	山庄社区居委会	避暑山庄如意洲罗锅桥西	117.937417	40.983667	300	二级	20.0	223	8
13080200278	油松	双桥区	中华路街道	山庄社区居委会	避暑山庄榛子峪西沟口	117.935350	40.988767	300	二级	22.0	176	7
13080200279	油松	双桥区	中华路街道	山庄社区居委会	避暑山庄榛子峪西沟口	117.935350	40.983533	300	二级	24.0	188	7
13080200280	油松	双桥区	中华路街道	山庄社区居委会	避暑山庄游船码头	117.935500	40.984650	300	二级	22.0	204	10
13080200281	油松	双桥区	中华路街道	山庄社区居委会	避暑山庄长条湖西	117.934550	40.990000	300	二级	21.0	239	8
13080200282	油松	双桥区	中华路街道	山庄社区居委会	避暑山庄曲水荷香	117.934000	40.991600	300	二级	17.0	232	7
13080200283	油松	双桥区	中华路街道	山庄社区居委会	避暑山庄文津阁	117.934233	40.992550	300	二级	17.0	204	8
13080200284	油松	双桥区	中华路街道	山庄社区居委会	避暑山庄文津阁	117.934267	40.992333	300	二级	16.0	188	8
13080200285	油松	双桥区	中华路街道	山庄社区居委会	避暑山庄文津阁	117.934050	40.992683	300	二级	17.0	207	8
13080200286	油松	双桥区	中华路街道	山庄社区居委会	避暑山庄文津阁	117.934000	40.992750	300	二级	17.0	185	8
13080200287	油松	双桥区	中华路街道	山庄社区居委会	避暑山庄登观斋遗址	117.939800	41.000600	300	二级	20.0	245	8
13080200288	油松	双桥区	中华路街道	山庄社区居委会	避暑山庄登观斋遗址	117.939750	41.000633	300	二级	17.0	182	6
13080200289	油松	双桥区	中华路街道	山庄社区居委会	避暑山庄登观斋遗址	117.940033	40.998950	300	二级	12.0	267	9
13080200290	油松	双桥区	中华路街道	山庄社区居委会	避暑山庄绮望楼假山前	117.932350	40.997717	300	二级	12.5	151	7
13080200291	油松	双桥区	中华路街道	山庄社区居委会	避暑山庄绮望楼假西南	117.932250	40.997917	300	二级	13.0	239	8
13080200292	油松	双桥区	中华路街道	山庄社区居委会	避暑山庄榛子峪西沟口厕所东	117.934967	40.983817	300	二级	23.0	188	8
13080200293	油松	双桥区	中华路街道	山庄社区居委会	避暑山庄榛子峪西沟口厕所东	117.935017	40.983817	300	二级	21.0	170	9
13080200294	油松	双桥区	中华路街道	山庄社区居委会	避暑山庄榛子峪西沟口厕所南	117.934833	40.983767	300	二级	18.0	176	7
13080200295	油松	双桥区	中华路街道	山庄社区居委会	避暑山庄榛子峪西沟	117.934417	40.983800	300	二级	12.0	195	8
13080200296	油松	双桥区	中华路街道	山庄社区居委会	避暑山庄榛子峪西沟	117.934267	40.984233	300	二级	20.0	220	7
13080200297	油松	双桥区	中华路街道	山庄社区居委会	避暑山庄榛子峪西沟	117.934133	40.984167	300	二级	19.0	192	7
13080200298	油松	双桥区	中华路街道	山庄社区居委会	避暑山庄榛子峪西沟	117.934000	40.984167	300	二级	23.0	188	9
13080200299	油松	双桥区	中华路街道	山庄社区居委会	避暑山庄榛子峪西沟	117.933250	40.984083	300	二级	17.0	210	6
13080200300	油松	双桥区	中华路街道	山庄社区居委会	避暑山庄榛子峪松鹤清越南	117.932567	40.983900	300	二级	20.0	188	8
13080200301	油松	双桥区	中华路街道	山庄社区居委会	避暑山庄榛子峪松鹤清越南	117.931917	40.984150	300	二级	12.0	257	9
13080200302	油松	双桥区	中华路街道	山庄社区居委会	避暑山庄榛子峪西沟	117.931917	40.984033	300	二级	17.0	229	4
13080200303	油松	双桥区	中华路街道	山庄社区居委会	避暑山庄榛子峪西沟	117.931567	40.983983	300	二级	16.0	251	6
13080200304	油松	双桥区	中华路街道	山庄社区居委会	避暑山庄榛子峪西沟	117.931383	40.984050	300	二级	17.0	188	4
13080200305	油松	双桥区	中华路街道	山庄社区居委会	避暑山庄榛子峪西沟	117.931000	40.984067	300	二级	15.0	512	9
13080200306	油松	双桥区	中华路街道	山庄社区居委会	避暑山庄榛子峪西沟	117.930783	40.984300	300	二级	15.0	204	7
13080200307	油松	双桥区	中华路街道	山庄社区居委会	避暑山庄榛子峪西沟	117.930700	40.984400	300	二级	17.0	279	8
13080200308	油松	双桥区	中华路街道	山庄社区居委会	避暑山庄榛子峪西沟	117.930133	40.984333	300	二级	18.0	242	8
13080200309	油松	双桥区	中华路街道	山庄社区居委会	避暑山庄榛子峪西沟	117.929050	40.985467	300	二级	21.0	223	7
13080200310	油松	双桥区	中华路街道	山庄社区居委会	避暑山庄榛子峪西沟	117.928767	40.985583	300	二级	18.0	248	9
13080200311	油松	双桥区	中华路街道	山庄社区居委会	避暑山庄榛子峪碧峰寺	117.928067	40.986167	300	二级	15.0	182	8
13080200312	油松	双桥区	中华路街道	山庄社区居委会	避暑山庄榛子峪碧峰寺	117.927783	40.986233	300	二级	18.0	220	8
13080200313	油松	双桥区	中华路街道	山庄社区居委会	避暑山庄榛子峪碧峰寺	117.927517	40.986317	300	二级	15.0	236	7
13080200314	油松	双桥区	中华路街道	山庄社区居委会	避暑山庄榛子峪碧峰寺	117.927567	40.986700	300	二级	18.0	245	9
13080200315	油松	双桥区	中华路街道	山庄社区居委会	避暑山庄榛子峪碧峰寺	117.927417	40.986667	300	二级	16.0	201	8
13080200316	油松	双桥区	中华路街道	山庄社区居委会	避暑山庄榛子峪碧峰寺	117.927300	40.986467	300	二级	20.0	201	8
13080200317	油松	双桥区	中华路街道	山庄社区居委会	避暑山庄榛子峪碧峰寺	117.927217	40.986467	300	二级	19.0	204	8
13080200318	油松	双桥区	中华路街道	山庄社区居委会	避暑山庄榛子峪碧峰寺	117.927783	40.986033	300	二级	17.0	182	7

（续表）

编号	中文名	县（市）	乡（镇）	村（社区）组	小地名	地理坐标（东经）	地理坐标（北纬）	估测树龄	古树等级	树高（m）	胸围（cm）	冠幅（m）
13080200319	油松	双桥区	中华路街道	山庄社区居委会	避暑山庄榛子峪碧峰寺南	117.927600	40.986117	300	二级	19.0	204	6
13080200320	油松	双桥区	中华路街道	山庄社区居委会	避暑山庄榛子峪碧峰寺南	117.927500	40.986150	300	二级	19.0	245	10
13080200321	油松	双桥区	中华路街道	山庄社区居委会	避暑山庄榛子峪碧峰寺南	117.927400	40.986167	300	二级	16.0	157	5
13080200322	油松	双桥区	中华路街道	山庄社区居委会	避暑山庄榛子峪碧峰寺南	117.927217	40.986200	300	二级	13.0	207	5
13080200323	油松	双桥区	中华路街道	山庄社区居委会	避暑山庄榛子峪碧峰寺南	117.926883	40.986650	300	二级	18.0	157	5
13080200324	油松	双桥区	中华路街道	山庄社区居委会	避暑山庄榛子峪碧峰寺南	117.926767	40.986867	300	二级	17.0	587	8
13080200325	油松	双桥区	中华路街道	山庄社区居委会	避暑山庄榛子峪碧峰寺西	117.926650	40.986950	300	二级	18.0	223	8
13080200326	油松	双桥区	中华路街道	山庄社区居委会	避暑山庄榛子峪碧峰寺西	117.926667	40.987033	300	二级	21.0	298	10
13080200327	油松	双桥区	中华路街道	山庄社区居委会	避暑山庄榛子峪西沟	117.926500	40.987217	300	二级	18.0	242	10
13080200328	油松	双桥区	中华路街道	山庄社区居委会	避暑山庄榛子峪西沟	117.926267	40.987183	300	二级	15.0	220	7
13080200329	油松	双桥区	中华路街道	山庄社区居委会	避暑山庄榛子峪西沟	117.925850	40.987300	300	二级	19.0	232	9
13080200330	油松	双桥区	中华路街道	山庄社区居委会	避暑山庄榛子峪西沟	117.926000	40.987200	300	二级	20.0	188	7
13080200331	油松	双桥区	中华路街道	山庄社区居委会	避暑山庄榛子峪西沟	117.925400	40.987283	300	二级	17.0	173	7
13080200332	油松	双桥区	中华路街道	山庄社区居委会	避暑山庄榛子峪西沟	117.925450	40.987300	300	二级	10.0	157	7
13080200333	油松	双桥区	中华路街道	山庄社区居委会	避暑山庄榛子峪西沟	117.925317	40.987283	300	二级	18.0	204	9
13080200334	油松	双桥区	中华路街道	山庄社区居委会	避暑山庄榛子峪西沟	117.925400	40.987383	300	二级	19.0	198	9
13080200335	油松	双桥区	中华路街道	山庄社区居委会	避暑山庄榛子峪西沟	117.925400	40.987383	300	二级	22.0	204	8
13080200336	油松	双桥区	中华路街道	山庄社区居委会	避暑山庄榛子峪西沟	117.924717	40.987317	300	二级	19.0	198	7
13080200337	油松	双桥区	中华路街道	山庄社区居委会	避暑山庄榛子峪西沟	117.924250	40.987217	300	二级	19.0	185	7
13080200338	油松	双桥区	中华路街道	山庄社区居委会	避暑山庄榛子峪西沟	117.924433	40.987367	300	二级	18.0	207	7
13080200339	油松	双桥区	中华路街道	山庄社区居委会	避暑山庄榛子峪西沟	117.924233	40.987483	300	二级	19.0	201	10
13080200340	油松	双桥区	中华路街道	山庄社区居委会	避暑山庄榛子峪西沟	117.924283	40.987517	300	二级	20.0	204	10
13080200341	油松	双桥区	中华路街道	山庄社区居委会	避暑山庄榛子峪西沟	117.924050	40.987467	300	二级	23.0	220	8
13080200342	油松	双桥区	中华路街道	山庄社区居委会	避暑山庄榛子峪西沟南	117.923617	40.987517	300	二级	17.0	144	4
13080200343	油松	双桥区	中华路街道	山庄社区居委会	避暑山庄榛子峪西沟	117.923583	40.987583	300	二级	17.0	166	9
13080200344	油松	双桥区	中华路街道	山庄社区居委会	避暑山庄榛子峪西沟	117.923633	40.987483	300	二级	19.0	188	10
13080200345	油松	双桥区	中华路街道	山庄社区居委会	避暑山庄榛子峪西沟	117.923567	40.987483	300	二级	19.0	201	9
13080200346	油松	双桥区	中华路街道	山庄社区居委会	避暑山庄榛子峪西沟	117.923433	40.987567	300	二级	17.0	204	7
13080200347	油松	双桥区	中华路街道	山庄社区居委会	避暑山庄榛子峪西沟	117.923400	40.987633	300	二级	17.0	182	7
13080200348	油松	双桥区	中华路街道	山庄社区居委会	避暑山庄榛子峪西沟	117.923350	40.987650	300	二级	19.0	151	4
13080200349	油松	双桥区	中华路街道	山庄社区居委会	避暑山庄榛子峪西沟古栎歌碑北	117.923217	40.987817	300	二级	15.0	248	7
13080200350	油松	双桥区	中华路街道	山庄社区居委会	避暑山庄榛子峪西沟古栎歌碑南	117.923067	40.987700	300	二级	21.0	220	9
13080200351	油松	双桥区	中华路街道	山庄社区居委会	避暑山庄榛子峪西沟古栎歌碑西	117.923000	40.987750	300	二级	21.0	192	6
13080200352	油松	双桥区	中华路街道	山庄社区居委会	避暑山庄榛子峪西沟	117.922633	40.987717	300	二级	22.0	195	10
13080200353	油松	双桥区	中华路街道	山庄社区居委会	避暑山庄榛子峪碧峰门西北	117.922200	40.987600	300	二级	18.0	195	9
13080200354	油松	双桥区	中华路街道	山庄社区居委会	避暑山庄榛子峪西沟	117.922033	40.989817	300	二级	19.0	207	9
13080200355	油松	双桥区	中华路街道	山庄社区居委会	避暑山庄榛子峪西沟	117.922700	40.987950	300	二级	19.0	179	4
13080200356	油松	双桥区	中华路街道	山庄社区居委会	避暑山庄榛子峪西沟	117.922850	40.987917	300	二级	20.0	201	5
13080200357	油松	双桥区	中华路街道	山庄社区居委会	避暑山庄榛子峪西沟	117.922767	40.988100	300	二级	19.0	166	6
13080200358	油松	双桥区	中华路街道	山庄社区居委会	避暑山庄榛子峪西沟	117.922750	40.988067	300	二级	20.0	236	8
13080200359	油松	双桥区	中华路街道	山庄社区居委会	避暑山庄榛子峪西沟	117.922717	40.988333	300	二级	21.0	239	6
13080200360	油松	双桥区	中华路街道	山庄社区居委会	避暑山庄榛子峪西沟	117.922700	40.988250	300	二级	23.0	229	8
13080200361	油松	双桥区	中华路街道	山庄社区居委会	避暑山庄榛子峪西沟	117.922700	40.988300	300	二级	20.0	176	4
13080200362	油松	双桥区	中华路街道	山庄社区居委会	避暑山庄榛子峪西沟	117.922717	40.988333	300	二级	21.0	188	4
13080200363	油松	双桥区	中华路街道	山庄社区居委会	避暑山庄榛子峪西沟	117.922550	40.988383	300	二级	19.0	192	6
13080200364	油松	双桥区	中华路街道	山庄社区居委会	避暑山庄榛子峪西沟	117.922617	40.988350	300	二级	18.0	207	8
13080200365	油松	双桥区	中华路街道	山庄社区居委会	避暑山庄榛子峪西沟	117.922567	40.988433	300	二级	19.0	182	8
13080200366	油松	双桥区	中华路街道	山庄社区居委会	避暑山庄榛子峪西沟	117.922450	40.988617	300	二级	18.0	210	10
13080200367	油松	双桥区	中华路街道	山庄社区居委会	避暑山庄榛子峪西沟	117.922400	40.988717	300	二级	23.0	207	7
13080200368	油松	双桥区	中华路街道	山庄社区居委会	避暑山庄榛子峪西沟	117.922317	40.988700	300	二级	22.0	148	4
13080200369	油松	双桥区	中华路街道	山庄社区居委会	避暑山庄榛子峪西沟	117.922067	40.988883	300	二级	17.0	220	5
13080200370	油松	双桥区	中华路街道	山庄社区居委会	避暑山庄榛子峪西沟	117.922117	40.988867	300	二级	16.0	182	8
13080200371	油松	双桥区	中华路街道	山庄社区居委会	避暑山庄榛子峪西沟	117.922117	40.988900	300	二级	18.0	229	10
13080200372	油松	双桥区	中华路街道	山庄社区居委会	避暑山庄榛子峪西沟	117.921667	40.989017	300	二级	20.0	220	7
13080200373	油松	双桥区	中华路街道	山庄社区居委会	避暑山庄榛子峪西沟	117.921750	40.989017	300	二级	18.0	226	4
13080200374	油松	双桥区	中华路街道	山庄社区居委会	避暑山庄榛子峪西沟	117.921567	40.989050	300	二级	11.0	217	5
13080200375	油松	双桥区	中华路街道	山庄社区居委会	避暑山庄榛子峪西沟	117.921367	40.989083	300	二级	17.0	207	8

编号	中文名	县（市）	乡（镇）	村（社区）组	小地名	地理坐标（东经）	地理坐标（北纬）	估测树龄	古树等级	树高（m）	胸围（cm）	冠幅（m）
13080200376	油松	双桥区	中华路街道	山庄社区居委会	避暑山庄榛子峪西沟	117.921167	40.989033	300	二级	14.0	195	8
13080200377	油松	双桥区	中华路街道	山庄社区居委会	避暑山庄榛子峪西沟	117.921183	40.989100	300	二级	16.0	201	5
13080200378	油松	双桥区	中华路街道	山庄社区居委会	避暑山庄榛子峪西沟	117.921167	40.989267	300	二级	16.0	188	7
13080200379	油松	双桥区	中华路街道	山庄社区居委会	避暑山庄榛子峪西沟	117.921183	40.989317	300	二级	17.0	173	7
13080200380	油松	双桥区	中华路街道	山庄社区居委会	避暑山庄榛子峪西沟	117.920283	40.989083	300	二级	22.0	179	7
13080200381	油松	双桥区	中华路街道	山庄社区居委会	避暑山庄榛子峪西沟	117.920300	40.989100	300	二级	21.0	176	8
13080200382	油松	双桥区	中华路街道	山庄社区居委会	避暑山庄榛子峪西沟	117.920100	40.989133	300	二级	14.0	157	4
13080200383	油松	双桥区	中华路街道	山庄社区居委会	避暑山庄榛子峪西沟	117.919983	40.989150	300	二级	20.0	210	9
13080200384	油松	双桥区	中华路街道	山庄社区居委会	避暑山庄榛子峪西沟	117.919717	40.989400	300	二级	18.0	204	6
13080200385	油松	双桥区	中华路街道	山庄社区居委会	避暑山庄榛子峪西沟	117.919917	40.989217	300	二级	13.0	204	7
13080200386	油松	双桥区	中华路街道	山庄社区居委会	避暑山庄榛子峪西沟	117.919800	40.989083	300	二级	20.0	192	8
13080200387	油松	双桥区	中华路街道	山庄社区居委会	避暑山庄榛子峪西沟	117.919667	40.989067	300	二级	22.0	188	8
13080200388	油松	双桥区	中华路街道	山庄社区居委会	避暑山庄榛子峪西沟	117.919233	40.989033	300	二级	22.0	220	10
13080200389	油松	双桥区	中华路街道	山庄社区居委会	避暑山庄榛子峪西沟	117.918683	40.989150	300	二级	22.0	198	8
13080200390	油松	双桥区	中华路街道	山庄社区居委会	避暑山庄榛子峪西沟	117.918633	40.988567	300	二级	13.0	188	8
13080200391	油松	双桥区	中华路街道	山庄社区居委会	避暑山庄榛子峪西沟	117.917483	40.989900	300	二级	14.0	188	6
13080200392	油松	双桥区	中华路街道	山庄社区居委会	避暑山庄榛子峪西沟	117.932933	40.991083	300	二级	16.0	179	11
13080200393	油松	双桥区	中华路街道	山庄社区居委会	避暑山庄榛子峪西沟	117.933167	40.992267	300	二级	17.0	173	9
13080200394	油松	双桥区	中华路街道	山庄社区居委会	避暑山庄绣起堂	117.916750	40.992950	300	二级	17.0	182	10
13080200395	油松	双桥区	中华路街道	山庄社区居委会	避暑山庄绣起堂	117.916717	40.992700	300	二级	18.0	173	8
13080200396	油松	双桥区	中华路街道	山庄社区居委会	避暑山庄绣起堂	117.916900	40.992817	300	二级	17.0	148	7
13080200397	油松	双桥区	中华路街道	山庄社区居委会	避暑山庄绣起堂	117.917167	40.993017	300	二级	19.0	198	9
13080200398	油松	双桥区	中华路街道	山庄社区居委会	避暑山庄绣起堂	117.917567	40.993083	300	二级	17.0	220	7
13080200399	油松	双桥区	中华路街道	山庄社区居委会	避暑山庄绣起堂	117.918117	40.993033	300	二级	16.0	201	7
13080200400	油松	双桥区	中华路街道	山庄社区居委会	避暑山庄绣起堂	117.917517	40.993567	300	二级	17.0	207	8
13080200401	油松	双桥区	中华路街道	山庄社区居委会	避暑山庄绣起堂	117.917400	40.993600	300	二级	17.0	198	8
13080200402	油松	双桥区	中华路街道	山庄社区居委会	避暑山庄榛子峪西沟	117.916800	40.993333	300	二级	11.0	182	7
13080200403	油松	双桥区	中华路街道	山庄社区居委会	避暑山庄榛子峪西沟	117.933250	40.993433	300	二级	11.0	182	4
13080200404	油松	双桥区	中华路街道	山庄社区居委会	避暑山庄榛子峪西沟	117.916983	40.993533	300	二级	16.0	148	7
13080200405	油松	双桥区	中华路街道	山庄社区居委会	避暑山庄榛子峪西沟	117.916867	40.993550	300	二级	16.0	188	8
13080200406	油松	双桥区	中华路街道	山庄社区居委会	避暑山庄榛子峪西沟	117.918483	40.984250	300	二级	16.0	204	7
13080200407	油松	双桥区	中华路街道	山庄社区居委会	避暑山庄榛子峪西沟	117.918500	40.984250	300	二级	22.0	195	5
13080200408	油松	双桥区	中华路街道	山庄社区居委会	避暑山庄芳园居南	117.918317	40.985133	300	二级	21.0	198	7
13080200409	油松	双桥区	中华路街道	山庄社区居委会	避暑山庄芳园居南土山东坡	117.917883	40.985033	300	二级	18.0	188	7
13080200410	油松	双桥区	中华路街道	山庄社区居委会	避暑山庄芳园居南	117.917850	40.985417	300	二级	20.0	179	7
13080200411	油松	双桥区	中华路街道	山庄社区居委会	避暑山庄双湖夹镜南山北坡	117.917617	40.987350	300	二级	18.0	239	8
13080200412	油松	双桥区	中华路街道	山庄社区居委会	避暑山庄双湖夹镜南山北坡	117.917150	40.987417	300	二级	16.0	226	9
13080200413	油松	双桥区	中华路街道	山庄社区居委会	避暑山庄双湖夹镜南山北坡	117.917083	40.987550	300	二级	16.0	254	4
13080200414	油松	双桥区	中华路街道	山庄社区居委会	避暑山庄长虹饮练南	117.916933	40.987667	300	二级	16.0	204	5
13080200415	油松	双桥区	中华路街道	山庄社区居委会	避暑山庄长虹饮练南山坡	117.932517	40.986950	300	二级	15.0	207	7
13080200416	油松	双桥区	中华路街道	山庄社区居委会	长虹饮练	117.917133	40.987783	300	二级	18.0	207	9
13080200417	油松	双桥区	中华路街道	山庄社区居委会	避暑山庄德水通津西	117.932517	40.988050	300	二级	17.0	279	9
13080200418	油松	双桥区	中华路街道	山庄社区居委会	避暑山庄珠源寺山门北	117.932900	40.988650	300	二级	15.0	198	6
13080200419	油松	双桥区	中华路街道	山庄社区居委会	避暑山庄珠源寺山门北	117.932750	40.988617	300	二级	15.0	176	10
13080200420	油松	双桥区	中华路街道	山庄社区居委会	避暑山庄珠源寺山门内	117.932633	40.988717	300	二级	16.0	192	6
13080200421	油松	双桥区	中华路街道	山庄社区居委会	避暑山庄珠源寺山门内	117.932450	40.988600	300	二级	17.0	242	10
13080200422	油松	双桥区	中华路街道	山庄社区居委会	避暑山庄珠源寺	117.931633	40.988900	300	二级	18.0	185	9
13080200423	油松	双桥区	中华路街道	山庄社区居委会	避暑山庄珠源寺	117.931417	40.988817	300	二级	12.0	151	8
13080200424	油松	双桥区	中华路街道	山庄社区居委会	避暑山庄珠源寺	117.931317	40.989167	300	二级	18.0	163	6
13080200425	油松	双桥区	中华路街道	山庄社区居委会	避暑山庄珠源寺	117.931167	40.989283	300	二级	18.0	217	5
13080200426	油松	双桥区	中华路街道	山庄社区居委会	避暑山庄珠源寺	117.931250	40.989283	300	二级	16.0	217	6
13080200427	油松	双桥区	中华路街道	山庄社区居委会	避暑山庄珠源寺	117.931533	40.989200	300	二级	20.0	85	8
13080200428	油松	双桥区	中华路街道	山庄社区居委会	避暑山庄珠源寺	117.932083	40.989483	300	二级	16.0	182	7
13080200429	油松	双桥区	中华路街道	山庄社区居委会	避暑山庄珠源寺铜店	117.932350	40.989300	300	二级	16.0	192	8
13080200430	油松	双桥区	中华路街道	山庄社区居委会	避暑山庄绿云楼	117.932500	40.989267	300	二级	18.0	170	7
13080200431	油松	双桥区	中华路街道	山庄社区居委会	避暑山庄绿云楼	117.932550	40.989583	300	二级	13.0	170	6
13080200432	油松	双桥区	中华路街道	山庄社区居委会	避暑山庄梨花伴月水泉	117.928567	40.990450	300	二级	21.0	330	10

(续表)

编号	中文名	县（市）	乡（镇）	村（社区）组	小地名	地理坐标（东经）	地理坐标（北纬）	估测树龄	古树等级	树高（m）	胸围（cm）	冠幅（m）
13080200433	油松	双桥区	中华路街道	山庄社区居委会	避暑山庄梨花半月沟	117.928083	40.990183	300	二级	20.0	345	7
13080200434	油松	双桥区	中华路街道	山庄社区居委会	避暑山庄松林峪食遮居	117.923250	40.991133	300	二级	20.0	248	6
13080200435	油松	双桥区	中华路街道	山庄社区居委会	避暑山庄梨树峪梨花沟	117.927467	40.992767	300	二级	21.0	176	8
13080200436	油松	双桥区	中华路街道	山庄社区居委会	避暑山庄梨花伴月	117.927433	40.993150	300	二级	19.0	236	8
13080200437	油松	双桥区	中华路街道	山庄社区居委会	避暑山庄梨花半月南坡	117.927500	40.993433	300	二级	16.0	201	6
13080200438	油松	双桥区	中华路街道	山庄社区居委会	避暑山庄梨花半月	117.926867	40.993200	300	二级	19.0	236	7
13080200439	油松	双桥区	中华路街道	山庄社区居委会	避暑山庄梨花半月	117.927517	40.994317	300	二级	17.0	320	6
13080200440	油松	双桥区	中华路街道	山庄社区居委会	避暑山庄创得斋	117.922417	40.998450	300	二级	6.0	204	6
13080200441	油松	双桥区	中华路街道	山庄社区居委会	避暑山庄创得斋	117.922317	40.998400	300	二级	11.0	251	7
13080200442	油松	双桥区	中华路街道	山庄社区居委会	避暑山庄创得斋	117.922500	40.998950	300	二级	15.0	188	8
13080200443	油松	双桥区	中华路街道	山庄社区居委会	避暑山庄创得斋	117.922583	40.999083	300	二级	17.0	170	8
13080200444	油松	双桥区	中华路街道	山庄社区居委会	避暑山庄创得斋	117.922183	40.999183	300	二级	11.0	173	6
13080200445	油松	双桥区	中华路街道	山庄社区居委会	避暑山庄创得斋	117.922000	40.998733	300	二级	13.0	185	6
13080200446	油松	双桥区	中华路街道	山庄社区居委会	避暑山庄创得斋	117.922117	40.998867	300	二级	19.0	188	8
13080200447	油松	双桥区	中华路街道	山庄社区居委会	避暑山庄创得斋	117.922100	40.998883	300	二级	20.0	198	9
13080200448	油松	双桥区	中华路街道	山庄社区居委会	避暑山庄创得斋	117.922217	40.998733	300	二级	18.0	210	5
13080200449	油松	双桥区	中华路街道	山庄社区居委会	避暑山庄创得斋	117.922050	40.998967	300	二级	19.0	185	6
13080200450	油松	双桥区	中华路街道	山庄社区居委会	避暑山庄创得斋	117.922017	40.998583	300	二级	13.0	192	6
13080200451	油松	双桥区	中华路街道	山庄社区居委会	避暑山庄创得斋	117.921900	40.998633	300	二级	14.0	173	7
13080200452	油松	双桥区	中华路街道	山庄社区居委会	避暑山庄创得斋	117.921750	40.998617	300	二级	10.0	173	5
13080200453	油松	双桥区	中华路街道	山庄社区居委会	避暑山庄创得斋	117.921733	40.998450	300	二级	12.0	163	10
13080200454	油松	双桥区	中华路街道	山庄社区居委会	避暑山庄创得斋	117.921667	40.999017	300	二级	12.0	182	4
13080200455	油松	双桥区	中华路街道	山庄社区居委会	避暑山庄创得斋	117.921667	40.999000	300	二级	16.0	232	9
13080200456	油松	双桥区	中华路街道	山庄社区居委会	避暑山庄创得斋	117.921717	40.998767	300	二级	15.0	198	6
13080200457	油松	双桥区	中华路街道	山庄社区居委会	避暑山庄松云峡凌太虚	117.932250	40.995983	300	二级	19.0	214	7
13080200458	油松	双桥区	中华路街道	山庄社区居委会	避暑山庄松云峡沟山北	117.932667	40.996467	300	二级	19.0	210	5
13080200459	油松	双桥区	中华路街道	山庄社区居委会	避暑山庄松云峡沟山北	117.932667	40.996500	300	二级	21.0	201	7
13080200460	油松	双桥区	中华路街道	山庄社区居委会	避暑山庄松云峡沟山北	117.932650	40.996567	300	二级	21.0	185	6
13080200461	油松	双桥区	中华路街道	山庄社区居委会	避暑山庄松云峡沟山北	117.932767	40.996600	300	二级	18.0	195	7
13080200462	油松	双桥区	中华路街道	山庄社区居委会	避暑山庄松云峡沟山北	117.932317	40.996950	300	二级	21.0	226	5
13080200463	油松	双桥区	中华路街道	山庄社区居委会	避暑山庄松云峡沟山北	117.932100	40.997133	300	二级	22.0	273	8
13080200464	油松	双桥区	中华路街道	山庄社区居委会	避暑山庄松云峡沟口	117.932000	40.997250	300	二级	20.0	245	8
13080200465	油松	双桥区	中华路街道	山庄社区居委会	避暑山庄松云峡沟口	117.932033	40.997000	300	二级	23.0	226	6
13080200466	油松	双桥区	中华路街道	山庄社区居委会	避暑上庄松云峡石桥	117.931983	40.997317	300	二级	25.0	201	10
13080200467	油松	双桥区	中华路街道	山庄社区居委会	避暑山庄松云峡沟口小石桥	117.931750	40.997400	300	二级	20.0	223	7
13080200468	油松	双桥区	中华路街道	山庄社区居委会	避暑山庄松云峡沟口小石桥	117.931850	40.997350	300	二级	21.0	198	7
13080200469	油松	双桥区	中华路街道	山庄社区居委会	避暑山庄松云峡沟口	117.931717	40.997450	300	二级	18.0	204	7
13080200470	油松	双桥区	中华路街道	山庄社区居委会	避暑山庄松云峡沟山北	117.931400	40.997617	300	二级	24.0	248	9
13080200471	油松	双桥区	中华路街道	山庄社区居委会	避暑山庄松云峡	117.931483	40.997583	300	二级	22.0	195	7
13080200472	油松	双桥区	中华路街道	山庄社区居委会	避暑山庄松云峡	117.931500	40.998083	300	二级	21.0	220	7
13080200473	油松	双桥区	中华路街道	山庄社区居委会	避暑山庄松云峡	117.931133	40.998050	300	二级	26.0	270	10
13080200474	油松	双桥区	中华路街道	山庄社区居委会	避暑山庄松云峡沟山北	117.930717	40.998517	300	二级	20.0	176	7
13080200475	油松	双桥区	中华路街道	山庄社区居委会	避暑山庄松云峡沟山北	117.930217	40.998533	300	二级	23.0	176	6
13080200476	油松	双桥区	中华路街道	山庄社区居委会	避暑山庄松云峡山近轩沟口	117.930067	40.998683	300	二级	20.0	236	10
13080200477	油松	双桥区	中华路街道	山庄社区居委会	避暑山庄松云峡	117.929717	40.998733	300	二级	19.0	220	7
13080200478	油松	双桥区	中华路街道	山庄社区居委会	避暑山庄松云峡	117.929900	40.999283	300	二级	20.0	188	7
13080200479	油松	双桥区	中华路街道	山庄社区居委会	避暑山庄松云峡变电站	117.929250	40.999683	300	二级	18.0	201	7
13080200480	油松	双桥区	中华路街道	山庄社区居委会	避暑山庄松云峡	117.929217	40.999500	300	二级	23.0	204	7
13080200481	油松	双桥区	中华路街道	山庄社区居委会	避暑山庄松云峡别墅	117.929050	40.999667	300	二级	17.0	201	7
13080200482	油松	双桥区	中华路街道	山庄社区居委会	避暑山庄松云峡别墅	117.928767	40.999667	300	二级	20.0	201	9
13080200483	油松	双桥区	中华路街道	山庄社区居委会	避暑山庄松云峡山近轩沟口	117.928717	40.999833	300	二级	17.0	160	9
13080200484	油松	双桥区	中华路街道	山庄社区居委会	避暑山庄松云峡山近轩沟口	117.928750	40.999883	300	二级	20.0	163	9
13080200485	油松	双桥区	中华路街道	山庄社区居委会	避暑山庄松云峡山近轩沟口	117.928717	40.999883	300	二级	17.0	254	7
13080200486	油松	双桥区	中华路街道	山庄社区居委会	避暑山庄松云峡山近轩沟口	117.928817	41.000300	300	二级	17.0	160	8
13080200487	油松	双桥区	中华路街道	山庄社区居委会	避暑山庄松云峡山近轩沟口对面坡	117.928017	40.999900	300	二级	14.0	163	6
13080200488	油松	双桥区	中华路街道	山庄社区居委会	避暑山庄松云峡山近轩沟口	117.928467	41.000000	300	二级	19.0	232	8
13080200489	油松	双桥区	中华路街道	山庄社区居委会	避暑山庄松云峡山近轩沟口	117.928567	41.000167	300	二级	21.0	229	10

(续表)

编号	中文名	县（市）	乡（镇）	村（社区）组	小地名	地理坐标（东经）	地理坐标（北纬）	估测树龄	古树等级	树高（m）	胸围（cm）	冠幅（m）
13080200490	油松	双桥区	中华路街道	山庄社区居委会	避暑山庄松云峡山近轩沟口	117.928500	41.000300	300	二级	20.0	185	9
13080200491	油松	双桥区	中华路街道	山庄社区居委会	避暑山庄松云峡山近轩沟口南	117.928483	41.000200	300	二级	16.0	195	9
13080200492	油松	双桥区	中华路街道	山庄社区居委会	避暑山庄松云峡山近轩沟口南	117.928183	41.000367	300	二级	19.0	226	9
13080200493	油松	双桥区	中华路街道	山庄社区居委会	避暑山庄松云峡山近轩沟口	117.928267	41.000250	300	二级	20.0	198	8
13080200494	油松	双桥区	中华路街道	山庄社区居委会	避暑山庄松云峡	117.928200	41.000350	300	二级	21.0	160	7
13080200495	油松	双桥区	中华路街道	山庄社区居委会	避暑山庄松云峡	117.928417	41.000400	300	二级	19.0	210	6
13080200496	油松	双桥区	中华路街道	山庄社区居委会	避暑山庄松云峡	117.928083	41.000500	300	二级	19.0	173	7
13080200497	油松	双桥区	中华路街道	山庄社区居委会	避暑山庄松云峡	117.928167	41.000500	300	二级	19.0	179	6
13080200498	油松	双桥区	中华路街道	山庄社区居委会	避暑山庄松云峡	117.928150	41.000383	300	二级	20.0	239	10
13080200499	油松	双桥区	中华路街道	山庄社区居委会	避暑山庄松云峡	117.928167	41.000550	300	二级	20.0	201	8
13080200500	油松	双桥区	中华路街道	山庄社区居委会	避暑山庄松云峡	117.928100	41.000650	300	二级	20.0	151	8
13080200501	油松	双桥区	中华路街道	山庄社区居委会	避暑山庄松云峡	117.928067	41.000617	300	二级	21.0	192	5
13080200502	油松	双桥区	中华路街道	山庄社区居委会	避暑山庄松云峡	117.928033	41.000683	300	二级	22.0	195	7
13080200503	油松	双桥区	中华路街道	山庄社区居委会	避暑山庄松云峡	117.928017	41.000783	300	二级	22.0	195	8
13080200504	油松	双桥区	中华路街道	山庄社区居委会	避暑山庄松云峡	117.928117	41.000950	300	二级	21.0	201	8
13080200505	油松	双桥区	中华路街道	山庄社区居委会	避暑山庄松云峡	117.927967	41.000867	300	二级	24.0	204	8
13080200506	油松	双桥区	中华路街道	山庄社区居委会	避暑山庄松云峡	117.927850	41.000817	300	二级	23.0	182	7
13080200507	油松	双桥区	中华路街道	山庄社区居委会	避暑山庄松云峡	117.927867	41.000750	300	二级	24.0	210	7
13080200508	油松	双桥区	中华路街道	山庄社区居委会	避暑山庄松云峡	117.917783	41.000983	300	二级	23.0	185	7
13080200509	油松	双桥区	中华路街道	山庄社区居委会	避暑山庄松云峡	117.927867	41.001117	300	二级	21.0	175	9
13080200510	油松	双桥区	中华路街道	山庄社区居委会	避暑山庄松云峡	117.927783	41.000950	300	二级	22.0	178	8
13080200511	油松	双桥区	中华路街道	山庄社区居委会	避暑山庄松云峡	117.927617	41.000800	300	二级	20.0	163	7
13080200512	油松	双桥区	中华路街道	山庄社区居委会	避暑山庄松云峡	117.927900	41.001133	300	二级	21.0	188	10
13080200513	油松	双桥区	中华路街道	山庄社区居委会	避暑山庄松云峡	117.927767	41.001050	300	二级	20.0	169	7
13080200514	油松	双桥区	中华路街道	山庄社区居委会	避暑山庄松云峡	117.927550	41.001167	300	二级	21.0	160	9
13080200515	油松	双桥区	中华路街道	山庄社区居委会	避暑山庄松云峡	117.927583	41.001100	300	二级	19.0	172	8
13080200516	油松	双桥区	中华路街道	山庄社区居委会	避暑山庄松云峡	117.927600	41.000967	300	二级	25.0	200	16
13080200517	油松	双桥区	中华路街道	山庄社区居委会	避暑山庄松云峡	117.927600	41.001267	300	二级	23.0	194	6
13080200518	油松	双桥区	中华路街道	山庄社区居委会	避暑山庄松云峡	117.927567	41.001250	300	二级	23.0	204	8
13080200519	油松	双桥区	中华路街道	山庄社区居委会	避暑山庄松云峡	117.927333	41.001267	300	二级	23.0	182	7
13080200520	油松	双桥区	中华路街道	山庄社区居委会	避暑山庄松云峡	117.927350	41.001283	300	二级	21.0	172	8
13080200521	油松	双桥区	中华路街道	山庄社区居委会	避暑山庄松云峡	117.927367	41.001317	300	二级	23.0	169	8
13080200522	油松	双桥区	中华路街道	山庄社区居委会	避暑山庄松云峡	117.927383	41.001350	300	二级	23.0	204	10
13080200523	油松	双桥区	中华路街道	山庄社区居委会	避暑山庄松云峡	117.927183	41.001433	300	二级	23.0	188	7
13080200524	油松	双桥区	中华路街道	山庄社区居委会	避暑山庄松云峡	117.927217	41.001467	300	二级	23.0	299	10
13080200525	油松	双桥区	中华路街道	山庄社区居委会	避暑山庄松云峡	117.927183	41.001417	300	二级	21.0	207	8
13080200526	油松	双桥区	中华路街道	山庄社区居委会	避暑山庄松云峡	117.927283	41.001417	300	二级	20.0	166	7
13080200527	油松	双桥区	中华路街道	山庄社区居委会	避暑山庄松云峡	117.927283	41.001383	300	二级	21.0	169	9
13080200528	油松	双桥区	中华路街道	山庄社区居委会	避暑山庄松云峡	117.927117	41.001300	300	二级	21.0	169	6
13080200529	油松	双桥区	中华路街道	山庄社区居委会	避暑山庄松云峡	117.927267	41.001650	300	二级	22.0	188	10
13080200530	油松	双桥区	中华路街道	山庄社区居委会	避暑山庄松云峡	117.927100	41.001717	300	二级	17.0	166	8
13080200531	油松	双桥区	中华路街道	山庄社区居委会	避暑山庄松云峡	117.927017	41.001983	300	二级	21.0	244	9
13080200532	油松	双桥区	中华路街道	山庄社区居委会	避暑山庄松云峡	117.926833	41.001967	300	二级	22.0	204	10
13080200533	油松	双桥区	中华路街道	山庄社区居委会	避暑山庄松云峡	117.926733	41.001983	300	二级	23.0	276	10
13080200534	油松	双桥区	中华路街道	山庄社区居委会	避暑山庄松云峡	117.926667	41.001900	300	二级	10.0	210	10
13080200535	油松	双桥区	中华路街道	山庄社区居委会	避暑山庄松云峡	117.926067	41.002317	300	二级	20.0	157	8
13080200536	油松	双桥区	中华路街道	山庄社区居委会	避暑山庄松云峡别墅	117.926050	41.002400	300	二级	17.0	178	10
13080200537	油松	双桥区	中华路街道	山庄社区居委会	避暑山庄松云峡别墅	117.925717	41.002767	300	二级	21.0	213	11
13080200538	油松	双桥区	中华路街道	山庄社区居委会	避暑山庄松云峡别墅	117.925767	41.002583	300	二级	22.0	185	9
13080200539	油松	双桥区	中华路街道	山庄社区居委会	避暑山庄松云峡别墅	117.925583	41.002700	300	二级	20.0	188	10
13080200540	油松	双桥区	中华路街道	山庄社区居委会	避暑山庄松云峡别墅	117.925550	41.002883	300	二级	23.0	188	10
13080200541	油松	双桥区	中华路街道	山庄社区居委会	避暑山庄松云峡别墅	117.925617	41.002833	300	二级	19.0	219	9
13080200542	油松	双桥区	中华路街道	山庄社区居委会	避暑山庄松云峡别墅	117.925583	41.002850	300	二级	21.0	191	11
13080200543	油松	双桥区	中华路街道	山庄社区居委会	避暑山庄松云峡别墅	117.925317	41.002950	300	二级	23.0	188	10
13080200544	油松	双桥区	中华路街道	山庄社区居委会	避暑山庄松云峡别墅	117.925350	41.002867	300	二级	22.0	204	10
13080200545	油松	双桥区	中华路街道	山庄社区居委会	避暑山庄松云峡别墅	117.925267	41.002950	300	二级	17.0	210	6
13080200546	油松	双桥区	中华路街道	山庄社区居委会	避暑山庄松云峡别墅	117.925250	41.002983	300	二级	19.0	207	8

(续表)

编号	中文名	县（市）	乡（镇）	村（社区）组	小地名	地理坐标（东经）	地理坐标（北纬）	估测树龄	古树等级	树高（m）	胸围（cm）	冠幅（m）
13080200547	油松	双桥区	中华路街道	山庄社区居委会	避暑山庄松云峡别墅	117.925317	41.003200	300	二级	18.0	175	8
13080200548	油松	双桥区	中华路街道	山庄社区居委会	避暑山庄松云峡别墅	117.925317	41.003217	300	二级	16.0	178	8
13080200549	油松	双桥区	中华路街道	山庄社区居委会	避暑山庄松云峡别墅	117.925233	41.003267	300	二级	18.0	197	7
13080200550	油松	双桥区	中华路街道	山庄社区居委会	避暑山庄松云峡别墅	117.925183	41.003283	300	二级	18.0	222	9
13080200551	油松	双桥区	中华路街道	山庄社区居委会	避暑山庄松云峡别墅	117.925050	41.003183	300	二级	18.0	210	8
13080200552	油松	双桥区	中华路街道	山庄社区居委会	避暑山庄松云峡别墅	117.924983	41.003100	300	二级	19.0	210	8
13080200553	油松	双桥区	中华路街道	山庄社区居委会	避暑山庄松云峡别墅	117.924483	41.003283	300	二级	18.0	229	10
13080200554	油松	双桥区	中华路街道	山庄社区居委会	避暑山庄松云峡别墅	117.924300	41.003350	300	二级	19.0	257	8
13080200555	油松	双桥区	中华路街道	山庄社区居委会	避暑山庄松云峡别墅	117.924383	41.003400	300	二级	18.0	229	6
13080200556	油松	双桥区	中华路街道	山庄社区居委会	避暑山庄松云峡别墅	117.924417	41.003367	300	二级	19.0	226	8
13080200557	油松	双桥区	中华路街道	山庄社区居委会	避暑山庄松云峡别墅	117.924850	41.003250	300	二级	19.0	210	9
13080200558	油松	双桥区	中华路街道	山庄社区居委会	避暑山庄松云峡别墅	117.924683	41.003367	300	二级	20.0	194	7
13080200559	油松	双桥区	中华路街道	山庄社区居委会	避暑山庄松云峡别墅	117.924817	41.003317	300	二级	18.0	219	8
13080200560	油松	双桥区	中华路街道	山庄社区居委会	避暑山庄松云峡别墅	117.924883	41.003400	300	二级	16.0	216	8
13080200561	油松	双桥区	中华路街道	山庄社区居委会	避暑山庄松云峡别墅	117.924517	41.003400	300	二级	18.0	216	10
13080200562	油松	双桥区	中华路街道	山庄社区居委会	避暑山庄松云峡别墅	117.924333	41.003500	300	二级	22.0	210	10
13080200563	油松	双桥区	中华路街道	山庄社区居委会	避暑山庄松云峡大机井圈南	117.926400	41.001767	300	二级	18.0	226	10
13080200564	油松	双桥区	中华路街道	山庄社区居委会	避暑山庄松云峡大机井圈南	117.926450	41.001717	300	二级	20.0	254	8
13080200565	油松	双桥区	中华路街道	山庄社区居委会	避暑山庄松云峡大机井圈南	117.926500	41.001817	300	二级	20.0	231	8
13080200566	油松	双桥区	中华路街道	山庄社区居委会	避暑山庄松云峡大机井圈南	117.926350	41.001967	300	二级	16.0	147	7
13080200567	油松	双桥区	中华路街道	山庄社区居委会	避暑山庄松云峡大机井圈南	117.926267	41.001867	300	二级	16.0	197	7
13080200568	油松	双桥区	中华路街道	山庄社区居委会	避暑山庄松云峡大机井圈南	117.926300	41.001783	300	二级	18.0	213	10
13080200569	油松	双桥区	中华路街道	山庄社区居委会	避暑山庄松云峡大机井圈南	117.926283	41.001717	300	二级	17.0	226	8
13080200570	油松	双桥区	中华路街道	山庄社区居委会	避暑山庄松云峡大机井圈南	117.926450	41.001933	300	二级	18.0	204	7
13080200571	油松	双桥区	中华路街道	山庄社区居委会	避暑山庄松云峡大机井圈南	117.926250	41.001683	300	二级	18.0	157	7
13080200572	油松	双桥区	中华路街道	山庄社区居委会	避暑山庄松云峡大机井圈南	117.926083	41.001717	300	二级	21.0	260	9
13080200573	油松	双桥区	中华路街道	山庄社区居委会	避暑山庄松云峡大机井圈南	117.926433	41.001950	300	二级	18.0	188	7
13080200574	油松	双桥区	中华路街道	山庄社区居委会	避暑山庄松云峡水月庵	117.927617	40.998833	300	二级	12.0	229	4
13080200575	油松	双桥区	中华路街道	山庄社区居委会	避暑山庄松云峡水月庵	117.927233	40.998783	300	二级	17.0	288	8
13080200576	油松	双桥区	中华路街道	山庄社区居委会	避暑山庄松云峡水月庵	117.927333	40.998867	300	二级	31.0	238	7
13080200577	油松	双桥区	中华路街道	山庄社区居委会	避暑山庄松云峡水月庵	117.927400	40.998950	300	二级	13.0	194	5
13080200578	油松	双桥区	中华路街道	山庄社区居委会	避暑山庄松云峡水月庵	117.927283	40.998967	300	二级	16.0	119	7
13080200579	油松	双桥区	中华路街道	山庄社区居委会	避暑山庄松云峡水月庵	117.927067	40.999000	300	二级	20.0	222	8
13080200580	油松	双桥区	中华路街道	山庄社区居委会	避暑山庄松云峡水月庵	117.927117	40.998917	300	二级	20.0	178	8
13080200581	油松	双桥区	中华路街道	山庄社区居委会	避暑山庄松云峡水月庵	117.927167	40.998950	300	二级	14.0	219	9
13080200582	油松	双桥区	中华路街道	山庄社区居委会	避暑山庄松云峡水月庵	117.926900	40.998950	300	二级	19.0	235	11
13080200583	油松	双桥区	中华路街道	山庄社区居委会	避暑山庄松云峡水月庵	117.926683	40.998783	300	二级	20.0	222	8
13080200584	油松	双桥区	中华路街道	山庄社区居委会	避暑山庄松云峡水月庵	117.926517	40.998817	300	二级	21.0	200	8
13080200585	油松	双桥区	中华路街道	山庄社区居委会	避暑山庄松云峡水月庵	117.926400	40.998700	300	二级	20.0	238	7
13080200586	油松	双桥区	中华路街道	山庄社区居委会	避暑山庄松云峡水月庵	117.926517	40.998567	300	二级	19.0	226	9
13080200587	油松	双桥区	中华路街道	山庄社区居委会	避暑山庄松云峡水月庵	117.926117	40.998750	300	二级	18.0	229	7
13080200588	油松	双桥区	中华路街道	山庄社区居委会	避暑山庄松云峡水月庵	117.926183	40.998817	300	二级	21.0	207	7
13080200589	油松	双桥区	中华路街道	山庄社区居委会	避暑山庄松云峡水月庵	117.926483	40.998517	300	二级	20.0	119	8
13080200590	油松	双桥区	中华路街道	山庄社区居委会	避暑山庄松云峡水月庵	117.926400	40.999067	300	二级	18.0	194	8
13080200591	油松	双桥区	中华路街道	山庄社区居委会	避暑山庄松云峡水月庵	117.926417	40.999083	300	二级	18.0	185	8
13080200592	油松	双桥区	中华路街道	山庄社区居委会	避暑山庄松云峡水月庵	117.926183	40.999017	300	二级	20.0	238	8
13080200593	油松	双桥区	中华路街道	山庄社区居委会	避暑山庄松云峡水月庵	117.925350	40.998700	300	二级	17.0	204	5
13080200594	油松	双桥区	中华路街道	山庄社区居委会	避暑山庄松云峡水月庵	117.925250	40.998733	300	二级	20.0	166	8
13080200595	油松	双桥区	中华路街道	山庄社区居委会	避暑山庄松云峡水月庵	117.925017	40.998533	300	二级	19.0	169	9
13080200596	油松	双桥区	中华路街道	山庄社区居委会	避暑山庄松云峡水月庵	117.925783	40.999083	300	二级	20.0	301	8
13080200597	油松	双桥区	中华路街道	山庄社区居委会	避暑山庄松云峡水月庵	117.925750	40.999150	300	二级	15.0	244	7
13080200598	油松	双桥区	中华路街道	山庄社区居委会	避暑山庄松云峡旃檀林	117.925433	40.999317	300	二级	18.0	197	6
13080200599	油松	双桥区	中华路街道	山庄社区居委会	避暑山庄松云峡旃檀林	117.925267	40.999450	300	二级	15.0	178	5
13080200600	油松	双桥区	中华路街道	山庄社区居委会	避暑山庄松云峡旃檀林	117.924967	40.999650	300	二级	22.0	229	8
13080200601	油松	双桥区	中华路街道	山庄社区居委会	避暑山庄松云峡旃檀林	117.924733	40.999633	300	二级	18.0	141	7
13080200602	油松	双桥区	中华路街道	山庄社区居委会	避暑山庄松云峡旃檀林	117.924883	41.000267	300	二级	17.0	169	5
13080200603	油松	双桥区	中华路街道	山庄社区居委会	避暑山庄松云峡旃檀林	117.924617	40.999900	300	二级	15.0	244	7

编号	中文名	县（市）	乡（镇）	村（社区）组	小地名	地理坐标（东经）	地理坐标（北纬）	估测树龄	古树等级	树高（m）	胸围（cm）	冠幅（m）
13080200604	油松	双桥区	中华路街道	山庄社区居委会	避暑山庄松云峡旃檀林	117.925200	41.000317	300	二级	9.0	169	7
13080200605	油松	双桥区	中华路街道	山庄社区居委会	避暑山庄松云峡旃檀林	117.925183	41.000267	300	二级	16.0	194	9
13080200606	油松	双桥区	中华路街道	山庄社区居委会	避暑山庄松云峡旃檀林	117.925133	41.000233	300	二级	15.0	160	4
13080200607	油松	双桥区	中华路街道	山庄社区居委会	避暑山庄松云峡旃檀林	117.925033	41.000367	300	二级	17.0	301	11
13080200608	油松	双桥区	中华路街道	山庄社区居委会	避暑山庄松云峡旃檀林	117.925017	41.000300	300	二级	15.0	182	6
13080200609	油松	双桥区	中华路街道	山庄社区居委会	避暑山庄松云峡旃檀林	117.924650	41.000000	300	二级	13.0	169	4
13080200610	油松	双桥区	中华路街道	山庄社区居委会	避暑山庄松云峡旃檀林	117.924667	41.000083	300	二级	17.0	200	8
13080200611	油松	双桥区	中华路街道	山庄社区居委会	避暑山庄松云峡旃檀林	117.924567	41.000117	300	二级	19.0	185	5
13080200612	油松	双桥区	中华路街道	山庄社区居委会	避暑山庄松云峡旃檀林	117.924567	41.000100	300	二级	17.0	188	8
13080200613	油松	双桥区	中华路街道	山庄社区居委会	避暑山庄松云峡旃檀林	117.924600	40.999983	300	二级	11.0	175	4
13080200614	油松	双桥区	中华路街道	山庄社区居委会	避暑山庄松云峡旃檀林	117.924500	41.000017	300	二级	13.0	178	6
13080200615	油松	双桥区	中华路街道	山庄社区居委会	避暑山庄松云峡旃檀林	117.924100	41.000083	300	二级	12.0	257	4
13080200616	油松	双桥区	中华路街道	山庄社区居委会	避暑山庄松云峡旃檀林	117.924100	41.000083	300	二级	14.0	204	7
13080200617	油松	双桥区	中华路街道	山庄社区居委会	避暑山庄松云峡旃檀林	117.924017	41.000200	300	二级	15.0	172	5
13080200618	油松	双桥区	中华路街道	山庄社区居委会	避暑山庄松云峡旃檀林	117.924000	41.000200	300	二级	15.0	213	6
13080200619	油松	双桥区	中华路街道	山庄社区居委会	避暑山庄松云峡旃檀林	117.924033	41.000200	300	二级	15.0	188	5
13080200620	油松	双桥区	中华路街道	山庄社区居委会	避暑山庄松云峡水塔	117.922900	41.000083	300	二级	14.0	339	7
13080200621	油松	双桥区	中华路街道	山庄社区居委会	避暑山庄松云峡水塔下	117.923600	41.000533	300	二级	10.0	200	8
13080200622	油松	双桥区	中华路街道	山庄社区居委会	避暑山庄松云峡旃檀林	117.924467	41.000033	300	二级	12.0	131	3
13080200623	油松	双桥区	中华路街道	山庄社区居委会	避暑山庄松云峡旃檀林	117.924483	41.000350	300	二级	10.0	128	2
13080200624	油松	双桥区	中华路街道	山庄社区居委会	避暑山庄松云峡旃檀林	117.924767	41.000367	300	二级	17.0	157	4
13080200625	油松	双桥区	中华路街道	山庄社区居委会	避暑山庄松云峡旃檀林	117.924833	41.000450	300	二级	7.0	128	2
13080200626	油松	双桥区	中华路街道	山庄社区居委会	避暑山庄松云峡旃檀林	117.924933	41.000367	300	二级	13.0	185	5
13080200627	油松	双桥区	中华路街道	山庄社区居委会	避暑山庄松云峡旃檀林	117.924967	41.000450	300	二级	8.0	109	2
13080200628	油松	双桥区	中华路街道	山庄社区居委会	避暑山庄松云峡旃檀林	117.925017	41.000567	300	二级	7.0	125	3
13080200629	油松	双桥区	中华路街道	山庄社区居委会	避暑山庄松云峡旃檀林	117.924917	41.000533	300	二级	7.0	131	2
13080200630	油松	双桥区	中华路街道	山庄社区居委会	避暑山庄松云峡旃檀林	117.925050	41.000700	300	二级	9.0	163	4
13080200631	油松	双桥区	中华路街道	山庄社区居委会	避暑山庄松云峡九号沟	117.923883	41.003283	300	二级	21.0	210	7
13080200632	油松	双桥区	中华路街道	山庄社区居委会	避暑山庄松云峡九号沟	117.923633	41.003100	300	二级	21.0	241	8
13080200633	油松	双桥区	中华路街道	山庄社区居委会	避暑山庄松云峡九号沟	117.923867	41.002850	300	二级	20.0	204	7
13080200634	油松	双桥区	中华路街道	山庄社区居委会	避暑山庄松云峡九号沟	117.923883	41.002933	300	二级	15.0	238	8
13080200635	油松	双桥区	中华路街道	山庄社区居委会	避暑山庄松云峡九号沟	117.923800	41.003033	300	二级	19.0	241	6
13080200636	油松	双桥区	中华路街道	山庄社区居委会	避暑山庄松云峡九号沟	117.923500	41.002933	300	二级	18.0	160	4
13080200637	油松	双桥区	中华路街道	山庄社区居委会	避暑山庄松云峡九号沟	117.923383	41.002900	300	二级	19.0	163	4
13080200638	油松	双桥区	中华路街道	山庄社区居委会	避暑山庄松云峡九号沟	117.923183	41.003167	300	二级	19.0	219	5
13080200639	油松	双桥区	中华路街道	山庄社区居委会	避暑山庄松云峡九号沟	117.923183	41.003117	300	二级	21.0	191	8
13080200640	油松	双桥区	中华路街道	山庄社区居委会	避暑山庄松云峡九号沟	117.923083	41.002983	300	二级	23.0	200	5
13080200641	油松	双桥区	中华路街道	山庄社区居委会	避暑山庄松云峡九号沟	117.923033	41.003100	300	二级	23.0	204	7
13080200642	油松	双桥区	中华路街道	山庄社区居委会	避暑山庄松云峡九号沟	117.923133	41.002983	300	二级	20.0	232	6
13080200643	油松	双桥区	中华路街道	山庄社区居委会	避暑山庄松云峡九号沟	117.923050	41.002933	300	二级	22.0	216	6
13080200644	油松	双桥区	中华路街道	山庄社区居委会	避暑山庄松云峡九号沟	117.922950	41.002867	300	二级	11.0	157	3
13080200645	油松	双桥区	中华路街道	山庄社区居委会	避暑山庄松云峡九号沟	117.922933	41.002883	300	二级	23.0	169	6
13080200646	油松	双桥区	中华路街道	山庄社区居委会	避暑山庄松云峡含青斋	117.923183	41.002867	300	二级	20.0	207	7
13080200647	油松	双桥区	中华路街道	山庄社区居委会	避暑山庄松云峡含青斋	117.923150	41.002767	300	二级	20.0	169	7
13080200648	油松	双桥区	中华路街道	山庄社区居委会	避暑山庄松云峡含青斋	117.923100	41.002800	300	二级	21.0	200	6
13080200649	油松	双桥区	中华路街道	山庄社区居委会	避暑山庄松云峡含青斋	117.922850	41.002683	300	二级	23.0	191	8
13080200650	油松	双桥区	中华路街道	山庄社区居委会	避暑山庄松云峡含青斋	117.922900	41.002683	300	二级	21.0	194	5
13080200651	油松	双桥区	中华路街道	山庄社区居委会	避暑山庄松云峡含青斋	117.923000	41.002683	300	二级	21.0	222	5
13080200652	油松	双桥区	中华路街道	山庄社区居委会	避暑山庄松云峡含青斋	117.923200	41.002317	300	二级	15.0	157	5
13080200653	油松	双桥区	中华路街道	山庄社区居委会	避暑山庄松云峡含青斋	117.923183	41.002433	300	二级	18.0	172	7
13080200654	油松	双桥区	中华路街道	山庄社区居委会	避暑山庄松云峡含青斋	117.923133	41.002350	300	二级	18.0	141	5
13080200655	油松	双桥区	中华路街道	山庄社区居委会	避暑山庄松云峡含青斋	117.922700	41.002633	300	二级	18.0	166	5
13080200656	油松	双桥区	中华路街道	山庄社区居委会	避暑山庄松云峡含青斋	117.922617	41.002200	300	二级	18.0	150	7
13080200657	油松	双桥区	中华路街道	山庄社区居委会	避暑山庄松云峡含青斋	117.922500	41.002400	300	二级	21.0	210	5
13080200658	油松	双桥区	中华路街道	山庄社区居委会	避暑山庄松云峡含青斋	117.922517	41.002400	300	二级	19.0	219	7
13080200659	油松	双桥区	中华路街道	山庄社区居委会	避暑山庄松云峡含青斋	117.922217	41.002550	300	二级	17.0	194	7
13080200660	油松	双桥区	中华路街道	山庄社区居委会	避暑山庄松云峡含青斋	117.922117	41.002517	300	二级	19.0	229	7

编号	中文名	县（市）	乡（镇）	村（社区）组	小地名	地理坐标（东经）	地理坐标（北纬）	估测树龄	古树等级	树高（m）	胸围（cm）	冠幅（m）
13080200661	油松	双桥区	中华路街道	山庄社区居委会	避暑山庄松云峡含青斋	117.922483	41.003283	300	二级	13.0	178	4
13080200662	油松	双桥区	中华路街道	山庄社区居委会	避暑山庄松云峡含青斋	117.922683	41.001750	300	二级	18.0	188	6
13080200663	油松	双桥区	中华路街道	山庄社区居委会	避暑山庄松云峡含青斋	117.922583	41.001667	300	二级	20.0	197	8
13080200664	油松	双桥区	中华路街道	山庄社区居委会	避暑山庄松云峡碧静堂	117.922650	41.001583	300	二级	21.0	216	9
13080200665	油松	双桥区	中华路街道	山庄社区居委会	避暑山庄松云峡碧静堂	117.922750	41.001350	300	二级	25.0	194	8
13080200666	油松	双桥区	中华路街道	山庄社区居委会	避暑山庄松云峡碧静堂	117.922633	41.001383	300	二级	23.0	207	7
13080200667	油松	双桥区	中华路街道	山庄社区居委会	避暑山庄松云峡碧静堂	117.922617	41.001350	300	二级	21.0	188	6
13080200668	油松	双桥区	中华路街道	山庄社区居委会	避暑山庄松云峡碧静堂	117.922633	41.001350	300	二级	21.0	141	3
13080200669	油松	双桥区	中华路街道	山庄社区居委会	避暑山庄松云峡碧静堂	117.922600	41.001367	300	二级	19.0	200	9
13080200670	油松	双桥区	中华路街道	山庄社区居委会	避暑山庄松云峡碧静堂	117.922617	41.001300	300	二级	21.0	197	4
13080200671	油松	双桥区	中华路街道	山庄社区居委会	避暑山庄松云峡碧静堂	117.922367	41.001083	300	二级	16.0	307	7
13080200672	油松	双桥区	中华路街道	山庄社区居委会	避暑山庄松云峡碧静堂	117.922350	41.001117	300	二级	17.0	182	4
13080200673	油松	双桥区	中华路街道	山庄社区居委会	避暑山庄松云峡碧静堂	117.922600	41.001133	300	二级	20.0	207	5
13080200674	油松	双桥区	中华路街道	山庄社区居委会	避暑山庄松云峡碧静堂	117.922617	41.000950	300	二级	18.0	244	8
13080200675	油松	双桥区	中华路街道	山庄社区居委会	避暑山庄松云峡碧静堂	117.922333	41.000717	300	二级	13.0	157	3
13080200676	油松	双桥区	中华路街道	山庄社区居委会	避暑山庄松云峡碧静堂	117.922383	41.000633	300	二级	16.0	172	5
13080200677	油松	双桥区	中华路街道	山庄社区居委会	避暑山庄松云峡玉岑精舍	117.919400	41.002083	300	二级	20.0	178	5
13080200678	油松	双桥区	中华路街道	山庄社区居委会	避暑山庄松云峡青枫绿屿	117.935900	40.998583	300	二级	13.0	207	4
13080200679	油松	双桥区	中华路街道	山庄社区居委会	避暑山庄松云峡青枫绿屿	117.935833	40.998600	300	二级	14.0	191	4
13080200680	油松	双桥区	中华路街道	山庄社区居委会	避暑山庄松云峡青枫绿屿	117.935950	40.998817	300	二级	9.0	138	3
13080200681	油松	双桥区	中华路街道	山庄社区居委会	避暑山庄松云峡青枫绿屿	117.935850	40.998767	300	二级	10.0	185	4
13080200682	油松	双桥区	中华路街道	山庄社区居委会	避暑山庄松云峡青枫绿屿	117.935850	40.998767	300	二级	10.0	141	5
13080200683	油松	双桥区	中华路街道	山庄社区居委会	避暑山庄松云峡青枫绿屿	117.936217	40.998950	300	二级	11.0	141	4
13080200684	油松	双桥区	中华路街道	山庄社区居委会	避暑山庄松云峡青枫绿屿	117.935500	40.999133	300	二级	11.0	169	4
13080200685	油松	双桥区	中华路街道	山庄社区居委会	避暑山庄松云峡青枫绿屿	117.934533	41.000017	300	二级	14.0	260	5
13080200686	油松	双桥区	中华路街道	山庄社区居委会	避暑山庄松云峡青枫绿屿山路	117.934133	41.000017	300	二级	14.0	204	5
13080200687	油松	双桥区	中华路街道	山庄社区居委会	避暑山庄松云峡青枫绿屿山路	117.933750	41.001850	300	二级	19.0	188	3
13080200688	油松	双桥区	中华路街道	山庄社区居委会	避暑山庄松云峡青枫绿屿山上	117.932550	41.000833	300	二级	11.0	210	3
13080200689	油松	双桥区	中华路街道	山庄社区居委会	避暑山庄松云峡山近轩口	117.928900	41.000550	300	二级	16.0	147	5
13080200690	油松	双桥区	中华路街道	山庄社区居委会	避暑山庄松云峡山近轩口	117.928900	41.000567	300	二级	13.0	125	3
13080200691	油松	双桥区	中华路街道	山庄社区居委会	避暑山庄松云峡山近轩口	117.928850	41.001000	300	二级	17.0	185	6
13080200692	油松	双桥区	中华路街道	山庄社区居委会	避暑山庄松云峡山近轩二道石桥	117.929250	41.001467	300	二级	17.0	166	5
13080200693	油松	双桥区	中华路街道	山庄社区居委会	避暑山庄松云峡山近轩二道石桥	117.929317	41.001517	300	二级	22.0	204	7
13080200694	油松	双桥区	中华路街道	山庄社区居委会	避暑山庄松云峡山近轩二道石桥	117.929367	41.001533	300	二级	19.0	194	7
13080200695	油松	双桥区	中华路街道	山庄社区居委会	避暑山庄松云峡山近轩二道石桥	117.929400	41.001600	300	二级	18.0	172	4
13080200696	油松	双桥区	中华路街道	山庄社区居委会	避暑山庄松云峡山近轩二道石桥	117.929483	41.001733	300	二级	10.0	141	7
13080200697	油松	双桥区	中华路街道	山庄社区居委会	避暑山庄松云峡山近轩三道石桥	117.929450	41.001783	300	二级	22.0	175	9
13080200698	油松	双桥区	中华路街道	山庄社区居委会	避暑山庄松云峡山近轩三道石桥	117.929483	41.001783	300	二级	20.0	157	4
13080200699	油松	双桥区	中华路街道	山庄社区居委会	避暑山庄松云峡山近轩三道石桥	117.929533	41.001983	300	二级	20.0	166	4
13080200700	油松	双桥区	中华路街道	山庄社区居委会	避暑山庄松云峡山近轩三道石桥	117.929533	41.001967	300	二级	19.0	141	3
13080200701	油松	双桥区	中华路街道	山庄社区居委会	避暑山庄松云峡山近轩三道石桥	117.929650	41.002117	300	二级	20.0	160	4
13080200702	油松	双桥区	中华路街道	山庄社区居委会	避暑山庄松云峡山近轩三道石桥	117.929667	41.002117	300	二级	17.0	219	8
13080200703	油松	双桥区	中华路街道	山庄社区居委会	避暑山庄松云峡山近轩三道石桥	117.929667	41.002167	300	二级	15.0	144	6
13080200704	油松	双桥区	中华路街道	山庄社区居委会	避暑山庄松云峡山近轩三道石桥	117.929650	41.002033	300	二级	17.0	150	6
13080200705	油松	双桥区	中华路街道	山庄社区居委会	避暑山庄松云峡山近轩	117.929733	41.002017	300	二级	16.0	125	4
13080200706	油松	双桥区	中华路街道	山庄社区居委会	避暑山庄松云峡山近轩	117.929850	41.002050	300	二级	15.0	175	5
13080200707	油松	双桥区	中华路街道	山庄社区居委会	避暑山庄松云峡山近轩	117.929900	41.002033	300	二级	18.0	169	8
13080200708	油松	双桥区	中华路街道	山庄社区居委会	避暑山庄松云峡山近轩	117.930017	41.002100	300	二级	17.0	116	4
13080200709	油松	双桥区	中华路街道	山庄社区居委会	避暑山庄松云峡山近轩	117.930083	41.002217	300	二级	15.0	150	7
13080200710	油松	双桥区	中华路街道	山庄社区居委会	避暑山庄松云峡山近轩	117.930183	41.002350	300	二级	8.0	144	3
13080200711	油松	双桥区	中华路街道	山庄社区居委会	避暑山庄松云峡山近轩	117.930433	41.002250	300	二级	19.0	213	10
13080200712	油松	双桥区	中华路街道	山庄社区居委会	避暑山庄松云峡山近轩	117.930483	41.002150	300	二级	19.0	210	8
13080200713	油松	双桥区	中华路街道	山庄社区居委会	避暑山庄松云峡山近轩	117.930333	41.002167	300	二级	16.0	188	4
13080200714	油松	双桥区	中华路街道	山庄社区居委会	避暑山庄松云峡山近轩	117.930383	41.002100	300	二级	17.0	178	8
13080200715	油松	双桥区	中华路街道	山庄社区居委会	避暑山庄松云峡山近轩	117.930317	41.002050	300	二级	18.0	167	5
13080200716	油松	双桥区	中华路街道	山庄社区居委会	避暑山庄松云峡山近轩	117.930250	41.001933	300	二级	14.0	157	7
13080200717	油松	双桥区	中华路街道	山庄社区居委会	避暑山庄松云峡山近轩	117.930083	41.001850	300	二级	15.0	166	5

(续表)

编号	中文名	县（市）	乡（镇）	村（社区）组	小地名	地理坐标（东经）	地理坐标（北纬）	估测树龄	古树等级	树高（m）	胸围（cm）	冠幅（m）
13080200718	油松	双桥区	中华路街道	山庄社区居委会	避暑山庄松云峡山近轩	117.930150	41.001833	300	二级	14.0	160	8
13080200719	油松	双桥区	中华路街道	山庄社区居委会	避暑山庄松云峡山近轩	117.930250	41.001800	300	二级	15.0	147	7
13080200720	油松	双桥区	中华路街道	山庄社区居委会	避暑山庄松云峡山近轩东南坡	117.928683	41.000183	300	二级	6.0	163	7
13080200721	油松	双桥区	中华路街道	山庄社区居委会	避暑山庄松云峡山近轩沟口	117.928633	41.000133	300	二级	16.0	157	5
13080200722	油松	双桥区	中华路街道	山庄社区居委会	避暑山庄松云峡山近轩沟口	117.928667	41.000150	300	二级	20.0	207	5
13080200723	油松	双桥区	中华路街道	山庄社区居委会	避暑山庄松云峡山近轩沟口	117.928500	41.000250	300	二级	15.0	163	6
13080200724	油松	双桥区	中华路街道	山庄社区居委会	避暑山庄松云峡山近轩沟口	117.928367	41.000483	300	二级	13.0	131	5
13080200725	油松	双桥区	中华路街道	山庄社区居委会	避暑山庄松云峡山近轩沟口	117.928583	41.001483	300	二级	12.0	160	4
13080200726	油松	双桥区	中华路街道	山庄社区居委会	避暑山庄松云峡	117.928650	41.001417	300	二级	13.0	138	4
13080200727	油松	双桥区	中华路街道	山庄社区居委会	避暑山庄松云峡	117.928650	41.001417	300	二级	13.0	141	3
13080200728	油松	双桥区	中华路街道	山庄社区居委会	避暑山庄松云峡	117.928583	41.001467	300	二级	13.0	141	3
13080200729	油松	双桥区	中华路街道	山庄社区居委会	避暑山庄松云峡	117.928500	41.001550	300	二级	14.0	144	4
13080200730	油松	双桥区	中华路街道	山庄社区居委会	避暑山庄松云峡	117.928567	41.001617	300	二级	13.0	166	5
13080200731	油松	双桥区	中华路街道	山庄社区居委会	避暑山庄松云峡	117.928617	41.001833	300	二级	12.0	128	4
13080200732	油松	双桥区	中华路街道	山庄社区居委会	避暑山庄松云峡翼然亭	117.928650	41.001883	300	二级	11.0	116	3
13080200733	油松	双桥区	中华路街道	山庄社区居委会	避暑山庄松云峡翼然亭	117.928650	41.001983	300	二级	12.0	116	4
13080200734	油松	双桥区	中华路街道	山庄社区居委会	避暑山庄松云峡翼然亭	117.928717	41.002100	300	二级	14.0	141	6
13080200735	油松	双桥区	中华路街道	山庄社区居委会	避暑山庄松云峡翼然亭	117.928667	41.002117	300	二级	14.0	119	4
13080200736	油松	双桥区	中华路街道	山庄社区居委会	避暑山庄松云峡翼然亭	117.928617	41.002150	300	二级	16.0	138	5
13080200737	油松	双桥区	中华路街道	山庄社区居委会	避暑山庄松云峡翼然亭	117.928783	41.002317	300	二级	13.0	157	4
13080200738	油松	双桥区	中华路街道	山庄社区居委会	避暑山庄松云峡翼然亭	117.928683	41.002567	300	二级	13.0	141	4
13080200739	油松	双桥区	中华路街道	山庄社区居委会	避暑山庄松云峡翼然亭	117.928650	41.002550	300	二级	14.0	135	3
13080200740	油松	双桥区	中华路街道	山庄社区居委会	避暑山庄松云峡翼然亭	117.928400	41.002817	300	二级	9.0	135	4
13080200741	油松	双桥区	中华路街道	山庄社区居委会	避暑山庄松云峡广元宫	117.928433	41.003467	300	二级	9.0	153	6
13080200742	油松	双桥区	中华路街道	山庄社区居委会	避暑山庄松云峡广元宫	117.928283	41.003533	300	二级	15.0	163	6
13080200743	油松	双桥区	中华路街道	山庄社区居委会	避暑山庄松云峡广元宫	117.928883	41.004150	300	二级	17.0	191	7
13080200744	油松	双桥区	中华路街道	山庄社区居委会	避暑山庄松云峡广元宫	117.928817	41.003883	300	二级	10.0	157	3
13080200745	油松	双桥区	中华路街道	山庄社区居委会	避暑山庄松云峡广元宫	117.929000	41.003850	300	二级	10.0	163	6
13080200746	油松	双桥区	中华路街道	山庄社区居委会	避暑山庄松云峡广元宫	117.928833	41.003133	300	二级	13.0	178	6
13080200747	油松	双桥区	中华路街道	山庄社区居委会	避暑山庄松云峡广元宫	117.928833	41.003067	300	二级	14.0	157	7
13080200748	油松	双桥区	中华路街道	山庄社区居委会	避暑山庄松云峡广元宫	117.928783	41.003033	300	二级	14.0	125	5
13080200749	油松	双桥区	中华路街道	山庄社区居委会	避暑山庄松云峡广元宫	117.928800	41.002883	300	二级	16.0	135	3
13080200750	油松	双桥区	中华路街道	山庄社区居委会	避暑山庄松云峡广元宫	117.928733	41.002767	300	二级	14.0	157	6
13080200751	油松	双桥区	中华路街道	山庄社区居委会	避暑山庄松云峡广元宫	117.930517	41.002617	300	二级	9.0	116	4
13080200752	油松	双桥区	中华路街道	山庄社区居委会	避暑山庄松云峡广元宫	117.929300	41.002550	300	二级	16.0	131	3
13080200753	油松	双桥区	中华路街道	山庄社区居委会	避暑山庄松云峡广元宫	117.929067	41.002617	300	二级	14.0	169	6
13080200754	油松	双桥区	中华路街道	山庄社区居委会	避暑山庄松云峡广元宫	117.928883	41.002433	300	二级	14.0	122	4
13080200755	油松	双桥区	中华路街道	山庄社区居委会	避暑山庄松云峡广元宫	117.929017	41.002300	300	二级	17.0	182	6
13080200756	油松	双桥区	中华路街道	山庄社区居委会	避暑山庄松云峡广元宫	117.928983	41.002250	300	二级	15.0	157	4
13080200757	油松	双桥区	中华路街道	山庄社区居委会	避暑山庄松云峡广元宫	117.928933	41.002183	300	二级	16.0	135	4
13080200758	油松	双桥区	中华路街道	山庄社区居委会	避暑山庄松云峡广元宫	117.928950	41.002150	300	二级	13.0	119	4
13080200759	油松	双桥区	中华路街道	山庄社区居委会	避暑山庄松云峡广元宫	117.929000	41.002033	300	二级	15.0	157	7
13080200760	油松	双桥区	中华路街道	山庄社区居委会	避暑山庄松云峡广元宫	117.929100	41.001917	300	二级	14.0	135	5
13080200761	油松	双桥区	中华路街道	山庄社区居委会	避暑山庄松云峡广元宫	117.929083	41.001933	300	二级	13.0	166	4
13080200762	油松	双桥区	中华路街道	山庄社区居委会	避暑山庄松云峡广元宫	117.929100	41.001750	300	二级	15.0	178	5
13080200763	油松	双桥区	中华路街道	山庄社区居委会	避暑山庄松云峡敞晴斋	117.929233	41.001450	300	二级	13.0	144	4
13080200764	油松	双桥区	中华路街道	山庄社区居委会	避暑山庄松云峡敞晴斋	117.926683	41.003983	300	二级	18.0	178	7
13080200765	油松	双桥区	中华路街道	山庄社区居委会	溥仁寺前院	117.950667	41.990850	300	二级	20.0	248	4
13080200766	油松	双桥区	中华路街道	山庄社区居委会	溥仁寺前院	117.950633	41.990933	300	二级	21.0	254	7
13080200767	油松	双桥区	中华路街道	山庄社区居委会	溥仁寺东配殿	117.950750	41.991133	300	二级	25.0	266	9
13080200768	油松	双桥区	中华路街道	山庄社区居委会	溥仁寺东配殿	117.950983	41.991000	300	二级	16.0	182	5
13080200769	油松	双桥区	中华路街道	山庄社区居委会	溥仁寺东配殿	117.951083	41.991200	300	二级	18.0	260	9
13080200770	油松	双桥区	中华路街道	山庄社区居委会	溥仁寺宝相长新殿	117.950733	41.991067	300	二级	12.0	244	8
13080200771	油松	双桥区	中华路街道	山庄社区居委会	溥仁寺宝相长新殿	117.950850	41.991183	300	二级	19.0	251	13
13080200772	油松	双桥区	中华路街道	山庄社区居委会	溥仁寺宝相长新殿	117.950967	41.991500	300	二级	19.0	235	10
13080200773	油松	双桥区	中华路街道	山庄社区居委会	普乐寺前门	117.954567	41.996117	250	二级	20.0	351	10
13080200774	油松	双桥区	中华路街道	山庄社区居委会	普乐寺前门北	117.954433	41.996183	250	二级	20.0	244	6

（续表）

编号	中文名	县（市）	乡（镇）	村（社区）组	小地名	地理坐标（东经）	地理坐标（北纬）	估测树龄	古树等级	树高（m）	胸围（cm）	冠幅（m）
13080200775	油松	双桥区	中华路街道	山庄社区居委会	普乐寺前门南	117.954500	41.995917	250	二级	18.0	207	5
13080200776	油松	双桥区	中华路街道	山庄社区居委会	普乐寺前门北	117.954550	41.996250	250	二级	21.0	191	6
13080200777	油松	双桥区	中华路街道	山庄社区居委会	普乐寺前门南	117.954467	41.995667	250	二级	14.0	185	5
13080200778	油松	双桥区	中华路街道	山庄社区居委会	普乐寺前门南	117.954633	41.995817	250	二级	15.0	169	4
13080200779	油松	双桥区	中华路街道	山庄社区居委会	普乐寺前门南	117.954583	41.995767	250	二级	20.0	188	6
13080200780	油松	双桥区	中华路街道	山庄社区居委会	普乐寺前门南	117.954617	41.995800	250	二级	18.0	185	6
13080200781	油松	双桥区	中华路街道	山庄社区居委会	普乐寺宗印殿前	117.954783	41.995967	250	二级	22.0	235	9
13080200782	油松	双桥区	中华路街道	山庄社区居委会	普乐寺宗印殿前	117.954850	41.996183	250	二级	23.0	254	13
13080200783	油松	双桥区	中华路街道	山庄社区居委会	普乐寺宗印殿前	117.954850	41.996067	250	二级	22.0	310	11
13080200784	油松	双桥区	中华路街道	山庄社区居委会	普乐寺宗印殿北	117.954833	41.996267	250	二级	20.0	244	9
13080200785	油松	双桥区	中华路街道	山庄社区居委会	普乐寺宗印殿北	117.954950	41.996183	250	二级	15.0	141	4
13080200786	油松	双桥区	中华路街道	山庄社区居委会	普乐寺宗印殿北	117.955100	41.996250	250	二级	21.0	285	9
13080200787	油松	双桥区	中华路街道	山庄社区居委会	普乐寺宗印殿北	117.955400	41.996233	250	二级	14.0	351	9
13080200788	油松	双桥区	中华路街道	山庄社区居委会	普乐寺宗印殿北	117.955183	41.996233	250	二级	15.0	194	3
13080200789	油松	双桥区	中华路街道	山庄社区居委会	普乐寺宗印殿北	117.955267	41.996233	250	二级	23.0	248	7
13080200790	油松	双桥区	中华路街道	山庄社区居委会	普乐寺宗印殿南	117.955250	41.995867	250	二级	24.0	326	10
13080200791	油松	双桥区	中华路街道	山庄社区居委会	普乐寺宗印殿南	117.955200	41.995883	250	二级	24.0	160	9
13080200792	油松	双桥区	中华路街道	山庄社区居委会	普乐寺宗印殿南	117.955117	41.995917	250	二级	22.0	207	7
13080200793	油松	双桥区	中华路街道	山庄社区居委会	普乐寺宗印殿南	117.955100	41.995817	250	二级	21.0	163	6
13080200794	油松	双桥区	中华路街道	山庄社区居委会	小殿子	117.953900	41.002200	250	二级	10.0	251	7
13080200795	油松	双桥区	中华路街道	山庄社区居委会	普宁寺钟楼前	117.946483	41.013533	250	二级	23.0	316	11
13080200796	油松	双桥区	中华路街道	山庄社区居委会	普宁寺钟楼前	117.946533	41.013833	250	二级	15.0	210	10
13080200797	油松	双桥区	中华路街道	山庄社区居委会	普宁寺钟楼前	117.946500	41.013900	250	二级	13.0	335	9
13080200798	油松	双桥区	中华路街道	山庄社区居委会	普宁寺办公区篮球场	117.947050	41.014950	250	二级	13.0	188	5
13080200799	油松	双桥区	中华路街道	山庄社区居委会	普宁寺后山东	117.947000	41.015233	250	二级	9.0	138	3
13080200800	油松	双桥区	中华路街道	山庄社区居委会	普宁寺后山东	117.946850	41.015700	250	二级	13.0	153	4
13080200801	油松	双桥区	中华路街道	山庄社区居委会	普宁寺后山东	117.946767	41.015617	250	二级	13.0	175	4
13080200802	油松	双桥区	中华路街道	山庄社区居委会	普宁寺后山东	117.946700	41.015883	250	二级	13.0	175	4
13080200803	油松	双桥区	中华路街道	山庄社区居委会	普宁寺后山北	117.946750	41.015767	250	二级	15.0	175	5
13080200804	油松	双桥区	中华路街道	山庄社区居委会	普宁寺后山北	117.946983	41.015783	250	二级	10.0	144	3
13080200805	油松	双桥区	中华路街道	山庄社区居委会	普宁寺后山北	117.946900	41.015850	250	二级	10.0	150	4
13080200806	油松	双桥区	中华路街道	山庄社区居委会	普宁寺后山北	117.946817	41.015900	250	二级	12.0	150	3
13080200807	油松	双桥区	中华路街道	山庄社区居委会	普宁寺后山北	117.946633	41.015900	250	二级	15.0	175	7
13080200808	油松	双桥区	中华路街道	山庄社区居委会	普宁寺后山北	117.946667	41.015883	250	二级	7.0	125	2
13080200809	油松	双桥区	中华路街道	山庄社区居委会	普宁寺后山北	117.946600	41.016067	250	二级	15.0	204	7
13080200810	油松	双桥区	中华路街道	山庄社区居委会	普宁寺后山北	117.946567	41.016000	250	二级	14.0	182	6
13080200811	油松	双桥区	中华路街道	山庄社区居委会	普宁寺后山北	117.946483	41.015983	250	二级	14.0	175	6
13080200812	油松	双桥区	中华路街道	山庄社区居委会	普宁寺后山北	117.946450	41.015933	250	二级	14.0	160	6
13080200813	油松	双桥区	中华路街道	山庄社区居委会	普宁寺后山	117.946483	41.015867	250	二级	14.0	169	6
13080200814	油松	双桥区	中华路街道	山庄社区居委会	普宁寺后山	117.946467	41.015800	250	二级	12.0	251	6
13080200815	油松	双桥区	中华路街道	山庄社区居委会	普宁寺后山	117.946567	41.015700	250	二级	12.0	135	4
13080200816	油松	双桥区	中华路街道	山庄社区居委会	普宁寺后山	117.946333	41.015917	250	二级	10.0	166	5
13080200817	油松	双桥区	中华路街道	山庄社区居委会	普宁寺后山	117.946167	41.015650	250	二级	9.0	147	4
13080200818	油松	双桥区	中华路街道	山庄社区居委会	普宁寺后山	117.946217	41.015683	250	二级	13.0	188	6
13080200819	油松	双桥区	中华路街道	山庄社区居委会	普宁寺后山	117.946167	41.015767	250	二级	9.0	125	5
13080200820	油松	双桥区	中华路街道	山庄社区居委会	普宁寺后山	117.946200	41.015817	250	二级	13.0	166	5
13080200821	油松	双桥区	中华路街道	山庄社区居委会	普宁寺后山	117.946083	41.015967	250	二级	10.0	207	5
13080200822	油松	双桥区	中华路街道	山庄社区居委会	普宁寺后山	117.946067	41.015983	250	二级	11.0	185	5
13080200823	油松	双桥区	中华路街道	山庄社区居委会	普宁寺后山	117.946350	41.016067	250	二级	14.0	219	8
13080200824	油松	双桥区	中华路街道	山庄社区居委会	普宁寺后山	117.945433	41.016250	250	二级	10.0	178	3
13080200825	油松	双桥区	中华路街道	山庄社区居委会	普宁寺后山	117.946183	41.016067	250	二级	10.0	213	7
13080200826	油松	双桥区	中华路街道	山庄社区居委会	普宁寺后山	117.946050	41.016083	250	二级	9.0	213	6
13080200827	油松	双桥区	中华路街道	山庄社区居委会	普宁寺后山	117.946017	41.015983	250	二级	10.0	125	5
13080200828	油松	双桥区	中华路街道	山庄社区居委会	普宁寺后山	117.945917	41.016017	250	二级	10.0	150	3
13080200829	油松	双桥区	中华路街道	山庄社区居委会	普宁寺后山旱厕前	117.945867	41.016000	250	二级	10.0	188	4
13080200830	油松	双桥区	中华路街道	山庄社区居委会	普宁寺后山	117.945817	41.015883	250	二级	12.0	150	4
13080200831	油松	双桥区	中华路街道	山庄社区居委会	普宁寺后山	117.945600	41.015900	250	二级	11.0	157	4

(续表)

编号	中文名	县（市）	乡（镇）	村（社区）组	小地名	地理坐标（东经）	地理坐标（北纬）	估测树龄	古树等级	树高（m）	胸围（cm）	冠幅（m）
13080200832	油松	双桥区	中华路街道	山庄社区居委会	普宁寺后山	117.945517	41.015917	250	二级	10.0	150	4
13080200833	油松	双桥区	中华路街道	山庄社区居委会	普宁寺后山西	117.945533	41.015900	250	二级	15.0	163	5
13080200834	油松	双桥区	中华路街道	山庄社区居委会	普宁寺后山	117.945617	41.015850	250	二级	13.0	153	5
13080200835	油松	双桥区	中华路街道	山庄社区居委会	普宁寺后山西	117.945633	41.015883	250	二级	10.0	150	5
13080200836	油松	双桥区	中华路街道	山庄社区居委会	普宁寺后山西	117.945300	41.015667	250	二级	8.0	187	6
13080200837	油松	双桥区	中华路街道	山庄社区居委会	普宁寺后山西	117.945433	41.015683	250	二级	15.0	226	9
13080200838	油松	双桥区	中华路街道	山庄社区居委会	普宁寺后山西	117.945317	41.015750	250	二级	9.0	172	6
13080200839	油松	双桥区	中华路街道	山庄社区居委会	普宁寺后山	117.945183	41.016167	250	二级	16.0	182	5
13080200840	油松	双桥区	中华路街道	山庄社区居委会	普宁寺后山	117.946267	41.015650	250	二级	13.0	166	5
13080200841	油松	双桥区	中华路街道	山庄社区居委会	普宁寺后山	117.946083	41.015500	250	二级	14.0	178	5
13080200842	油松	双桥区	中华路街道	山庄社区居委会	普宁寺后山	117.946250	41.015433	250	二级	12.0	210	8
13080200843	油松	双桥区	中华路街道	山庄社区居委会	普宁寺后山西	117.945683	41.015367	250	二级	13.0	244	10
13080200844	油松	双桥区	中华路街道	山庄社区居委会	普宁寺后山西	117.945367	41.015017	250	二级	12.0	357	8
13080200845	油松	双桥区	中华路街道	山庄社区居委会	普宁寺大乘之阁后	117.946467	41.015350	250	二级	17.0	141	5
13080200846	油松	双桥区	中华路街道	山庄社区居委会	普宁寺大乘之阁后	117.946267	41.015333	250	二级	16.0	160	4
13080200847	油松	双桥区	中华路街道	山庄社区居委会	普宁寺大乘之阁后	117.946217	41.015433	250	二级	10.0	119	2
13080200848	油松	双桥区	中华路街道	山庄社区居委会	普宁寺大乘之阁后	117.946100	41.015333	250	二级	16.0	144	4
13080200849	油松	双桥区	中华路街道	山庄社区居委会	普宁寺大乘之阁后	117.946100	41.015400	250	二级	10.0	144	4
13080200850	油松	双桥区	中华路街道	山庄社区居委会	普宁寺大乘之阁后	117.946017	41.015300	250	二级	10.0	125	3
13080200851	油松	双桥区	中华路街道	山庄社区居委会	普宁寺大乘之阁后	117.945933	41.015300	250	二级	15.0	131	4
13080200852	油松	双桥区	中华路街道	山庄社区居委会	普宁寺大乘之阁后	117.945950	41.015283	250	二级	12.0	135	4
13080200853	油松	双桥区	中华路街道	山庄社区居委会	普宁寺大乘之阁后	117.945767	41.015317	250	二级	16.0	153	6
13080200854	油松	双桥区	中华路街道	山庄社区居委会	普宁寺大乘之阁后	117.945900	41.015333	250	二级	10.0	144	6
13080200855	油松	双桥区	中华路街道	山庄社区居委会	普宁寺大乘之阁后	117.946067	41.015467	250	二级	14.0	166	7
13080200856	油松	双桥区	中华路街道	山庄社区居委会	普宁寺大乘之阁后	117.946100	41.015450	250	二级	15.0	166	7
13080200857	油松	双桥区	中华路街道	山庄社区居委会	普宁寺大乘之阁后	117.946350	41.015383	250	二级	16.0	270	8
13080200858	油松	双桥区	中华路街道	山庄社区居委会	普宁寺大乘之阁后	117.946350	41.015383	250	二级	15.0	131	4
13080200859	油松	双桥区	中华路街道	山庄社区居委会	普宁寺大乘之阁后	117.946317	41.015400	250	二级	16.0	172	8
13080200860	油松	双桥区	中华路街道	山庄社区居委会	普宁寺大乘之阁后	117.946233	41.015467	250	二级	15.0	150	4
13080200861	油松	双桥区	中华路街道	山庄社区居委会	普宁寺大乘之阁后	117.946233	41.015450	250	二级	16.0	182	10
13080200862	油松	双桥区	中华路街道	山庄社区居委会	普宁寺大乘之阁后	117.946367	41.015467	250	二级	15.0	150	8
13080200863	油松	双桥区	中华路街道	山庄社区居委会	须弥福寿之庙前门内东	117.936317	41.007550	250	二级	15.0	191	6
13080200864	油松	双桥区	中华路街道	山庄社区居委会	须弥福寿之庙妙高庄严殿东	117.936350	41.008733	250	二级	16.0	185	6
13080200865	油松	双桥区	中华路街道	山庄社区居委会	须弥福寿之庙妙高庄严殿东	117.936283	41.008867	250	二级	15.0	166	6
13080200866	油松	双桥区	中华路街道	山庄社区居委会	须弥福寿之庙妙高庄严殿东	117.936367	41.008850	250	二级	15.0	188	6
13080200867	油松	双桥区	中华路街道	山庄社区居委会	须弥福寿之庙妙高庄严殿东	117.936150	41.009017	250	二级	10.0	178	5
13080200868	油松	双桥区	中华路街道	山庄社区居委会	须弥福寿之庙妙高庄严殿北	117.936050	41.009083	250	二级	17.0	163	5
13080200869	油松	双桥区	中华路街道	山庄社区居委会	须弥福寿之庙妙高庄严殿东	117.936083	41.008983	250	二级	17.0	153	7
13080200870	油松	双桥区	中华路街道	山庄社区居委会	须弥福寿之庙妙高庄严殿北	117.935783	41.009100	250	二级	12.0	191	9
13080200871	油松	双桥区	中华路街道	山庄社区居委会	须弥福寿之庙妙高庄严殿北	117.935683	41.009050	250	二级	14.0	235	10
13080200872	油松	双桥区	中华路街道	山庄社区居委会	须弥福寿之庙妙高庄严殿西	117.935400	41.008917	250	二级	11.0	160	5
13080200873	油松	双桥区	中华路街道	山庄社区居委会	须弥福寿之庙妙高庄严殿西	117.935300	41.008883	250	二级	15.0	207	5
13080200874	油松	双桥区	中华路街道	山庄社区居委会	普陀宗乘之庙前门内西	117.935683	41.007750	250	二级	17.0	191	6
13080200875	油松	双桥区	中华路街道	山庄社区居委会	普陀宗乘之庙前门内西	117.927517	41.009000	250	二级	7.0	172	5
13080200876	油松	双桥区	中华路街道	山庄社区居委会	普陀宗乘之庙前门内西	117.927667	41.008967	250	二级	18.0	235	6
13080200877	油松	双桥区	中华路街道	山庄社区居委会	普陀宗乘之庙前门内西	117.927700	41.009050	250	二级	15.0	188	6
13080200878	油松	双桥区	中华路街道	山庄社区居委会	普陀宗乘之庙前门内西	117.927567	41.009100	250	二级	13.0	191	5
13080200879	油松	双桥区	中华路街道	山庄社区居委会	普陀宗乘之庙五塔门西	117.927883	41.009500	250	二级	17.0	222	6
13080200880	油松	双桥区	中华路街道	山庄社区居委会	普陀宗乘之庙碑亭东	117.928250	41.008867	250	二级	17.0	200	6
13080200881	油松	双桥区	中华路街道	山庄社区居委会	普陀宗乘之庙碑亭东	117.928200	41.008783	250	二级	16.0	229	6
13080200882	油松	双桥区	中华路街道	山庄社区居委会	普陀宗乘之庙碑亭东	117.928200	41.008850	250	二级	18.0	172	5
13080200883	油松	双桥区	中华路街道	山庄社区居委会	普陀宗乘之庙碑亭东	117.928167	41.008817	250	二级	17.0	182	6
13080200884	油松	双桥区	中华路街道	山庄社区居委会	普陀宗乘之庙碑亭东	117.928100	41.009100	250	二级	12.0	169	4
13080200885	油松	双桥区	中华路街道	山庄社区居委会	普陀宗乘之庙琉璃牌坊西	117.927833	41.009767	250	二级	13.0	207	7
13080200886	油松	双桥区	中华路街道	山庄社区居委会	普陀宗乘之庙琉璃牌坊南	117.928050	41.009767	250	二级	17.0	157	5
13080200887	油松	双桥区	中华路街道	山庄社区居委会	普陀宗乘之庙琉璃牌坊南	117.927983	41.009817	250	二级	6.0	135	4
13080200888	油松	双桥区	中华路街道	山庄社区居委会	普陀宗乘之庙琉璃牌坊西	117.927950	41.009917	250	二级	6.0	207	3

（续表）

编号	中文名	县（市）	乡（镇）	村（社区）组	小地名	地理坐标（东经）	地理坐标（北纬）	估测树龄	古树等级	树高（m）	胸围（cm）	冠幅（m）
13080200889	油松	双桥区	中华路街道	山庄社区居委会	普陀宗乘之庙游客中心	117.927650	41.010050	250	二级	11.0	153	5
13080200890	油松	双桥区	中华路街道	山庄社区居委会	普陀宗乘之庙中罝殿	117.927917	41.010633	250	二级	13.0	197	10
13080200891	油松	双桥区	中华路街道	山庄社区居委会	普陀宗乘之庙东罝殿	117.928233	41.010667	250	二级	10.0	128	7
13080200892	油松	双桥区	中华路街道	山庄社区居委会	普陀宗乘之庙东罝殿	117.928283	41.010633	250	二级	5.0	166	3
13080200893	油松	双桥区	中华路街道	山庄社区居委会	普陀宗乘之庙东罝殿后	117.928417	41.010867	250	二级	3.0	141	4
13080200894	油松	双桥区	中华路街道	山庄社区居委会	普陀宗乘之庙游客中心	117.927317	41.010817	250	二级	10.0	219	6
13080200895	油松	双桥区	中华路街道	山庄社区居委会	普陀宗乘之庙平台下	117.928233	41.010900	250	二级	8.0	138	6
13080200896	油松	双桥区	中华路街道	山庄社区居委会	普陀宗乘之庙平台下	117.927967	41.010967	250	二级	6.0	131	4
13080200897	油松	双桥区	中华路街道	山庄社区居委会	普陀宗乘之庙平台	117.927917	41.011067	250	二级	8.0	128	2
13080200898	油松	双桥区	中华路街道	山庄社区居委会	普陀宗乘之庙平台	117.927933	41.011083	250	二级	6.0	138	4
13080200899	油松	双桥区	中华路街道	山庄社区居委会	普陀宗乘之庙平台	117.928033	41.011083	250	二级	8.0	157	4
13080200900	油松	双桥区	中华路街道	山庄社区居委会	普陀宗乘之庙平台	117.927783	41.011300	250	二级	3.0	116	3
13080200901	油松	双桥区	中华路街道	山庄社区居委会	普陀宗乘之庙平台西	117.927850	41.011567	250	二级	8.0	188	5
13080200902	油松	双桥区	中华路街道	山庄社区居委会	普陀宗乘之庙平台下	117.927600	41.012000	250	二级	6.0	191	5
13080200903	油松	双桥区	中华路街道	山庄社区居委会	普陀宗乘之庙红台下西	117.927333	41.012217	250	二级	13.0	210	5
13080200904	油松	双桥区	中华路街道	山庄社区居委会	普陀宗乘之庙红台下东	117.928467	41.011900	250	二级	10.0	157	7
13080200905	油松	双桥区	中华路街道	山庄社区居委会	普陀宗乘之庙红台下东	117.928283	41.011900	250	二级	10.0	188	5
13080200906	油松	双桥区	中华路街道	山庄社区居委会	普陀宗乘之庙红台下东	117.928117	41.011750	250	二级	8.0	226	5
13080200907	油松	双桥区	中华路街道	山庄社区居委会	普陀宗乘之庙红台下东	117.928183	41.011617	250	二级	5.0	135	4
13080200908	油松	双桥区	中华路街道	山庄社区居委会	普陀宗乘之庙红台下东	117.928067	41.011400	250	二级	10.0	163	6
13080200909	油松	双桥区	中华路街道	山庄社区居委会	殊像寺钟楼前东	117.919017	41.011600	250	二级	22.0	267	10
13080200910	油松	双桥区	中华路街道	山庄社区居委会	殊像寺鼓楼前	117.918933	41.011533	250	二级	20.0	191	10
13080200911	油松	双桥区	中华路街道	山庄社区居委会	殊像寺	117.918817	41.011533	250	二级	21.0	210	6
13080200912	油松	双桥区	中华路街道	山庄社区居委会	殊像寺鼓楼前	117.918833	41.011717	250	二级	17.0	266	9
13080200913	油松	双桥区	中华路街道	山庄社区居委会	殊像寺钟楼前	117.919117	41.011633	250	二级	16.0	194	5
13080200914	油松	双桥区	中华路街道	山庄社区居委会	殊像寺钟楼前	117.919200	41.011633	250	二级	16.0	226	6
13080200915	油松	双桥区	中华路街道	山庄社区居委会	殊像寺钟楼前	117.919117	41.011767	250	二级	17.0	267	5
13080200916	油松	双桥区	中华路街道	山庄社区居委会	殊像寺钟楼前	117.919150	41.011783	250	二级	17.0	169	5
13080200917	油松	双桥区	中华路街道	山庄社区居委会	殊像寺会乘殿	117.919183	41.012083	250	二级	19.0	169	5
13080200918	油松	双桥区	中华路街道	山庄社区居委会	殊像寺会乘殿	117.918967	41.012067	250	二级	14.0	160	5
13080200919	油松	双桥区	中华路街道	山庄社区居委会	殊像寺会乘殿	117.918967	41.012083	250	二级	16.0	191	4
13080200920	油松	双桥区	中华路街道	山庄社区居委会	殊像寺会乘殿	117.919233	41.012133	250	二级	18.0	150	4
13080200921	油松	双桥区	中华路街道	山庄社区居委会	殊像寺会乘殿	117.918867	41.012133	250	二级	22.0	182	6
13080200922	油松	双桥区	中华路街道	山庄社区居委会	殊像寺会乘殿	117.918867	41.012133	250	二级	20.0	169	5
13080200923	油松	双桥区	中华路街道	山庄社区居委会	殊像寺会乘殿	117.918883	41.012183	250	二级	19.0	260	10
13080200924	油松	双桥区	中华路街道	山庄社区居委会	殊像寺会乘殿	117.918917	41.012217	250	二级	17.0	157	6
13080200925	油松	双桥区	中华路街道	山庄社区居委会	殊像寺会乘殿	117.918933	41.012317	250	二级	19.0	188	5
13080200926	油松	双桥区	中华路街道	山庄社区居委会	殊像寺会乘殿	117.918850	41.012333	250	二级	16.0	135	4
13080200927	油松	双桥区	中华路街道	山庄社区居委会	殊像寺会乘殿	117.918967	41.012317	250	二级	19.0	200	7
13080200928	油松	双桥区	中华路街道	山庄社区居委会	殊像寺会乘殿	117.919183	41.012283	250	二级	20.0	204	9
13080200929	油松	双桥区	中华路街道	山庄社区居委会	殊像寺会乘殿	117.919117	41.012317	250	二级	17.0	178	8
13080200930	油松	双桥区	中华路街道	山庄社区居委会	殊像寺会乘殿	117.919200	41.012317	250	二级	17.0	141	3
13080200931	油松	双桥区	中华路街道	山庄社区居委会	殊像寺会乘殿	117.919217	41.012233	250	二级	19.0	144	4
13080200932	油松	双桥区	中华路街道	山庄社区居委会	殊像寺会乘殿东	117.919283	41.012383	250	二级	17.0	188	7
13080200933	油松	双桥区	中华路街道	山庄社区居委会	殊像寺会乘殿东	117.919367	41.012400	250	二级	22.0	188	10
13080200934	油松	双桥区	中华路街道	山庄社区居委会	殊像寺会乘殿东	117.919400	41.012533	250	二级	7.0	141	4
13080200935	油松	双桥区	中华路街道	山庄社区居委会	殊像寺假山	117.919317	41.012583	250	二级	23.0	207	7
13080200936	油松	双桥区	中华路街道	山庄社区居委会	殊像寺假山	117.919283	41.012600	250	二级	22.0	157	5
13080200937	油松	双桥区	中华路街道	山庄社区居委会	殊像寺假山	117.919233	41.012533	250	二级	21.0	160	8
13080200938	油松	双桥区	中华路街道	山庄社区居委会	殊像寺假山	117.919150	41.012550	250	二级	22.0	204	10
13080200939	油松	双桥区	中华路街道	山庄社区居委会	殊像寺假山	117.919133	41.012550	250	二级	18.0	150	7
13080200940	油松	双桥区	中华路街道	山庄社区居委会	殊像寺假山	117.918833	41.012700	250	二级	19.0	157	9
13080200941	油松	双桥区	中华路街道	山庄社区居委会	殊像寺假山	117.918833	41.012667	250	二级	21.0	160	8
13080200942	油松	双桥区	中华路街道	山庄社区居委会	殊像寺假山	117.918867	41.012583	250	二级	25.0	191	10
13080200943	油松	双桥区	中华路街道	山庄社区居委会	殊像寺假山	117.918817	41.012467	250	二级	21.0	213	9
13080200944	油松	双桥区	中华路街道	山庄社区居委会	殊像寺宝相阁	117.919183	41.013050	250	二级	9.0	216	7
13080200945	油松	双桥区	中华路街道	山庄社区居委会	殊像寺宝相阁	117.919183	41.013067	250	二级	9.0	216	9

(续表)

编号	中文名	县（市）	乡（镇）	村（社区）组	小地名	地理坐标（东经）	地理坐标（北纬）	估测树龄	古树等级	树高（m）	胸围（cm）	冠幅（m）
13080200946	油松	双桥区	中华路街道	山庄社区居委会	殊像寺宝相阁	117.919217	41.012950	250	二级	19.0	226	10
13080200947	油松	双桥区	中华路街道	山庄社区居委会	罗汉堂	117.911067	41.012150	250	二级	17.0	216	5
13080200948	油松	双桥区	中华路街道	山庄社区居委会	罗汉堂	117.910900	41.012250	250	二级	21.0	172	5
13080200949	油松	双桥区	中华路街道	山庄社区居委会	罗汉堂	117.910850	41.012267	250	二级	22.0	172	6
13080200950	油松	双桥区	中华路街道	山庄社区居委会	罗汉堂	117.910833	41.012367	250	二级	23.0	194	6
13080200951	油松	双桥区	中华路街道	山庄社区居委会	罗汉堂	117.910950	41.013167	250	二级	11.0	131	5
13080200952	油松	双桥区	中华路街道	山庄社区居委会	罗汉堂	117.911167	41.013167	250	二级	16.0	141	5
13080200953	油松	双桥区	中华路街道	山庄社区居委会	罗汉堂	117.910967	41.013233	250	二级	15.0	141	4
13080200954	油松	双桥区	中华路街道	山庄社区居委会	罗汉堂	117.911017	41.013233	250	二级	15.0	141	5
13080200955	油松	双桥区	中华路街道	山庄社区居委会	罗汉堂	117.911400	41.013167	250	二级	24.0	182	6
13080200956	油松	双桥区	中华路街道	山庄社区居委会	罗汉堂	117.911483	41.013183	250	二级	25.0	185	6
13082600001	油松	丰宁县	大阁镇	韩家窝铺村	地车沟	116.458087	41.192820	510	一级	13.6	285	18
13082600002	刺槐	丰宁县	大阁镇	南二营社区居委会	村中	116.633655	41.181758	110	三级	15.6	262	12
13082600003	黄檗	丰宁县	大阁镇	桃山社区居委会	大阁苗圃	116.631087	41.213604	155	三级	8.8	175	14
13082600004	油松	丰宁县	大阁镇	白塔村	唐树沟	116.596242	41.237016	600	一级	13.0	302	18
13082600005	油松	丰宁县	大阁镇	南岗子村	松树沟	116.616805	41.076210	360	二级	7.5	176	12
13082600006	油松	丰宁县	大阁镇	四道河村	南沟	116.701633	41.187999	360	二级	13.5	173	12
13082600007	油松	丰宁县	大阁镇	四道河村	后梁	116.692935	41.193854	180	三级	7.6	158	15
13082600008	油松	丰宁县	大阁镇	四道河村	后梁	116.693378	41.193142	180	三级	10.7	151	13
13082600009	油松	丰宁县	大阁镇	四道河村	后梁	116.693280	41.192944	180	三级	9.6	152	12
13082600010	榆树	丰宁县	大阁镇	四道河村	河西	116.683662	41.191647	220	三级	17.8	287	17
13082600011	榆树	丰宁县	小坝子乡	鹿角沟村	东沟门	116.407000	41.517269	440	二级	17.5	375	20
13082600012	油松	丰宁县	小坝子乡	鹿角沟村	喇嘛店	116.400015	41.536299	330	二级	9.7	126	9
13082600013	榆树	丰宁县	小坝子乡	鹿角沟村	大营子	116.401677	41.488292	420	二级	15.3	363	10
13082600014	旱柳	丰宁县	小坝子乡	鹿角沟村	前沟	116.439660	41.506034	110	三级	15.6	230	10
13082600015	旱柳	丰宁县	小坝子乡	鹿角沟村	前沟	116.439312	41.505863	150	三级	20.6	515	22
13082600016	榆树	丰宁县	小坝子乡	鹿角沟村	前沟	116.436423	41.505120	340	二级	5.0	220	15
13082600017	榆树	丰宁县	小坝子乡	鹿角沟村	前沟	116.436128	41.505069	340	二级	25.0	252	16
13082600018	榆树	丰宁县	小坝子乡	鹿角沟村	前沟	116.436158	41.504943	420	二级	17.9	340	17
13082600019	榆树	丰宁县	小坝子乡	鹿角沟村	前沟	116.435197	41.504554	510	一级	13.6	340	18
13082600020	榆树	丰宁县	小坝子乡	鹿角沟村	前沟	116.435092	41.504412	240	三级	13.6	206	16
13082600021	榆树	丰宁县	小坝子乡	鹿角沟村	水泉沟	116.439342	41.497193	550	一级	13.2	462	21
13082600022	榆树	丰宁县	小坝子乡	鹿角沟村	梁前营子	116.435678	41.499064	370	二级	15.6	253	12
13082600023	榆树	丰宁县	土城镇	洞上村	高家湾	116.610407	41.344630	520	一级	17.0	314	18
13082600024	油松	丰宁县	土城镇	洞上村	老山药王洞	116.603537	41.328281	400	二级	16.6	180	15
13082600025	白杜	丰宁县	土城镇	洞上村	老山药王洞	116.603637	41.328104	159	三级	8.0	149	11
13082600026	山荆子	丰宁县	土城镇	洞上村	黄土坑	116.611037	41.348164	110	三级	9.8	150	13
13082600027	油松	丰宁县	土城镇	榆树沟村	豪松坝养路班	116.464112	41.524181	180	三级	12.6	184	10
13082600028	旱柳	丰宁县	土城镇	榆树沟村	道边	116.522225	41.477311	100	三级	14.6	398	18
13082600029	青扦	丰宁县	土城镇	榆树沟村	坝交营	116.534205	41.471310	380	二级	19.5	250	9
13082600030	油松	丰宁县	土城镇	榆树沟村	木菜沟	116.527392	41.469000	380	二级	7.9	158	10
13082600031	油松	丰宁县	土城镇	榆树沟村	望海营	116.557393	41.460494	230	三级	11.4	198	13
13082600032	油松	丰宁县	土城镇	苇子沟村	庙前地	116.569998	41.450564	300	二级	14.0	214	15
13082600033	油松	丰宁县	土城镇	苇子沟村	孟营子西梁	116.561687	41.430804	340	二级	15.5	248	13
13082600034	油松	丰宁县	土城镇	苇子沟村	孟营子西梁	116.562070	41.431132	340	二级	16.5	283	16
13082600035	油松	丰宁县	土城镇	三间房村	后山	116.575548	41.322986	510	一级	8.5	244	14
13082600036	油松	丰宁县	土城镇	三间房村	后山	116.574788	41.323541	510	一级	11.3	313	16
13082600037	油松	丰宁县	土城镇	三间房村	后山	116.574683	41.323665	510	一级	12.5	322	17
13082600038	油松	丰宁县	土城镇	三间房村	后山	116.574930	41.322784	510	一级	9.0	288	11
13082600039	槐	丰宁县	土城镇	三间房村	三间房小学	116.570015	41.322933	510	一级	14.8	300	19
13082600040	槐	丰宁县	土城镇	三间房村	三间房小学	116.569908	41.322916	510	一级	17.9	288	17
13082600041	油松	丰宁县	土城镇	三间房村	三间房小学	116.569980	41.323070	110	三级	8.0	125	9
13082600042	油松	丰宁县	土城镇	四间房村	庙院内	116.521785	41.336057	320	二级	11.8	225	11
13082600043	油松	丰宁县	土城镇	四间房村	井沿沟	116.514305	41.330920	110	三级	15.0	265	12
13082600044	油松	丰宁县	土城镇	四间房村	井沿沟	116.512778	41.330588	510	一级	10.5	204	8
13082600045	小叶杨	丰宁县	黄旗镇	城根营村	石趟子沟	116.682848	41.413073	450	二级	25.5	575	22
13082600046	榆树	丰宁县	土城镇	土城子村	黑山嘴	116.594253	41.297900	450	二级	11.2	360	18

(续表)

编号	中文名	县（市）	乡（镇）	村（社区）组	小地名	地理坐标（东经）	地理坐标（北纬）	估测树龄	古树等级	树高（m）	胸围（cm）	冠幅（m）
13082600047	槐	丰宁县	波罗诺镇	波西村	庙前	117.326562	41.095153	410	二级	14.8	266	18
13082600048	槲树	丰宁县	波罗诺镇	老庙营村	神树底下	117.278937	41.083042	260	三级	11.2	241	12
13082600049	油松	丰宁县	波罗诺镇	河南村	菠萝诺隧道上	117.341030	41.072842	600	一级	11.6	294	21
13082600050	梓	丰宁县	凤山镇	白营村	原村院内	117.178550	41.225598	155	三级	14.8	162	8
13082600051	榆树	丰宁县	凤山镇	八郎村	大榆树	117.226500	41.119709	540	一级	17.6	360	22
13082600052	油松	丰宁县	凤山镇	八郎村	后山	117.226160	41.122236	370	二级	14.0	203	16
13082600053	榆树	丰宁县	凤山镇	下关营村	路边	117.190103	41.171879	540	一级	16.8	394	15
13082600054	油松	丰宁县	凤山镇	下关营村	后山	117.185933	41.172167	220	三级	7.8	15	14
13082600055	榆树	丰宁县	凤山镇	团榆树村	西沟	117.135392	41.171964	540	一级	13.6	474	20
13082600056	榆树	丰宁县	凤山镇	团榆树村	村口	117.164123	41.166379	540	一级	16.1	490	16
13082600057	榆树	丰宁县	北头营乡	樱桃沟门村	尹兆祥房后	117.107623	41.445491	120	三级	20.5	290	15
13082600058	榆树	丰宁县	北头营乡	大坝沟门村	村民里	117.129847	41.428460	380	二级	18.8	455	14
13082600059	榆树	丰宁县	北头营乡	松树岭村	李贺青院内	117.145400	41.408653	600	一级	24.3	565	25
13082600060	榆树	丰宁县	北头营乡	松树岭村	大榆树底下	117.148820	41.408844	610	一级	22.0	578	18
13082600061	油松	丰宁县	北头营乡	松树岭村	三家窝铺前山	117.135818	41.412315	450	二级	17.5	309	18
13082600062	油松	丰宁县	北头营乡	松树岭村	三家窝铺前山	117.135780	41.412381	120	三级	15.7	132	12
13082600063	榆树	丰宁县	北头营乡	河南营村	桦皮沟门	117.139578	41.357079	480	二级	16.4	343	18
13082600064	文冠果	丰宁县	北头营乡	河南营村	焦桂林	117.141832	41.357883	340	二级	8.9	185	11
13082600065	春榆	丰宁县	北头营乡	河南营村	老村部	117.142582	41.357523	330	二级	10.7	285	15
13082600066	榆树	丰宁县	北头营乡	河南营村	吕家坟地	117.117557	41.380628	370	二级	15.0	293	16
13082600067	榆树	丰宁县	北头营乡	河南营村	黄家窝铺	117.122758	41.374860	370	二级	19.5	303	19
13082600068	春榆	丰宁县	王营乡	王营村	黑山沟	117.057893	41.271908	110	三级	17.1	119	14
13082600069	梣叶槭	丰宁县	王营乡	王营村	黑山沟	117.057833	41.271978	110	三级	10.8	140	11
13082600070	油松	丰宁县	王营乡	王营村	黑山沟	117.057802	41.271991	320	二级	27.0	180	9
13082600071	油松	丰宁县	王营乡	王营村	黑山沟	117.057797	41.271969	320	二级	28.0	130	6
13082600072	油松	丰宁县	王营乡	王营村	黑山沟	117.057823	41.271925	320	二级	16.0	200	9
13082600073	胡桃楸	丰宁县	王营乡	王营村	黑山沟	117.057585	41.272004	320	二级	23.8	280	22
13082600074	油松	丰宁县	王营乡	王营村	黑山沟	117.057988	41.272081	320	二级	21.6	160	10
13082600075	春榆	丰宁县	王营乡	王营村	黑山沟	117.058185	41.271990	110	三级	14.3	143	12
13082600076	旱柳	丰宁县	王营乡	王营村	文化站小广场	117.052403	41.238036	110	三级	17.6	378	23
13082600077	榆树	丰宁县	王营乡	范营村	小广场	117.135112	41.221937	600	一级	21.2	590	15
13082600078	榆树	丰宁县	王营乡	范营村	小广场	117.135132	41.221907	600	一级	17.9	680	15
13082600079	油松	丰宁县	王营乡	胡营村	铁营组任宝印房后	116.905085	41.305950	320	二级	19.7	240	9
13082600080	杏	丰宁县	王营乡	胡营村	铁营组任宝印房后	116.905050	41.306022	230	三级	7.5	161	5
13082600081	小叶杨	丰宁县	王营乡	胡里沟村	庙前	116.963065	41.267808	220	三级	20.8	317	23
13082600082	榆树	丰宁县	凤山镇	佟栅子村	麻春祥门前	117.093572	41.300165	630	一级	14.0	605	14
13082600083	旱柳	丰宁县	凤山镇	抄良山村	四道沟	117.098313	41.270252	260	三级	14.1	470	9
13082600084	油松	丰宁县	波罗诺镇	杨树林村	松树下	117.305760	41.153501	520	一级	18.0	383	23
13082600085	五角枫	丰宁县	波罗诺镇	杨树林村	正沟门	117.377032	41.112613	320	二级	16.8	248	14
13082600086	槲栎	丰宁县	波罗诺镇	杨树林村	正沟门	117.377027	41.112647	220	三级	10.0	187	8
13082600087	五角枫	丰宁县	波罗诺镇	杨树林村	正沟门	117.374322	41.109144	160	三级	10.0	136	12
13082600088	槲树	丰宁县	波罗诺镇	杨树林村	村后山	117.365162	41.106495	330	二级	16.8	285	17
13082600089	槲树	丰宁县	波罗诺镇	杨树林村	村后山	117.362508	41.103479	330	二级	12.2	242	12
13082600090	槲树	丰宁县	波罗诺镇	杨树林村	村后山	117.362642	41.103504	330	二级	15.0	270	15
13082600091	山楂	丰宁县	波罗诺镇	哨虎营村	西河沿	117.268718	41.127741	120	三级	7.5	206	8
13082600092	山楂	丰宁县	波罗诺镇	哨虎营村	西河沿	117.268707	41.127824	120	三级	4.0	155	5
13082600093	油松	丰宁县	波罗诺镇	哨虎营村	西河沿	117.268008	41.127520	310	二级	13.1	219	16
13082600094	槲树	丰宁县	凤山镇	上坝村	后山	117.268195	41.292781	220	三级	7.8	230	11
13082600095	油松	丰宁县	凤山镇	上坝村	后山	117.268322	41.292974	310	二级	7.7	215	12
13082600096	油松	丰宁县	凤山镇	上坝村	后山	117.268483	41.293164	220	三级	12.4	180	11
13082600097	油松	丰宁县	凤山镇	上坝村	后山	117.268535	41.293116	130	三级	7.8	115	8
13082600098	油松	丰宁县	凤山镇	团榆树村	哈喇沟松树梁	117.141593	41.155216	320	二级	6.6	162	12
13082600099	油松	丰宁县	凤山镇	团榆树村	养鸡场	117.159843	41.161614	240	三级	17.1	183	14
13082600100	油松	丰宁县	凤山镇	刘营村	杨家坟	117.194928	41.146668	220	三级	9.5	150	13
13082600101	黑弹树	丰宁县	凤山镇	刘营村	杨家坟	117.190542	41.146572	130	三级	11.3	179	10
13082600102	油松	丰宁县	凤山镇	刘营村	小马圈子	117.197273	41.146398	100	三级	11.2	140	13
13082600103	槐	丰宁县	胡麻营镇	塔黄旗村	塔黄旗幼儿园内	116.899733	41.089005	260	三级	21.1	254	19

（续表）

编号	中文名	县（市）	乡（镇）	村（社区）组	小地名	地理坐标（东经）	地理坐标（北纬）	估测树龄	古树等级	树高（m）	胸围（cm）	冠幅（m）
13082600104	刺柏	丰宁县	胡麻营镇	塔黄旗村	塔黄旗幼儿园内	116.899560	41.089081	200	三级	14.7	216	13
13082600105	青扦	丰宁县	胡麻营镇	塔黄旗村	塔黄旗幼儿园内	116.899618	41.089103	200	三级	15.3	142	6
13082600106	油松	丰宁县	胡麻营镇	塔黄旗村	塔黄旗幼儿园内	116.899600	41.089216	260	三级	6.4	152	11
13082600107	油松	丰宁县	胡麻营镇	塔黄旗村	塔黄旗幼儿园内	116.899477	41.089130	260	三级	8.2	163	12
13082600108	秋子梨	丰宁县	胡麻营镇	后大庙村	北沟梨花园	116.792863	41.129263	320	二级	14.8	239	15
13082600109	旱柳	丰宁县	胡麻营镇	胡麻营村	北稻池	116.895288	41.105942	140	三级	24.9	539	20
13082600110	五角枫	丰宁县	胡麻营镇	胡麻营村	窝铺沟	116.900490	41.126185	510	一级	8.8	262	12
13082600111	元宝槭	丰宁县	胡麻营镇	胡麻营村	后沟后梁	116.897593	41.128217	510	一级	10.8	183	12
13082600112	小叶杨	丰宁县	黑山咀镇	黑山咀村	西营头	116.926866	41.036112	225	三级	23.4	585	13
13082600113	油松	丰宁县	黑山咀镇	黑山咀村	村后山	116.928342	41.036448	120	三级	5.2	101	9
13082600114	油松	丰宁县	黑山咀镇	黑山咀村	村后山	116.928576	41.036658	300	二级	8.2	171	12
13082600115	油松	丰宁县	黑山咀镇	黑山咀村	村后山	116.928667	41.037582	290	三级	10.3	180	12
13082600116	油松	丰宁县	黑山咀镇	黑山咀村	村后山	116.928142	41.036841	200	三级	10.3	149	10
13082600117	油松	丰宁县	黑山咀镇	黑山咀村	村后山	116.928064	41.037072	200	三级	8.4	111	6
13082600118	油松	丰宁县	黑山咀镇	黑山咀村	村后山	116.928232	41.037123	200	三级	10.4	127	6
13082600119	油松	丰宁县	黑山咀镇	黑山咀村	村后山	116.928284	41.036962	220	三级	7.3	108	8
13082600120	油松	丰宁县	黑山咀镇	黑山咀村	村后山	116.928563	41.037282	200	三级	5.2	140	5
13082600121	油松	丰宁县	黑山咀镇	黑山咀村	村后山	116.928207	41.037502	200	三级	9.3	124	7
13082600122	油松	丰宁县	黑山咀镇	黑山咀村	村后山	116.930504	41.037076	300	二级	12.4	187	12
13082600123	油松	丰宁县	黑山咀镇	黑山咀村	村后山	116.930039	41.036860	200	三级	11.3	118	7
13082600124	油松	丰宁县	黑山咀镇	黑山咀村	村后山	116.932133	41.037104	350	二级	9.9	172	9
13082600125	油松	丰宁县	黑山咀镇	黑山咀村	村后山	116.928267	41.036523	100	三级	5.0	83	7
13082600126	榆树	丰宁县	选将营乡	郎栅子村	水泉沟	116.890751	41.354504	220	三级	15.1	328	15
13082600127	榆树	丰宁县	选将营乡	郎栅子村	水泉沟	116.890699	41.354484	220	三级	25.1	494	19
13082600128	油松	丰宁县	西官营乡	西官营村	啊拉沟组	117.010235	41.319938	310	二级	17.9	272	15
13082600129	油松	丰宁县	西官营乡	张怀营村	张怀营小学	117.052428	41.312615	410	二级	12.5	268	12
13082600130	暴马丁香	丰宁县	西官营乡	张太河村	乡道路边	117.031580	41.365422	100	三级	9.6	166	10
13082600131	青扦	丰宁县	西官营乡	西窝铺村	西窝铺村	116.878942	41.477779	360	二级	22.3	218	11
13082600132	榆树	丰宁县	选将营乡	松木沟村	孙家沟组	116.836504	41.507123	240	三级	17.8	349	18
13082600133	榆树	丰宁县	南关蒙古族乡	南关村	六道沟组	116.798723	41.261922	200	三级	22.4	356	21
13082600134	旱柳	丰宁县	南关蒙古族乡	两间房村	石门沟营子	116.757562	41.325806	200	三级	10.1	800	18
13082600135	槲树	丰宁县	南关蒙古族乡	黄土梁村	东山	116.737962	41.292976	560	一级	11.4	407	13
13082600136	旱柳	丰宁县	南关蒙古族乡	黄土梁村	村中河边	116.735703	41.291866	220	三级	12.5	419	13
13082600137	旱柳	丰宁县	南关蒙古族乡	黄土梁村	村中河边	116.735645	41.291951	220	三级	11.4	517	8
13082600138	油松	丰宁县	南关蒙古族乡	苏武庙村	苏武庙	116.759059	41.179067	260	三级	16.0	164	7
13082600139	槐	丰宁县	五道营乡	三道营村	路边	116.527084	41.253960	350	二级	21.2	317	19
13082600140	油松	丰宁县	五道营乡	三道营村	四道营	116.511736	41.260578	1000	一级	7.7	300	26
13082600141	华北落叶松	丰宁县	杨木栅子乡	东沟门村	老西营	116.257426	41.123501	410	二级	26.2	400	11
13082600142	小叶杨	丰宁县	杨木栅子乡	东沟门村	老西营组路边	116.278211	41.100445	120	三级	22.3	276	19
13082600143	榆树	丰宁县	杨木栅子乡	东沟门村	老西营组路边	116.278181	41.100440	120	三级	21.5	220	8
13082600144	榆树	丰宁县	汤河乡	上庙村	三大桥	116.349138	41.091091	350	二级	26.0	390	15
13082600145	榆树	丰宁县	汤河乡	上庙村	瓦窑台子	116.393299	41.079778	410	二级	15.3	524	19
13082600146	旱柳	丰宁县	汤河乡	大草坪村	村内路边	116.591176	40.999787	140	三级	24.5	385	17
13082600147	榆树	丰宁县	窟窿山乡	黑山嘴村	杨振阁院内	116.246009	41.427783	260	三级	17.6	338	17
13082600148	白扦	丰宁县	四岔口乡	缸房营村	千松坝前台子	116.231324	41.539681	210	三级	17.1	108	8
13082600149	白扦	丰宁县	四岔口乡	缸房营村	千松坝前台子	116.231341	41.539794	180	三级	16.5	93	6
13082600150	白扦	丰宁县	四岔口乡	缸房营村	千松坝前台子	116.231563	41.539099	330	二级	22.6	173	9
13082600151	白扦	丰宁县	四岔口乡	缸房营村	千松坝前台子	116.231553	41.539054	270	三级	19.2	138	7
13082600152	白扦	丰宁县	四岔口乡	缸房营村	千松坝前台子	116.231491	41.539044	330	二级	21.6	164	10
13082600153	白扦	丰宁县	四岔口乡	缸房营村	千松坝前台子	116.231399	41.539024	350	二级	19.5	177	10
13082600154	白扦	丰宁县	四岔口乡	缸房营村	千松坝前台子	116.231280	41.231290	340	二级	20.8	174	10
13082600155	白扦	丰宁县	四岔口乡	缸房营村	千松坝前台子	116.231207	41.539192	260	三级	21.2	132	7
13082600156	白扦	丰宁县	四岔口乡	缸房营村	千松坝前台子	116.231328	41.538908	310	二级	18.5	165	7
13082600157	白扦	丰宁县	四岔口乡	缸房营村	千松坝前台子	116.231706	41.538161	380	二级	19.2	191	11
13082600158	白扦	丰宁县	四岔口乡	缸房营村	千松坝前台子	116.231924	41.538846	330	二级	18.5	169	10
13082600159	白扦	丰宁县	四岔口乡	缸房营村	千松坝前台子	116.232026	41.538845	380	二级	18.2	192	8
13082600160	白扦	丰宁县	四岔口乡	缸房营村	千松坝前台子	116.231985	41.538856	270	三级	17.8	138	10

（续表）

编号	中文名	县（市）	乡（镇）	村（社区）组	小地名	地理坐标（东经）	地理坐标（北纬）	估测树龄	古树等级	树高（m）	胸围（cm）	冠幅（m）
13082600161	白扦	丰宁县	四岔口乡	缸房营村	千松坝前台子	116.232129	41.539051	260	三级	15.6	132	8
13082600162	白扦	丰宁县	四岔口乡	缸房营村	千松坝前台子	116.232234	41.538920	220	三级	16.5	1101	7
13082600163	白扦	丰宁县	四岔口乡	缸房营村	千松坝前台子	116.232225	41.539006	180	三级	15.2	95	5
13082600164	白扦	丰宁县	四岔口乡	缸房营村	千松坝前台子	116.232235	41.539002	250	三级	18.5	128	7
13082600165	白扦	丰宁县	四岔口乡	缸房营村	千松坝前台子	116.232356	41.538968	180	三级	17.6	95	6
13082600166	白扦	丰宁县	四岔口乡	缸房营村	千松坝前台子	116.232477	41.539048	330	二级	18.6	166	10
13082600167	白扦	丰宁县	四岔口乡	缸房营村	千松坝前台子	116.232520	41.538994	220	三级	18.8	112	6
13082600168	白扦	丰宁县	四岔口乡	缸房营村	千松坝前台子	116.232528	41.539041	250	三级	18.2	128	8
13082600169	白扦	丰宁县	四岔口乡	缸房营村	千松坝前台子	116.232619	41.538917	240	三级	16.5	123	5
13082600170	白扦	丰宁县	四岔口乡	缸房营村	千松坝前台子	116.232471	41.538874	230	三级	15.2	115	5
13082600171	白扦	丰宁县	四岔口乡	缸房营村	千松坝前台子	116.232491	41.538849	230	三级	18.2	118	6
13082600172	白扦	丰宁县	四岔口乡	缸房营村	千松坝前台子	116.232386	41.538916	250	三级	16.0	125	6
13082600173	白扦	丰宁县	四岔口乡	缸房营村	千松坝前台子	116.232448	41.538956	220	三级	15.8	111	7
13082600174	白扦	丰宁县	四岔口乡	缸房营村	千松坝前台子	116.232350	41.538925	240	三级	17.2	120	7
13082600175	白扦	丰宁县	四岔口乡	缸房营村	千松坝前台子	116.232291	41.538884	200	三级	16.8	101	7
13082600176	白扦	丰宁县	四岔口乡	缸房营村	千松坝前台子	116.232186	41.538820	210	三级	17.4	108	6
13082600177	白扦	丰宁县	四岔口乡	缸房营村	千松坝前台子	116.232416	41.538803	340	二级	18.6	177	10
13082600178	白扦	丰宁县	四岔口乡	缸房营村	千松坝前台子	116.232349	41.538664	220	三级	18.0	111	6
13082600179	白扦	丰宁县	四岔口乡	缸房营村	千松坝前台子	116.232269	41.538527	270	三级	14.5	135	8
13082600180	白扦	丰宁县	四岔口乡	缸房营村	千松坝前台子	116.232593	41.538713	240	三级	16.6	123	6
13082600181	白扦	丰宁县	四岔口乡	缸房营村	千松坝前台子	116.232743	41.538656	270	三级	18.6	135	6
13082600182	白扦	丰宁县	四岔口乡	缸房营村	千松坝前台子	116.232817	41.538804	310	二级	17.4	151	8
13082600183	白扦	丰宁县	四岔口乡	缸房营村	千松坝前台子	116.232894	41.538967	400	二级	20.0	201	11
13082600184	白扦	丰宁县	四岔口乡	缸房营村	千松坝前台子	116.233117	41.538945	218	三级	18.8	109	7
13082600185	白扦	丰宁县	四岔口乡	缸房营村	千松坝前台子	116.233097	41.538835	190	三级	17.4	99	6
13082600186	白扦	丰宁县	四岔口乡	缸房营村	千松坝前台子	116.233127	41.538887	190	三级	16.5	95	6
13082600187	白扦	丰宁县	四岔口乡	缸房营村	千松坝前台子	116.232789	41.539105	310	二级	17.8	157	7
13082600188	白扦	丰宁县	四岔口乡	缸房营村	千松坝前台子	116.232764	41.539104	220	三级	16.7	110	7
13082600189	白扦	丰宁县	四岔口乡	缸房营村	千松坝前台子	116.232719	41.539169	240	三级	15.8	122	9
13082600190	白扦	丰宁县	四岔口乡	缸房营村	千松坝前台子	116.232732	41.539118	220	三级	17.8	111	7
13082600191	白扦	丰宁县	四岔口乡	缸房营村	千松坝前台子	116.232663	41.539038	200	三级	17.2	104	7
13082600192	白扦	丰宁县	四岔口乡	缸房营村	千松坝前台子	116.232668	41.539078	240	三级	16.2	122	7
13082600193	白扦	丰宁县	四岔口乡	缸房营村	千松坝前台子	116.232426	41.539057	230	三级	15.2	115	9
13082600194	白扦	丰宁县	四岔口乡	缸房营村	千松坝前台子	116.232178	41.539049	220	三级	16.9	114	6
13082600195	白扦	丰宁县	四岔口乡	缸房营村	千松坝前台子	116.232209	41.539080	160	三级	17.4	132	7
13082600196	白扦	丰宁县	四岔口乡	缸房营村	千松坝前台子	116.232214	41.539082	260	三级	17.6	131	6
13082600197	白扦	丰宁县	四岔口乡	缸房营村	千松坝前台子	116.232248	41.539186	230	三级	14.8	118	6
13082600198	白扦	丰宁县	四岔口乡	缸房营村	千松坝前台子	116.232240	41.539237	240	三级	16.8	119	6
13082600199	白扦	丰宁县	四岔口乡	缸房营村	千松坝前台子	116.232262	41.539267	280	三级	18.2	135	7
13082600200	白扦	丰宁县	四岔口乡	缸房营村	千松坝前台子	116.232124	41.539149	280	三级	19.9	141	8
13082600201	白扦	丰宁县	四岔口乡	缸房营村	千松坝云山湖	116.229952	41.540214	240	三级	22.4	142	7
13082600202	白扦	丰宁县	四岔口乡	缸房营村	千松坝云杉湖	116.229963	41.540059	150	三级	23.7	93	6
13082600203	白扦	丰宁县	四岔口乡	缸房营村	千松坝云杉峡谷	116.227616	41.537571	210	三级	17.4	135	9
13082600204	白扦	丰宁县	四岔口乡	缸房营村	千松坝云杉峡谷	116.223645	41.538729	200	三级	16.1	91	7
13082600205	白扦	丰宁县	四岔口乡	缸房营村	千松坝云杉峡谷	116.221819	41.538757	210	三级	20.0	109	6
13082600206	白扦	丰宁县	四岔口乡	缸房营村	千松坝云杉峡谷	116.221572	41.538539	210	三级	20.2	115	6
13082600207	云杉	丰宁县	四岔口乡	缸房营村	千松坝云杉峡谷	116.230147	41.539971	240	三级	15.6	125	9
13082600208	白扦	丰宁县	四岔口乡	缸房营村	千松坝云杉峡谷	116.222760	41.536899	170	三级	11.5	92	6
13082600209	白扦	丰宁县	四岔口乡	缸房营村	千松坝云杉峡谷	116.232233	41.320851	210	三级	21.5	106	6
13082600210	白扦	丰宁县	四岔口乡	缸房营村	千松坝云杉峡谷	116.222034	41.536700	310	二级	20.7	173	10
13082600211	白扦	丰宁县	四岔口乡	缸房营村	千松坝云杉峡谷	116.223050	41.537658	370	二级	19.5	189	14
13082600212	白扦	丰宁县	四岔口乡	缸房营村	千松坝云杉峡谷	116.222220	41.538615	270	三级	20.1	151	9
13082600213	白扦	丰宁县	四岔口乡	缸房营村	千松坝云杉峡谷	116.221913	41.538589	210	三级	15.5	134	8
13082600214	白扦	丰宁县	四岔口乡	缸房营村	千松坝云杉峡谷	116.221772	41.538770	250	三级	21.5	129	7
13082600215	白扦	丰宁县	四岔口乡	缸房营村	千松坝云杉峡谷	116.220816	41.538489	240	三级	21.8	148	9
13082600216	白扦	丰宁县	四岔口乡	缸房营村	千松坝云杉峡谷	116.220433	41.538187	240	三级	19.1	148	8
13082600217	白扦	丰宁县	四岔口乡	缸房营村	千松坝云杉峡谷	116.220155	41.527956	330	二级	21.0	181	8

编号	中文名	县（市）	乡（镇）	村（社区）组	小地名	地理坐标（东经）	地理坐标（北纬）	估测树龄	古树等级	树高（m）	胸围（cm）	冠幅（m）
13082600218	白扦	丰宁县	四岔口乡	缸房营村	千松坝云杉峡谷	116.219667	41.537620	180	三级	19.4	142	8
13082600219	白扦	丰宁县	四岔口乡	缸房营村	千松坝云杉峡谷	116.212276	41.535826	310	二级	22.0	165	11
13082600220	白扦	丰宁县	四岔口乡	缸房营村	千松坝云杉峡谷	116.212741	41.535911	400	二级	18.8	206	11
13082600221	白扦	丰宁县	四岔口乡	缸房营村	千松坝云杉峡谷	116.213011	41.535726	260	三级	15.6	139	9
13082600222	白扦	丰宁县	四岔口乡	缸房营村	千松坝云杉峡谷	116.213226	41.535748	320	二级	18.2	165	10
13082600223	白扦	丰宁县	四岔口乡	缸房营村	千松坝云杉峡谷	116.214378	41.536071	280	三级	23.8	148	8
13082600224	白扦	丰宁县	四岔口乡	缸房营村	千松坝云杉峡谷	116.215579	41.536359	230	三级	17.3	119	6
13082600225	白扦	丰宁县	四岔口乡	缸房营村	千松坝云杉峡谷	116.216093	41.536472	300	二级	20.6	152	10
13082600226	白扦	丰宁县	四岔口乡	缸房营村	千松坝云杉峡谷	116.216166	41.536310	350	二级	20.6	183	7
13082600227	白扦	丰宁县	四岔口乡	缸房营村	千松坝云杉峡谷	116.217198	41.536634	360	二级	22.9	187	10
13082600228	白扦	丰宁县	四岔口乡	缸房营村	千松坝云杉峡谷	116.217734	41.537210	300	二级	20.4	159	9
13082600229	白扦	丰宁县	四岔口乡	缸房营村	千松坝云杉峡谷	116.218059	41.537313	230	三级	23.7	123	4
13082600230	白扦	丰宁县	四岔口乡	缸房营村	千松坝云杉峡谷	116.219154	41.527544	230	三级	18.2	119	9
13082600231	白扦	丰宁县	四岔口乡	缸房营村	千松坝云杉峡谷	116.219312	41.537430	270	三级	13.1	132	7
13082600232	白扦	丰宁县	四岔口乡	缸房营村	千松坝云杉峡谷	116.219636	41.537459	250	三级	28.9	125	5
13082600233	白扦	丰宁县	四岔口乡	缸房营村	千松坝云杉峡谷	116.219712	41.537340	230	三级	16.5	121	7
13082600234	白扦	丰宁县	四岔口乡	缸房营村	千松坝云杉峡谷	116.219787	41.537349	240	三级	18.5	125	6
13082600235	白扦	丰宁县	四岔口乡	缸房营村	千松坝云杉峡谷	116.219768	41.537207	280	三级	17.8	141	8
13082600236	白扦	丰宁县	四岔口乡	缸房营村	千松坝前台子	116.231207	41.539830	320	二级	18.3	169	9
13082600237	白扦	丰宁县	四岔口乡	缸房营村	千松坝云杉湖	116.230524	41.540417	290	三级	17.1	148	9
13082600238	白扦	丰宁县	四岔口乡	缸房营村	千松坝前台子	116.232097	41.539169	210	三级	19.2	104	7
13082600239	白扦	丰宁县	四岔口乡	缸房营村	千松坝前台子	116.232201	41.538964	240	三级	14.6	122	8
13082600240	白扦	丰宁县	四岔口乡	缸房营村	千松坝前台子	116.232228	41.538959	210	三级	15.6	108	6
13082600241	白扦	丰宁县	四岔口乡	缸房营村	千松坝前台子	116.231943	41.539039	260	三级	17.2	134	6
13082600242	白扦	丰宁县	四岔口乡	缸房营村	千松坝前台子	116.235465	41.323048	340	二级	17.8	171	10
13082600243	白扦	丰宁县	四岔口乡	缸房营村	千松坝前台子	116.235491	41.322112	290	三级	18.2	147	7
13082600244	白扦	丰宁县	四岔口乡	缸房营村	千松坝前台子	116.232124	41.539116	260	三级	20.8	130	6
13082600245	白扦	丰宁县	四岔口乡	缸房营村	千松坝前台子	116.231886	41.539069	330	二级	20.6	167	9
13082600246	白扦	丰宁县	四岔口乡	缸房营村	千松坝前台子	116.232863	41.540253	250	三级	18.5	127	8
13082600247	白扦	丰宁县	四岔口乡	缸房营村	千松坝前台子	116.232613	41.539949	360	二级	19.2	185	11
13082600248	白扦	丰宁县	四岔口乡	缸房营村	千松坝前台子	116.232580	41.539777	270	三级	20.5	129	7
13082600249	白扦	丰宁县	四岔口乡	缸房营村	千松坝前台子	116.232619	41.539966	210	三级	19.8	156	7
13082600250	白扦	丰宁县	四岔口乡	缸房营村	千松坝前台子	116.232651	41.539997	280	三级	18.2	143	10
13082600251	白扦	丰宁县	四岔口乡	缸房营村	千松坝前台子	116.232845	41.540174	240	三级	16.7	122	5
13082600252	白扦	丰宁县	四岔口乡	缸房营村	千松坝前台子	116.232829	41.539929	260	三级	17.8	132	8
13082600253	白扦	丰宁县	四岔口乡	缸房营村	千松坝前台子	116.232802	41.530132	280	三级	17.8	141	11
13082600254	白扦	丰宁县	四岔口乡	缸房营村	千松坝前台子	116.232770	41.539930	290	古树	17.8	149	10
13082600255	白扦	丰宁县	四岔口乡	缸房营村	千松坝前台子	116.233248	41.540022	300	二级	18.3	151	11
13082600256	白扦	丰宁县	四岔口乡	缸房营村	千松坝前台子	116.233230	41.540124	300	二级	17.2	151	9
13082600257	白扦	丰宁县	四岔口乡	缸房营村	千松坝前台子	116.233271	41.540076	310	二级	17.4	158	9
13082600258	白扦	丰宁县	四岔口乡	缸房营村	千松坝前台子	116.233283	41.540174	280	三级	20.3	141	8
13082600259	白扦	丰宁县	四岔口乡	缸房营村	千松坝前台子	116.233311	41.540186	280	三级	19.2	140	6
13082600260	白扦	丰宁县	四岔口乡	缸房营村	千松坝前台子	116.233395	41.540261	320	二级	18.6	166	8
13082600261	白扦	丰宁县	四岔口乡	缸房营村	千松坝前台子	116.233438	41.540000	420	二级	21.9	211	11
13082600262	白扦	丰宁县	四岔口乡	缸房营村	千松坝前台子	116.233376	41.540296	320	二级	19.8	162	9
13082600263	白扦	丰宁县	四岔口乡	缸房营村	千松坝前台子	116.233412	41.540502	220	三级	17.8	112	5
13082600264	白扦	丰宁县	四岔口乡	缸房营村	千松坝前台子	116.233446	41.540351	260	三级	14.5	132	7
13082600265	白扦	丰宁县	四岔口乡	缸房营村	千松坝前台子	116.233362	41.540264	350	二级	21.2	176	10
13082600266	白扦	丰宁县	四岔口乡	缸房营村	千松坝前台子	116.233633	41.544660	230	三级	17.8	116	6
13082600267	白扦	丰宁县	四岔口乡	缸房营村	千松坝前台子	116.233766	41.540527	248	三级	20.5	124	5
13082600268	白扦	丰宁县	四岔口乡	缸房营村	千松坝前台子	116.233731	41.540393	310	二级	22.3	156	7
13082600269	白扦	丰宁县	四岔口乡	缸房营村	千松坝前台子	116.234005	41.540506	340	二级	21.5	170	9
13082600270	白扦	丰宁县	四岔口乡	缸房营村	千松坝前台子	116.233956	41.540537	290	三级	21.8	149	7
13082600271	白扦	丰宁县	四岔口乡	缸房营村	千松坝前台子	116.233931	41.540574	320	二级	19.2	161	8
13082600272	白扦	丰宁县	四岔口乡	缸房营村	千松坝前台子	116.233862	41.540752	310	二级	21.5	157	7
13082600273	白扦	丰宁县	四岔口乡	缸房营村	千松坝前台子	116.233675	41.540696	420	二级	22.8	291	11
13082600274	白扦	丰宁县	四岔口乡	缸房营村	千松坝前台子	116.233851	41.548664	320	二级	22.3	162	9

(续表)

编号	中文名	县（市）	乡（镇）	村（社区）组	小地名	地理坐标（东经）	地理坐标（北纬）	估测树龄	古树等级	树高（m）	胸围（cm）	冠幅（m）
13082600275	白扦	丰宁县	四岔口乡	缸房营村	千松坝前台子	116.233747	41.540911	330	二级	14.9	167	7
13082600276	白扦	丰宁县	四岔口乡	缸房营村	千松坝前台子	116.234069	41.541069	300	二级	15.6	154	10
13082600277	白扦	丰宁县	四岔口乡	缸房营村	千松坝前台子	116.234147	41.541049	320	二级	16.7	159	9
13082600278	白扦	丰宁县	四岔口乡	缸房营村	千松坝前台子	116.234135	41.541150	280	三级	15.1	139	7
13082600279	白扦	丰宁县	四岔口乡	缸房营村	千松坝前台子	116.234326	41.541187	280	三级	13.6	139	6
13082600280	白扦	丰宁县	四岔口乡	缸房营村	千松坝前台子	116.233942	41.541113	360	二级	20.1	181	8
13082600281	白扦	丰宁县	四岔口乡	缸房营村	千松坝前台子	116.233880	41.541193	260	三级	18.6	131	6
13082600282	白扦	丰宁县	四岔口乡	缸房营村	千松坝前台子	116.233909	41.541067	280	三级	16.5	143	7
13082600283	白扦	丰宁县	四岔口乡	缸房营村	千松坝前台子	116.233742	41.541316	310	二级	19.6	156	8
13082600284	白扦	丰宁县	四岔口乡	缸房营村	千松坝前台子	116.233619	41.541246	260	三级	20.5	131	8
13082600285	白扦	丰宁县	四岔口乡	缸房营村	千松坝前台子	116.233713	41.541339	300	二级	19.6	152	9
13082600286	白扦	丰宁县	四岔口乡	缸房营村	千松坝前台子	116.233588	41.541384	290	三级	18.2	147	9
13082600287	白扦	丰宁县	四岔口乡	缸房营村	千松坝前台子	116.233560	41.541428	230	三级	19.9	118	7
13082600288	白扦	丰宁县	四岔口乡	缸房营村	千松坝前台子	116.233579	41.541489	310	二级	20.4	155	9
13082600289	白扦	丰宁县	四岔口乡	缸房营村	千松坝前台子	116.233484	41.541539	145	三级	18.1	145	8
13082600290	白扦	丰宁县	四岔口乡	缸房营村	千松坝云杉湖外	116.231085	41.541071	330	二级	17.5	172	10
13082600291	白扦	丰宁县	四岔口乡	缸房营村	千松坝云杉湖外	116.231421	41.541297	360	二级	17.8	189	12
13082600292	白扦	丰宁县	四岔口乡	缸房营村	千松坝云杉湖外	116.231404	41.541129	270	三级	21.5	138	7
13082600293	白扦	丰宁县	四岔口乡	缸房营村	千松坝云杉湖外	116.231416	41.541147	260	三级	21.8	137	8
13082600294	白扦	丰宁县	四岔口乡	缸房营村	千松坝云杉湖外	116.231277	41.541164	320	二级	21.6	166	7
13082600295	白扦	丰宁县	四岔口乡	缸房营村	千松坝云杉湖外	116.231300	41.540994	260	三级	21.2	130	7
13082600296	白扦	丰宁县	四岔口乡	缸房营村	千松坝云杉湖外	116.231343	41.540997	320	二级	20.0	165	9
13082600297	白扦	丰宁县	四岔口乡	缸房营村	千松坝云杉湖外	116.231463	41.540999	260	三级	20.2	129	5
13082600298	白扦	丰宁县	四岔口乡	缸房营村	千松坝云杉湖外	116.231144	41.541109	370	二级	23.2	189	11
13082600299	白扦	丰宁县	四岔口乡	缸房营村	千松坝云杉湖外	116.231139	41.541060	340	二级	21.8	173	10
13082600300	白扦	丰宁县	四岔口乡	缸房营村	千松坝云杉湖外	116.231117	41.541109	280	三级	23.2	148	6
13082600301	白扦	丰宁县	四岔口乡	缸房营村	千松坝云杉湖外	116.231121	41.541109	230	三级	22.8	116	7
13082600302	白扦	丰宁县	四岔口乡	缸房营村	千松坝云杉湖外	116.230962	41.541360	350	二级	19.2	179	10
13082600303	白扦	丰宁县	大滩镇	孤石村	孤石作业区沟里沟脑阴坡	116.112759	41.433020	270	三级	13.4	135	5
13082600304	白扦	丰宁县	大滩镇	孤石村	孤石作业区沟里沟脑阴坡	116.112644	41.433170	300	二级	14.6	151	7
13082600305	白扦	丰宁县	大滩镇	孤石村	孤石作业区沟里沟脑阴坡	116.112651	41.433000	260	三级	13.6	130	6
13082600306	白扦	丰宁县	大滩镇	孤石村	孤石作业区沟里沟脑阴坡	116.112948	41.432483	230	三级	14.7	118	6
13082600307	胡桃楸	丰宁县	南关蒙古族乡	云雾山村	云雾山林场	116.719027	41.133878	130	三级	20.5	197	16
13082600308	胡桃楸	丰宁县	南关蒙古族乡	南关村	云雾山林场	116.719628	41.133476	110	三级	20.2	154	14
13082600309	胡桃楸	丰宁县	南关蒙古族乡	南关村	云雾山林场	116.719948	41.133415	140	三级	20.7	217	16
13082600310	胡桃楸	丰宁县	南关蒙古族乡	南关村	云雾山林场	116.720924	41.132860	110	三级	15.1	169	18
13082600311	胡桃楸	丰宁县	南关蒙古族乡	南关村	云雾山林场	116.720840	41.132156	100	三级	11.8	145	13
13082600312	胡桃楸	丰宁县	南关蒙古族乡	南关村	云雾山林场	116.720321	41.131070	110	三级	15.7	161	13
13082600313	胡桃楸	丰宁县	南关蒙古族乡	南关村	云雾山林场	116.720265	41.000000	110	三级	14.6	151	15
13082600314	胡桃楸	丰宁县	南关蒙古族乡	南关村	云雾山林场	116.719833	41.130941	120	三级	17.2	154	14
13082600315	胡桃楸	丰宁县	南关蒙古族乡	南关村	云雾山林场	116.719040	41.130025	120	三级	10.8	163	13
13082600316	胡桃楸	丰宁县	南关蒙古族乡	南关村	云雾山林场	116.720057	41.131085	130	三级	22.3	190	15
13082600317	胡桃楸	丰宁县	南关蒙古族乡	南关村	云雾山林场	116.720118	41.131361	130	三级	28.5	194	17
13082600318	胡桃楸	丰宁县	南关蒙古族乡	南关村	云雾山林场	116.720198	41.131515	100	三级	28.1	140	15
13082600319	胡桃楸	丰宁县	南关蒙古族乡	南关村	云雾山林场	116.720127	41.131710	100	三级	18.5	147	16
13082600320	胡桃楸	丰宁县	南关蒙古族乡	南关村	云雾山林场	116.719906	41.132161	110	三级	16.4	150	13
13082600321	胡桃楸	丰宁县	南关蒙古族乡	南关村	云雾山林场	116.719999	41.132075	120	三级	12.8	168	14
13082600322	胡桃楸	丰宁县	南关蒙古族乡	南关村	云雾山林场	116.719915	41.132359	150	三级	16.7	247	14
13082600323	胡桃楸	丰宁县	南关蒙古族乡	南关村	云雾山林场	116.720462	41.132241	140	三级	20.6	202	18
13082600324	胡桃楸	丰宁县	南关蒙古族乡	南关村	云雾山林场	116.719623	41.133965	120	三级	19.6	162	12
13082600325	胡桃楸	丰宁县	南关蒙古族乡	南关村	云雾山林场	116.719420	41.134461	140	三级	20.1	197	14
13082600326	胡桃楸	丰宁县	南关蒙古族乡	南关村	云雾山林场	116.719211	41.134609	130	三级	18.6	183	17
13082600327	胡桃楸	丰宁县	南关蒙古族乡	南关村	云雾山林场	116.719305	41.134611	110	三级	12.2	150	12
13082600328	胡桃楸	丰宁县	南关蒙古族乡	南关村	云雾山林场	116.719123	41.135144	140	三级	15.5	191	16
13082600329	胡桃楸	丰宁县	南关蒙古族乡	南关村	云雾山林场	116.718437	41.135511	120	三级	17.3	155	18
13082600330	胡桃楸	丰宁县	南关蒙古族乡	南关村	云雾山林场	116.718074	41.136722	130	三级	20.2	172	19
13082500001	油松	隆化县	八达营蒙古族乡	上牛录村	宫后沟	117.498733	41.509768	510	一级	32.7	325	15

(续表)

编号	中文名	县（市）	乡（镇）	村（社区）组	小地名	地理坐标（东经）	地理坐标（北纬）	估测树龄	古树等级	树高（m）	胸围（cm）	冠幅（m）
13082500002	油松	隆化县	八达营蒙古族乡	上窑村	村南小梁	117.429718	41.428821	150	三级	4.9	125	11
13082500003	槐	隆化县	八达营蒙古族乡	白云山村	营子里	117.533197	41.425144	150	三级	14.5	181	10
13082500004	榆树	隆化县	八达营蒙古族乡	白云山村	营子里	117.533792	41.425098	480	二级	13.7	474	14
13082500005	油松	隆化县	八达营蒙古族乡	青松村	村部广场	117.512618	41.402503	360	二级	20.4	237	18
13082500006	油松	隆化县	旧屯满族乡	旧屯村	板凳梁	117.377262	41.347433	150	三级	6.0	118	12
13082500007	油松	隆化县	旧屯满族乡	鱼亮子村	老雕窝	117.323665	41.353360	360	二级	14.3	256	10
13082500008	油松	隆化县	旧屯满族乡	西旧屯村	前营子	117.359908	41.339200	380	二级	15.2	278	13
13082500009	油松	隆化县	太平庄满族乡	太平庄村	中心小学	117.375043	41.233628	260	三级	10.1	197	14
13082500010	油松	隆化县	太平庄满族乡	太平庄村	中心小学	117.375113	41.233637	260	三级	11.2	180	11
13082500011	油松	隆化县	太平庄满族乡	兴隆庄村	后山	117.406438	41.216842	360	二级	20.7	230	11
13082500012	油松	隆化县	太平庄满族乡	兴隆庄村	后山	117.406438	41.216842	280	三级	11.4	142	8
13082500013	油松	隆化县	太平庄满族乡	兴隆庄村	后山	117.406438	41.216842	360	二级	19.8	195	9
13082500014	油松	隆化县	太平庄满族乡	周家营村	后沟	117.377428	41.215421	580	一级	15.7	337	20
13082500015	油松	隆化县	太平庄满族乡	周家营村	小南沟	117.381605	41.192944	110	三级	19.8	112	9
13082500016	油松	隆化县	太平庄满族乡	周家营村	小南沟	117.381770	41.193070	180	三级	19.6	137	8
13082500017	油松	隆化县	太平庄满族乡	小两间房村	前山	117.357489	41.217500	280	三级	11.2	192	13
13082500018	文冠果	隆化县	太平庄满族乡	套鹿沟村	小煤窑	117.307615	41.273810	180	三级	11.7	148	8
13082500019	文冠果	隆化县	太平庄满族乡	套鹿沟村	小煤窑	117.307615	41.273810	180	三级	11.7	148	7
13082500020	文冠果	隆化县	太平庄满族乡	套鹿沟村	小煤窑	117.307532	41.273817	180	三级	11.6	159	9
13082500021	槲树	隆化县	太平庄满族乡	北甸子村	后山	117.359460	41.287279	200	三级	6.8	165	7
13082500022	槲树	隆化县	太平庄满族乡	北甸子村	后山	117.359220	41.297552	200	三级	12.5	167	8
13082500023	槲树	隆化县	太平庄满族乡	北甸子村	后山	117.359995	41.287576	280	三级	12.2	220	7
13082500024	槲树	隆化县	太平庄满族乡	北甸子村	后山	117.359998	41.297564	220	三级	11.8	170	7
13082500025	槲树	隆化县	太平庄满族乡	北甸子村	后山	117.360362	41.297570	280	三级	10.2	217	9
13082500026	槲树	隆化县	太平庄满族乡	北甸子村	后山	117.360437	41.297685	260	三级	12.5	207	9
13082500027	槲树	隆化县	太平庄满族乡	北甸子村	后山	117.360692	41.297812	200	三级	12.1	169	7
13082500028	槲树	隆化县	太平庄满族乡	北甸子村	后山	117.360692	41.297812	220	三级	11.9	178	4
13082500029	槲树	隆化县	太平庄满族乡	北甸子村	后山	117.360898	41.297847	300	二级	16.8	242	9
13082500030	槲树	隆化县	太平庄满族乡	北甸子村	后山	117.360932	41.297813	180	三级	8.6	150	5
13082500031	槲树	隆化县	太平庄满族乡	北甸子村	后山	117.361253	41.297834	210	三级	9.2	175	9
13082500032	槲树	隆化县	太平庄满族乡	北甸子村	后山	117.361553	41.297967	280	三级	8.8	240	7
13082500033	槲树	隆化县	太平庄满族乡	北甸子村	后山	117.361823	41.297954	260	三级	13.2	210	12
13082500034	槲树	隆化县	太平庄满族乡	北甸子村	后山	117.362037	41.298050	290	三级	11.8	240	6
13082500035	槲树	隆化县	太平庄满族乡	北甸子村	后山	117.362298	41.298204	260	三级	11.8	210	9
13082500036	油松	隆化县	太平庄满族乡	南甸子村	西山	117.351807	41.276740	150	三级	13.6	124	8
13082500037	油松	隆化县	太平庄满族乡	南甸子村	西山	117.351873	41.276897	380	二级	23.1	255	14
13082500038	元宝槭	隆化县	太平庄满族乡	南甸子村	西山	117.352132	41.273751	380	二级	11.2	255	14
13082500039	油松	隆化县	太平庄满族乡	幸福村	小南沟梁	117.319782	41.284497	380	二级	13.4	228	17
13082500040	油松	隆化县	蓝旗镇	西头营村	后山	117.670570	41.345417	310	二级	14.1	209	12
13082500041	榆树	隆化县	蓝旗镇	西头营村	营子里	117.669175	41.338606	410	二级	16.8	395	13
13082500042	油松	隆化县	蓝旗镇	苏木营村	包家坟地	117.569643	41.321422	360	二级	23.8	288	11
13082500043	侧柏	隆化县	蓝旗镇	杨树沟村	唐家坟地	117.542298	41.303215	210	三级	11.4	126	7
13082500044	侧柏	隆化县	蓝旗镇	杨树沟村	唐家坟地	117.542167	41.303183	210	三级	10.1	142	6
13082500045	侧柏	隆化县	蓝旗镇	杨树沟村	唐家坟地	117.542037	41.303472	210	三级	10.5	130	5
13082500046	侧柏	隆化县	蓝旗镇	杨树沟村	唐家坟地	117.542135	41.303485	210	三级	11.3	128	6
13082500047	油松	隆化县	蓝旗镇	大两间房村	南山	117.585213	41.301489	110	三级	7.0	115	7
13082500048	油松	隆化县	蓝旗镇	大两间房村	南山	117.525813	41.301480	110	三级	8.1	116	6
13082500049	油松	隆化县	蓝旗镇	大两间房村	南山	117.523908	41.301794	280	三级	17.6	195	13
13082500050	榆树	隆化县	蓝旗镇	杨树沟村	西沟门	117.540267	41.307355	180	三级	21.3	164	16
13082500051	油松	隆化县	蓝旗镇	千松沟村	营子里	117.460617	41.292139	380	二级	20.6	273	15
13082500052	油松	隆化县	蓝旗镇	千松沟村	骆驼沟东梁	117.478457	41.298060	320	二级	15.9	230	18
13082500053	榆树	隆化县	蓝旗镇	北窝铺村	三道沟	117.474797	41.368400	410	二级	17.4	495	15
13082500054	榆树	隆化县	蓝旗镇	煤窑洼村	孙万贤院里	117.605197	41.354415	410	二级	22.3	390	13
13082500055	榆树	隆化县	蓝旗镇	煤窑洼村	孙万贤院里	117.605032	41.354419	410	二级	24.1	390	12
13082500056	旱柳	隆化县	蓝旗镇	大营村	上营头	117.625180	41.401891	170	三级	12.9	342	10
13082500057	油松	隆化县	蓝旗镇	黑山嘴村	北山	117.491355	41.319909	380	二级	6.4	275	15
13082500058	油松	隆化县	蓝旗镇	黑山嘴村	北山	117.491206	41.310201	180	三级	5.4	132	9

(续表)

编号	中文名	县（市）	乡（镇）	村（社区）组	小地名	地理坐标（东经）	地理坐标（北纬）	估测树龄	古树等级	树高(m)	胸围(cm)	冠幅(m)
13082500059	暴马丁香	隆化县	蓝旗镇	蓝旗北沟村	月亮沟	117.669210	41.381734	400	二级	12.8	268	10
13082500060	蒙古栎	隆化县	张三营镇	台沟村	二道沟	117.804647	41.575255	250	三级	14.6	227	10
13082500061	油松	隆化县	张三营镇	通事营村	万善寺	117.679302	41.544520	100	三级	6.5	115	8
13082500062	油松	隆化县	尹家营满族乡	尹家营村	原中学	117.668558	41.487927	280	三级	17.4	225	12
13082500063	油松	隆化县	尹家营满族乡	上京堂村	西沟	117.681000	41.461264	220	三级	9.7	200	15
13082500064	油松	隆化县	尹家营满族乡	上京堂村	刘家坟地	117.683532	41.460358	190	三级	13.3	171	12
13082500065	蒙古栎	隆化县	尹家营满族乡	尹家营村	东沟	117.704872	41.485165	320	二级	16.1	294	15
13082500066	榆树	隆化县	庙子沟蒙古族满族乡	东台子村	村里	117.520332	41.593584	260	三级	24.1	275	15
13082500067	油松	隆化县	庙子沟蒙古族满族乡	赵木匠沟村	西沟坟地	117.507595	41.576156	220	三级	9.3	191	13
13082500068	油松	隆化县	庙子沟蒙古族满族乡	三间房村	砬咀	117.551668	41.517629	220	三级	8.4	217	9
13082500069	油松	隆化县	山湾乡	玉皇庙村	玉皇庙	117.597922	41.619475	280	三级	27.4	270	15
13082500070	油松	隆化县	山湾乡	玉皇庙村	玉皇庙	117.598028	41.619502	270	三级	17.9	305	15
13082500071	油松	隆化县	山湾乡	孙家营村	长腿沟坟地	117.533055	41.668509	280	三级	20.4	345	19
13082500072	旱柳	隆化县	山湾乡	扎扒沟村	小扎扒沟	117.589087	41.656014	100	三级	10.7	188	17
13082500073	小叶杨	隆化县	山湾乡	左道营村	左道营	117.629190	41.613711	350	二级	19.7	486	22
13082500074	榆树	隆化县	山湾乡	小杨树沟村	国申门市	117.638712	41.585306	480	二级	26.7	470	15
13082500075	油松	隆化县	偏坡营满族乡	哈吣营村	步家坟地	117.830860	41.547225	120	三级	12.8	175	10
13082500076	五角枫	隆化县	偏坡营满族乡	卧虎沟村	步家坟地	117.953527	41.600118	240	三级	9.1	283	8
13082500077	油松	隆化县	偏坡营满族乡	茅沟门村	小杨树沟	117.894298	41.586320	120	三级	12.3	150	6
13082500078	油松	隆化县	唐三营镇	杨树底村	灵应寺	117.929017	41.664043	220	三级	21.1	225	16
13082500079	油松	隆化县	唐三营镇	杨树底村	灵应寺	117.928940	41.664051	220	三级	17.4	175	9
13082500080	榆树	隆化县	唐三营镇	杨树底村	村内路边	117.930783	41.664758	450	二级	12.7	460	13
13082500081	榆树	隆化县	唐三营镇	羊圈子村	村部后	117.962480	41.655584	450	二级	15.5	468	13
13082500082	油松	隆化县	唐三营镇	太平村	村西	117.996963	41.646904	220	三级	12.7	239	15
13082500083	油松	隆化县	唐三营镇	平家营村	西山	117.890915	41.627407	280	三级	17.4	251	14
13082500084	暴马丁香	隆化县	汤头沟镇	佟栅子村	公路边	117.616430	41.472722	180	三级	9.4	155	11
13082500085	暴马丁香	隆化县	汤头沟镇	佟栅子村	村里	117.622270	41.472069	300	三级	12.3	318	7
13082500086	暴马丁香	隆化县	汤头沟镇	佟栅子村	村里	117.622530	41.472102	200	三级	8.3	156	4
13082500087	旱柳	隆化县	汤头沟镇	小偏坡营村	张蛮子沟	117.596692	41.436549	180	三级	12.1	460	12
13082500088	榆树	隆化县	汤头沟镇	四间房村	街里	117.712580	41.403463	500	一级	12.3	552	11
13082500089	榆树	隆化县	汤头沟镇	水泉村	村北山根	117.752680	41.375457	380	二级	26.9	407	18
13082500090	榆树	隆化县	汤头沟镇	小汤头沟村	樱桃沟	117.763685	41.380795	310	二级	24.9	335	21
13082500091	榆树	隆化县	汤头沟镇	凤凰岭村	村里	117.797377	41.375765	150	三级	27.5	225	21
13082500092	皂荚	隆化县	隆化镇	下洼子村	董存瑞烈士陵园	117.723900	41.321084	100	三级	14.2	111	9
13082500093	皂荚	隆化县	隆化镇	下洼子村	董存瑞烈士陵园	117.723873	41.321074	130	三级	16.2	160	17
13082500094	油松	隆化县	隆化镇	下洼子村	董存瑞烈士陵园	117.724178	41.320957	120	三级	7.3	148	9
13082500095	油松	隆化县	隆化镇	下洼子村	董存瑞烈士陵园	117.724043	41.321340	200	三级	17.3	217	12
13082500096	油松	隆化县	隆化镇	下洼子村	董存瑞烈士陵园	117.724132	41.321607	170	三级	17.2	176	13
13082500097	白杜	隆化县	隆化镇	下洼子村	董存瑞烈士陵园	117.724138	41.322308	200	三级	13.0	237	10
13082500098	白杜	隆化县	隆化镇	下洼子村	董存瑞烈士陵园	117.723980	41.322291	100	三级	10.3	113	8
13082500099	侧柏	隆化县	隆化镇	下洼子村	董存瑞烈士陵园	117.724153	41.321733	180	三级	13.2	159	9
13082500100	旱柳	隆化县	隆化镇	下洼子村	董存瑞烈士陵园	117.722985	41.321453	100	三级	22.5	248	18
13082500101	青扦	隆化县	西阿超满族蒙古族乡	双峰山村	二道河庙西沟	117.437059	41.777006	120	三级	9.5	106	6
13082500102	榆树	隆化县	西阿超满族蒙古族乡	砬子沟村	张家营4组	117.353724	41.806927	150	三级	16.5	251	19
13082500103	暴马丁香	隆化县	西阿超满族蒙古族乡	砬子沟村	张家营4组	117.356166	41.806813	210	三级	8.5	138	7
13082500104	暴马丁香	隆化县	西阿超满族蒙古族乡	砬子沟村	张家营4组	117.356128	41.806778	210	三级	7.5	99	3
13082500105	暴马丁香	隆化县	西阿超满族蒙古族乡	砬子沟村	张家营4组	117.356153	41.806798	210	三级	6.5	80	5
13082500106	暴马丁香	隆化县	西阿超满族蒙古族乡	砬子沟村	张家营4组	117.356119	41.806782	210	三级	9.0	115	4
13082500107	暴马丁香	隆化县	西阿超满族蒙古族乡	砬子沟村	张家营4组	117.356131	41.806798	210	三级	8.5	145	7
13082500108	暴马丁香	隆化县	西阿超满族蒙古族乡	砬子沟村	张家营4组	117.356133	41.806812	210	三级	7.5	105	5
13082500109	榆树	隆化县	西阿超满族蒙古族乡	杨家铺村	北山根3组	117.382311	41.747869	210	三级	20.5	383	16
13082500110	青扦	隆化县	西阿超满族蒙古族乡	四里村	南台	117.343721	41.343720	110	三级	12.9	114	7
13082500111	油松	隆化县	西阿超满族蒙古族乡	坤头沟村	4组南沟张家坟地	117.517079	41.765620	300	三级	16.5	271	16
13082500112	榆树	隆化县	西阿超满族蒙古族乡	坤头沟村	4组南山张家坟地	117.516871	41.765564	150	三级	15.9	303	16
13082500113	榆树	隆化县	步古沟镇	下西沟村	樱桃沟门	117.396563	41.691219	220	三级	15.4	354	13
13082500114	榆树	隆化县	步古沟镇	西庙宫村	六道沟门	117.315427	41.717678	230	三级	16.4	304	17
13082500115	榆树	隆化县	步古沟镇	西庙宫村	六道沟门	117.303783	41.715780	310	二级	12.9	310	15

编号	中文名	县（市）	乡（镇）	村（社区）组	小地名	地理坐标（东经）	地理坐标（北纬）	估测树龄	古树等级	树高（m）	胸围（cm）	冠幅（m）
13082500116	油松	隆化县	白虎沟满族蒙古族乡	白虎沟村	南山	117.436665	41.576709	210	三级	14.2	147	10
13082500117	榆树	隆化县	碱房乡	碱房村	下伏房	117.195781	41.641050	350	二级	12.5	465	14
13082500118	小叶杨	隆化县	碱房乡	碱房村	二道湾	117.210779	41.657939	110	三级	25.1	319	21
13082500119	榆树	隆化县	白虎沟满族蒙古族乡	高立营村	马成军院里	117.455449	41.455462	110	三级	20.7	285	17
13082500120	油松	隆化县	白虎沟满族蒙古族乡	白虎沟村	南山	117.436799	41.576709	210	三级	18.6	168	10
13082500121	油松	隆化县	白虎沟满族蒙古族乡	白虎沟村	南山	117.436858	41.576733	220	三级	17.1	174	11
13082500122	油松	隆化县	白虎沟满族蒙古族乡	白虎沟村	南山	117.436615	41.576740	180	三级	19.1	180	11
13082500123	榆树	隆化县	郭家屯镇	三道营村	三道营村部门口	117.059817	41.648701	300	二级	15.9	292	14
13082500124	榆树	隆化县	郭家屯镇	半壁山村	半壁山	116.959651	41.762470	340	二级	16.2	397	18
13082500125	青扦	隆化县	郭家屯镇	半壁山村	小白云沟门	116.956522	41.759003	200	三级	15.2	156	9
13082500126	油松	隆化县	郭家屯镇	招素村	大苇子沟	117.091772	41.698940	520	一级	18.6	390	22
13082500127	青扦	隆化县	郭家屯镇	西屯村	房申村郑凤臣院内	117.043127	41.603525	900	一级	34.2	348	12
13082500128	榆树	隆化县	郭家屯镇	小甸子村	大甸子6组	116.982140	41.620864	380	二级	12.8	479	15
13082500129	榆树	隆化县	郭家屯镇	槽碾村	牛栅子村王和门口	116.880200	41.730433	310	二级	23.3	467	16
13082500130	榆树	隆化县	郭家屯镇	槽碾村	牛栅子村	116.879925	41.731536	400	二级	12.1	389	4
13082500131	垂枝榆	隆化县	郭家屯镇	河南村	大西沟里1.8公里。	116.877654	41.591925	210	三级	6.9	174	8
13082500132	暴马丁香	隆化县	郭家屯镇	河南村	朝里沟小湾	116.895829	41.588773	160	三级	9.3	144	8
13082500133	暴马丁香	隆化县	郭家屯镇	南兆营村	南兆营村	116.984160	41.524205	160	三级	6.9	130	6
13082500134	暴马丁香	隆化县	郭家屯镇	南兆营村	南兆营	116.984197	41.524226	160	三级	4.1	160	2
13082500135	油松	隆化县	郭家屯镇	南兆营村	南兆营	116.982938	41.523255	400	二级	17.3	239	21
13082500136	油松	隆化县	郭家屯镇	盆窑村	下窑铺	117.056800	41.555371	280	三级	10.9	171	13
13082500137	榆树	隆化县	郭家屯镇	盆窑村	下窑铺	117.063098	41.563823	380	二级	15.8	414	20
13082500138	暴马丁香	隆化县	郭家屯镇	东屯村	东屯村杨家坟地	117.070180	41.563417	210	三级	14.0	184	11
13082500139	榆树	隆化县	韩家店乡	榆林村	北沟	117.266275	41.562984	510	一级	12.6	401	14
13082500140	油松	隆化县	韩家店乡	三岔口村	河东后梁	117.322125	41.595971	820	一级	13.8	289	14
13082500141	油松	隆化县	韩家店乡	三岔口村	东台	117.317581	41.629153	180	三级	9.7	173	11
13082500142	蒙古栎	隆化县	韩家店乡	唐家店村	付家窑铺	117.388304	41.623815	210	三级	9.1	295	15
13082500143	油松	隆化县	韩家店乡	榆林村	石沟门	117.388300	41.623830	170	三级	17.5	147	8
13082500144	蒙古栎	隆化县	湾沟门乡	娘娘庙村	好村沟	117.395380	41.523163	460	二级	20.5	333	18
13082500145	榆树	隆化县	湾沟门乡	南北沟村	南沟张家坟地	117.355161	41.465933	270	三级	17.8	357	13
13082500146	榆树	隆化县	湾沟门乡	南北沟村	南沟张家坟地	117.355176	41.465948	120	三级	16.4	149	8
13082500147	榆树	隆化县	湾沟门乡	南北沟村	南沟张家坟地	117.355111	41.465943	130	三级	15.7	163	8
13082500148	榆树	隆化县	湾沟门乡	南北沟村	段家窑铺	117.351965	41.466908	120	三级	23.8	249	18
13082500149	榆树	隆化县	湾沟门乡	南北沟村	段家窑铺段家坟地	117.350000	41.467504	330	二级	18.3	401	10
13082500150	榆树	隆化县	湾沟门乡	苇塘村	杨树沟门刘家坟地	117.292545	41.458539	310	二级	17.2	302	8
13082500151	榆树	隆化县	湾沟门乡	苇塘村	杨树沟门刘家坟地	117.292340	41.458414	270	三级	25.7	239	12
13082500152	榆树	隆化县	湾沟门乡	大坝村	大坝沟沟脑	117.185689	41.434182	420	二级	13.6	275	13
13082500153	油松	隆化县	章吉营乡	韩吉营村	韩吉营东山	117.963047	41.353041	310	二级	9.2	202	12
13082500154	油松	隆化县	荒地乡	烧锅营村	西沟门后山	117.931649	41.459134	380	二级	9.4	241	17
13082500155	油松	隆化县	荒地乡	平顶山村	波家营松树梁	117.930761	41.504850	910	一级	14.5	341	19
13082500156	油松	隆化县	荒地乡	东村村	头道沟门张家坟地	118.006185	41.428080	340	二级	22.8	255	12
13082500157	油松	隆化县	荒地乡	东村村	头道沟门张家坟地	118.006062	41.428101	300	二级	21.3	235	10
13082500158	青扦	隆化县	茅荆坝乡	田家营村	九神庙	118.127309	41.619994	420	二级	16.2	214	11
13082500159	榆树	隆化县	茅荆坝乡	兴隆营村	茅沟门	118.119391	41.548184	1000	一级	25.9	614	23
13082500160	青扦	隆化县	茅荆坝乡	天义沟村	茅荆坝森林公园挂牌树	118.161832	41.671792	600	一级	15.5	303	11
13082500161	胡桃楸	隆化县	茅荆坝乡	天义沟村	茅荆坝森林公园山门口	118.183148	41.642923	110	三级	11.5	127	14
13082500162	油松	隆化县	茅荆坝乡	天义沟村	茅荆坝森林公园山门口	118.183182	41.642971	310	二级	14.1	155	7
13082500163	油松	隆化县	茅荆坝乡	天义沟村	茅荆坝森林公园山门口	118.183167	41.643351	310	二级	11.1	153	5
13082500164	油松	隆化县	茅荆坝乡	天义沟村	孤山梁	118.179997	41.631654	320	二级	15.5	205	11
13082500165	油松	隆化县	茅荆坝乡	天义沟村	孤山梁	118.179986	41.631740	320	二级	17.7	164	9
13082500166	油松	隆化县	茅荆坝乡	天义沟村	孤山梁	118.179913	41.631717	320	二级	19.6	187	8
13082500167	青扦	隆化县	茅荆坝乡	千松甸村	千松甸街河北	118.276065	41.521381	1000	一级	20.3	315	12
13082500168	旱柳	隆化县	茅荆坝乡	新局子村	新局子村西头	118.151248	41.519542	110	三级	9.8	315	6
13082500169	旱柳	隆化县	茅荆坝乡	新局子村	新局子村西头	118.151257	41.519545	100	三级	9.4	216	9
13082500170	蒙古栎	隆化县	茅荆坝乡	茅荆坝村	小庙后山	118.118453	41.531579	120	三级	8.8	207	9
13082500171	青扦	隆化县	茅荆坝乡	梨树营村	茅荆坝林场北沟乱石窖	118.261726	41.472377	260	三级	21.6	131	7
13082500172	青扦	隆化县	茅荆坝乡	梨树营村	茅荆坝林场北沟乱石窖	118.261435	41.472454	260	三级	21.9	130	7

（续表）

编号	中文名	县（市）	乡（镇）	村（社区）组	小地名	地理坐标（东经）	地理坐标（北纬）	估测树龄	古树等级	树高（m）	胸围（cm）	冠幅（m）
13082500173	青扦	隆化县	茅荆坝乡	梨树营村	茅荆坝林场北沟乱石窖	118.261145	41.472276	360	二级	21.9	190	8
13082500174	旱柳	隆化县	七家镇	三十家子村	三十家子村学校院内	118.093576	41.368543	110	三级	19.8	345	21
13082500175	油松	隆化县	七家镇	三十家子村	东山坡	118.094736	41.367724	280	三级	13.6	191	14
13082500176	旱柳	隆化县	七家镇	三十家子村	董俊奇院内	118.090145	41.367751	130	三级	12.3	306	13
13082500177	油松	隆化县	七家镇	刘家沟村	郭家屯	118.106477	41.406628	310	二级	21.4	222	15
13082500178	旱柳	隆化县	七家镇	白杨沟村	白杨沟小学房后	118.084830	41.485815	110	三级	18.2	309	18
13082500179	杏	隆化县	七家镇	白杨沟村	长地沟	118.074415	41.491450	120	三级	10.8	185	8
13082500180	秋子梨	隆化县	七家镇	白杨沟村	西北沟牛场边	118.068107	41.499367	150	三级	13.1	117	13
13082500181	油松	隆化县	七家镇	白杨沟村	西北沟牛场边	118.068227	41.499210	130	三级	16.3	145	7
13082500182	垂柳	隆化县	七家镇	七家村	于瑞林院内	118.097529	41.455746	130	三级	17.9	289	17
13082500183	油松	隆化县	七家镇	汤头沟门村	东山梁家坟地	118.105624	41.471326	240	三级	19.8	147	8
13082500184	油松	隆化县	七家镇	汤头沟门村	东山梁家坟地	118.106175	41.468602	240	三级	19.1	194	10
13082500185	油松	隆化县	七家镇	汤头沟门村	东山梁家坟地	118.105975	41.468528	240	三级	18.7	199	8
13082500186	油松	隆化县	七家镇	汤头沟门村	东山梁家坟地	118.106002	41.468488	240	三级	21.8	184	7
13082500187	油松	隆化县	七家镇	汤头沟门村	东山梁家坟地	118.105992	41.468488	240	三级	17.5	197	7
13082500188	油松	隆化县	七家镇	汤头沟门村	东山梁家坟地	118.105902	41.468613	240	三级	17.5	151	6
13082500189	油松	隆化县	七家镇	汤头沟门村	东山梁家坟地	118.106281	41.468573	240	三级	17.3	135	5
13082500190	油松	隆化县	七家镇	汤头沟门村	东山梁家坟地	118.106264	41.468589	240	三级	16.5	149	5
13082500191	油松	隆化县	七家镇	汤头沟门村	东山梁家坟地	118.106334	41.468457	240	三级	16.5	119	9
13082500192	油松	隆化县	七家镇	汤头沟门村	东山梁家坟地	118.106406	41.468441	240	三级	17.8	153	7
13082500193	油松	隆化县	七家镇	宝山营村	碾子沟口梁上	118.145823	41.472014	530	一级	11.4	235	16
13082500194	青檀	隆化县	中关镇	大铺村	喇嘛洞	117.983452	41.215830	260	三级	17.8	131	10
13082500195	青檀	隆化县	中关镇	大铺村	喇嘛洞	117.983129	41.212746	110	三级	7.8	81	9
13082500196	蒙古栎	隆化县	中关镇	靠山店村	脖树梁	117.914604	41.165228	280	三级	6.8	158	6
13082500197	榆树	隆化县	隆化镇	哑叭店村	河南	117.585043	41.222914	510	一级	10.8	501	7
13082500198	蒙古栎	隆化县	隆化镇	哑叭店村	小黑沟	117.598045	41.244038	140	三级	14.9	202	10
13082500199	刺榆	隆化县	隆化镇	阿拉营村	田地里	117.742735	41.344184	240	三级	12.2	282	8
13082500200	榆树	隆化县	韩麻营镇	兴隆岭村	西沟徐家坟地	117.765087	41.293098	180	三级	23.5	295	20
13082500201	元宝槭	隆化县	韩麻营镇	冷水头村	西山	117.745220	41.219215	210	三级	8.7	190	9
13082500202	旱柳	隆化县	韩麻营镇	海岱沟村	东山营子内	117.885563	41.296938	180	三级	14.2	250	11
13082500203	榆树	隆化县	韩麻营镇	海岱沟村	北沟	117.890325	41.302045	210	三级	26.1	247	18
13082500204	蒙古栎	隆化县	韩麻营镇	海岱沟村	东沟	117.899745	41.293447	200	三级	24.8	182	9
13082500205	海棠花	隆化县	韩麻营镇	海岱沟村	东沟	117.899810	41.293443	150	三级	21.8	220	12
13082100001	油松	承德县	两家满族乡	横道子村	温家沟	118.062633	41.062635	260	三级	13.3	372	17
13082100002	油松	承德县	两家满族乡	两家村	祠云庵	118.037053	41.314989	327	二级	9.6	151	9
13082100003	油松	承德县	两家满族乡	两家村	祠云庵	118.037054	41.315029	327	二级	10.4	170	10
13082100004	油松	承德县	两家满族乡	两家村	祠云庵	118.037050	41.315104	327	二级	11.5	154	9
13082100005	油松	承德县	两家满族乡	两家村	祠云庵	118.037081	41.315210	327	二级	11.2	137	10
13082100006	油松	承德县	两家满族乡	两家村	祠云庵	118.037011	41.315371	327	二级	10.2	182	11
13082100007	油松	承德县	两家满族乡	两家村	祠云庵	118.036969	41.315453	327	二级	9.7	194	14
13082100008	油松	承德县	两家满族乡	两家村	祠云庵	118.036939	41.315540	327	二级	8.1	162	13
13082100009	油松	承德县	两家满族乡	两家村	祠云庵	118.036894	41.315644	327	二级	10.9	179	13
13082100010	油松	承德县	两家满族乡	两家村	祠云庵	118.036862	41.315733	327	二级	10.6	159	8
13082100011	油松	承德县	两家满族乡	两家村	祠云庵	118.036792	41.315811	327	二级	13.4	202	14
13082100012	油松	承德县	两家满族乡	两家村	祠云庵	118.036747	41.315918	327	二级	11.4	170	13
13082100013	油松	承德县	两家满族乡	两家村	祠云庵	118.036710	41.316041	327	二级	13.5	165	12
13082100014	油松	承德县	两家满族乡	两家村	祠云庵	118.036703	41.316122	327	二级	13.8	185	11
13082100015	油松	承德县	两家满族乡	两家村	祠云庵	118.036642	41.316199	327	二级	14.1	175	11
13082100016	油松	承德县	两家满族乡	两家村	祠云庵	118.036649	41.316288	327	二级	14.3	234	15
13082100017	旱柳	承德县	两家满族乡	四全地村	南沟	118.063731	41.285023	287	三级	3.2	420	4
13082100018	油松	承德县	岗子满族乡	曹家沟村	大砬坎子	118.050389	41.198126	186	三级	17.4	178	15
13082100019	刺槐	承德县	岗子满族乡	何家店村	赵家湾	117.996248	41.193296	100	三级	15.7	261	10
13082100020	油松	承德县	岗子满族乡	李家营村	村西山坡	118.033927	41.211183	110	三级	9.7	147	10
13082100021	油松	承德县	岗子满族乡	岗子村	南小沟	118.032203	41.240527	227	三级	14.6	215	18
13082100022	油松	承德县	岗子满族乡	小杨树林村	沟门	118.021426	41.260877	166	三级	22.6	221	11
13082100023	榆树	承德县	岗子满族乡	东沟村	村内	118.045336	41.274918	327	二级	13.2	412	12
13082100024	油松	承德县	岗子满族乡	东沟村	后山	118.045033	41.276114	177	三级	5.6	183	13

（续表）

编号	中文名	县（市）	乡（镇）	村（社区）组	小地名	地理坐标（东经）	地理坐标（北纬）	估测树龄	古树等级	树高（m）	胸围（cm）	冠幅（m）
13082100025	油松	承德县	岗子满族乡	东沟村	后山	118.040182	41.276574	177	三级	10.6	142	13
13082100026	油松	承德县	岗子满族乡	东沟村	后山	118.040182	41.276574	177	三级	12.4	139	11
13082100027	槲树	承德县	大营子乡	王家庄村	前坡南山	117.984357	40.703225	157	三级	17.1	283	12
13082100028	槲树	承德县	大营子乡	王家庄村	前坡南山	117.984413	40.703313	157	三级	16.3	201	11
13082100029	槲树	承德县	大营子乡	王家庄村	前坡南山	117.984425	40.703356	157	三级	11.1	245	10
13082100030	槲树	承德县	大营子乡	王家庄村	前坡南山	117.984335	40.703433	157	三级	12.4	190	8
13082100031	槲树	承德县	大营子乡	王家庄村	前坡南山	117.984227	40.703372	157	三级	12.3	182	10
13082100032	油松	承德县	大营子乡	王家庄村	前坡梁顶	117.987555	40.698832	157	三级	11.7	170	15
13082100033	槲树	承德县	大营子乡	北营子村	小岔沟门	117.867255	40.691270	180	三级	21.1	329	22
13082100034	榆树	承德县	大营子乡	梆子沟村	刘家店	117.895815	40.641378	139	三级	12.1	242	12
13082100035	侧柏	承德县	大营子乡	大营子村	北庙后山	117.900988	40.700427	124	三级	6.1	101	10
13082100036	槐	承德县	大营子乡	梓椤树村	北湾子	117.933885	40.704966	127	三级	16.4	218	22
13082100037	油松	承德县	大营子乡	梓椤树村	南山	117.956039	40.684894	200	三级	4.5	189	13
13082100038	油松	承德县	大营子乡	梓椤树村	十字沟门南山	117.954183	40.684247	100	三级	8.9	67	12
13082100039	旱柳	承德县	大营子乡	幸福村	獐子沟	118.002851	40.671288	150	三级	21.4	490	16
13082100040	油松	承德县	大营子乡	八掛岭村	二组上铺前山	117.964898	40.654292	150	三级	4.2	100	5
13082100041	榆树	承德县	大营子乡	八掛岭村	大西沟门	117.960078	40.653828	150	三级	13.4	252	16
13082100042	榆树	承德县	大营子乡	八掛岭村	大西沟门	117.960232	40.653973	150	三级	14.3	256	16
13082100043	侧柏	承德县	大营子乡	八掛岭村	石门	117.972104	40.645977	300	二级	4.2	102	6
13082100044	槲树	承德县	大营子乡	八掛岭村	门前	117.959936	40.645728	200	三级	11.2	261	13
13082100045	槲树	承德县	大营子乡	八掛岭村	后山	117.950376	40.643050	150	三级	9.6	210	10
13082100046	油松	承德县	大营子乡	八掛岭村	九组张家老坟地	117.915569	40.630016	300	二级	15.3	305	12
13082100047	侧柏	承德县	刘杖子乡	二道营子村	庙内	117.815995	40.735018	510	一级	22.7	334	18
13082100048	油松	承德县	刘杖子乡	二道营子村	庙下坎	118.816043	40.734469	324	二级	19.4	169	9
13082100049	油松	承德县	刘杖子乡	二道营子村	庙下坎	117.815942	40.734500	324	二级	15.1	140	10
13082100050	油松	承德县	刘杖子乡	二道营子村	庙下坎	117.815882	40.734494	324	二级	15.9	165	12
13082100051	油松	承德县	刘杖子乡	二道营子村	庙下坎	117.815738	40.734644	324	二级	16.5	189	13
13082100052	槐	承德县	刘杖子乡	金厂村	街东	117.648912	40.660125	179	三级	20.8	316	23
13082100053	旱柳	承德县	刘杖子乡	金厂村	街西	117.646792	40.659906	169	三级	10.0	382	6
13082100054	榆树	承德县	东小白旗乡	顺道地村	西营九组	117.602107	40.683063	300	二级	12.1	433	14
13082100055	白扦	承德县	东小白旗乡	八道沟村	五道沟街	117.514282	40.727616	250	三级	16.2	159	9
13082100056	油松	承德县	八家乡	彭杖子村	八道石湖	118.192167	40.669016	215	三级	19.3	152	9
13082100057	油松	承德县	八家乡	彭杖子村	八道石湖	118.192138	40.669069	215	三级	18.7	207	17
13082100058	油松	承德县	八家乡	彭杖子村	八道石湖	118.192060	40.669206	215	三级	15.7	186	11
13082100059	油松	承德县	八家乡	彭杖子村	八道石湖	118.191873	40.669255	215	三级	14.8	182	13
13082100060	油松	承德县	八家乡	彭杖子村	八道石湖	118.191692	40.664243	215	三级	11.9	180	17
13082100061	蒙古栎	承德县	八家乡	彭杖子村	二组南山	118.191105	40.646302	169	三级	14.6	245	15
13082100062	油松	承德县	八家乡	彭杖子村	圣泉寺	118.184775	40.639611	200	三级	7.1	210	14
13082100063	油松	承德县	八家乡	东窝铺村	王杖子村西南	118.325977	40.654264	139	三级	9.1	172	15
13082100064	胡桃楸	承德县	八家乡	东窝铺村	东北沟	118.345337	40.661220	147	三级	16.1	233	21
13082100065	栗	承德县	八家乡	东窝铺村	石洞小沟	118.306933	40.658701	166	三级	12.4	319	20
13082100066	槐	承德县	八家乡	八家村	三岔口	118.267532	40.660772	450	二级	20.6	332	14
13082100067	槲树	承德县	八家乡	八家村	乡后汕头	118.265035	40.660278	126	三级	12.6	225	11
13082100068	槲树	承德县	八家乡	八家村	西梁头	118.260808	40.655157	158	三级	18.2	270	18
13082100069	榆树	承德县	八家乡	梓椤台村	老头沟7组	118.296880	40.680013	157	三级	23.0	270	20
13082100070	油松	承德县	八家乡	南杖子村	河岸沿松树台子	118.243157	40.664721	169	三级	14.7	190	13
13082100071	油松	承德县	八家乡	南杖子村	大台子	118.236622	40.645222	169	三级	10.4	214	12
13082100072	蒙古栎	承德县	八家乡	南杖子村	3组	118.220933	40.646218	250	三级	11.2	229	11
13082100073	油松	承德县	岔沟乡	致和堂村	杨树底下	118.273786	41.102338	150	三级	14.2	180	12
13082100074	油松	承德县	岔沟乡	致和堂村	杨树底下	118.273533	41.102313	150	三级	11.7	150	14
13082100075	油松	承德县	岔沟乡	致和堂村	杨树底下	118.273533	41.102313	150	三级	11.7	150	14
13082100076	槲树	承德县	岔沟乡	致和堂村	村后山	118.265570	41.095439	200	三级	11.5	215	16
13082100077	油松	承德县	石灰窑乡	黄家沟村	霍家营	118.340966	40.926630	240	三级	13.1	195	16
13082100078	油松	承德县	石灰窑乡	黄家沟村	朱家沟	118.352523	40.929000	400	二级	6.8	256	15
13082100079	油松	承德县	石灰窑乡	黄家沟村	朱家沟	118.352122	40.930444	150	三级	9.6	164	14
13082100080	油松	承德县	石灰窑乡	黄家沟村	小南沟	118.355315	40.929453	300	二级	12.9	270	16
13082100081	油松	承德县	石灰窑乡	黄家沟村	朱家沟	118.361343	40.932603	200	三级	14.2	175	14

(续表)

编号	中文名	县（市）	乡（镇）	村（社区）组	小地名	地理坐标（东经）	地理坐标（北纬）	估测树龄	古树等级	树高（m）	胸围（cm）	冠幅（m）
13082100082	油松	承德县	石灰窑乡	黄家沟村	大松树洼外梁头	118.358778	40.929550	400	二级	12.5	211	15
13082100083	油松	承德县	石灰窑乡	永兴村	村院内	118.318797	40.865496	405	二级	13.5	240	16
13082100084	槐	承德县	新杖子乡	小营村	七组	117.857694	40.782366	200	三级	14.6	340	9
13082100085	油松	承德县	新杖子乡	四方营村	南后山	117.824893	40.771656	100	三级	17.6	136	14
13082100086	油松	承德县	新杖子乡	四方营村	南后山	117.824827	40.771639	150	三级	18.5	196	14
13082100087	油松	承德县	新杖子乡	四方营村	南后山	117.825332	40.771891	150	三级	17.4	178	14
13082100088	油松	承德县	新杖子乡	四方营村	南后山	117.825428	40.772235	150	三级	17.8	184	14
13082100089	油松	承德县	新杖子乡	鹰手营村	大松树梁	117.918158	40.813250	300	二级	11.6	280	14
13082100090	青扦	承德县	三家镇	前营子村	老君庙前	118.334470	41.337088	350	二级	32.4	250	10
13082100091	青扦	承德县	三家镇	前营子村	老君庙前	118.334470	41.337088	350	二级	32.6	203	10
13082100092	五角枫	承德县	三家镇	老虎沟村	东沟后山	118.215169	41.199996	300	二级	7.8	193	10
13082100093	油松	承德县	三家镇	代家营村	段营子3组	118.212548	41.276787	150	三级	17.6	198	20
13082100094	蒙古栎	承德县	三家镇	谢木东沟村	大营子前山	118.170109	41.174408	500	一级	8.4	410	18
13082100095	榆树	承德县	三家镇	松树底村	北营子	118.358256	41.243739	200	三级	14.5	370	16
13082100096	油松	承德县	三家镇	松树底村	蒲扇营6组	118.379510	41.263327	150	三级	19.1	222	14
13082100097	油松	承德县	三家镇	松树底村	西石砬子	118.344835	41.250712	150	三级	7.4	155	14
13082100098	榆树	承德县	三家镇	榆树底村	八里营	118.321727	41.261269	200	三级	10.4	396	10
13082100099	油松	承德县	三家镇	高山营村	高山营街	118.356377	41.277296	200	三级	13.6	182	14
13082100100	油松	承德县	三家镇	高山营村	高山营街	118.356605	41.277306	200	三级	16.8	252	14
13082100101	油松	承德县	六沟镇	房身沟村	水泉沟门坟地	118.273737	41.003323	180	三级	16.8	208	14
13082100102	油松	承德县	六沟镇	房身沟村	水泉沟门坟地	118.273737	41.003322	180	三级	16.5	218	14
13082100103	油松	承德县	六沟镇	房身沟村	水泉沟门坟地	118.273698	41.003075	180	三级	17.6	202	7
13082100104	油松	承德县	六沟镇	房身沟村	王家坟地	118.275240	40.999202	105	三级	15.2	136	9
13082100105	油松	承德县	六沟镇	房身沟村	王家坟地	118.275240	40.999202	150	三级	15.8	179	10
13082100106	油松	承德县	六沟镇	房身沟村	王家坟地	118.275240	40.999202	160	三级	10.8	190	11
13082100107	油松	承德县	六沟镇	房身沟村	王家坟地	118.275240	40.999202	150	三级	14.5	175	10
13082100108	油松	承德县	六沟镇	房身沟村	王家坟地	118.275240	40.999202	130	三级	14.9	156	9
13082100109	油松	承德县	六沟镇	房身沟村	前山	118.273237	40.994819	170	三级	16.4	198	10
13082100110	油松	承德县	六沟镇	房身沟村	前山	118.273237	40.994819	105	三级	16.3	130	6
13082100111	油松	承德县	六沟镇	房身沟村	前山	118.273263	40.994792	105	三级	16.8	138	8
13082100112	油松	承德县	六沟镇	房身沟村	前山	118.273170	40.994744	130	三级	17.0	165	9
13082100113	油松	承德县	六沟镇	北水泉村	村里	118.286408	41.002878	380	二级	22.7	307	18
13082100114	蒙古栎	承德县	六沟镇	北水泉村	后山	118.287803	41.004586	380	二级	13.8	300	13
13082100115	皂荚	承德县	六沟镇	六沟村	镇医院	118.268856	40.945847	200	三级	14.5	195	13
13082100116	皂荚	承德县	六沟镇	六沟村	镇医院	118.268925	40.945832	230	三级	10.8	235	11
13082100117	榆树	承德县	上谷乡	西南庄村	上台子	118.432090	40.780786	150	三级	16.6	310	14
13082100118	榆树	承德县	上谷乡	西南庄村	上台子	118.432090	40.780786	130	三级	16.0	292	14
13082100119	槐	承德县	上谷乡	上谷村	卫生院	118.464847	40.794185	180	三级	23.7	320	13
13082100120	油松	承德县	上谷乡	娘娘庙村	庙子沟门东坡	118.489977	40.790876	280	三级	13.0	250	18
13082100121	油松	承德县	上谷乡	大东沟村	好汉坡	118.477368	40.818755	220	三级	21.3	205	13
13082100122	油松	承德县	上谷乡	大东沟村	小梁子	118.475238	40.812992	210	三级	14.6	197	16
13082100123	栗	承德县	上谷乡	大东沟村	二岔沟	118.481392	40.815166	120	三级	8.0	265	9
13082100124	栗	承德县	上谷乡	大东沟村	二岔沟	118.481372	40.815166	100	三级	12.0	190	11
13082100125	栗	承德县	上谷乡	大东沟村	二岔沟	118.481540	40.815562	105	三级	12.3	200	9
13082100126	油松	承德县	上谷乡	西沟营村	后山	118.443077	40.818452	100	三级	5.1	110	9
13082100127	榆树	承德县	上谷乡	新河村	四组村里	118.494733	40.768840	200	三级	17.1	296	17
13082100128	油松	承德县	上谷乡	马杖子村	河南村刘家坟地	118.510317	40.805233	110	三级	12.8	130	11
13082100129	油松	承德县	上谷乡	马杖子村	竹林寺后山	118.523763	40.797229	115	三级	5.7	145	11
13082100130	槲树	承德县	上谷乡	煤窑山村	村头	118.506702	40.813273	230	三级	16.0	415	15
13082100131	油松	承德县	上谷乡	煤窑山村	村东坡	118.503790	40.822517	125	三级	18.7	158	10
13082100132	油松	承德县	上谷乡	煤窑山村	村东坡	118.503790	40.822517	110	三级	19.8	138	9
13082100133	油松	承德县	上谷乡	赵家沟村	东小山	118.540225	40.851310	105	三级	10.4	100	8
13082100134	油松	承德县	上谷乡	赵家沟村	东小山	118.540225	40.851310	105	三级	11.4	95	8
13082100135	油松	承德县	上谷乡	西坎村	刘凤停门前	118.527470	40.833380	270	三级	16.2	229	13
13082100136	青扦	承德县	磴上乡	北陕西营村	前山	118.286283	41.409852	310	二级	20.5	255	13
13082100137	油松	承德县	磴上乡	北陕西营村	沟里	118.310338	41.421731	510	一级	16.1	310	21
13082100138	旱柳	承德县	磴上乡	东三十家子村	村里小广场	118.159362	41.287376	110	三级	18.4	308	11

（续表）

编号	中文名	县（市）	乡（镇）	村（社区）组	小地名	地理坐标（东经）	地理坐标（北纬）	估测树龄	古树等级	树高（m）	胸围（cm）	冠幅（m）
13082100139	槐	承德县	磴上乡	东三十家子村	村里	118.157612	41.290179	410	二级	17.9	242	17
13082100140	槐	承德县	磴上乡	东三十家子村	村里	118.157338	41.290208	410	二级	14.1	294	8
13082100141	旱柳	承德县	磴上乡	滕家店村	王营	118.189230	41.287761	180	三级	20.6	440	20
13082100142	油松	承德县	鞍匠镇	下旗村	7组村内	117.738917	40.760642	280	三级	18.9	225	15
13082100143	槐	承德县	鞍匠镇	黑沟门村	村里	117.694608	40.759567	260	三级	19.5	254	17
13082100144	油松	承德县	鞍匠镇	六道沟村	小学院里	117.563160	40.767230	240	三级	22.3	205	15
13082100145	油松	承德县	高寺台镇	兴隆街村	黄土梁	117.867098	41.124456	310	二级	10.1	172	11
13082100146	蒙古栎	承德县	高寺台镇	王营村	村里	117.872967	41.148472	250	三级	14.8	264	16
13082100147	栗	承德县	高寺台镇	王营村	大石沟	117.857407	41.153345	120	三级	10.3	134	4
13082100148	侧柏	承德县	高寺台镇	马营村	刘善宝家院里	117.932962	41.150260	110	三级	10.1	97	7
13082100149	侧柏	承德县	高寺台镇	马营村	刘善举家院里	117.932880	41.150202	120	三级	8.8	105	7
13082100150	槐	承德县	高寺台镇	北观音堂村	北堂	117.970328	41.136252	500	一级	27.1	328	20
13082100151	槐	承德县	高寺台镇	北观音堂村	北堂	117.970328	41.136252	300	二级	13.1	188	18
13082100152	油松	承德县	高寺台镇	东营村	村里	118.054745	41.077480	340	二级	14.8	158	10
13082100153	油松	承德县	高寺台镇	东营村	村里	118.054685	41.077430	340	二级	16.4	175	13
13082100154	油松	承德县	高寺台镇	东营村	村里	118.054720	41.077370	340	二级	16.9	187	10
13082100155	油松	承德县	高寺台镇	东营村	东黑山龙潭	118.085807	41.073349	600	一级	5.5	84	5
13082100156	白杜	承德县	高寺台镇	东营村	三岔口王家坟地	118.042215	41.081552	320	二级	11.9	245	8
13082100157	五角枫	承德县	高寺台镇	车营村	蘑菇营东山	117.890337	41.115578	300	二级	11.2	180	13
13082100158	侧柏	承德县	下板城镇	乌龙矶村	小学院内	118.128267	40.706964	500	一级	16.1	262	13
13082100159	槐	承德县	下板城镇	辛家庄村	辛继强门前	118.155713	40.683070	260	三级	12.1	345	6
13082100160	油松	承德县	下板城镇	北湾子村	李明齐家墙外	118.112263	40.754318	280	三级	7.8	130	9
13082100161	榆树	承德县	下板城镇	北湾子村	李明齐家墙外	118.112397	40.754425	190	三级	23.5	189	15
13082100162	油松	承德县	下板城镇	石湖村	东梁	118.113483	40.768794	190	三级	7.1	176	13
13082100163	槐	承德县	下板城镇	大平台村	马清坡门口	118.187187	40.774740	220	三级	14.8	234	14
13082100164	槐	承德县	下板城镇	大平台村	马清坡门口	118.187190	40.774656	180	三级	14.2	182	12
13082100165	侧柏	承德县	下板城镇	朝梁子村	王家坟地	118.220205	40.770923	260	三级	14.7	175	11
13082100166	油松	承德县	下板城镇	朝梁子村	五盘山顶	118.219220	40.772051	330	二级	8.1	175	12
13082100167	侧柏	承德县	下板城镇	朝梁子村	王海军房西	118.219913	40.771866	120	三级	10.7	100	6
13082100168	侧柏	承德县	下板城镇	小兰窝村	仇家坟地	118.201395	40.798384	110	三级	15.6	120	7
13082100169	槐	承德县	下板城镇	小兰窝村	五组北山根	118.201822	40.797711	180	三级	15.8	194	16
13082100170	油松	承德县	下板城镇	路通沟村	14组路边任家坟地	118.183508	40.720627	100	三级	8.5	151	9
13082100171	侧柏	承德县	下板城镇	路通沟村	赵家庄后山	118.176527	40.724004	150	三级	10.5	148	8
13082100172	侧柏	承德县	下板城镇	路通沟村	赵家沟后山	118.176502	40.723931	100	三级	11.8	110	9
13082100173	侧柏	承德县	下板城镇	路通沟村	赵家沟后山	118.176783	40.724136	120	三级	13.5	120	6
13082100174	油松	承德县	头沟镇	朱营村	朱营小学院内	118.099455	41.201955	100	三级	13.1	148	14
13082100175	黑弹树	承德县	头沟镇	汤泉村	汤泉	118.096730	41.207499	300	二级	10.9	157	13
13082100176	油松	承德县	头沟镇	汤泉村	汤泉	118.098543	41.209061	150	三级	5.8	196	12
13082100177	油松	承德县	头沟镇	烧锅村	沙杏沟	118.088902	41.229589	150	三级	24.1	141	10
13082100178	油松	承德县	头沟镇	烧锅村	沙杏沟	118.088902	41.229589	150	三级	25.8	194	14
13082100179	榆树	承德县	头沟镇	霍家沟门村	三组	118.140367	41.135230	165	三级	19.6	400	18
13082100180	油松	承德县	头沟镇	霍家沟门村	三组后台梁顶	118.140367	41.135230	165	三级	19.6	400	18
13082100181	油松	承德县	头沟镇	兴隆山村	敖龙寺	118.118129	41.129691	300	二级	21.4	255	14
13082100182	油松	承德县	头沟镇	兴隆山村	兴隆山敖龙寺	118.117891	41.130469	200	三级	8.1	145	12
13082100183	油松	承德县	头沟镇	兴隆山村	兴隆山敖龙寺	118.117849	41.130566	200	三级	13.6	187	14
13082100184	油松	承德县	头沟镇	兴隆山村	兴隆山敖龙寺	118.118183	41.130565	200	三级	9.6	147	12
13082100185	油松	承德县	头沟镇	兴隆山村	兴隆山敖龙寺	118.118438	41.130689	200	三级	11.6	160	14
13082100186	白杜	承德县	头沟镇	头沟南沟村	西沟	118.054725	41.136071	320	二级	11.6	315	14
13082100187	槲树	承德县	满杖子乡	柳树底村	二道河子东山	118.397372	40.729361	150	三级	12.4	280	14
13082100188	榆树	承德县	满杖子乡	松树沟村	后松树沟	118.373267	40.749802	550	一级	18.4	410	16
13082100189	槲树	承德县	满杖子乡	计杖子村	叉沟大营子	118.492652	40.749815	250	三级	14.1	180	6
13082100190	油松	承德县	下板城镇	张家店村	南坎	118.195368	40.808681	180	三级	14.9	188	18
13082100191	油松	承德县	下板城镇	张家店村	南坎	118.194963	40.808926	200	三级	23.8	197	11
13082100192	油松	承德县	下板城镇	张家店村	南坎	118.194963	40.808926	200	三级	24.2	195	13
13082100193	油松	承德县	下板城镇	老梁村	老梁上	118.213327	40.710333	100	三级	21.8	155	7
13082100194	油松	承德县	下板城镇	老梁村	老梁上	118.213327	40.710333	110	三级	20.5	158	7
13082100195	油松	承德县	下板城镇	老梁村	一组南坡	118.218070	40.710488	260	三级	14.2	236	12

（续表）

编号	中文名	县（市）	乡（镇）	村（社区）组	小地名	地理坐标（东经）	地理坐标（北纬）	估测树龄	古树等级	树高（m）	胸围（cm）	冠幅（m）
13082100196	蒙古栎	承德县	下板城镇	牤牛叫村	十组上洼	118.046120	40.723641	350	二级	16.1	345	18
13082100197	秋子梨	承德县	下板城镇	牤牛叫村	张柏金墙外	118.054462	40.730581	180	三级	11.5	230	12
13082100198	侧柏	承德县	下板城镇	牤牛叫村	羊胡沟	118.071195	40.730639	380	二级	11.8	210	8
13082100199	油松	承德县	下板城镇	牤牛叫村	桃树沟	118.068040	40.727369	100	三级	11.8	130	14
13082100200	旱柳	承德县	甲山镇	南台村	坟茔地	118.328885	40.760240	220	三级	16.8	345	18
13082100201	蒙古栎	承德县	甲山镇	松桡沟门村	一二组中间梁上	118.338257	40.786228	330	二级	12.1	200	10
13082100202	榆树	承德县	甲山镇	下杖子村	槟榔沟门	118.411062	40.800481	480	二级	28.2	440	26
13082100203	榆树	承德县	甲山镇	丁杖子村	柏窑	118.411158	40.809020	260	三级	15.1	260	17
13082100204	榆树	承德县	甲山镇	丁杖子村	崔家庄	118.386007	40.832329	400	二级	20.6	445	15
13082100205	槲树	承德县	甲山镇	丁杖子村	3524老厂	118.403172	40.818061	220	三级	12.6	250	12
13082100206	槐	承德县	甲山镇	丁杖子村	四组	118.403672	40.814321	180	三级	20.2	260	14
13082100207	槐	承德县	甲山镇	丁杖子村	四组	118.403753	40.813678	180	三级	28.8	310	21
13082100208	油松	承德县	甲山镇	丁杖子村	火神庙	118.408190	40.810433	120	三级	22.3	200	11
13082100209	油松	承德县	甲山镇	东梁村	老坟	118.359095	40.838226	280	三级	10.1	195	15
13082100210	油松	承德县	甲山镇	东梁村	老坟	118.359095	40.838226	170	三级	25.1	145	6
13082100211	油松	承德县	甲山镇	东梁村	老坟	118.359095	40.838226	170	三级	24.6	150	6
13082100212	旱柳	承德县	甲山镇	赵家庄村	一组坎下	118.260710	40.800941	210	三级	18.8	490	22
13082100213	榆树	承德县	甲山镇	山咀村	尤家沟	118.246432	40.802108	500	一级	29.6	310	15
13082100214	榆树	承德县	甲山镇	山咀村	尤家沟	118.246432	40.802108	280	三级	29.5	295	15
13082100215	侧柏	承德县	甲山镇	二道河村	七组后山	118.223302	40.822658	210	三级	8.3	160	9
13082100216	油松	承德县	甲山镇	二道河村	七组前山	118.223237	40.819297	210	三级	9.7	150	8
13082100217	侧柏	承德县	甲山镇	二道河村	七组前山	118.223237	40.819297	210	三级	5.4	88	6
13082100218	油松	承德县	甲山镇	大石子沟村	二道杖子	118.279700	40.753095	160	三级	16.4	213	15
13082100219	蒙古栎	承德县	甲山镇	大石子沟村	三道杖子	118.299835	40.755915	310	二级	17.9	226	10
13082100220	旱柳	承德县	三沟镇	兴旺村	大河套	118.323220	41.116359	105	三级	14.5	260	8
13082100221	槲树	承德县	三沟镇	兴旺村	后山	118.321159	41.115496	355	二级	8.6	252	12
13082100222	槲树	承德县	三沟镇	兴旺村	后山	118.321074	41.115514	355	二级	7.2	205	10
13082100223	油松	承德县	三沟镇	大老爷庙村	西坟	118.115120	41.040843	200	三级	11.2	207	13
13082100224	榆树	承德县	三沟镇	大老爷庙村	高粱杆店	118.133740	41.031871	180	三级	25.4	264	10
13082100225	榆树	承德县	三沟镇	大老爷庙村	高粱杆店	118.133740	41.031871	180	三级	17.6	264	15
13082100226	榆树	承德县	三沟镇	大老爷庙村	高粱杆店	118.133740	41.031871	180	三级	22.8	240	12
13082100227	榆树	承德县	三沟镇	大老爷庙村	高粱杆店	118.133740	41.031871	180	三级	16.3	216	14
13082100228	油松	承德县	三沟镇	大老爷庙村	高粱杆店	118.133740	41.031871	370	二级	26.8	300	16
13082100229	油松	承德县	三沟镇	二沟村	二沟村高速边	118.187923	41.047320	250	三级	15.8	246	16
13082100230	油松	承德县	三沟镇	应杖子村	村后山	118.173087	41.033354	130	三级	10.2	120	10
13082100231	油松	承德县	三沟镇	应杖子村	村后山	118.172920	41.033351	130	三级	6.8	122	8
13082100232	油松	承德县	三沟镇	应杖子村	村后山	118.173605	41.033407	130	三级	8.1	126	10
13082100233	油松	承德县	三沟镇	应杖子村	南沟陈家坟地	118.176375	41.027834	400	二级	20.8	300	18
13082100234	油松	承德县	三沟镇	应杖子村	村前山	118.174662	41.027586	310	二级	20.8	230	15
13082100235	油松	承德县	三沟镇	应杖子村	元宝山	118.175852	41.030132	300	二级	12.5	216	18
13082100236	油松	承德县	三沟镇	应杖子村	元宝山	118.175883	41.030350	210	三级	9.6	160	10
13082100237	槐	承德县	三沟镇	北杖子村	小学门口	118.222201	41.030507	250	三级	15.4	232	16
13082100238	油松	承德县	三沟镇	北杖子村	弓上	118.215148	41.044277	280	三级	8.6	145	12
13082100239	油松	承德县	三沟镇	致富村	小梁地坟地	118.346060	41.161514	295	三级	14.0	230	24
13082100240	油松	承德县	三沟镇	致富村	小梁地坟地	118.346055	41.161495	295	三级	15.0	270	20
13082100241	油松	承德县	三沟镇	三道河子村	街前山	118.314268	41.046734	145	三级	15.4	138	16
13082100242	油松	承德县	三沟镇	三道河子村	前山	118.314181	41.046728	235	三级	17.3	193	16
13082100243	小叶杨	承德县	三沟镇	三道河子村	街中心	118.311793	41.048207	195	三级	25.0	532	23
13082100244	蒙古栎	承德县	三沟镇	梁前村	大坟圈子	118.154878	41.050836	340	二级	11.6	243	18

备注：表中共4319株，包括古树3319株、名木5株、古树群单株调查995株。

承德市古树群一览表

编号	县	乡镇	村	小地名	古树群四至与经纬度	树种	科	属	面积（hm²）	株数（株）	林分平均高度（m）	林分平均胸围（cm）	平均树龄（年）	古树等级
130822Q0001	兴隆县	挂兰峪镇	橡树台村	橡树台西山	东至林边 117.6967162°，40.3015893° 南至林边 117.6970371°，40.3006784° 西至林边 117.6964032°，40.3014932° 北至林边 117.6961061°，40.3023543°	槲树	壳斗科	栎属	0.53	22	13.5	128	115	三级
130822Q0002	兴隆县	半壁山镇	小碌洞村	1组姚家坟地	东至林边 117.8165892°，40.3287151° 南至林边 117.8158551°，40.3285523° 西至林边 117.8155544°，40.3287433° 北至林边 117.8155891°，40.3290902°	槲树	壳斗科	栎属	0.26	24	16.9	180	171	三级
130828Q0001	围场县	四道沟乡	庙宫村	东庙宫	东至林边 117.8497511°，41.7137691° 南至林边 117.8498832°，41.7132742° 西至林边 117.8484062°，41.7135191° 北至林边 117.8479921°，41.7145371°	油松	松科	松属	1.19	74	20.1	182	206	三级
130828Q0002	围场县	郭家湾乡	羊草沟	村后山	东至林边 118.0383261°，42.1588613° 南至林边 118.0354874°，42.1582973° 西至林边 118.0353583°，42.1584003° 北至林边 118.0366242°，42.1591321°	油松	松科	松属	0.37	85	13.9	94	120	三级
130828Q0003	围场县	腰站镇	画山村	松树圈	东至林边 117.9368752°，41.8392993° 南至林边 117.9354372°，41.8393832° 西至林边 117.9341331°，41.8390592° 北至林边 117.9357002°，41.8398403°	油松	松科	松属	0.53	158	16.2	109	140	三级
130828Q0004	围场县	塞罕坝机械林场	第三乡林场母子沟营林区	大南沟	东至路边 117.4463042°，42.2390693° 南至山边 117.4461322°，42.2385804° 西至林边 117.4457051°，42.2388353° 北至林边 117.4458612°，42.2389992°	青扦	松科	云杉属	0.19	24	21.5	134	140	三级
130828Q0005	围场县	塞罕坝机械林场	第三乡林场母子沟营林区	车道沟门	东至林边 117.4351942°，42.2613353° 南至林边 117.4369071°，42.2585853° 西至林边 117.4283414°，42.2635862° 北至林边 117.4241673°，42.2684063°	青扦	松科	云杉属	7.72	325	18.5	117	140	三级
130828Q0006	围场县	御道口牧场管理区	长林子分场东长林子生产队	松树坡小河南和圈里	东至林路 117.2718401°，42.3423223° 南至林边 117.2611694°，42.3392783° 西至林路 117.2450762°，42.3461501° 北至河边 117.2486184°，42.3506193°	落叶松青扦	松科	落叶松属云杉属	5.2	142	16.5	146	180	三级
130824Q0001	滦平县	付家店乡	三道沟门村	柏碴沟	东猴头沟 117.1586291°，40.8331602° 南至龙潭 117.1431983°，40.8266202° 西至山脊 117.1350223°，40.8326951° 北至山脊 117.1465003°，40.8410034°	侧柏	柏科	侧柏属	101.2	48576	3.4	30.6	120	三级
130827Q0001	宽城县	铧尖乡	马尾沟村	关帝庙	东至山根 118.6129422°，40.3605163° 南至路边 118.6128521°，40.3604273° 西至路边 118.6127452°，40.3605364° 北至山根 118.6128862°，40.3607593°	油松	松科	松属	0.1	6	21.1	215	200	三级
130827Q0002	宽城县	孟子岭乡	大桑园村	石门子西山	东至松树 118.3842044°，40.5395573° 南至松树 118.3841062°，40.5394461° 西至松树 118.3839882°，40.5395232° 北至松树 118.3841032°，40.5396861°	油松	松科	松属	0.1	6	10.3	130	120	三级
130827Q0003	宽城县	孟子岭乡	大桑园村	石门子后山	东至梁头 118.3884942°，40.5405403° 南至房后 118.3877251°，40.5402253° 西至山脊 118.3876164°，40.5405405° 北至山脊 118.3881511°，40.5408182°	油松	松科	松属	0.2	36	5.8	60	200	三级
130823Q0001	平泉市	梓椤树镇	梓椤树社区	毛家沟东山	东至沟谷 118.7855602°，40.7554161° 南至林边 118.7852203°，40.7549992° 西至山脊 118.7846693°，40.7554132° 北至林边 118.7852322°，40.7557864°	油松	松科	松属	0.2	13	15.8	150	120	三级
130823Q0002	平泉市	道虎沟乡	丁杖子村委会	丁家坟	东至耕地 118.7311783°，40.9411572° 南至耕地 118.7307713°，40.9405901° 西至耕地 118.7302854°，40.9410473° 北至梁头 118.7306542°，40.9414464°	油松	松科	松属	0.4	22	15	289	210	三级
130823Q0003	平泉市	党坝镇	暖泉村	庙后洼	东至山脊 118.5937172°，40.7386891° 南至路边 118.5923483°，40.7381673° 西至山脊 118.5918052°，40.7388963° 北至山脊 118.5932471°，40.7395984°	侧柏	柏科	侧柏属	1.4	45	5.1	80	200	三级

编号	县	乡镇	村	小地名	古树群四至与经纬度	树种	科	属	面积(hm²)	株数(株)	林分平均高度(m)	林分平均胸围(cm)	平均树龄(年)	古树等级
130823Q0004	平泉市	党坝镇	暖泉村	暖泉大梁	东至耕地 118.5884822°，40.7333883° 南至耕地 118.5882543°，40.7331992° 西至山脊 118.5880401°，40.7334874° 北至杏林 118.5883802°，40.7336563°	油松	松科	松属	0.1	6	12	135	200	三级
130823Q0005	平泉市	党坝镇	四家村	庙后洼	东至山脊 118.6674221°，40.7622552° 南至路边 118.6623713°，40.7561214° 西至山脊 118.6579592°，40.7614833° 北至山脊 118.6635562°，40.7662754°	侧柏	柏科	侧柏属	21.3	12786	6	55	200	三级
130823Q0006	平泉市	七沟镇	东升社区	杨树底北山	东至松林 118.4246662°，40.9356123° 南至地边 118.4238801°，40.9350003° 西至山脊 118.4235723°，40.9359694° 北至山脊 118.4241353°，40.9362032°	侧柏	柏科	侧柏属	0.9	230	6.2	80	150	三级
130823Q0007	平泉市	王土房乡	山湾子村	暖泉大梁	东至山脊 118.5313642°，41.1573833° 南至沟谷 118.5305801°，41.1567412° 西至山脊 118.5301074°，41.1574113° 北至山脊 118.5314192°，41.1583893°	油松	松科	松属	2.8	155	23.9	187	280	三级
130823Q0008	平泉市	松树台乡	闫杖子村	西沟门坟地	东杨树林 118.4301352°，40.8949581° 南至耕地 118.4294933°，40.8943292° 西至杏树 118.4290084°，40.8946673° 北至坝墙 118.4293082°，40.8951032°	侧柏	柏科	侧柏属	0.1	42	8.7	68	150	三级
130823Q0009	平泉市	松树台乡	古山子社区	孤山子孙家坟地	东至耕地 118.7752222°，40.8512713° 南至耕地 118.7744511°，40.8512604° 西至林边 118.7736143°，40.8517533° 北至林边 118.7746042°，40.8517671°	油松	松科	松属	0.5	26	16	140	150	三级
130823Q0010	平泉市	松树台乡	古山子社区	小西梁大杖子后山	东至耕地 118.7671531°，40.8433671° 南至耕地 118.7669552°，40.8429334° 西至半坡 118.7667992°，40.8434013° 北至林边 118.7670221°，40.8438962°	五角枫	无患子科	槭属	0.9	120	9.5	110	120	三级
130823Q0011	平泉市	杨树岭镇	双庙村	4组后山	东至村庄 118.8768172°，41.0766723° 南至耕地 118.8754601°，41.0759923° 西至耕地 118.8741702°，41.0756554° 北至林边 118.8753413°，41.0767921°	五角枫 油松	无患子科 松科	槭属 松属	0.1	12	13.3	175	260	三级
130823Q0012	平泉市	松树台乡	营子村	丁家沟梁顶莹地	东至耕地 118.8572472°，40.8949881° 南至耕地 118.8567243°，40.8948392° 西至耕地 118.8563773°，40.8951534° 北至耕地 118.8567812°，40.8953643°	油松	松科	松属	0.2	11	12.3	215	328	二级
130823Q0013	平泉市	柳溪镇	柳溪社区	北老杖子河北于家坟地	东至山边 118.6207632°，41.2426333° 南至地边 118.6203981°，41.2423502° 西至路边 118.6191443°，41.2428033° 北至山脊 118.6192882°，41.2433364°	油松	松科	松属	0.7655	148	20.7	128	120	三级
130823Q0014	平泉市	榆树林子镇	嘎海沟	村部后山	东至村庄 119.0114012°，41.2402943° 南至村庄 119.0107591°，41.2394343° 西至小梁脊 119.0098323°，41.2398954° 北至山脊 119.0105383°，41.2403883°	五角枫	无患子科	槭属	1.4883	21	7.3	138	150	三级
130823Q0015	平泉市	七沟镇	东升社区	西干沟子阳坡	东至山脊 118.4848292°，40.9159253° 南至耕地 118.4746331°，40.8937544° 西至山脊 118.4368442°，40.9055743° 北至耕地 118.4601591°，40.9291114°	侧柏	柏科	侧柏属	288.6729	41569	2.9	34	150	三级
130823Q0016	平泉市	七沟镇	崖门子社区村	曹碾沟、南杖子	东至山脊 118.4411752°，40.8908653° 南至山脊 118.3571752°，40.8476471° 西至山脊 118.3480884°，40.8598333° 北至耕地 118.4278722°，40.9194663°	侧柏	柏科	侧柏属	390.2189	56192	2.9	34	150	三级
130826Q00001	丰宁县	四岔口乡	缸房营村	千松坝森林公园	东至路口 116.2329772°，41.5417815° 南至路边 116.2199112°，41.5348054° 西至路口 116.2121803°，41.5358093° 北至山脚 116.2275754°，41.5403221°	白扞	松科	云杉属	25.259	7750	19.1	151	270	三级
130826Q00002	丰宁县	大滩乡	孤石村	孤石作业区	东至山脊 116.1196334°，41.431854° 南至沟谷 116.1185892°，41.4313863° 西至山脊 116.1123173°，41.4341163° 北至山脊 116.1142191°，41.4360012°	白扞	松科	云杉属	15.5	207	13.2	142	230	三级
130826Q00003	丰宁县	南关蒙古族乡	南关	云雾山林场	东至山脚 116.7217191°，41.1318841° 南至山脚 116.7195092°，41.1299401° 西至山脚 116.7170024°，41.1371383° 北至山脚 116.7174921°，41.1377852°	胡桃楸	胡桃科	胡桃属	7.43	373	18.5	175	120	三级
130825Q0001	隆化县	七家镇	汤头沟门村委会	东山梁坟地	东至耕地 118.1065783°，41.4683853° 南至村边 118.1058042°，41.4686522° 西至耕地 118.1063342°，41.4688273° 北至菜地 118.1059764°，41.4681318°	油松	松科	松属	0.36	10	18.3	162.8	240	三级

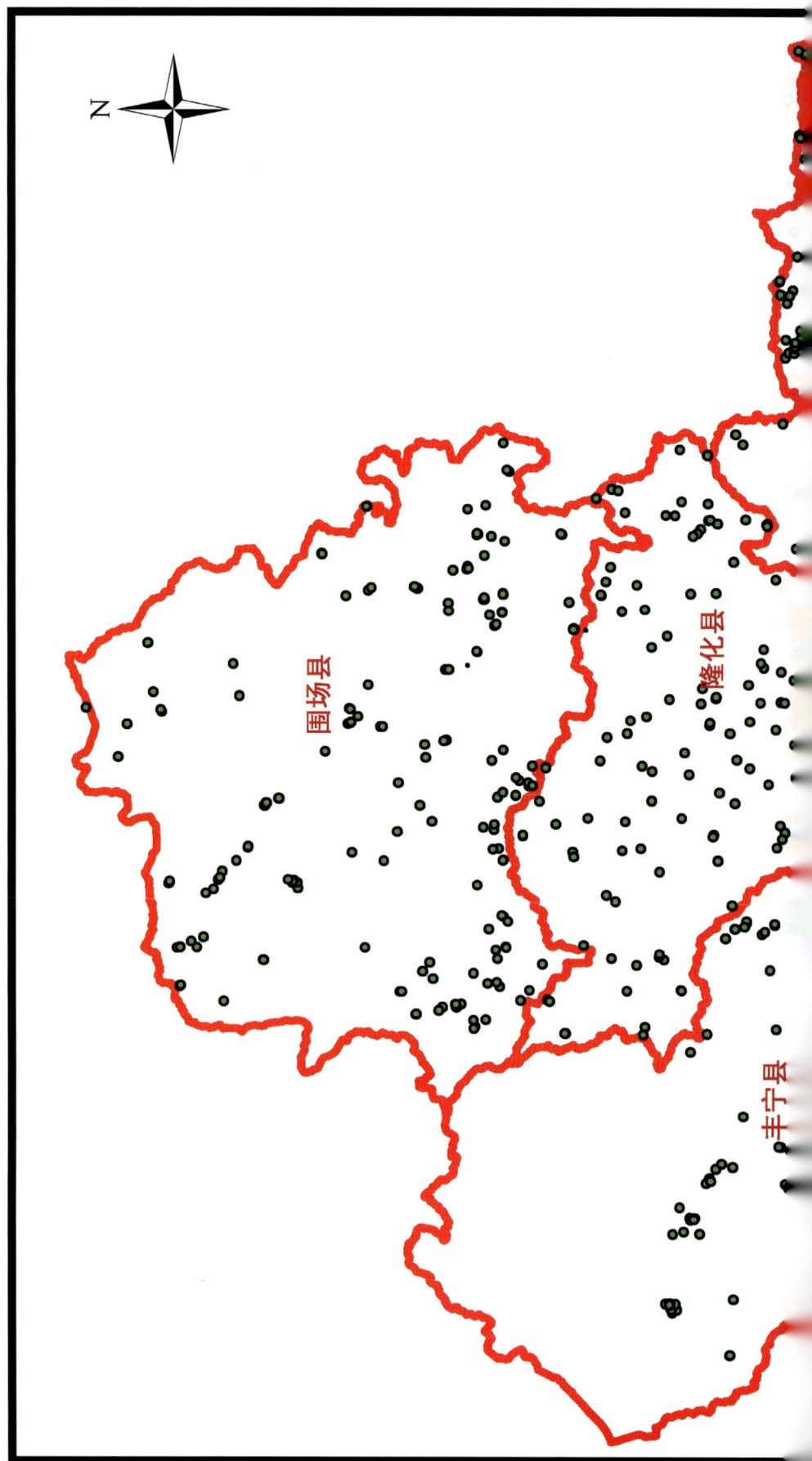

承德市古树名木分布图

围场县

隆化县

丰宁县

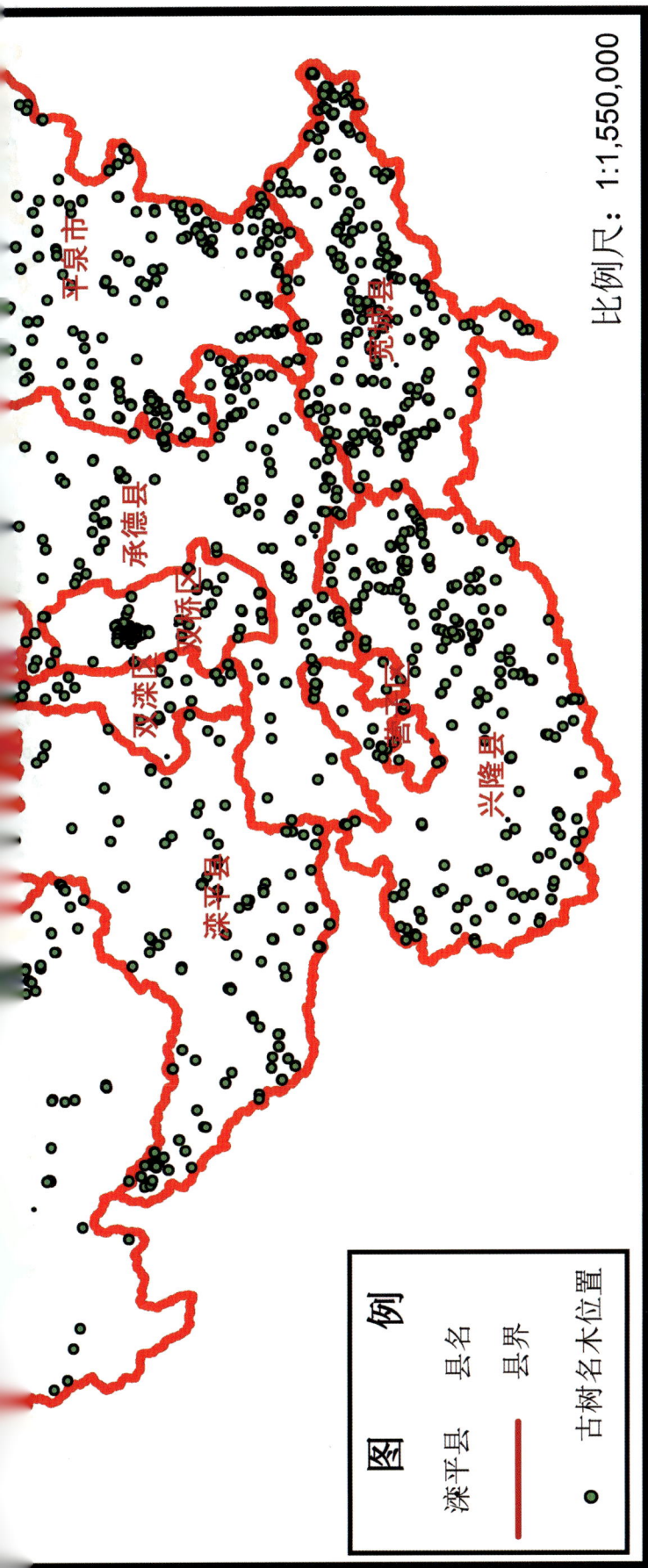

比例尺：1:1,550,000

平泉市

兴隆县

宽城县

承德县

双桥区

双滦区

鹰手营子矿区

滦平县

参考文献：

[1] 《中国植物志》第 38 卷（1986）024 页杏属、041 页樱属；

[2] 《中国植物志》第 36 卷（1974）186 页山楂属、354 页梨属、372 页苹果属；

[3] 《中国植物志》第 7 卷（1978）123 页云杉属、168 页落叶松属、204 页松属、321 页侧柏属、347 页刺柏属；

[4] 《中国植物志》第 40 卷（1994）064 页槐属、228 页刺槐属；

[5] 《中国植物志》第 39 卷（1988）080 页皂荚属；

[6] 《中国植物志》第 54 卷（1978）076 页刺楸属；

[7] 《中国植物志》第 20 卷（2）（1984）002 页杨属、081 页柳属；

[8] 《中国植物志》第 21 卷（1979）030 页胡桃属、058 页鹅耳枥属、103 页桦木属；

[9] 《中国植物志》第 22 卷（1998）008 页栗属、213 页栎属、335 页榆属、378 页刺榆属、380 页青檀属、400 页朴属；

[10] 《中国植物志》第 23 卷（1）（1998）006 页桑属；

[11] 《中国植物志》第 27 卷（1979）037 页芍药属；

[12] 《中国植物志》第 49 卷（1）（1989）051 页椴树属；

[13] 《中国植物志》第 43 卷（2）（1997）099 页黄檗属、056 页吴茱萸属；

[14] 《中国植物志》第 48 卷（1）（1982）131 页枣属；

[15] 《中国植物志》第 43 卷（3）（1997）036 页香椿属；

[16] 《中国植物志》第 47 卷（1）（1985）054 页栾属、069 页文冠果属；

[17] 《中国植物志》第 46 卷（1981）069 页槭属；

[18] 《中国植物志》第 61 卷（1992）005 页梣属、050 页丁香属、118 页流苏树属；

[19] 《中国植物志》第 69 卷（1990）013 页梓属；

[20] 《中国植物志》第 49 卷（2）（1984）196 页猕猴桃属；

[21] 《中国植物志》第 45 卷（3）（1999）003 页卫矛属；

[22] 《中国植物志》第 30 卷（1）（1996）108 页木兰属；